智能系统与技术丛书

U0186937

多模态 大模型

算法、应用与微调

刘兆峰◎著

MULTIMODAL
LARGE
LANGUAGE
MODELS

ALGORITHMS, APPLICATIONS,
AND FINE-TUNING

机械工业出版社
CHINA MACHINE PRESS

图书在版编目（CIP）数据

多模态大模型：算法、应用与微调 / 刘兆峰著 . —北京：机械工业出版社，2024.5（2025.1 重印）
（智能系统与技术丛书）
ISBN 978-7-111-75488-6

Ⅰ. ①多…　Ⅱ. ①刘…　Ⅲ. ①人工智能　Ⅳ. ① TP18

中国国家版本馆 CIP 数据核字（2024）第 066409 号

机械工业出版社（北京市百万庄大街 22 号　邮政编码 100037）
策划编辑：孙海亮　　　　　　　责任编辑：孙海亮
责任校对：孙明慧　　李小宝　　责任印制：常天培
北京机工印刷厂有限公司印刷
2025 年 1 月第 1 版第 3 次印刷
186mm×240mm · 26 印张 · 593 千字
标准书号：ISBN 978-7-111-75488-6
定价：119.00 元

电话服务　　　　　　　　　网络服务
客服电话：010-88361066　　机　工　官　网：www.cmpbook.com
　　　　　010-88379833　　机　工　官　博：weibo.com/cmp1952
　　　　　010-68326294　　金　书　网：www.golden-book.com
封底无防伪标均为盗版　　机工教育服务网：www.cmpedu.com

前　言

为什么要写这本书

几年前，当我还是一名本科生时，就对自然语言处理（NLP）世界充满了好奇，那时技术领域的主流还是 LSTM（长短期记忆网络），Transformer 刚刚崭露头角。然而，随着时间的推移，如今发生了巨大的变化——大模型技术飞速发展，尤其是 Transformer 及其衍生技术已经成为 AI 领域的重要推动力。

我写这本书，是想分享我的学习和探索之旅。从 LSTM 到 Transformer，再到 GPT（生成式预训练 Transformer 模型）系列和深度生成模型，这一路上，我既是学习者也是实践者。我深刻地感受到，随着技术的演进，学习者面临的挑战也在不断增加。信息的爆炸式增长使知识更新变得越来越困难，而理论与实践之间的差距也在扩大。这些问题不仅仅是个人面临的挑战，也反映了整个行业的现状。

在本书的写作过程中，一方面，我个人进一步探索和理解了这些前沿技术，另一方面，我希望本书能够对这个领域做出一些贡献。我深信，分享知识和经验能够帮助他人更好地理解并运用这些复杂的技术，这种分享不仅可以帮助个人成长，还能够推动整个行业的发展。

社会和行业对于深入理解及有效应用如 Transformer、GPT 系列、深度生成模型等前沿技术的需求日益增长。然而，这个领域的快速变化也引发了不少问题，如理论与实践脱节、技术门槛提高，以及知识分散。在学习过程中，我也遇到了这些问题，并在解决这些问题的过程中积累了宝贵的经验。

本书旨在提供全面而深入的技术与实践指南，帮助读者应对这些挑战。为此，我尽力使书中的内容深入浅出，既详细解释复杂算法的原理，又直观展示它们在现实世界中的具体应用。从基础到高级，从理论到实践，本书旨在成为连接两侧的桥梁，帮助读者在人工智能的浪潮中乘风破浪，一往无前，并且激励和引导更多的人走上 AI 技术探索之路。

读者对象

在从学生到研究者再到实践者的身份转变过程中，我深知学习和应用新技术的难度。因此，我在本书中分享了许多个人经验和实践技巧，希望能够为读者提供更具实际价值的指导。

本书面向的读者群体广泛，包括但不限于以下四类人群。

1）数据科学家和机器学习工程师：追求深入理解并应用最新 AI 技术的专业人士。

2）学术研究人员：对人工智能领域的前沿进展保持浓厚兴趣的学者。

3）在校学生：人工智能、计算机科学等相关专业的学生。

4）技术爱好者：对 AI 技术充满好奇的自学者。

无论是数据科学家、研究人员，还是对 AI 技术感兴趣的学生和技术爱好者，都适合阅读本书。

本书特色

1）具备系统性和深度：本书不仅覆盖了从基础到高级的多个技术主题，还深入探讨了每个主题的细节。

2）理论与实践相结合：每个技术主题都配有实战案例，以帮助读者更好地理解和应用理论知识。

3）结构清晰、表达通俗易懂：本书内容层次清晰、逻辑连贯，语言通俗易懂，便于读者按章节顺序逐步学习。

如何阅读本书

本书分为两篇。

第一篇　算法原理（第 1～4 章）：主要介绍 AIGC 相关的算法原理。

第 1 章　介绍 Transformer 模型。它最开始出现在自然语言处理（NLP）领域的论文中，是后续 GPT 系列模型的基础，之后更是渗透到计算机视觉（CV）领域和强化学习（RL）领域，可以说 Transformer 模型在现在的深度学习（DL）领域中扮演着不可或缺的角色。

第 2 章　介绍 GPT 系列模型。GPT-3 是大语言模型的起点，引领了 ViT、CLIP（对比语言 - 图像预训练）、Diffusion 和 ChatGPT 等多个领域大模型的崛起。

第 3 章　介绍深度生成模型，包括生成对抗网络（GAN）、自编码器（AE）和图像生成领域中常用的稳定扩散模型（Stable Diffusion）。自此，大模型开始朝着多模态的方向发展。

第 4 章　介绍预训练模型，讲解常见的分布式训练方式，同时带领读者体验由微软研究院开发的深度学习模型训练优化库——DeepSpeed，以及国内外常用的模型即服务（MaaS）平台，以帮助开发者快速建立应用。

第二篇　应用实战（第 5～9 章）：将抽象的算法知识转化为实际应用，并深入探讨如何利用这些先进技术来解决真实世界中的问题。

首先，从文本生成应用出发，第 5 章探索 ChatPDF 的实战应用，第 6 章则揭开 DeepSpeed-Chat 的神秘面纱。

接下来，进入图像生成算法实战，第 7 章以 Stable Diffusion 微调为核心，介绍 LoRA 参数高效微调技术，探讨如何进行数据收集、模型训练与测试，并深入探讨各种高效便捷的实战应用，如 Stable Diffusion WebUI 和可控扩散模型 ControlNet。

然后，把目光转向代码生成算法，第 8 章介绍 Code Llama 微调技术，并深入探讨代码生成模型的各种应用场景。

最后，第 9 章结合文本和图像构建一个综合应用——漫画家，介绍多模态漫画生成功能是如何实现的。在这一章，不仅探索相关的 AI 模型，还涉及后端技术栈的选择，以及如何进行模型部署，确保整个应用能够高效、稳定地运行。

本书虽然尽量从零开始解释一些关键概念，但实在无法做到面面俱到，对于一些需要拓展的数学知识、编程技巧和网络结构知识，有许多其他很棒的书可以进一步参考学习。此外，本书假定读者已经了解了一些机器学习和深度学习的背景知识，并且熟悉 Python 和 PyTorch 编程。

有一定基础的读者可以根据实际需求灵活阅读本书，但建议初学者按章节顺序阅读，以打下扎实的理论基础和提高实践技能。

勘误和支持

尽管我尽力确保内容准确，但限于水平，难免会有错误、疏漏或过时的信息，欢迎读者不吝指正，有任何意见或建议，请发送邮件到 liu_zhao_feng_alex@163.com。

代码仓库地址：https://github.com/koking0/MLLM-Algorithm-Application-Finetuning。

致谢

在本书的写作过程中，我得到了众多同行、学者和技术专家的支持，衷心感谢每一位对本书做出贡献的人。希望本书能够帮助读者在人工智能的探索之路上更进一步。

刘兆峰

CONTENTS

目　录

第一篇

算法原理

本篇将介绍 AIGC 相关的算法原理。首先是 Transformer 模型，它最开始出现在自然语言处理（NLP）领域的论文中，是后续 GPT 系列模型的基础，之后更是渗透到计算机视觉（CV）领域和强化学习（RL）领域，可以说 Transformer 模型在现在的深度学习（DL）领域中扮演着不可或缺的角色。然后是 GPT 系列模型，GPT-3 是大语言模型的起点，引领了 ViT、CLIP（对比语言 – 图像预训练）、Diffusion 和 ChatGPT 等多个领域大模型的崛起。之后是深度生成模型，包括生成对抗网络（GAN）、自编码器（AE）和图像生成领域中常用的稳定扩散模型（Stable Diffusion）。自此，大模型开始朝着多模态的方向发展。最后是预训练模型，讲解常见的分布式训练方式，同时带领读者体验由微软研究院开发的深度学习模型训练优化库——DeepSpeed，以及国内外常用的模型即服务（MaaS）平台，以帮助开发者快速建立应用。

在开始本篇之前，需要对深度学习、强化学习、词向量编码、卷积神经网络（CNN）和递归神经网络（RNN）有一定的了解。

第 1 章

Transformer 模型

Transformer 可以说是 2017 年深度学习领域中的重大突破，虽然一开始仅应用于机器翻译任务，但是后面经过不断的研究和发展，在自然语言处理（NLP）的多个任务上都取得了非常好的效果。一方面，Transformer 成为继多层感知机（MLP）、卷积神经网络（CNN）和递归神经网络（RNN）之后的第四大特征提取器，开启了新的深度学习范式。另一方面，Transformer 由于可扩展性也打开了大模型的大门，成了后续各种大模型的基石，引领了一个新的时代。

在本章中，我们首先介绍一下 Seq2Seq 结构，这是 Transformer 的基本结构，也是很多自然语言处理模型所使用的结构。然后将正式介绍 Transformer 模型，重点是其注意力层。最后介绍 ViT（Vision Transformer）模型，此模型在计算机视觉领域中第一个彻底抛弃了卷积神经网络，单纯使用 Transformer 编码器进行特征提取。

1.1 Seq2Seq 结构

序列到序列（Sequence to Sequence，Seq2Seq）结构的模型是一种自然语言处理领域中常见的深度学习模型，该结构的输入是一系列类型相同的元素（如字母、单词、图像特征或视频帧），输出是另一系列类型相同的元素，如图 1-1 所示。Seq2Seq 结构的输出元素的类型与输入元素的类型可以相同也可以不同，即具有多模态的潜力。

图 1-1　Seq2Seq 结构模型示意

Seq2Seq 结构的模型非常简洁高效，这种设计使其具有广阔的运用空间，无论在机器翻译、文本摘要还是在语言模型等热门任务中，都取得了显著的成功。所以，本节我们将首先详细介绍这种结构的模型及其工作原理。

1.1.1 分词器

在正式介绍 Seq2Seq 结构的模型之前，我们需要先了解"分词器"。人类之间的有效沟通完全依赖自然语言，这种语言包含无数复杂的词汇，而这些词汇对计算机而言却是完全陌生的。计算机是无法直接处理一个单词或者一个汉字的，因此在进行模型训练前，需要把人类能够理解的元素转化成计算机可以计算的向量。分词器正是为模型准备输入内容的，它可以将语料数据集预处理为模型可以接收的输入格式。对于文本格式的数据来说，分词器的作用就是将文本转换为词元序列，一个词元可以是一个字母、一个单词、一个标点符号或者一个其他符号，而这个过程也被称为分词（tokenization）。

1. 什么是分词

词元（token）可以理解为最小的语义单元，分词的目的是将输入文本转换为一系列的词元，并且还要保证每个词元拥有相对完整的独立语义。举个简单的例子，比如"Hello World!"这句话，可以将其分为 4 个词元，即 ["Hello", " ", "World", "!"]，然后把每个词元转换成一个数字，后续我们就用这个数字来表示这个词元，这个数字就被称为词元 ID，也叫 token ID。例如，我们可以用表 1-1 来表示上面那句话的词元以及对应的 ID，而最终"Hello World!"这句话就可以转换为"1 2 3 4"的数字序列。

表 1-1　"Hello World!"的分词示例

词元 ID	词元	备注
1	Hello	
2		空格
3	World	
4	!	

那么，分词应该分到什么粒度呢？对于英文来说，分词的粒度从细到粗依次是 character、subword、word。其中 character 表示的是单个字符，例如 a、b、c、d。而 word 表示的是整个单词，例如 water 表示水的意思。而 subword 相当于英文中的词根、前缀、后缀等，例如 unfortunately 中的 un、fortun(e)、ly 等就是 subword，它们都是有含义的。

对于中文来说，分词算法也经历了按词语分、按字分和按子词分三个阶段。按词语分和按字分比较好理解，也有一些工具包可以使用，例如 jieba 分词。如果是按照子词分，那么词元就可以是偏旁部首，当然对于比较简单的字，一个词元也可以是一个完整的字。例如，"江""河""湖""海"这四个字都跟水有关，并且它们都是三点水旁，那么在分词的时候，"氵"很可能会作为一个词元，"工""可""胡""每"是另外的词元。假如"氵"的词元 ID 为 1，"工""可""胡""每"的词元 ID 分别是 2、3、4、5，那么"江""河""湖""海"的词元序列就可以表示为 1 2、1 3、1 4、1 5。这样做的好处是，只要字中带有三点水旁，或者词元序列中含有词元 ID 为 1 的元素，那么我们就可以认为这个字或者这个词元序列跟水有关。即使是沙漠的"沙"字，是由"氵"和"少"组成的，也可以理解为水很少的地方。

2. BPE 分词算法

使用单个字母或单词作为词元会带来一些问题。首先，不同语言的词汇量不同，如果每个单词都需要分配唯一的词元 ID，那么会占用大量内存空间。其次，一些单词可能很少出现或是新造词，如专有名词、缩写、网络用语等，如果要让模型一直能够处理这些单词，就需要不断更新词元 ID 表格并重新训练模型。

为了解决这些问题，GPT 模型使用了 BPE（Byte Pair Encoding，字节对编码）方法来分割文本。BPE 是一种数据压缩技术，将文本分割为更小的子单元（subword），它们可以是单个字母、字母组合、部分单词或完整单词。BPE基于统计频率合并最常见的字母对或子单元对，这种方法能够更有效地处理不同语言的词汇量和新出现的单词。

接下来我们举一个例子来介绍BPE分词算法。首先我们需要知道，基于子词的分词算法有一个基本原则：常用字词尽量表示为单个词元，罕见词分解为多个词元。如果我们有一个语料库，要从头开始通过分词构建词表，首先要统计所有语料的词频，也就是计算每个单词在语料库中出现的频率，假如得到如下结果：{"class</w>": 1, "classified</w>": 2, "classification</w>": 3, "create</w>": 4, "created</w>": 5, "creation</w>": 6}。其中"</w>"是为了让算法知道每个单词的结束位置而在末尾添加的一个特殊符号。接下来将每个单词拆分成字符并再次统计其出现次数，特殊符号也被看作一个字符，可以得到如表1-2所示的词元频次表。

表1-2　词元频次表1

标号	词元	次数	标号	词元	次数	标号	词元	次数
1	e	26	6	t	18	11	d	7
2	c	24	7	r	15	12	l	6
3	a	24	8	s	12	13	f	5
4	</w>	21	9	o	9			
5	i	19	10	n	9			

接下来我们要寻找出现得最频繁的字符对，然后进行合并操作。我们从出现次数最多的字符开始，即"e"。通过计数可以发现，"ea"出现的次数最多，出现了4+5+6=15次，因此我们将"e"和"a"合并为"ea"，之后更新词元频次表，得到表1-3。

表1-3　词元频次表2

标号	词元	次数	标号	词元	次数	标号	词元	次数
1	e	26-15=11	6	t	18	11	d	7
2	c	24	7	r	15	12	l	6
3	a	24-15=9	8	s	12	13	f	5
4	</w>	21	9	o	9	14	ea	15
5	i	19	10	n	9			

继续合并，此时出现次数最多的是字符"c"，可以发现合并字符"cr"出现的次数最多，因此将这两个字符合并，更新词元频率表，得到表1-4。

表1-4　词元频次表3

标号	词元	次数	标号	词元	次数	标号	词元	次数
1	e	26-15=11	6	t	18	11	d	7
2	c	24-15=9	7	r	15-15=0	12	l	6
3	a	24-15=9	8	s	12	13	f	5
4	</w>	21	9	o	9	14	ea	15
5	i	19	10	n	9	15	cr	15

再进一步合并，就能发现BPE编码的奇妙之处。接下来我们将"cr"和"ea"合并为

"crea"，并且删除表中出现次数为 0 的词元，更新词元频次表，得到表 1-5。

表 1-5　词元频次表 4

标号	词元	次数	标号	词元	次数	标号	词元	次数
1	e	26−15=11	6	t	18	11	l	6
2	c	24−15=9	7	s	12	12	f	5
3	a	24−15=9	8	o	9	13	crea	15
4	</w>	21	9	n	9			
5	i	19	10	d	7			

　　一直重复以上步骤，单个词元会被逐渐合并，这也是 BPE 算法的主要目标——数据压缩。我们可以在开始时设置一个阈值，每次更新后词元的总数可能会发生变化，当词元总数达到设定的阈值之后，就停止合并，此时的词元频次表中所有的词元就是我们最终要用的词表。

　　可以发现，当我们合并词元并更新词表的时候，总的词元数可能增加，可能减少，也可能保持不变。一般来说，当迭代次数较小时，大部分词元还是字母，基本上没有什么实质含义，但是当迭代次数增大时，常用词开始慢慢合并到一起。如图 1-2 所示，这是我们在一次实验中统计的词元总数的变化，通常来说，随着合并次数的增加，词元总数是先增大后减小的，最终停止变化的条件就是达到我们设置的词元总数的阈值，因此，合适的停止标准是需要调整的一个参数。

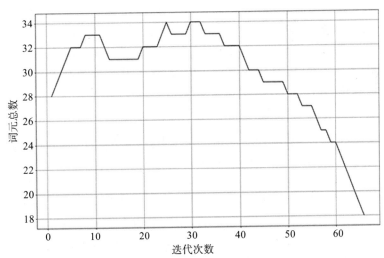

图 1-2　BPE 分词算法的词元总数随着迭代次数的增大而先增大后减小

　　词表建立了一个从词元到 ID 的对应关系。在模型处理输入时，将输入序列中的每一个元素的词元都映射为 ID，然后根据 ID 找到词元对应的特征向量。模型最终的输出结果也是词元 ID，再根据对应关系，将 ID 映射为词元进行输出。

　　BPE 在分词时具有一些显著的优势。首先，BPE 能够通过减少词元的数量，节省内存以及计算资源。其次，BPE 能有效地处理未遇见或罕见的词汇，它会将这些词汇分解为已知的子单元。此外，它能捕获词语的形态变化，例如复数、时态和派生形式，这使模型能够学习词语之间的关联。然而，BPE 也有一些缺点。例如，BPE 可能会分割一些有语义意义的子单元，使完整的词汇被拆分为多个部分。再者，BPE 可能会影响对特定符号或标记的处理，如 HTML 标签、URL、电子邮件地址等，这可能导致原始含义或格式的丧失。因此，BPE 并不是一种完美无缺的方法，而是一种在减少词元数量与保留词元含义之间达成平衡的折中策略。

BPE 是一种比较常用的分词算法，GPT-2、BART 和 Llama 模型都采用了 BPE 分词算法。除此之外，还有其他一些分词算法。WordPiece 的核心思想与 BPE 分词算法类似，但在子词合并的选择上并不是直接选择出现频率最高的相邻子词合并，而是选择能够提升语言模型概率的相邻子词进行合并。BERT 模型采用的就是 WordPiece 算法。SentencePiece 是另外一种分词算法，它将空格视作一种特殊字符进行处理，然后再用 BPE 算法来进行分词。ChatGLM、BLOOM 和 PaLM 模型采用了 SentencePiece 分词算法。

另外，在数据集的处理过程中，加入 StartToken、PadToken、EndToken 等词元，可以帮助模型更好地理解数据，或者帮助下游应用进行编码。以 Vicuna 模型为例，将对话结束标记 </s> 加入微调数据集中，能使模型更有效地预测何时停止生成字符。

1.1.2　编码器 – 解码器结构

我们继续深入探索 Seq2Seq 结构，如图 1-3 所示，模型的最外层一般是由一个编码器和一个解码器组成的。编码器依次对输入序列中的每个元素进行处理，然后将获取的信息压缩成一个上下文向量，之后将上下文向量发送给解码器，解码器根据输入序列和上下文向量依次生成输出序列。编码器和解码器在早期一般采用 RNN 模块，后来变成了 LSTM（长短期记忆网络）或 GRU（门控循环单元）模块，不过不管内部模块是什么，其主要特点就是可以提取时序特征信息。

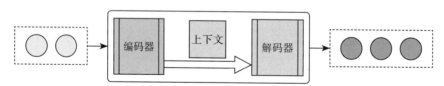

图 1-3　Seq2Seq 结构的模型一般由一个编码器和一个解码器组成

接下来我们用 PyTorch 实现一个简单的 Seq2Seq 结构模型，并用于 1.1.4 节的实战案例。本次实现主要分为以下几步：首先实现 Seq2Seq 结构模型的编码器和解码器部分；然后在解码器中加入注意力机制；之后定义该任务的损失函数；最后进行训练和评估。

1. 编码器

在编码器中，一般会先使用嵌入层（Embedding Layer）将输入序列中的每一个词元转换为特征向量，嵌入层的参数是一个 vocab_size × embed_size 的矩阵，其中 vocab_size 表示词表的大小，embed_size 表示特征向量的维度。如果有多个编码器，则词向量的转换仅发生在第一个编码器的处理过程中。在底层的编码器中输入的是词向量列表，而在其他编码器中，输入的是上一层编码器的输出。所有编码器都有相同的输入来源，这些输入通常是一个大小为 512 的向量列表。列表的大小是可以通过设置超参数来调整的，通常设置为训练数据集中最长句子的长度。

```python
class EncoderRNN(nn.Module):
    def __init__(self, input_size, hidden_size, dropout_p=0.1):
        super(EncoderRNN, self).__init__()
        self.hidden_size = hidden_size
        self.embedding = nn.Embedding(input_size, hidden_size)
        self.rnn = nn.RNN(hidden_size, hidden_size, batch_first=True)
        self.dropout = nn.Dropout(dropout_p)

    def forward(self, x):
        x = self.embedding(x)
        x = self.dropout(x)
        output, hidden = self.rnn(x)
        return output, hidden
```

这段代码定义了一个名为 EncoderRNN 的类，用于将输入的序列数据编码成一个向量，称为隐藏状态向量。

在该类的初始化方法中，有如下 3 个主要的成员变量。

❏ self.hidden_size 代表了隐藏状态的维度。

❏ self.embedding 是一个嵌入层，用于将输入序列的每个元素映射成对应的稠密向量表示。

❏ self.rnn 是一个循环神经网络层，其输入和输出的维度都是 hidden_size，并且采用 batch_first=True 的方式进行设置。

在前向传播过程中，首先，将输入序列进行嵌入操作并使用 dropout 进行随机失活处理，得到嵌入后的序列。然后，将嵌入后的序列输入到 RNN 层中进行编码操作。最后，返回编码后的输出序列以及最终的隐藏（hidden）状态作为输出。

下面我们实例化一个编码器对象，然后使用玩具数据查看输入向量、输出向量和隐藏状态的维度。

```python
encoder = EncoderRNN(input_size=10, hidden_size=5) # 词表大小为 10，隐藏状态维度为 5
input_vector = th.tensor([[0, 1, 2, 3, 4, 5, 6, 7, 8, 9]])
output, hidden = encoder(input_vector)
print("输入向量的维度：", input_vector.size())    # 输入向量的维度：torch.Size([1, 10])
print("输出向量的维度：", output.size())         # 输出向量的维度：torch.Size([1, 10, 5])
print("最终隐藏状态的维度：", hidden.size())      # 最终隐藏状态的维度：torch.Size([1, 1, 5])
```

2. 解码器

如果 Seq2Seq 结构的编码器中有多个 RNN 层，则在解码器中仅使用编码器最后一层的输出，该输出内容也被称为上下文向量，因为它对整个输入序列的上下文进行编码。解码器将使用此上下文向量进行初始化，这其中隐含了一个限定条件，就是解码器的隐藏状态维度和编码器的隐藏状态维度必须相同。解码器最终的输出应该是词元的概率分布，因此在解码器的最后一层使用全连接层进行变换。

解码器在对目标序列的单词进行嵌入之前，需要将整个序列右移一位，然后在序列的开头增加一个标志位 SOS_token 来表示开始解码。例如，当目标序列是"Hello World!"时，实际输入的应该是 [SOS_token, Hello, World, !]。具体的解码过程其实是：输入 SOS_token，然后解码器输出 Hello，将 SOS_token 和 Hello 拼接起来输入解码器，然后输出 World，以此类推，直到解码器输出结束词元 EOS_token 为止。

解码器在前向传播生成结果时，采用了强制学习的方法。此方法是指在训练中使用真实的目标输出作为下一个输入，而不是使用解码器猜测的输出作为下一个输入。例如，在前面这个例子中，当我们输入 SOS_token 时，期望模型输出 Hello，但是如果它实际输出了 Hi，那我们会将其先存下来，然后在下一轮输入的时候，将 SOS_token 和正确答案 Hello 拼接起来输入解码器。使用强制学习的方法可以加快网络的收敛速度，但当应用训练好的网络时，可能会出现不稳定的情况。

```python
class DecoderRNN(nn.Module):
    def __init__(self, hidden_size, output_size):
        super(DecoderRNN, self).__init__()
        self.embedding = nn.Embedding(output_size, hidden_size)
        self.rnn = nn.RNN(hidden_size, hidden_size, batch_first=True)
        self.out = nn.Linear(hidden_size, output_size)

    def forward(self, encoder_outputs, encoder_hidden, target_tensor=None):
        batch_size = encoder_outputs.size(0)
        decoder_input = th.empty(batch_size, 1, dtype=th.long).fill_(SOS_token)
            # Start of Sentence 词元，表示开始生成一个句子
        decoder_hidden = encoder_hidden
        decoder_outputs = []
        for i in range(MAX_LENGTH):
            decoder_output, decoder_hidden = self.forward_step(decoder_input,
                decoder_hidden)
            decoder_outputs.append(decoder_output)
            if target_tensor is not None:  # 强制学习
                decoder_input = target_tensor[:, i].unsqueeze(1)
            else:
                _, topi = decoder_output.topk(1)
                decoder_input = topi.squeeze(-1).detach()

        decoder_outputs = th.cat(decoder_outputs, dim=1)
        decoder_outputs = F.log_softmax(decoder_outputs, dim=-1)
        return decoder_outputs, decoder_hidden, None

    def forward_step(self, x, hidden):
        x = self.embedding(x)
        x = F.relu(x)
        x, hidden = self.rnn(x, hidden)
```

```
output = self.out(x)
return output, hidden
```

这段代码定义了一个名为 DecoderRNN 的类,用于根据编码器的输出和隐藏状态逐步生成目标序列。

在该类的初始化方法中,有三个主要的成员变量。

其中 self.embedding 和 self.rnn 前面已经介绍过,不再赘述。self.out 是一个线性层,用于将 RNN 的输出映射到目标序列的维度。

在前向传播过程中,首先根据编码器的输出和隐藏状态初始化解码器的第一个输入,然后进入一个循环,循环次数为最大序列长度(MAX_LENGTH)。在每一次循环中,调用 forward_step 方法来逐步生成目标序列。强制学习方法会将目标序列作为下一步的输入。循环过程中的每一个输出都被存储在 decoder_outputs 列表中。

最后,在前向传播的末尾,将存储的所有输出进行拼接,然后经过 log_softmax 函数进行标准化,得到最终的 decoder_outputs。同时,返回最终的隐藏状态(decoder_hidden)以及 "None" 以保持在训练循环中的一致性。

forward_step 方法用于执行每一步的解码过程。它首先对输入序列进行嵌入操作,然后通过 ReLU 激活函数激活,接着经过 RNN 层进行解码计算,再通过线性层映射到目标序列的维度。最后,返回解码结果和隐藏状态。

下面我们实例化一个解码器对象,然后使用玩具数据看一下最终输出向量的维度。

```python
python
decoder = DecoderRNN(hidden_size=5, output_size=10)
target_vector = th.tensor([[0, 1, 2, 3, 4, 5, 6, 7, 8, 9]])
encoder_outputs, encoder_hidden = encoder(input_vector)
output, hidden, _ = decoder(encoder_outputs, encoder_hidden, input_vector)
print(" 输出向量的维度 :", output.size())  # 输出向量的维度 :[1, 10, 10]
```

最终输出向量的第一个维度表示批量大小,第二个维度表示最大输出长度,即 MAX_LENGTH,第三个维度表示词表大小。

1.1.3　注意力机制

Seq2Seq 结构的模型将输入序列的信息都压缩到上下文向量中,而上下文向量的长度是固定的,因此,当输入序列的长度较长时,一个上下文向量可能存不下那么长的信息,也就是说,此时模型对较长的序列处理能力不足。对此,Bahdanau 等人在 2014 年和 Luong 等人在 2015 年提出了一个解决方案——注意力机制。这种机制可以让模型根据需要来关注输入序列中的相关部分,从而放大重点位置的信号,因此添加了注意力机制的模型会比没有添加注意力机制的模型产生更好的结果。

注意力机制在直观上非常好理解,如图 1-4 所示,当我们拿到一张新的图片时,我们的注意力会自动聚焦到一些关键信息上,而

输入　　　　注意力机制

图 1-4　注意力机制的图片演示

不需要扫描全图。人类的注意力机制能够减少资源损耗，提高信息处理效率。使用注意力机制的深度学习模型也是如此，能够更有效地找到图中的关键信息，并给予较高的权重。

带有注意力机制的 Seq2Seq 结构模型相比于经典的 Seq2Seq 结构模型有以下两点不同。

1）如果有多个编码器，带有注意力机制的 Seq2Seq 结构模型会将更多的中间数据传递给解码器。经典 Seq2Seq 结构模型只会将编码阶段的最后一个隐藏状态向量传递给解码器，而带有注意力机制的 Seq2Seq 结构模型会将编码阶段的所有隐藏状态向量传递给解码器，如图 1-5 所示。

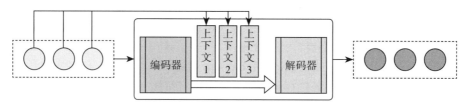

图 1-5　注意力机制下从多编码器到解码器的隐藏状态传递示意

2）解码器在生成输出时会执行额外的计算：首先，接收编码器传递的隐藏状态向量；然后，为每个隐藏状态向量进行打分；最后，将每个隐藏状态向量乘以其 softmax 分数，从而放大高分的隐藏状态向量。如图 1-6 所示。

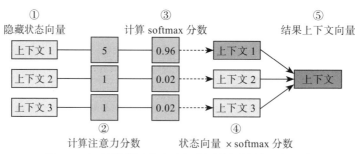

图 1-6　解码器利用注意力机制进行计算输出的示意

为了计算注意力权重，我们可以添加一个前馈层。这个前馈层的输入是解码器的输入和隐藏状态。由于训练数据中的句子长度各不相同，我们需要选择一个最大句子长度作为参考，用于创建和训练这个前馈层。对于较短的句子，将只使用前几个注意力权重进行计算，而对于最长的句子，将使用所有的注意力权重。这样可以确保模型能够处理不同长度的句子，并且在训练中学习到如何完成合适的权重分配。

具体的注意力机制的演算过程我们将在 1.2 节介绍 Transformer 模型架构时详细说明，此处我们先给出一个简单的代码实现。

```python
class Attention(nn.Module):
    def __init__(self, hidden_size):
        super(Attention, self).__init__()
        self.Wa = nn.Linear(hidden_size, hidden_size)
        self.Ua = nn.Linear(hidden_size, hidden_size)
```

```
        self.Va = nn.Linear(hidden_size, 1)

    def forward(self, query, keys):
        scores = self.Va(th.tanh(self.Wa(query) + self.Ua(keys)))
        scores = scores.squeeze(2).unsqueeze(1)
        weights = F.softmax(scores, dim=-1)
        context = th.bmm(weights, keys)
        return context, weights
```

这段代码定义了一个 Attention 类，用于实现注意力机制的功能。在模块的初始化方法中，通过如下三个线性层（nn.Linear）来定义模块的参数。

❑ self.Wa 的输入大小为 hidden_size，输出大小也为 hidden_size。

❑ self.Ua 的输入大小为 hidden_size，输出大小也为 hidden_size。

❑ self.Va 的输入大小为 hidden_size，输出大小为 1。

在前向传播过程中，模块会使用两个输入参数：query 和 keys。query 是一个用于查询的向量，而 keys 是一个包含多个用于比较的向量的集合。模块首先将输入的 query 和 keys 经过线性变换，然后经过 tanh 激活函数，再相加以产生分数（scores）。分数用来衡量 query 和每个 key 之间的相关性。接着，对 scores 进行 squeeze 和 unsqueeze 操作，将其维度从 (1, N, 1) 变为 (1, 1, N)，其中 N 为 key 的数量。然后，通过 softmax 函数对 scores 进行标准化操作，得到每个 key 的权重（weights）。最后，使用权重对 keys 进行加权求和（torch.bmm），得到一个加权的上下文向量（context），并将其与权重一起返回。

```python
class AttentionDecoderRNN(nn.Module):
    def __init__(self, hidden_size, output_size, dropout_p=0.1):
        super(AttentionDecoderRNN, self).__init__()
        self.embedding = nn.Embedding(output_size, hidden_size)
        self.attention = Attention(hidden_size)
        self.rnn = nn.RNN(2 * hidden_size, hidden_size, batch_first=True)
        self.out = nn.Linear(hidden_size, output_size)
        self.dropout = nn.Dropout(dropout_p)

    def forward(self, encoder_outputs, encoder_hidden, target_tensor=None):
        batch_size = encoder_outputs.size(0)
        decoder_input = th.empty(batch_size, 1, dtype=th.long).fill_(SOS_token)
        decoder_hidden = encoder_hidden
        decoder_outputs = []
        attentions = []
        for i in range(MAX_LENGTH):
            decoder_output, decoder_hidden, attn_weights = self.forward_
                step(decoder_input, decoder_hidden, encoder_outputs)
            decoder_outputs.append(decoder_output)
            attentions.append(attn_weights)
            if target_tensor is not None:  # 强制学习
                decoder_input = target_tensor[:, i].unsqueeze(1)
            else:
                _, topi = decoder_output.topk(1)
```

```
                    decoder_input = topi.squeeze(-1).detach()

            decoder_outputs = th.cat(decoder_outputs, dim=1)
            decoder_outputs = F.log_softmax(decoder_outputs, dim=-1)
            attentions = th.cat(attentions, dim=1)
            return decoder_outputs, decoder_hidden, attentions

    def forward_step(self, input, hidden, encoder_outputs):
        embedded = self.dropout(self.embedding(input))
        query = hidden.permute(1, 0, 2)
        context, attn_weights = self.attention(query, encoder_outputs)
        input_rnn = th.cat((embedded, context), dim=2)
        output, hidden = self.rnn(input_rnn, hidden)
        output = self.out(output)
        return output, hidden, attn_weights
```

这段代码定义了一个名为 AttentionDecoderRNN 的类，用于实现带有注意力机制的解码器。在模块的初始化方法中，定义了几个子模块。

❑ self.embedding 是一个嵌入层，用于将输入序列转化为嵌入向量。它的输入大小为 output_size（目标语言的词表大小），输出大小为 hidden_size（隐藏状态的维度）。

❑ self.attention 是一个注意力模块，用于实现注意力机制。它的输入维度为 hidden_size（隐藏状态维度），后面会将编码器的输出和隐藏状态拼接在一起作为解码器 RNN 的输入，因此输入维度翻倍，为 2 * hidden_size。

❑ self.rnn 是一个卷积神经网络，用于处理输入序列。它的输入维度为 2 * hidden_size（嵌入向量和上下文向量的拼接），输出维度为 hidden_size。

❑ self.out 是一个线性层，用于将解码器的输出映射到最终目标语言的词表大小。它的输入维度为 hidden_size，输出维度为 output_size。

❑ self.dropout 是一个 dropout 层，用于防止过拟合，可以在训练过程中随机将一些节点置为 0。

在前向传播过程中，输入参数为 encoder_outputs（编码器输出）、encoder_hidden（编码器隐藏状态）和 target_tensor（目标序列）。首先，通过 encoder_outputs 的形状获取 batch_size。然后，初始化解码器的输入为一个大小为 (batch_size, 1) 的 LongTensor，并用起始标记填充。隐藏状态起始为编码器的隐藏状态。

循环进行解码的过程，迭代次数为 MAX_LENGTH（最大解码长度）。在每个时间步中，调用 forward_step 方法完成一步解码操作。将解码器的输出、注意力权重和上一时间步的解码器输入存储到 decoder_outputs 和 attentions 列表中。

将 decoder_outputs 和 attentions 分别连接（cat）在一起，并对 decoder_outputs 进行 log_softmax 操作。该模块的输出包括 decoder_outputs（解码器输出）、decoder_hidden（解码器隐藏状态）和 attentions（每个时间步的注意力权重）。

在 forward_step 方法中，输入参数为 input（解码器输入）、hidden（隐藏状态）和 encoder_outputs（编码器输出）。首先，通过嵌入层对 input 进行嵌入和 dropout 操作。然后，对隐藏状态进行维度转换，以适应注意力模块的输入要求。通过调用 attention 模块，获取上下文向量（context）和注意力权重（attn_weights）。将嵌入向量和上下文向量沿第三个维度（维度索引为 2）进行拼接，作为 RNN 层的输入。使用 RNN 层对输入进行处理从而得到输出（output）和隐藏状态（hidden）。最后，通过线性层将输出映射到目标语言的词表大小，得到最终的解码器输出。

下面我们实例化一个带注意力机制的解码器对象，然后使用玩具数据看一下最终输出向量和注意力权重的维度。

```python
decoder = AttentionDecoderRNN(hidden_size=5, output_size=10)
target_vector = th.tensor([[0, 1, 2, 3, 4, 5, 6, 7, 8, 9]])
encoder_outputs, encoder_hidden = encoder(input_vector)
output, hidden, attentions = decoder(encoder_outputs, encoder_hidden, input_vector)
print("输出向量的维度 :", output.size())       # 输出向量的维度 : torch.Size([1, 10, 10])
print("注意力权重的维度 :", attentions.size()) # 注意力权重的维度 : torch.Size([1, 10, 10])
```

1.1.4　实战：日期转换

本小节我们将通过一个非常简单、直观的日期转换的例子，来更加深入地了解 Seq2Seq 结构的模型。我们需要实现的功能就是将中文的"年 – 月 – 日"格式的日期转换成英文的"day/month/year"（即 DD/MM/YYYY）格式的日期，数据的区间是 1950 ～ 2050 年。当然，这个功能比较简单，直接通过一些规则就可以完成映射。为了增加难度，提供的中文日期采用"YY-MM-DD"的格式，即年份数字缺少前两位，模型需要推理转换的日期到底是 20 世纪还是 21 世纪。例如，中文格式的日期为 02-05-11，转换为英文格式则应为 11/May/2022。

1. 加载数据

训练模型首先需要数据集，由于数据比较简单，可以直接通过规则进行创建。我们需要对每个数字、符号和单词创建一个唯一的索引，以便稍后用作编码器的输入转换和解码器的输出转换。我们可以通过两个字典 word2index（word → index）和 index2word（index → word）来实现，它们分别表示将词元转换为索引和将索引转换为词元。

```python
class DateDataset(Dataset):
    def __init__(self, n):
        # 初始化两个空列表，用于存储中文和英文日期
        self.date_cn = []
        self.date_en = []
        for _ in range(n):
            #随机生成年、月和日
            year = random.randint(1950, 2050)
            month = random.randint(1, 12)
            day = random.randint(1, 28)   #假设最大为 28 日
            date = datetime.date(year, month, day)
            # 格式化日期并添加到对应的列表中
            self.date_cn.append(date.strftime("%y-%m-%d"))
            self.date_en.append(date.strftime("%d/%b/%Y"))
# 创建一个词汇集，包含 0 ～ 9 的数字、-、/ 和英文日期中的月份缩写
```

```
        self.vocab = set([str(i) for i in range(0, 10)] +
                          ["-", "/"] + [i.split("/")[1] for i in self.date_en])
        # 创建一个词汇到索引的映射，其中 <SOS>、<EOS> 和 <PAD> 分别对应开始、结束和填充标记
        self.word2index = {v: i for i, v in enumerate(
            sorted(list(self.vocab)), start=3)}
        self.word2index["<SOS>"] = SOS_token
        self.word2index["<EOS>"] = EOS_token
        self.word2index["<PAD>"] = PAD_token
        # 将开始、结束和填充标记添加到词汇集中
        self.vocab.add("<SOS>")
        self.vocab.add("<EOS>")
        self.vocab.add("<PAD>")
        # 创建一个索引到词汇的映射
        self.index2word = {i: v for v, i in self.word2index.items()}
        # 初始化输入和目标列表
        self.input, self.target = [], []
        for cn, en in zip(self.date_cn, self.date_en):
            # 将日期字符串转换为词汇索引列表，然后添加到输入和目标列表中
            self.input.append([self.word2index[v] for v in cn])
            self.target.append(
                [self.word2index["<SOS>"], ] +
                [self.word2index[v] for v in en[:3]] +
                [self.word2index[en[3:6]]] +
                [self.word2index[v] for v in en[6:]] +
                [self.word2index["<EOS>"], ]
            )
        # 将输入和目标列表转换为 NumPy 数组
        self.input, self.target = np.array(self.input), np.array(self.target)

    def __len__(self):
        # 返回数据集的长度，即输入的数量
        return len(self.input)

    def __getitem__(self, index):
        # 返回给定索引的输入、目标和目标的长度
        return self.input[index], self.target[index], len(self.target[index])

    @property
    def num_word(self):
        # 返回词表的大小
        return len(self.vocab)
```

这段代码定义了一个名为 DateDataset 的类，它是一个继承自 torch.utils.data.Dataset 的自定义数据集类。该数据集用于生成随机的日期数据，并进行数据预处理和编码。

在类的初始化方法中，首先定义了空的 date_cn 和 date_en 列表，分别用于存储 "YY-MM-DD" 类型的日期和 "DD/MM/YYYY" 类型的日期，然后根据指定的数据数量 n 生成 n 个随机的日期数据。每个日期数据都是随机生成的年、月、日，并使用 strftime 方法将其转换为指定的日期字符串格式并添加到 date_cn 和 date_en 列表中。

然后，根据生成的日期数据构建了一个词表（vocab），该词表包含所有在日期数据中出

现的数字、分隔符（"-"和"/"）以及月份的缩写。之后，将词表中的每个词和对应的索引构建成字典（word2index 和 index2word），并添加特殊的标记词（<SOS>、<EOS>）和对应的索引值。

接下来，根据构建的字典，对 date_cn 和 date_en 中的每个日期数据进行编码处理。对于中文日期数据（date_cn），将每个字符根据字典转换为对应的索引值，并存储到 input 列表中。对于英文日期数据（date_en），首先转换为规定的格式，然后在前后拼接上 <SOS> 和 <EOS>，并存储到 target 列表中。最后，将 input 和 target 转换为 NumPy 数组，并分别存储到 self.input 和 self.target 中。

该类还实现了 __len__ 方法和 __getitem__ 方法，它们分别用于返回数据集的长度和指定索引位置的数据样本。另外，该类还定义了一个名为 num_word 的属性方法，用于返回词表中的词汇数量。

我们可以通过以下语句大致了解该数据集，如图 1-7 所示。

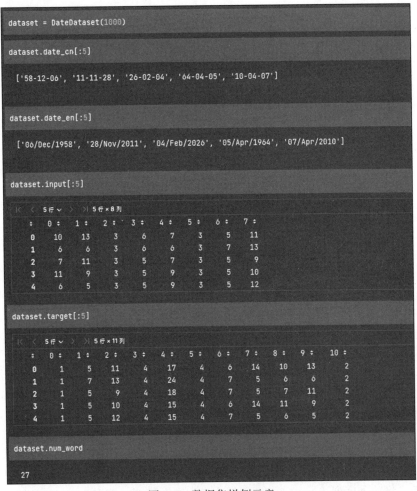

图 1-7　数据集样例示意

2. 训练模型

数据准备完成后就可以开始训练模型了，如以下代码所示。

python

```
n_epochs = 100
batch_size = 32
MAX_LENGTH = 11
hidden_size = 128
learning_rate=0.001
dataloader = DataLoader(dataset, batch_size=batch_size, shuffle=True, drop_
    last=True)
encoder = EncoderRNN(dataset.num_word, hidden_size)
decoder = AttentionDecoderRNN(hidden_size, dataset.num_word)
encoder_optimizer = optim.Adam(encoder.parameters(), lr=learning_rate)
decoder_optimizer = optim.Adam(decoder.parameters(), lr=learning_rate)
criterion = nn.NLLLoss()

for i in range(n_epochs + 1):
    total_loss = 0
    for input_tensor, target_tensor, target_length in dataloader:
        encoder_optimizer.zero_grad()
        decoder_optimizer.zero_grad()
        encoder_outputs, encoder_hidden = encoder(input_tensor)
        decoder_outputs, _, _ = decoder(encoder_outputs, encoder_hidden, target_
            tensor)
        loss = criterion(
            decoder_outputs.view(-1, decoder_outputs.size(-1)),
            target_tensor.view(-1).long()
        )
        loss.backward()
        encoder_optimizer.step()
        decoder_optimizer.step()
        total_loss += loss.item()

    total_loss /= len(dataloader)
    if i % 10 == 0:
        print(f"epoch: {i}, loss: {total_loss}")
```

首先，我们定义了一些超参数，包括训练的总轮数（n_epochs）、批量大小（batch_size）、最大序列长度（MAX_LENGTH）、隐藏层的维度（hidden_size）、学习率（learning_rate）等。接下来，通过 DataLoader 加载数据集（dataset），将数据集按照指定的批量大小进行划分，并打乱顺序（shuffle=True）。然后，创建了一个 EncoderRNN 对象和一个 AttentionDecoderRNN 对象，并分别使用 Adam 优化器对它们的参数进行优化。接着，定义了一个损失函数（nn. NLLLoss），用于计算模型输出和目标张量之间的负对数似然损失。

在训练循环中，使用一个外部循环控制训练轮数。在每一轮训练中，使用一个内部循环遍历数据集中的每个批量。首先，将优化器的梯度置为 0，以避免累积梯度影响优化的效果。然后，将输入序列（input_tensor）输入 Encoder 模型，获取 Encoder 的输出和隐藏状态。再将 Encoder 的输出和隐藏状态以及目标序列（target_tensor）输入 Decoder 模型，获取 Decoder 的输出。计算模型输出和目标序列之间的损失，并执行反向传播和优化器参数更新的操作。累加每个批量的损失以得到总损失。

最后，在每一轮训练结束后，将总损失除以数据加载器（dataloader）中的批量数，得到平均损失。并且，每迭代 10 次输出一次当前轮数和平均损失。

3. 评估

在开始评估模型之前，需要先将编码器和解码器模型设置为评估模式。评估过程与训练过程基本相同，但是没有目标输出，因此我们将解码器的预测结果反馈给自身进行下一步操作。每次预测出一个新的单词后，我们就将其添加到输出字符串中，如果预测到了 EOS 标记，就停止预测。

```python
def evaluate(encoder, decoder, x):
    encoder.eval()
    decoder.eval()
    encoder_outputs, encoder_hidden = encoder(th.tensor(np.array([x])))
    start = th.ones(x.shape[0],1)    # [n, 1]
    start[:,0] = th.tensor(SOS_token).long()
    decoder_outputs, _, _ = decoder(encoder_outputs, encoder_hidden)
    _, topi = decoder_outputs.topk(1)
    decoded_ids = topi.squeeze()
    decoded_words = []
    for idx in decoded_ids:
        decoded_words.append(dataset.index2word[idx.item()])
    return ''.join(decoded_words)

for i in range(5):
    predict = evaluate(encoder, decoder, dataset[i][0])
    print(f"input: {dataset.date_cn[i]}, target: {dataset.date_en[i]}, predict:
        {predict}")
```

在上述代码中，通过循环调用 evaluate 函数来进行预测，并输出预测结果。首先，令输入序列 x 通过 Encoder 模型，得到 Encoder 的输出和隐藏状态。接下来，创建一个初始输入 start，其维度为 [n, 1]，并将其每个元素设置为 SOS_token（起始标记）的索引。将 Encoder 的输出和隐藏状态以及 start 作为输入，通过 Decoder 模型得到 Decoder 的输出。

然后，从 Decoder 的输出中取出每个位置上的最大值索引（topi），构建出预测的序列（decoded_ids）。接着，根据词典（dataset.index2word）将每个索引转换为对应的词，并存储到 decoded_words 列表中。最后，将 decoded_words 中的词按顺序连接起来，得到最终的预测结果（predict）。

如图 1-8 所示，在主程序中，循环遍历 5 个数据样本。对于每个样本，调用 evaluate 函数进行预测，同时输出输入序列（dataset.date_cn[i]）、目标序列（dataset.date_en[i]）和预测结果（predict）。可以发现，模型不但能够正确地对日期进行转换，而且对于 2011 年 11 月 28 日，也没有将其错误地预测为 1911 年的日期。

```
for i in range(5):
    predict = evaluate(encoder, decoder, dataset[i][0])
    print(f"input: {dataset.date_cn[i]}, target: {dataset.date_en[i]}, predict: {predict}")

input: 58-12-06, target: 06/Dec/1958, predict: <SOS>06/Dec/1958<EOS>
input: 11-11-28, target: 28/Nov/2011, predict: <SOS>28/Nov/2011<EOS>
input: 26-02-04, target: 04/Feb/2026, predict: <SOS>04/Feb/2026<EOS>
input: 64-04-05, target: 05/Apr/1964, predict: <SOS>05/Apr/1964<EOS>
input: 10-04-07, target: 07/Apr/2010, predict: <SOS>07/Apr/2010<EOS>
```

图 1-8   Seq2Seq 的日期转换模型训练效果示意

1.2   Transformer 模型介绍

Transformer 是一个完全基于注意力机制训练的模型，在 2017 年发表的论文"Attention Is All You Need"（https://arxiv.org/abs/1706.03762）中首次提出，用于机器翻译任务，它在特定任务中的表现优于谷歌的其他神经网络机器翻译模型。Transformer 也是 Seq2Seq 结构的模型，相比于之前基于 RNN 的 Seq2Seq 结构模型，Transformer 模型具有更好的并行性，能够极大地提高模型的训练和推理速度。

1.2.1   位置编码

在 Transformer 模型中，直接将词元通过嵌入层后的向量输入到编码器中会有一些问题。我们需要知道的是，Transformer 模型内计算注意力权重的操作是并行的，没有类似 RNN 的循环结构，因此并没有捕捉顺序序列的能力。也就是说，无论句子中单词的顺序怎么安排，Transformer 模型最终都会得到类似的结果。为了解决这个问题，Transformer 在处理输入序列时引入了位置嵌入（Position Embedding，也称为位置编码）来提供单词之间的顺序信息，这是一种将单词的位置信息嵌入输入词向量中的方法。它使用一系列额外的向量来表示单词之间的距离，从而提供了顺序信息。如图 1-9 所示，在 Transformer 模型中，位置编码的向量会与输入的词向量相加，从而可以综合考虑单词的语义信息和位置信息。

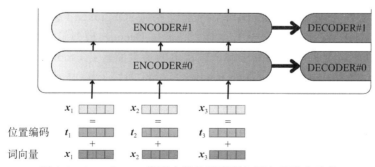

图 1-9   Transformer 模型中的位置编码与词向量融合示意

位置编码的设计十分讲究，暂时抛开 Transformer 模型不谈，单单就位置编码方式来说，大体有两种选择：绝对位置编码和相对位置编码。

1. 绝对位置编码

绝对位置编码相对来说比较简单：对于第 k 个输入向量 $\boldsymbol{x}_k$，直接与位置向量 $\boldsymbol{p}_k$ 拼接成 $\boldsymbol{x}_k + \boldsymbol{p}_k$，其中 $\boldsymbol{p}_k$ 是只依赖于索引 k 的。即便绝对位置编码比较简单，也出现了很多变种。

（1）训练位置编码

训练位置编码是一种最简单的位置编码方式，就是完全不定义任何规则，直接定义一个位置编码向量，然后在模型训练的过程中进行学习，也就是说，直接将这个位置编码当作一个可以学习的参数。BERT 和 GPT 等模型所采用的就是这种位置编码方式。假如输入文本的最大长度是 512，而编码的特征维度是 768，那么就可以创建一个 512×768 的矩阵作为位置向量，然后让它随着训练过程逐渐更新。

```python
self.pos_embedding = nn.Parameter(torch.randn(512, 768))
```

这种训练式的绝对位置编码的缺点就是没有外推性，也就是说，如果在训练的时候定义的最大句子长度是 512，那么模型在推理时最多只能处理长度为 512 的句子，更长就处理不了了。

（2）三角函数位置编码

Transformer 模型中所采用的是三角函数式的绝对位置编码，也称为 Sinusoidal 位置编码。假设输入序列的长度为 N，编码向量的特征维度是 d_{model}，也就是说一句话对应的特征向量矩阵的维度是 (N, d_{model})。接下来我们将矩阵按列分别进行编码，偶数列采用正弦函数编码，奇数列采用余弦函数编码。然后定义两个编码函数为

$$
\begin{cases}
\text{PE}_{(\text{pos}, 2i)} = \sin\left(\dfrac{\text{pos}}{10000^{\frac{2i}{d_{\text{model}}}}}\right) \\[4mm]
\text{PE}_{(\text{pos}, 2i+1)} = \cos\left(\dfrac{\text{pos}}{10000^{\frac{2i}{d_{\text{model}}}}}\right)
\end{cases}
$$

其中 pos 是词元的位置数，i 的取值范围则是从 0 到 $\dfrac{d_{\text{model}}}{2}$。

之所以采用三角函数进行位置编码，是因为它具有明显的规律性，以此期望它具有一定的外推能力，还有一个原因是三角函数的两角和公式为

$$
\begin{cases}
\sin(\alpha + \beta) = \sin\alpha\cos\beta + \cos\alpha\sin\beta \\
\cos(\alpha + \beta) = \cos\alpha\cos\beta - \sin\alpha\sin\beta
\end{cases}
$$

这说明 $\alpha+\beta$ 位置的向量可以表示成 α 位置的向量和 β 位置的向量的组合，也就是说后面的编码向量可以由前面的编码向量线性表示，这其实从侧面提供了模型单词之间的绝对位置。

相应的 Python 代码如下。

```python
def get_position_angle_vector(position):
    return [position / np.power(10000, 2 * (hid_j // 2) / d_hid) for hid_j in
        range(d_hid)]

sinusoidal_table = np.array([get_position_angle_vector(i) for i in range(n_
    position)])
sinusoidal_table[:, 0::2] = np.sin(sinusoidal_table[:, 0::2])    # 偶数列进行 sin 操作
sinusoidal_table[:, 1::2] = np.cos(sinusoidal_table[:, 1::2])    # 奇数列进行 cos 操作
```

（3）递归位置编码

从理论上来说，RNN 模型本身就具备学习位置信息的能力，因此可以通过递归结构训练一个可以捕捉序列位置关系的模型。如果在词向量输入之后先添加一个 RNN 层，随后使用 Transformer 模型，理论上就不需要再添加位置编码了。同样，我们也可以利用 RNN 模型来学习绝对位置编码，从初始向量 p_0 开始，通过递归方式 $p_{k+1}=f(p_k)$ 来生成各个位置的编码向量。

理论上说，基于递归模型的位置编码具备较好的外推能力，并且灵活性比三角函数式的位置编码更好。然而，递归位置编码的并行性不好，可能会导致模型训练变慢。

2. 相对位置编码

注意力机制在计算时，实际上只需要考虑当前位置元素与被计算注意力分数的位置元素的相对距离，而不需要严格知道当前元素在输入序列中的绝对位置，因此相对位置编码的灵活性更大，可扩展性也更好。

（1）经典相对位置编码

因为是在计算注意力分数时丢失的位置信息，所以最直接的想法就是在这一层再加回来。于是，提出 Transformer 模型的原班人马发表了"Self-Attention with Relative Position Representations"（https://arxiv.org/abs/1803.02155），在计算注意力分数和加权平均时各加入了一个可学习的参数，用来表示元素之间的相对位置，并且这个相对位置编码参数可以在多头之间共享。

在计算注意力分数时，首先要计算：

$$\begin{cases} q_i = (x_i + p_i)W_Q \\ k_j = (x_j + p_j)W_K \\ v_j = (x_j + p_j)W_V \end{cases}$$

其中 x_i 和 x_j 分别表示两个位置的特征向量，p_i 和 p_j 则表示两个位置的编码向量，接下来要计算注意力分数，即

$$a_{i,j} = \text{softmax}(q_i k_j^T) = \text{softmax}((x_i + p_i)W_Q W_K^T (x_j + p_j)^T)$$

在这一步，将第一项的位置编码 p_i 去掉，然后将展开式中第二项的位置编码 $p_j W_K$ 替换为二元位置向量 $R_{i,j}^K$，变成

$$a_{i,j} = \text{softmax}(x_i W_Q (x_j W_K + R_{i,j}^K)^T)$$

最后进行加权平均，即

$$z_i = \sum_j a_{i,j} v_j = \sum_j a_{i,j}(x_j W_V + p_j W_V)$$

同样将 $p_j W_V$ 替换为二元位置向量 $R_{i,j}^V$，变成

$$z_i = \sum_j a_{i,j}(x_j W_V + R_{i,j}^V)$$

如果要用 $R_{i,j}^K$ 和 $R_{i,j}^V$ 来表示 x_i 和 x_j 的相对位置，那么它们应该只与 i 和 j 之间的差值 k 有关，因此定义

$$\begin{cases} R_{i,j}^K = w_{\mathrm{clip}(j-i,\,p_{\min},\,p_{\max})}^K \in (w_{p_{\min}}^K, \cdots, w_{p_{\max}}^K) \\ R_{i,j}^V = w_{\mathrm{clip}(j-i,\,p_{\min},\,p_{\max})}^V \in (w_{p_{\min}}^V, \cdots, w_{p_{\max}}^V) \end{cases}$$

通过这种方式，即使只有固定长度的位置编码向量，也能够表达出任意长度的相对位置关系。

（2）T5 相对位置编码

T5 是一个通用的文本到文本的模型，适用于大多数 NLP 任务，它用了一种比较简单的相对位置编码方法。对计算注意力分数的式子进行全展开，得

$$a_{i,j} = \mathrm{softmax}(q_i k_j^{\mathrm{T}}) = \mathrm{softmax}(x_i W_Q W_K^{\mathrm{T}} x_j^{\mathrm{T}} + x_i W_Q W_K^{\mathrm{T}} p_j^{\mathrm{T}} + p_i W_Q W_K^{\mathrm{T}} x_j^{\mathrm{T}} + p_i W_Q W_K^{\mathrm{T}} p_j^{\mathrm{T}})$$

因为 x 表示的是输入向量，p 表示的是位置向量，所以上式可以分别理解为"输入 – 输入""输入 – 位置""位置 – 输入""位置 – 位置" 4 项注意力分数。但是，输入向量与位置向量理论上应该是相互独立的，不应该计算注意力分数，因此可以删除中间两项。而对于最后一项，我们认为它只是一个用来表示相对位置的标量，只依赖 (i, j)，那就可以通过一个标量直接将其表示出来，这样注意力分数就可以简化为

$$a_{i,j} = \mathrm{softmax}(x_i W_Q W_K^{\mathrm{T}} x_j^{\mathrm{T}} + r_{i,j})$$

在代码层面，只要在简化的注意力矩阵上加入一个偏置项即可。

还有一点是，对于 T5 相对位置编码对 (i, j)，先对相对位置 i–j 做了分桶处理，然后才做截断处理，如表 1-6 所示，将 i–j 相对位置映射到 $f(i$–$j)$。

表 1-6　T5 相对位置编码映射关系

i–j	0	1	2	3	4	5	6	7	8	9	10
$f(i$–$j)$	0	1	2	3	3	3	4	4	4	4	5

3. 融合位置编码

绝对位置编码以其实现简单、计算速度快的优点受到欢迎，而相对位置编码则因为直观地体现了相对位置信号，往往能带来更好的实际性能。不过，如果我们能以绝对位置编码的方式实现相对位置编码，即采用融合位置编码，就能在保持简单和快速的同时享受更好的性能。旋转位置编码（Rotary Position Embedding，RoPE）就是为了实现这个目标而提出的一种融合位置编码方式，它将相对位置信息集成到了线性注意力层中，虽然按

照定义应该属于相对位置编码，但是在性能上超越了绝对位置编码和经典的相对位置编码，并且它其实是以绝对位置编码的方式实现了相对位置编码。RoPE 由苏剑林最早应用于自研的 RoFormer 模型，发表于论文" RoFormer: Enhanced Transformer with Rotary Position Embedding"（https://arxiv.org/abs/2104.09864）中。

RoPE 主要是对注意力层中的查询 (query, q) 向量和键 (key, k) 向量注入了绝对位置信息，然后用更新后的两个向量做内积，由此引入相对位置信息。其中，q 和 k 的形状都是 (L,E)，L 是序列长度，E 是嵌入维度。在计算注意力分数时，需要先计算 q 和 k 的内积，在这一步，RoPE 设计了两个函数 $f_q(\cdot, m)$ 和 $f_k(\cdot, n)$，用于给 q 和 k 添加绝对位置信息，即假设 $\tilde{q}_m = f_q(q, m)$ 和 $\tilde{k}_n = f_k(k, n)$ 运算会给 q 和 k 添加绝对位置信息。注意力机制的核心运算就是内积，所以我们希望内积的结果带有相对位置信息，而 query 向量 q_m 和 key 向量 k_n 之间的内积运算可以用一个函数 g 表示，g 的输入是单词嵌入 q、k 和它们之间的相对位置 $m-n$，即

$$\langle f_q(q, m), f_k(k, n)\rangle = g(q, k, m-n) \tag{1-1}$$

那么，我们要做的就是求出该恒等式的一个尽可能简单的解。所以，RoPE 编码简单讲就是先通过函数 f 进行了绝对位置编码，又通过注意力机制的内积运算引入了相对位置编码。

在这里补充一点，RoPE 的工作是建立在复数理论之上的，因此我们需要先介绍一些复数的相关知识。复数的本质其实就是旋转，如图 1-10 所示，试想在一个数轴上，$1 \times (-1)$ 其实表示的就是将 (1,0) 向量逆时针旋转 180°。那么，有没有一个数能让 $1 \times i \times i = -1$ 呢，也就是将向量逆时针旋转两次 90°？这就是对虚数单位 i 的直观理解。更进一步，欧拉恒等式 $e^{i\pi} = -1$ 其实表示的是将一个数持续旋转弧度 π，而它将指向相反的方向。

复数可以用极坐标来表示，其中有两个参数：模和角度。模表示复数在复平面上的距离，而角度表示与正实轴之间的夹角。如果将二维向量看作复数的话，那么复数 a 和 b 就可以表示成 $a = r_a e^{i\theta_a}$ 和 $b = r_b e^{i\theta_b}$，而它们的内积公式为

$$\langle a,b\rangle = |a| \times |b| \times \cos(\theta_a - \theta_b) = r_a r_b \cos(\theta_a - \theta_b)$$

其中 $|a|$ 与 r_a、$|b|$ 与 r_b 分别是复数 a 和 b

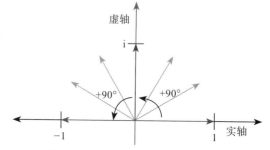

图 1-10　复数表示旋转的直观理解

的模，θ_a、θ_b 分别是复数 a 和 b 的角度，$\cos(\theta_a - \theta_b)$ 表示两个向量的夹角的余弦值。

那么，在计算注意力分数时，我们可以先假设词嵌入向量的维度是二维，即 $E = 2$，而二维向量又可以写成极坐标的形式，这样就可以利用二维平面上向量的几何性质提出一个满足前面关系的函数：

$$
\begin{cases}
f_q(q, m) = R_{f_q}(q,m)e^{i\Theta_{f_q}(q,m)} \\
f_k(k, n) = R_{f_k}(k,n)e^{i\Theta_{f_k}(k,n)} \\
g(q, k, m-n) = R_g(q,k,m-n)e^{i\Theta_g(q,k,m-n)}
\end{cases}
$$

其中 R 和 Θ 分别表示模和角度。根据式（1-1）和内积公式，可以推导出

$$\begin{cases} R_{f_q}(q,m)R_{f_k}(k,n)=R_g(q,k,m-n) & （1\text{-}2）\\ \Theta_{f_q}(q,m)-\Theta_{f_k}(k,n)=\Theta_g(q,k,m-n) & （1\text{-}3） \end{cases}$$

我们的目标是找到函数 f 的一个可行解，因此可以给 f 添加一些初始条件，简化求解过程，可以设 $f_q(q,0)=q$ 和 $f_k(k,0)=k$。那么当 $m=n$ 时，由式（1-2）可以得到

$$R_{f_q}(q,m)R_{f_k}(k,n)=R_g(q,k,0)$$

由于计算内积 g 时实部只和 $m-n$ 的相对值有关，所以

$$R_g(q,k,0)=R_{f_q}(q,0)R_{f_k}(k,0)=\|q\|\cdot\|k\|$$

因此，我们可以进一步简单假设：

$$R_{f_q}(q,m)=\|q\|,R_{f_k}(k,n)=\|k\|$$

同理，当 $m=n$ 时，由式（1-3）可以得到

$$\Theta_{f_q}(q,m)-\Theta_{f_k}(k,n)=\Theta_g(q,k,0)=\Theta_{f_q}(q,0)-\Theta_{f_k}(k,0)=\Theta_{f_q}(q)-\Theta_{f_k}(k)$$

整理得

$$\Theta_{f_q}(q,m)-\Theta_{f_q}(q)=\Theta_{f_k}(k,n)-\Theta_{f_k}(k)$$

所以 $\Theta_{f_q}(q,m)-\Theta_{f_q}(q)$ 是一个只与 m 相关而与 q 无关的函数，定义为 $\varphi(m)$，即

$$\varphi(m)=\Theta_{f_q}(q,m)-\Theta_{f_q}(q) \qquad （1\text{-}4）$$

可以发现

$$\varphi(m)-\varphi(m-1)=[\Theta_{f_q}(q,m)-\Theta_{f_q}(q)]-[\Theta_{f_q}(q,m-1)-\Theta_{f_q}(q)]=\Theta_{f_q}(q,m)-\Theta_{f_q}(q,m-1)=\Theta_g(q,q,1)$$

也就是说，$\varphi(m)-\varphi(m-1)$ 的值也只与 m 相关而与 q 无关，这说明 $\varphi(m)$ 是一个关于 m 的等差数列，那么可以进一步简单假设 $\varphi(m)=m\theta$，这里的 θ 是一个非 0 常数。根据式（1-4），我们可以得到

$$\Theta_{f_q}(q,m)=\Theta_{f_q}(q)+m\theta$$

综上所述，有

$$f_q(q,m)=R_{f_q}(q,m)\mathrm{e}^{\mathrm{i}\Theta_{f_q}(q,m)}=\|q\|\mathrm{e}^{\mathrm{i}(\Theta_{f_q}(q)+m\theta)}=q\mathrm{e}^{\mathrm{i}m\theta}$$

也就是说，我们找到了一个 f 的可行解。前面我们提到过，复数的本质其实是旋转，因此 RoPE 才被称为旋转位置编码。既然是旋转，那还可以将其写成矩阵的形式：

$$f_q(q,m)=\begin{pmatrix}\cos m\theta & -\sin m\theta\\ \sin m\theta & \cos m\theta\end{pmatrix}\begin{pmatrix}q_0\\ q_1\end{pmatrix}$$

当然这还是在嵌入维度 $E=2$ 的情况。当 $E>2$ 时，一般来说嵌入维度会是一个偶数，那么可以直接将二维矩阵进行拼接，即

$$f_q(q, m) = \begin{pmatrix} \cos m\theta_0 & -\sin m\theta_0 & \cdots & 0 & 0 \\ \sin m\theta_0 & \cos m\theta_0 & \cdots & 0 & 0 \\ & & \vdots & & \vdots \\ 0 & 0 & \cdots & \cos m\theta_{\frac{E}{2}-1} & -\sin m\theta_{\frac{E}{2}-1} \\ 0 & 0 & \cdots & \sin m\theta_{\frac{E}{2}-1} & \cos m\theta_{\frac{E}{2}-1} \end{pmatrix} \begin{pmatrix} q_0 \\ \vdots \\ q_{E-1} \end{pmatrix}$$

到此为止，RoPE 位置编码的原理我们介绍完了，它巧妙地借助复数的表达形式，在注意力机制之前加入了绝对位置信息，而在注意力计算的过程中，又引入了相对位置信息。另外，RoPE 相对于绝对位置编码和经典的相对位置编码来说还具有外推性。若外推性不好，则当大模型在训练和预测的输入长度不一致时，模型的泛化能力可能会下降。例如，一个模型在训练时只处理长度为 512 个 token 的位置向量，那么在预测时，如果输入文本超过 512 个 token，模型可能会处理不好，从而影响其处理长文本或多轮对话等任务的效果。RoPE 良好的外推性也使得它成为目前在大模型位置编码中应用最广的方式之一，已经被广泛应用在我们后面会介绍的 Llama 和 GLM 等模型中。

1.2.2　模型架构

在本小节中，我们将介绍 Transformer 模型的详细架构，为了更容易理解，我们首先将模型简化为一个黑盒子，然后一层层深入，并一一介绍相关概念。我们以 Transformer 最开始的应用——机器翻译任务为例进行讲解。在机器翻译任务中，它的输入是一种语言（比如汉语）的一个句子，输出是表示相同意思的另一种语言（比如英语）的一个句子，如图 1-11 所示。

打开 Transformer 模型，可以发现它是由一个编码器组件、一个解码器组件以及它们之间的连接组成的。其中，编码器组件由一系列编码器组成，解码器组件由一系列相同数量的解码器组成。

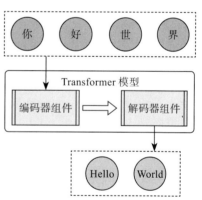

图 1-11　Transformer 模型在机器翻译中的输入与输出示意

所有的编码器在结构上都是相同的，如图 1-12 左图所示，它分为两个部分：自注意力层和前馈神经网络。编码器的输入首先经过自注意力层，对输入句子中的特定单词向量计算注意力分数，结合所有单词向量的注意力分数，编码为一个新的隐藏状态向量。自注意力层的输出被发送到前馈神经网络，进行线性映射。自注意力层根据输入句子中不同的单词得出不同的注意力分数，因此自注意力层的权重参数不同，而前馈神经网络对输入句子中不同的单词应用完全相同的权重参数。

解码器的结构与编码器类似，如图 1-12 右图所示，不过分为了 3 个部分：自注意力层、注意力层和前馈神经网络。其中自注意力层和前馈神经网络的结构与编码器中相同，在这两层之间是一个"编码器 – 解码器"注意力层，使用来自编码器压缩的上下文向量，让解码器不仅可以关注输入句子中的相关单词，还可以关注输出句子中的相关单词。

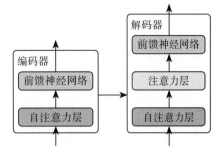

1. 自注意力层

正如前面提到的，编码器接收向量列表作为输入，然后将向量列表传递给自注意力层进行处理，之后传递给前馈神经网络，最后将输出发送给下一个编码器。在编码器计算的过程中，每个位置的单词都会经过自注意力层的计算，然后通过一个完全相同的前馈神经网络。

图 1-12　Transformer 模型中编码器和解码器的结构细节示意

实现编码器中的自注意力层需要四个步骤，如图 1-13 所示。

1）为每个单词创建查询（query）键（key）和值（value）三个向量。对于输入序列中的每个单词，将其表征向量分别和对应的权重矩阵（W^Q, W^K, W^V）相乘，映射成查询向量、键向量和值向量。

2）使用查询向量对其他单词的键向量进行评分。对于每个输入单词，使用其对应的查询向量与其他所有单词的键向量进行内积运算，获得注意力分数，这个注意力分数就表示当前单词与其他单词之间的相关性。

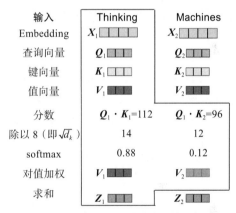

图 1-13　自注意力层的计算流程示意

3）对注意力分数进行标准化。每个单词对于其他单词的注意力分数除以键向量维度的平方根 $\sqrt{d_k}$，然后通过 softmax 函数进行标准化，这样有助于提高梯度的稳定性。

4）将值向量乘以标准化后的注意力分数然后加权求和。对于每个输入单词，将其对应的值向量与上一步得到的标准化后的注意力分数相乘，然后将所有乘积结果相加，得到经过自注意力机制修正后的表征。

为什么需要三个向量来计算注意力分数呢？ query、key 和 value 的概念来自信息检索系统。例如，当我们想要搜索某一个问题时，会打开浏览器在搜索栏输入关键字，这个关键字就是查询问题的 query，搜索结果可能包含很多文章，这个文章的标题就是 key，文章的内容就是 value，对搜索结果进行排序时，其实就是用问题 query 与标题 key 进行匹配，计算相关度，即注意力分数。

为什么要除以 $\sqrt{d_k}$ 进行缩放呢？ 假设 query 向量和 key 向量中的元素都是相互独立、均值为 0、方差为 1 的随机变量，那么这两个向量的内积 $\boldsymbol{q}^{\mathrm{T}}\boldsymbol{k} = \sum_{i=1}^{d_k} q_i k_i$ 的期望为 0，方差为向量的维度 d_k。因此，当 d_k 较大时，点积的方差也较大，这样不同的查询向量与不同的键

向量计算出来的分数会相差较大。softmax 函数的公式为

$$S(x_i) = \frac{e^{x_i}}{\sum_{j=0}^{n} e^{x_j}}$$

对 x_i 求偏导得

$$\frac{\partial S(x_i)}{\partial x_i} = S(x_i)(1 - S(x_i))$$

对 x_j 求偏导得

$$\frac{\partial S(x_j)}{\partial x_j} = -S(x_i)S(x_j)$$

这里的 $x_i = \boldsymbol{q}^{\mathrm{T}}k$。当方差较大时，可能会出现某个 x_i 远大于或者远小于其他 x 的情况，进而可能导致梯度消失和梯度爆炸。

以如下代码为例，我们先创建一个从 -10 到 9 的数组 x_1，然后在其尾部添加上一个值 100，表示可能出现的远大于其他数字的值，之后将 x_1 除以 100 进行缩放，定义为 x_2，最后分别绘制两个数组的 softmax 值，结果如图 1-14 所示。可以发现，不进行缩放的蓝色的曲线比较陡峭，在两端可能会出现梯度接近于 0 或梯度过大的值；而进行缩放的红色的曲线相对平缓，梯度的变化不会太剧烈，这样有助于保持模型训练的稳定性。

```python
import numpy as np
import matplotlib.pyplot as plt

# 定义 softmax 函数
def softmax(x):
    e_x = np.exp(x - np.max(x))  # for numerical stability
    return e_x / e_x.sum()

# 创建一个从 -10 到 9 的数组，并在末尾添加一个值 100
x1 = np.arange(-10, 10)
x1 = np.append(x1, 100)
# 计算 softmax 值
y1 = softmax(x1)

# 创建另一个从 -10 到 9 的数组，在末尾添加一个值 100，然后除以 100 进行缩放
x2 = np.arange(-10, 10)
x2 = np.append(x2, 100)
x2 = x2 / 100
# 计算 softmax 值
y2 = softmax(x2)

plt.figure(figsize=(10, 6))
plt.plot(range(1, len(x1)+1), y1, marker="o", color="blue", label="Original")
plt.plot(range(1, len(x2)+1), y2, marker="o", color="red", label="Scaled")
plt.xlabel("Index")
```

```
plt.ylabel("Softmax Value")
plt.title("Softmax Values of Two Vectors")
plt.grid(True)
plt.legend()
plt.show()
```

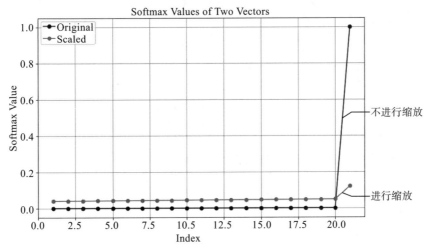

图 1-14　关于 softmax 的输入是否进行缩放的函数值对比

　　为了更直观地理解注意力分数，我们来看一个例子。假如我们要翻译一句话 "The animal didn't cross the street because it was too tired."，其中文意思是"动物没有过马路，因为它太累了。"，那么在翻译的时候，"it"指的到底是什么呢，是 animal 还是 street？对于人类来说，我们可以很轻易地意识到"it"指的是动物（animal）。然而，对于算法来说，

确定"it"指的是什么可能是一个复杂的问题。引入了注意力机制之后，在处理这个单词时，模型就可以使"it"与"animal"建立更强的联系。事实上，如图 1-15 所示，我们可以通过谷歌提供的 Tensor2Tensor Notebook 来交互查看注意力分数，训练完成后，结果确实如我们前面所述。

　　最后需要注意的是，每个单词都会对应查询、键和值三个向量，但是在实际的代码中使用的是整个输入序列的矩阵。输入 X 矩阵，它的每一行就对应输入句子中的每一个单词，然后分别乘以 W^Q、W^K、W^V 这 3 个矩阵，得到 Q、K、V 三个矩阵，接着计算注意力分数矩阵，之后经过 softmax 函数，再乘以 V 矩阵，就得到了 Z 矩阵，这个 Z 矩阵就是要发送给前馈神

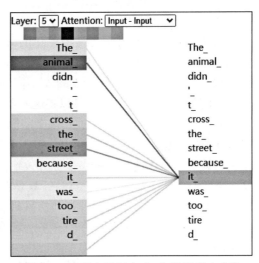

图 1-15　注意力机制中"it"的注意力分数可视化示意

经网络的矩阵。整个流程如图 1-16 所示。

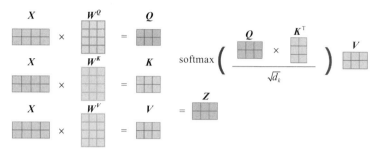

图 1-16   自注意力机制的计算流程

2. 多头注意力机制

在 Transformer 模型的论文中还使用了一种加强注意力的设计——多头注意力（MHA）机制，进一步完善了注意力层。多头注意力机制可以让模型同时关注不同表示子空间的信息。例如，当我们看一篇文章的时候，会更注意标题和粗体的文字，而不是正文那种又小又密集的文字，也会更注意颜色鲜艳的文字，比如红色的标题。这里的字体和颜色就是两个表示子空间，我们如果能同时关注字体和颜色，那么就可以更有效地定位文章中强调的内容。同理，多头注意力机制就是综合利用各个方面的信息，从多个表示子空间中汇总重要特征。

要使用多头注意力机制，就要有多组 query、key、value 权重矩阵。在标准的 Transformer 模型中使用了 8 个注意力头，因此每个编码器和解码器的注意力层都有 8 个权重集合，这些集合中的每一个参数矩阵在开始训练时都是随机初始化的。模型训练完成后，每个权重集合可以将输入特征向量投影到不同的表示子空间中，模型可以通过 Q、K、V 在不同的空间去学习特征，从而避免使用同一种注意力机制时可能产生的偏执，让语义拥有更多元的表达。

多头注意力要为每个头维护单独的 W^Q、W^K、W^V 权重矩阵，首先用 X 乘以 W^Q、W^K、W^V 矩阵以产生 Q、K、V 矩阵，然后进行与前面提到的注意力机制相同步骤的计算，只是使用的权重矩阵不同，最终会得到 8 个不同的 Z 矩阵。但是前馈神经网络不能处理 8 个矩阵，因此我们需要再做一个矩阵运算以将这 8 个矩阵变换成 1 个矩阵。整个流程如图 1-17 所示。

在结构上，多头注意力就是由多个点积注意力模块组合而成的，可以表示为 $\text{MultiHead}(Q, K, V) = \text{Concat}(\text{head}_1, \cdots, \text{head}_h)W^O$，多头中的 h 个点积注意力模块是可以并行的，它们之间没有依赖关系，因此可以进一步提升效率。多头注意力机制还可以提升模型效果，不过论文中并没有给出更清晰的理论支持，只是在实际训练时发现效果更好。这也是 AI 科研论文的一个特点，研究员经常凭借强烈的科研意识和敏锐性，发现一些新的研究方向，并通过实验证实其有效性。而这些方向并不一定能够得到完美的理论支持，这也为后续研究者提供了改进的空间。MQA 和 GQA 就是其中的两种优化方案。

如图 1-18a 所示，多头注意力机制的每个头都有自己独立的查询（Q）、键（K）和值（V），在进行计算时，每个头都要依据自己的 Q、K、V 进行计算，这会占用大量的存储空间，并且其占用空间规模是随着模型隐藏层维度的增加而成倍增加的。

为了解决这个问题，有一种新提出的改进模型，称为多查询注意力（MQA）机制。

MQA 的设计思想是，让查询保持原来的多头设计，但键和值则只有一个头，如图 1-18c 所示。在这种设计中，所有的 Q 头共享一组 KV 头，因此得名"多查询"注意力。尽管这种设计在某些情况下可能会对模型性能产生一定的影响，但基于其各种优势，这种微小的性能降低是可以接受的。实验发现，MQA 模型通常可以提高 30% 到 40% 的处理效率。

MQA 模型为何能提高处理效率呢？主要原因在于它降低了 KV 缓存的大小。虽然从运算量上看，MQA 和 MHA 的计算复杂度是差不多的，但由于 MQA 模型只需要读取一组 KV 头然后供所有 Q 头使用，因此，这种设计在内存和计算之间存在不对称性的情况下具有明显的优势。具体来说，MQA 模型的这种设计可以减少需要从

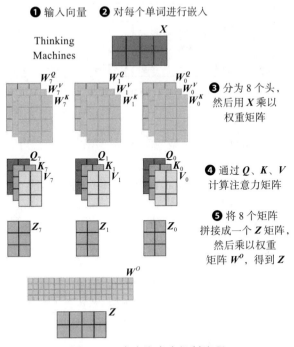

❶ 输入向量　❷ 对每个单词进行嵌入

❸ 分为 8 个头，然后用 X 乘以权重矩阵

❹ 通过 Q、K、V 计算注意力矩阵

❺ 将 8 个矩阵拼接成一个 Z 矩阵，然后乘以权重矩阵 W^O，得到 Z

图 1-17　多头注意力机制流程

内存中读取的数据量，从而缩短了计算单元的等待时间，提高了计算效率。同时，由于 KV 缓存的大小减小了，显存中需要保存的张量的大小也相应减小，这为增大批处理量留出了空间，进一步提高了显存利用率。

除了 MQA 模型外，还有一种折中的解决方案，即分组查询注意力（GQA）机制，如图 1-18 b 所示。GQA 是 MHA 和 MQA 的一种混合模型，其目的是在不过分损失性能的前提下，尽可能地获取 MQA 模型的推理加速优势。在 GQA 模型中，不是所有的 Q 头共享一组 KV，而是分组的一定数量的 Q 头共享一组 KV。这种设计既兼顾了性能，也考虑了推理速度。

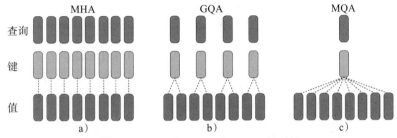

图 1-18　MHA、GQA 和 MQA 的对比

在后面我们将介绍的 Llama 2 的论文中，给出了三种多头注意力机制的效果对比，如图 1-19 所示，可以发现，GQA 的效果相对来说是比较好的，MHA 的效果次之，MQA 的

效果则要差一些。

	BoolQ	PIQA	SIQA	Hella-Swag	ARC-e	ARC-c	NQ	TQA	MMLU	GSM8K	Human-Eval
MHA	**71.0**	**79.3**	48.2	75.1	71.2	**43.0**	12.4	44.7	**28.0**	4.9	**7.9**
MQA	70.6	79.0	47.9	74.5	71.6	41.9	**14.5**	42.8	26.5	4.8	7.3
GQA	69.4	78.8	**48.6**	**75.4**	**72.1**	42.5	14.0	**46.2**	26.9	**5.3**	7.9

图 1-19　Llama 2 论文中 MHA、GQA 和 MQA 在不同任务上的效果

3. 注意力层

Transformer 模型的解码器使用的是注意力层，基本的计算步骤与自注意力层相似，只不过其中的键矩阵和值矩阵是由编码器提供的上下文向量。编码器首先处理输入序列，然后将顶部编码器的输出转换为一组注意力矩阵——K 和 V，这两个矩阵将在每个解码器的注意力层中使用。

在解码阶段，我们需要给定一个初始的随机向量，用于表示开始生成序列。类似于我们在编码器阶段对输入序列进行处理的方式，解码器在生成序列的过程中也会添加位置编码向量，用于指示每个单词在序列中的位置。解码器每一步生成序列时只输出一个元素，而该元素会作为下一步的输入再次输入到解码器中。这样，解码器会逐步生成完整的序列。如图 1-20 所示，在注意力层解码器每次都会根据输入元素构建 Q 矩阵，与编码器发送过来的 K 矩阵和 V 矩阵共同进行注意力计算，这样有助于解码器在生成时注意到输入序列中的元素位置。解码器不断重复该生成过程，直到出现一个表示生成结束的特殊符号，表明解码器已完成输出。

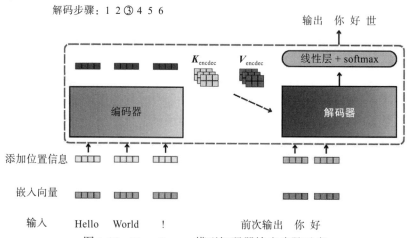

图 1-20　Transformer 模型解码器输出步骤示意

解码器中的自注意力层的操作方式与编码器中的自注意力层的计算方式略有不同：在解码器中，自注意力层只允许关注输出序列中出现较早的位置。这个限制是通过在计算注意力分数时，在应用 softmax 函数之前，对未来位置的分数设置为负无穷（-inf）来实现的。

这样一来，在 softmax 步骤中，未来位置的注意力分数会趋于 0，从而使得解码器只关注过去和当前的位置。

输入矩阵和掩码矩阵具有相同的维度，在掩码矩阵中，遮挡位置的值被设置为 0。如图 1-21 所示，对于单词 0，它只能使用自身的信息；而对于单词 1，它可以使用单词 0 和自身的信息。换句话说，掩码矩阵的作用是限制在注意力计算中使用的信息范围。当某个位置的掩码值为 0 时，该位置的相关信息应被排除在注意力计算之外。因此，掩码矩阵确保了每个位置只能关注它之前的位置，不会使用未来位置的信息。

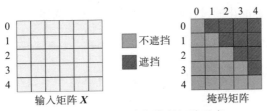

图 1-21 输入矩阵与掩码矩阵示意

通过输入矩阵 X，我们计算得到了 Q、K 和 V 三个矩阵。然后我们将 Q 矩阵与 K 的转置矩阵 K^T 进行矩阵乘法，得到了 $Q \cdot K^T$ 矩阵。接下来，我们对 $Q \cdot K^T$ 矩阵与掩码矩阵按位相乘，得到了 Mask $Q \cdot K^T$ 矩阵。然后，我们对 Mask $Q \cdot K^T$ 矩阵进行 softmax 操作，使得 Mask $Q \cdot K^T$ 矩阵的每一行的值相加为 1。最后，我们将完成 softmax 操作的 Mask $Q \cdot K^T$ 矩阵与 V 矩阵进行矩阵乘法运算，得到最终的输出矩阵 Z。整个流程如图 1-22 所示。

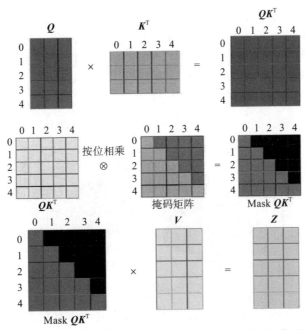

图 1-22 注意力机制中的 Q、K、V 矩阵计算与掩码操作流程

1.2.3 标准化和残差连接

1. 标准化

Transformer 模型的编码器和解码器都是 6 层的神经网络，而网络层级越多则越可能出现梯度消失和梯度爆炸的问题。对于此类问题，一般可以通过标准化等方式解决，使得模型最终能够收敛。

神经网络中的标准化（或称归一化）是一种重要的预处理步骤，它的目的是将输入数据在传递至神经元之前进行平移和伸缩变换，使得数据规范化分布到一个固定的区间范围内，通常呈标准正态分布。标准化的过程可以通过下述公式来描述：

$$h = f\left(g \cdot \frac{x - \mu}{\sigma} + b\right)$$

其中，x 代表输入数据，μ 和 σ 分别代表数据的平移参数和缩放参数，b 和 g 是再平移和再缩放的参数。经过这种变换后，得到的数据将符合均值为 b、方差为 g^2 的分布。

深度神经网络中的每一层都可以看作相对独立的分类器，它们对上一层的输出数据进行分类。然而，由于每一层输出的数据分布都可能不同，这可能会导致内部协变量偏移（Internal Covariate Shift，ICS）的问题。随着网络层数的增加，这种偏移的误差也会逐渐累积，最终可能会导致网络的性能下降。此外，由于神经网络的主要运算都是矩阵运算，一个向量的值经过矩阵运算后容易变得越来越大。为了防止这种情况发生，我们需要及时将数据拉回到正态分布。标准化的主要目的是保持神经网络的稳定性。

根据标准化操作的维度不同，我们可以将其分为批标准化（Batch Normalization）和层标准化（Layer Normalization），当然也有其他标准化方式，如实例标准化（Instance Normalization）、组标准化（Group Normalization）等。无论在哪个维度上进行标准化，其本质都是让数据在该维度上进行缩放。例如，批标准化是通过对批量大小（batch size）这个维度的标准化来稳定数据的分布，而层标准化则是通过对隐藏层大小（hidden size）这个维度的标准化来稳定某一层的数据分布，如图 1-23 所示。

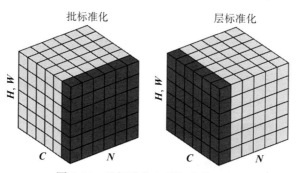

图 1-23 批标准化和层标准化示意

做 NLP 领域的任务时，每个样本通常都是一个句子，并且句子不一定等长，有可能出现在一个小批量数据里某一个句子特别长而其他句子都很短的情况，因此用批标准化是不合理的，将直接导致最终模型的效果不理想。在 Transformer 模型中使用了层标准化，即在特征通道上对 **C**、**H**、**W**（**C** 张量为通道数，**H** 张量为高度，**W** 张量为宽度）进行标准化。也就是说，层标准化计算的是每一个样本的均值和方差，这种情况下，不同的输入样本就有不同的均值和方差。层标准化不依赖批量的大小和输入序列的长度，因此比较适合处理 NLP 领域的任务中大量文本不等长的情况。

在层标准化中，对于给定的样本 $x \in \mathbb{R}^{N \times D}$，其中 N 是批量大小，D 是特征维度，首先可以计算每个样本的均值和方差。

$$\text{均值：} \mu = \frac{\sum_{i=1}^{D} x_i}{D}$$

$$\text{方差：} \sigma^2 = \frac{\sum_{i=1}^{D} (x_i - \mu)^2}{D}$$

接下来可以用均值和方差对输入进行标准化

$$\hat{x}_i = \frac{x_i - \mu}{\sqrt{\sigma^2 + \varepsilon}}$$

其中 ε 是一个很小的正数，用来防止分母为 0。最后可以得到重新缩放和偏移后的输出

$$y_i = \gamma \hat{x}_i + \beta$$

其中 γ 和 β 是可学习的参数。

层标准化的位置也有讲究，分为 Pre-LN、Post-LN 和 Sandwich-LN，其结构如图 1-24 所示。顾名思义，Pre-LN 就是将层标准化放在残差连接之前，能够让模型的训练更加稳定，但是模型效果略差。Post-LN 则是将层标准化放在残差连接之后，参数正则化的效果更强，虽然模型效果更好，但是可能会导致模型训练不稳定，这是由网络深层的梯度范式逐渐增大导致的。那么，自然而然地，我们可以想到将两者结合起来，于是就有了 Sandwich-LN，即在残差连接之前和之后都加入层标准化。Cogview（清华大学与阿里巴巴共同研究的文生图模型）就使用了 Sandwich-LN 来防止出现值爆炸的问题，但是仍然会出现训练不稳定的问题，可能会导致训练崩溃。

在 NLP 领域发展的早期阶段，例如 BERT 模型，由于其神经网络层数相对较少，通常会采用 Post-LN。而随着模型的发展，Transformer 结构模型开始增加更多的层数，例如 GPT 模型，这给训练稳定性带来了挑战。因此，研究人员开始使用 Pre-LN，以提高深层 Transformer 模型的训练稳定性。

为了解决模型训练不稳定的问题，论文 "DeepNet: Scaling Transformers to 1000 Layers"（https://arxiv.org/abs/2203.00555）中提出了 DeepNorm 的方法。从论文名字就可以看出，研究者将 Transformer 模型扩展到了 1000 层，这是一个非常深的网络。Pre-LN 之所以会让模型训练更稳定，是因为标准化的输出可以缓解子层（注意力机制和前馈神经网络）中梯度消失和梯度爆炸的问题。DeepNorm 其实是一种 Post-LN 的方案，但是在执行层标准化之前对残差连接执行了 up-scale 操作，即

$$x_{l+1} = \mathrm{LN}(\alpha x_l + f(x))$$

其中 $\alpha > 1$，也就是说，DeepNorm 会在层标准化之前以 α 参数扩大残差连接。DeepNorm 能够防止模型在训练过程中出现过大范围的参数更新，将参数的更新范围限制在一定的常数值内，以此来让模型的训练过程更加稳定。

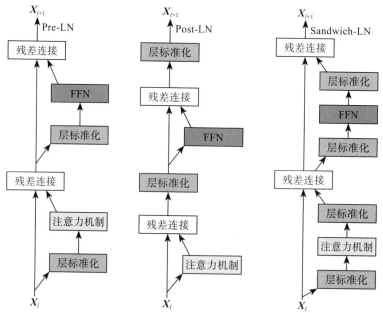

图 1-24 Pre-LN、Post-LN 和 Sandwich-LN 的结构示意

RMSNorm 是一种改进的层标准化技术，在我们后续介绍的 Llama 2 模型中会用到，它旨在优化神经网络的训练稳定性和模型收敛性。该技术在论文"Root Mean Square Layer Normalization"（https://arxiv.org/abs/1910.07467）中首次提出。层标准化有助于处理输入和权重矩阵的重新居中及重新缩放，从而提高模型的性能。然而，RMSNorm 假设重新居中的性质（即减去均值的部分）并不是必要的，只需要保留重新缩放的不变性属性即可。因此，RMSNorm 摒弃了原有的层标准化中的均值项，只采用了均方根（RMS）进行标准化。

具体来说，RMSNorm 的计算公式是

$$\overline{a}_i = \frac{a_i}{\mathrm{RMS}(a)} g_i$$

其中

$$\mathrm{RMS}(a) = \sqrt{\frac{1}{n}\sum_{i=1}^{n} a_i^2}$$

这里的 a_i 与原本层标准化中的输入值 x 是等价的。通过这种方式，RMSNorm 可以赋予模型以重新缩放的不变性和隐式学习率自适应能力，同时可以降低噪声的影响。此外，由于 RMSNorm 在计算上更为简单，因此相比于原来的层标准化技术，它能够大大提高计算效率，减少了 7% ～ 64% 的计算时间。

2. 残差连接

标准化能够在一定程度上解决梯度消失和梯度爆炸的问题，让模型更好地收敛，但是网络越深，模型准确率可能越低，也有可能达到峰值之后迅速下降，这种情况被称为网络退化。ResNet 的提出就是为了解决网络退化的问题，也就是深层网络的效果反而比浅层网络的效果差的问题。它的核心思想是跳跃连接，或称为残差连接。如图 1-25 所示，其原理是将某一层的输入 x 加上它的输出 $f(x)$ 作为这一层的最后输出，这样至少可以保证深层网络的效果不差于浅层网络。

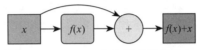

图 1-25　ResNet 中的残差连接示意

Transformer 模型的编码器和解码器层都使用了"层标准化 + 残差连接"的组合，如图 1-26 所示。编码器分为两个部分，在通过自注意力层和前向传播层之后，都会分别通过层标准化和残差连接。解码器分为三个部分，在通过自注意力层、注意力层和前向传播层之后，也都会分别通过层标准化和残差连接。

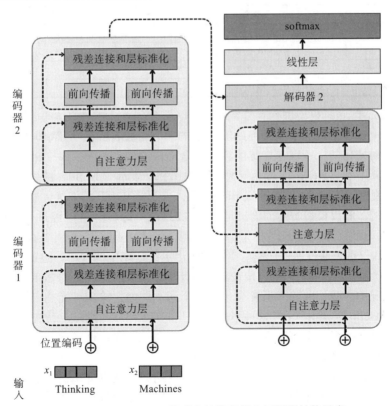

图 1-26　Transformer 模型中的编码器和解码器结构示意

1.2.4 线性层和 softmax 层

解码器最终的输出是一个浮点向量，我们需要将其转换为一个单词。为了实现这一点，Transformer 模型中使用了一个线性层，它是一个全连接神经网络，将解码器的输出向量投影到一个更大的向量，称为 logits 向量，它的维度和词表大小一致，向量中的每一个元素对应一个词元的分数。

接下来让 logits 向量通过 softmax 层，将这些分数转化为概率，确保所有概率都是正数且总和为 1.0。最后选择概率最大的元素对应的索引，并将与其关联的词元作为该时间步的输出。

整个过程从线性层开始，通过线性层将解码器的输出转换为一个向量。然后，该向量经过 softmax 层，将分数转化为概率，选择概率最大的单元格，并将与其关联的单词作为输出内容。

1.2.5 损失函数

我们在分词阶段创建了一张标准词汇表，其中每个词都由一个相同维度的向量表示，最简单的向量表示方法是 one-hot 编码，如表 1-7 所示。

表 1-7 T5 词汇表的 one-hot 编码示例

单词	索引	向量	单词	索引	向量
Hello	0	[1, 0, 0, 0, 0, 0, 0]	好	4	[0, 0, 0, 0, 1, 0, 0]
World	1	[0, 1, 0, 0, 0, 0, 0]	世	5	[0, 0, 0, 0, 0, 1, 0]
!（不考虑中英文差异）	2	[0, 0, 1, 0, 0, 0, 0]	界	6	[0, 0, 0, 0, 0, 0, 1]
你	3	[0, 0, 0, 1, 0, 0, 0]			

在使用 Transformer 模型进行有监督训练时，模型会通过相同的前向传播过程，将其输出与正确的输出进行比较。模型最终的输出也是一个词汇表，在刚开始训练时，因为模型的参数是随机初始化的，所以未训练的模型符合随机的概率分布。举个例子，如果第一步是将"你好"翻译为"Hello"，那么模型应该输出一个表示"Hello"的概率分布序列，我们当然期望它直接输出 [1, 0, 0, 0, 0, 0, 0]。然而，由于模型刚开始训练，这种期望的输出是不太可能出现的，假设模型实际的输出是 [0.1, 0.2, 0.3, 0.2, 0.2, 0.1]（经过 softmax 层向，概率和才为 1.0）。我们可以通过比较期望的输出和实际的输出计算一个损失值，然后用反向传播来调整模型的权重，通过训练让模型实际的输出更接近期望的输出。比较两个概率分布序列的最简单的方法就是计算它们的差值，具体的计算方法可以参考交叉熵和 KL 散度。

在实际情况中，我们的输入通常会包含多个词。例如，输入可能是"你好世界!"，期望的输出是"Hello World!"。在这种情况下，我们期望模型能够连续输出概率分布序列，其中每个概率分布都是一个宽度等于词汇表大小的向量。在这个概率分布序列中，每个值都对应词所在位置上的最大概率，如表 1-8 所示。

在训练模型时，我们的目标是让模型能够生成期望的概率分布，但实际上不可能与其完全一致。如果训练足够长的时间，那么模型输出序列可能如表 1-9 所示。

表 1-8　期望输出的概率分布序列

序号	单词	向量
0	Hello	[1, 0, 0, 0, 0, 0, 0]
1	World	[0, 1, 0, 0, 0, 0, 0]
2	!	[0, 0, 1, 0, 0, 0, 0]

表 1-9　实际可能的模型输出序列（未经过 softmax）

序号	单词	向量
0	Hello	[**0.9**, 0.1, 0.2, 0.1, 0.3, 0.5, 0.2]
1	World	[0.3, **0.8**, 0.1, 0.2, 0.2, 0.1, 0.3]
2	!	[0.1, 0.3, **0.9**, 0.4, 0.3, 0.1, 0.2]

1.2.6　实战：日期转换

Transformer 模型的完整架构如图 1-27 所示。从功能角度来看，编码器的核心作用是从输入序列中提取特征，解码器的核心作用则是处理生成任务。从结构上看，编码器 = 嵌入层 + 位置编码 + $N \times$ [（多头自注意力 + 残差连接 + 标准化）+（前馈神经网络 + 残差连接 + 标准化）]，解码器 = 嵌入层 + 位置编码 + $N \times$ [（带掩码的多头自注意力 + 残差连接 + 标准化）+（多头注意力 + 残差连接 + 标准化）+（前馈神经网络 + 残差连接 + 标准化）]。本节我们将通过 Transformer 模型再实现一次日期转换的功能。

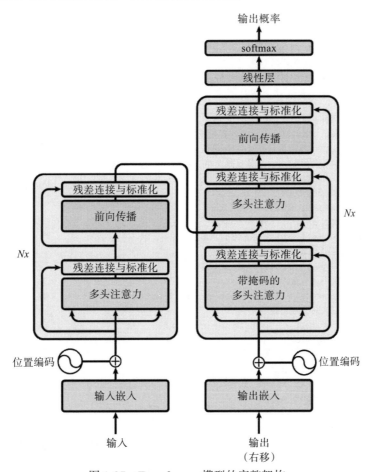

图 1-27　Transformer 模型的完整架构

1. 组件定义

首先定义多头注意力层。

```python
class MultiHeadAttention(nn.Module):
    def __init__(self, n_head, model_dim, drop_rate):
        super().__init__()
        # 每个注意力头的维度
        self.head_dim = model_dim // n_head
        # 注意力头的数量
        self.n_head = n_head
        # 模型的维度
        self.model_dim = model_dim
        # 初始化线性变换层, 用于生成 query、key 和 value
        self.wq = nn.Linear(model_dim, n_head * self.head_dim)
        self.wk = nn.Linear(model_dim, n_head * self.head_dim)
        self.wv = nn.Linear(model_dim, n_head * self.head_dim)
        # 输出的全连接层
        self.output_dense = nn.Linear(model_dim, model_dim)
        # Dropout 层, 用于防止模型过拟合
        self.output_drop = nn.Dropout(drop_rate)
        # 层标准化, 用于稳定神经网络的训练
        self.layer_norm = nn.LayerNorm(model_dim)
        self.attention = None

    def forward(self, q, k, v, mask):
        # 保存原始输入 q, 用于后续的残差连接
        residual = q
        # 分别对输入的 q、k、v 做线性变换, 生成 query、key 和 value
        query = self.wq(q)
        key = self.wk(k)
        value = self.wv(v)
        # 对生成的 query、key 和 value 进行头分割, 以便进行多头注意力计算
        query = self.split_heads(query)
        key = self.split_heads(key)
        value = self.split_heads(value)
        # 计算上下文向量
        context = self.scaled_dot_product_attention(query, key, value, mask)
        # 对上下文向量进行线性变换
        output = self.output_dense(context)
        # 添加 dropout
        output = self.output_drop(output)
        # 添加残差连接并进行层标准化
        output = self.layer_norm(residual + output)
        return output

    def split_heads(self, x):
        # 将输入 x 的形状 (shape) 变为 (n, step, n_head, head_dim), 然后重排, 得到 (n, n_head, step, head_dim)
        x = th.reshape(x, (x.shape[0], x.shape[1], self.n_head, self.head_dim))
```

```
        return x.permute(0, 2, 1, 3)

    def scaled_dot_product_attention(self, q, k, v, mask=None):
        # 计算缩放因子
        dk = th.tensor(k.shape[-1]).type(th.float)
        # 计算注意力分数
        score = th.matmul(q, k.permute(0, 1, 3, 2)) / (th.sqrt(dk) + 1e-8)
        if mask is not None:
            # 如果提供了 mask，则将 mask 位置的分数设置为负无穷，使得这些位置的 softmax 值接近 0
            score = score.masked_fill_(mask,-np.inf)
        # 应用 softmax 函数计算得到注意力权重
        self.attention = softmax(score,dim=-1)
        # 计算上下文向量
        context = th.matmul(self.attention,v)
        # 重排上下文向量的维度并进行维度合并
        context = context.permute(0, 2, 1, 3)
        context = context.reshape((context.shape[0], context.shape[1],-1))
        return context
```

重点介绍一下 scaled_dot_product_attention 函数，此函数实现了 "缩放点积注意力机制" 的注意力计算过程。这是 Transformer 模型中的核心部分。以下是函数执行的主要步骤。

1）计算缩放因子。函数计算了缩放因子 dk，它等于 k（对应 key）的最后一个维度。这个缩放因子用于在计算注意力分数时，缓解可能因维度较高而导致的点积梯度消失或梯度爆炸问题。

2）计算注意力分数。函数计算了注意力分数 score。注意力分数是通过对 q（对应 query）和 k（对应 key）进行点积运算并除以缩放因子 dk 的平方根来计算的。

3）应用 mask。如果提供了 mask，那么函数将在计算 softmax 值之前将 mask 位置的分数设置为负无穷。这将使得这些位置的 softmax 值接近 0，也就是说，模型不会关注这些位置。

4）计算注意力权重。函数通过对 score 应用 softmax 函数，计算得到注意力权重 self. attention。

5）计算上下文向量。使用注意力权重和 v（对应 value）进行矩阵乘法，计算出上下文向量 context。

6）重排和合并维度。函数通过重排和合并维度，得到了最终的上下文向量。这个上下文向量将被用作多头注意力机制的输出。

注意: 这个过程被多次应用于多头注意力机制中，每个头都会有自己的 query、key 和 value，它们通过不同的线性变换得到，然后用于计算各自的注意力权重和上下文向量。

然后，我们定义注意力计算后的前馈神经网络，它在每个 Transformer 模型的编码器和解码器的层中使用，并且独立地应用于每个位置的输入。这个网络包含两个线性变换层，其中间隔一个 ReLU 激活函数，并且在输出之前使用了 dropout 和层标准化。

```python
class PositionWiseFFN(nn.Module):
    def __init__(self, model_dim, dropout=0.0):
```

```
        super().__init__()
        # 前馈神经网络的隐藏层维度，设为模型维度的 4 倍
        ffn_dim = model_dim * 4
        # 第一个线性变换层，其输出维度为前馈神经网络的隐藏层维度
        self.linear1 = nn.Linear(model_dim, ffn_dim)
        # 第二个线性变换层，其输出维度为模型的维度
        self.linear2 = nn.Linear(ffn_dim, model_dim)
        # Dropout 层，用于防止模型过拟合
        self.dropout = nn.Dropout(dropout)
        # 层标准化，用于稳定神经网络的训练
        self.layer_norm = nn.LayerNorm(model_dim)

    def forward(self, x):
        # 对输入 x 进行前馈神经网络的计算
        # 首先，通过第一个线性变换层并使用 ReLU 作为激活函数
        output = relu(self.linear1(x))
        # 然后，通过第二个线性变换层
        output = self.linear2(output)
        # 接着，对上述输出进行 dropout 操作
        output = self.dropout(output)
        # 最后，对输入 x 和前馈神经网络的输出做残差连接，然后进行层标准化
        output = self.layer_norm(x + output)
        return output  # 返回结果，其形状为 [n, step, dim]
```

2. 实现编码器与解码器

之后我们定义 Transformer 模型的编码器。

```python
class EncoderLayer(nn.Module):
    def __init__(self, n_head, emb_dim, drop_rate):
        super().__init__()
        # 多头注意力机制层
        self.mha = MultiHeadAttention(n_head, emb_dim, drop_rate)
        # 前馈神经网络层
        self.ffn = PositionWiseFFN(emb_dim, drop_rate)

    def forward(self, xz, mask):
        # xz 的形状为 [n, step, emb_dim]
        # 通过多头注意力机制层处理 xz，得到 context，其形状也为 [n, step, emb_dim]
        context = self.mha(xz, xz, xz, mask)
        # 将 context 传入前馈神经网络层，得到输出
        output = self.ffn(context)
        return output

class Encoder(nn.Module):
    def __init__(self, n_head, emb_dim, drop_rate, n_layer):
        super().__init__()
        # 定义 n_layer 个 EncoderLayer，保存在 ModuleList 中
        self.encoder_layers = nn.ModuleList(
            [EncoderLayer(n_head, emb_dim, drop_rate) for _ in range(n_layer)]
```

```
    )

    def forward(self, xz, mask):
        # 依次通过所有的 EncoderLayer
        for encoder in self.encoder_layers:
            xz = encoder(xz, mask)
        return xz  # 返回的 xz 形状为 [n, step, emb_dim]
```

再定义 Transformer 模型的解码器。

```python
class DecoderLayer(nn.Module):
    def __init__(self, n_head, model_dim, drop_rate):
        super().__init__()
        # 定义两个多头注意力机制层
        self.mha = nn.ModuleList([MultiHeadAttention(n_head, model_dim, drop_
            rate) for _ in range(2)])
        # 定义一个前馈神经网络层
        self.ffn = PositionWiseFFN(model_dim, drop_rate)

    def forward(self, yz, xz, yz_look_ahead_mask, xz_pad_mask):
        # 执行第一个注意力层的计算，3 个输入均为 yz，使用自注意力机制
        dec_output = self.mha[0](yz, yz, yz, yz_look_ahead_mask)  # [n, step,
            model_dim]
        # 执行第二个注意力层的计算，其中 Q 来自前一个注意力层的输出，K 和 V 来自编码器的输出
        dec_output = self.mha[1](dec_output, xz, xz, xz_pad_mask)  # [n, step,
            model_dim]
        # 通过前馈神经网络层
        dec_output = self.ffn(dec_output)     # [n, step, model_dim]
        return dec_output

class Decoder(nn.Module):
    def __init__(self, n_head, model_dim, drop_rate, n_layer):
        super().__init__()
        # 定义 n_layer 个 DecoderLayer，保存在 ModuleList 中
        self.num_layers = n_layer
        self.decoder_layers = nn.ModuleList(
            [DecoderLayer(n_head, model_dim, drop_rate) for _ in range(n_layer)]
        )

    def forward(self, yz, xz, yz_look_ahead_mask, xz_pad_mask):
        # 依次通过所有的 DecoderLayer
        for decoder in self.decoder_layers:
            yz = decoder(yz, xz, yz_look_ahead_mask, xz_pad_mask)
        return yz  # 返回的 yz 形状为 [n, step, model_dim]
```

　　重点介绍一下解码器的两个注意力层。在解码器的前向传播过程中，输入的 yz 首先
会传入第一个多头注意力机制层中。这个注意力层是一个自注意力机制层，也就是说其
query、key 和 value 都来自 yz。并且，这个注意力层使用了一个 look ahead mask 方法，使
得在计算注意力分数时，每个位置只能关注它之前的位置，而不能关注它之后的位置。这

是因为在预测时，模型只能看到已经预测出的词，不能看到还未预测出的词。这个注意力层的输出 dec_output 也是一个序列，其形状为 [n, step, model_dim]。

然后，dec_output 和编码器的输出 xz 一起传入第二个多头注意力机制层中。这个注意力层的 query 来自 dec_output，而 key 和 value 来自 xz。并且，这个注意力层使用了一个 padding mask 方法，使得在计算注意力分数时，模型不会关注 xz 中的 padding 位置。这个注意力层的输出 dec_output 同样是一个序列，其形状为 [n, step, model_dim]。

在解码器中，每个位置的输出不仅取决于当前位置的输入，还取决于前面位置的输入和编码器所有位置的输出。这意味着，解码器可以捕捉到输入和输出之间的复杂依赖关系。

3. 组装 Transformer

在处理输入时，还需要定义位置编码层，用于处理序列数据。这个层的作用是将序列中每个位置的词编码为一个固定大小的向量，这个向量包含了词的信息和它在序列中的位置信息。

```python
class PositionEmbedding(nn.Module):
    def __init__(self, max_len, emb_dim, n_vocab):
        super().__init__()
        # 生成位置编码矩阵
        pos = np.expand_dims(np.arange(max_len), 1)  # [max_len, 1]
        # 使用正弦和余弦函数生成位置编码
        pe = pos / np.power(1000, 2*np.expand_dims(np.arange(emb_dim)//2, 0)/
            emb_dim)
        pe[:, 0::2] = np.sin(pe[:, 0::2])
        pe[:, 1::2] = np.cos(pe[:, 1::2])
        pe = np.expand_dims(pe, 0)  # [1, max_len, emb_dim]
        self.pe = th.from_numpy(pe).type(th.float32)

        # 定义词嵌入层
        self.embeddings = nn.Embedding(n_vocab, emb_dim)
        # 初始化词嵌入层的权重
        self.embeddings.weight.data.normal_(0, 0.1)

    def forward(self, x):
        # 确保位置编码在与词嵌入权重相同的设备上
        device = self.embeddings.weight.device
        self.pe = self.pe.to(device)
        # 计算输入的词嵌入权重，并加上位置编码
        x_embed = self.embeddings(x) + self.pe  # [n, step, emb_dim]
        return x_embed  # [n, step, emb_dim]
```

最后，我们将其组装成 Transformer。

```python
class Transformer(nn.Module):
    def __init__(self, n_vocab, max_len, n_layer=6, emb_dim=512, n_head=8, drop_
        rate=0.1, padding_idx=0):
        super().__init__()
```

```python
        # 初始化最大长度、填充索引、词汇表大小
        self.max_len = max_len
        self.padding_idx = th.tensor(padding_idx)
        self.dec_v_emb = n_vocab
        # 初始化位置嵌入、编码器、解码器和输出层
        self.embed = PositionEmbedding(max_len, emb_dim, n_vocab)
        self.encoder = Encoder(n_head, emb_dim, drop_rate, n_layer)
        self.decoder = Decoder(n_head, emb_dim, drop_rate, n_layer)
        self.output = nn.Linear(emb_dim, n_vocab)
        # 初始化优化器
        self.opt = th.optim.Adam(self.parameters(), lr=0.002)

    def forward(self, x, y):
        # 对输入和目标进行嵌入
        x_embed, y_embed = self.embed(x), self.embed(y)
        # 创建填充掩码
        pad_mask = self._pad_mask(x)
        # 对输入进行编码
        encoded_z = self.encoder(x_embed, pad_mask)
        # 创建前瞻掩码
        yz_look_ahead_mask = self._look_ahead_mask(y)
        # 将编码后的输入和前瞻掩码传入解码器
        decoded_z = self.decoder(
            y_embed, encoded_z, yz_look_ahead_mask, pad_mask)
        # 通过输出层得到最终输出
        output = self.output(decoded_z)
        return output

    def step(self, x, y):
        # 清空梯度
        self.opt.zero_grad()
        # 计算输出和损失
        logits = self(x, y[:, :-1])
        loss = cross_entropy(logits.reshape(-1, self.dec_v_emb), y[:, 1:].
            reshape(-1))
        # 进行反向传播
        loss.backward()
        # 更新参数
        self.opt.step()
        return loss.cpu().data.numpy(), logits

    def _pad_bool(self, seqs):
        # 创建掩码，标记哪些位置是填充的
        return th.eq(seqs, self.padding_idx)

    def _pad_mask(self, seqs):
        # 将填充掩码扩展到合适的维度
        len_q = seqs.size(1)
        mask = self._pad_bool(seqs).unsqueeze(1).expand(-1, len_q, -1)
        return mask.unsqueeze(1)
```

```
def _look_ahead_mask(self, seqs):
    # 创建前瞻掩码，防止在生成序列时看到未来位置的信息
    device = next(self.parameters()).device
    _, seq_len = seqs.shape
    mask = th.triu(th.ones((seq_len, seq_len), dtype=th.long),
                   diagonal=1).to(device)
        mask = th.where(self._pad_bool(seqs)[:, None, None, :], 1, mask[None,
            None, :, :]).to(device)
    return mask > 0
```

在处理序列数据（如文本或时间序列数据）时，通常会遇到一个问题，即序列的长度不一致。在大多数深度学习框架中，我们需要将一个批量的数据整理成相同的形状才能进行计算。因此，我们需要一种方法来处理长度不一的序列，这就是"填充"（padding）的用处。通过填充，我们可以将不同长度的序列转变为相同长度，具体来说，我们会找到批量中最长的序列，然后将其他较短的序列通过添加特殊的"填充值"（如 0 或特殊的标记）来扩展到相同的长度。

填充之后，我们就可以将序列数据整理成相同的形状，这样就可以用来训练模型了。然而，填充值是没有实际意义的，我们不希望它们对模型的训练造成影响。因此，我们通常会创建一个掩码（mask），用来告诉模型哪些位置是填充值，也就是 Transformer 模型定义中的 _pad_mask 和 _look_ahead_mask 函数。它们会返回一个布尔值矩阵，标记输入中哪些位置是填充值。

```python
def pad_zero(seqs, max_len):
    # 初始化一个全是填充标识符 PAD_token 的二维矩阵，大小为 (len(seqs), max_len)
    padded = np.full((len(seqs), max_len), fill_value=PAD_token, dtype=np.int32)
    for i, seq in enumerate(seqs):
        # 将 seqs 中的每个 seq 序列的元素填入 padded 对应的行中，未填满的部分仍为 PAD_token
        padded[i, :len(seq)] = seq
return padded
```

4. 训练与评估

接下来就可以开始训练了。

```python
# 初始化一个 Transformer 模型，设置词汇表大小、最大序列长度、层数、嵌入维度、多头注意力的头数、
    dropout 比率和填充标记的索引
model = Transformer(n_vocab=dataset.num_word, max_len=MAX_LENGTH, n_layer=3,
    emb_dim=32, n_head=8, drop_rate=0.1, padding_idx=0)
# 检测是否有可用的 GPU，如果有，则使用 GPU 进行计算；如果没有，则使用 CPU
device = th.device("cuda" if th.cuda.is_available() else "cpu")
# 将模型移动到相应的设备（CPU 或 GPU）
model = model.to(device)
# 创建一个数据集，包含 1000 个样本
dataset = DateDataset(1000)
# 创建一个数据加载器，设定批量大小为 32，每个批量的数据会被打乱
dataloader = DataLoader(dataset, batch_size=32, shuffle=True)
# 执行 10 个训练周期
```

```
for i in range(10):
    # 对于数据加载器中的每批数据, 对输入和目标张量进行零填充, 使其长度达到最大, 然后将其转换为
        PyTorch 张量, 并移动到相应的设备 (CPU 或 GPU)
    for input_tensor, target_tensor, _ in dataloader:
        input_tensor = th.from_numpy(
            pad_zero(input_tensor, max_len=MAX_LENGTH)).long().to(device)
        target_tensor = th.from_numpy(
            pad_zero(target_tensor, MAX_LENGTH+1)).long().to(device)
        # 使用模型的 step 方法进行一步训练, 并获取损失值
        loss, _ = model.step(input_tensor, target_tensor)
    # 打印每个训练周期后的损失值
    print(f"epoch: {i+1}, \tloss: {loss}")
```

类似于 Seq2Seq 结构模型的日期转换, 我们可以定义一个评估方法, 查看 Transformer 模型能否正确地进行日期转换。

```python
def evaluate(model, x, y):
    model.eval()
    x = th.from_numpy(pad_zero([x], max_len=MAX_LENGTH)).long().to(device)
    y = th.from_numpy(pad_zero([y], max_len=MAX_LENGTH)).long().to(device)
    decoder_outputs = model(x, y)
    _, topi = decoder_outputs.topk(1)
    decoded_ids = topi.squeeze()
    decoded_words = []
    for idx in decoded_ids:
        decoded_words.append(dataset.index2word[idx.item()])
    return ''.join(decoded_words)
```

最终模型的输出如图 1-28 所示。

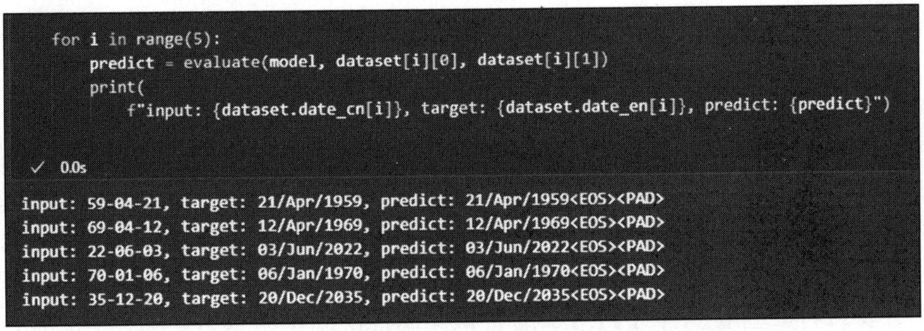

```
for i in range(5):
    predict = evaluate(model, dataset[i][0], dataset[i][1])
    print(
        f"input: {dataset.date_cn[i]}, target: {dataset.date_en[i]}, predict: {predict}")

✓ 0.0s

input: 59-04-21, target: 21/Apr/1959, predict: 21/Apr/1959<EOS><PAD>
input: 69-04-12, target: 12/Apr/1969, predict: 12/Apr/1969<EOS><PAD>
input: 22-06-03, target: 03/Jun/2022, predict: 03/Jun/2022<EOS><PAD>
input: 70-01-06, target: 06/Jan/1970, predict: 06/Jan/1970<EOS><PAD>
input: 35-12-20, target: 20/Dec/2035, predict: 20/Dec/2035<EOS><PAD>
```

图 1-28　Transformer 模型的日期转换输出示例

1.2.7　小结

Transformer 这种新型的深度学习模型, 被认为是继 MLP、CNN、RNN 之后的第四大特征提取器。它最初用于机器翻译, 但随着 GPT 和 BERT 的出现, Transformer 模型引领了 NLP 领域的快速发展, 同时促进了多模态、大模型、ViT 等新型模型的兴起。Transformer 模型的出现也给 AI 研究人员带来了信心, 使他们意识到除了 CNN 和 RNN 之外, 还有更

有效的特征提取器可供选择，鼓励从业者进一步探索。不过，Transformer 模型也存在一些不足之处。首先，由于其计算量巨大，模型对 GPU 显存和算力的要求很高。其次，由于 Transformer 模型缺乏归纳偏置能力，因此需要大量的数据才能取得良好的效果，关于这一点我们将在后面详细介绍。

Transformer 模型这种完全基于注意力机制的结构，意味着可以不再用递归神经网络和卷积神经网络了，这在当时可以说是开了先河。图 1-29 是自注意力、递归和卷积等操作的每层复杂度、最小序列操作数和最大路径长度对比，其中 n 表示序列长度，d 表示维度，k 表示卷积核大小。可以发现，自注意力层与递归层相比，虽然每一层的计算复杂度变大了，但是需要的序列操作复杂度从 $O(n)$ 减小到了 $O(1)$，这是一种典型的"用空间换时间"的思想的应用。而相比于模型结构的优化和硬件的提升，这点空间的牺牲不足为奇。自注意力层与卷积层相比，虽然同样不需要序列操作，但是卷积层作用于二维结构，一般用于图像处理，它的计算量是正比于输入的边长对数的，也就是 $O(\log_k n)$，而理想情况下，自注意力层是能够将计算量降低到 $O(1)$ 的，也就是说，自注意力层相比于卷积层更有潜力，这也为后续的 ViT 模型提供了思路。

层类型	每层复杂度	最小序列操作数	最大路径长度
自注意力	$O(n^2 \cdot d)$	$O(1)$	$O(1)$
递归	$O(n \cdot d^2)$	$O(n)$	$O(n)$
卷积	$O(k \cdot n \cdot d^2)$	$O(1)$	$O(\log_k(n))$
自注意力（受限）	$O(r \cdot n \cdot d)$	$O(1)$	$O(n/r)$

图 1-29　自注意力、递归和卷积等操作的每层复杂度、最小序列操作数和最大路径长度对比

1.3　ViT 模型介绍

要论 2020 年在计算机视觉领域哪个研究成果的影响力最大，那就当数谷歌团队提出的 ViT（Vision Transformer）了。它挑战了自从 2012 年以来由 AlexNet 提出的卷积神经网络在计算机视觉领域绝对的统治地位。

在当时，虽然 Transformer 已经是自然语言处理领域的首选模型了，但是用来做计算机视觉领域的任务还是有一些限制。在计算机视觉领域，自注意力机制要么与卷积神经网络一起用，要么将某些卷积神经网络中的卷积操作替换成自注意力操作，但是保持整体的结构不变。而 ViT 证明了在计算机视觉领域中并非必须依赖卷积神经网络，将一个单纯的 Transformer 的编码器直接应用于图像分类任务的效果也是很好的，尤其是先在大量图像上进行预训练，再迁移到中小规模图像上进行识别。

ViT 不仅对计算机视觉领域产生了深刻影响，还打破了计算机视觉和自然语言处理在模型上的壁垒，使其在模型结构上达成了统一，所以在多模态领域也产生了深刻影响。于是，后续各种基于 ViT 的工作层出不穷，可以说是开启了计算机视觉领域的一个新时代。在第 3 章的 CLIP 模型和 Stable Diffusion 模型中，也都使用了预训练好的 ViT 模型。

1.3.1　注意力机制在图像上的应用

直接将 Transformer 模型应用于计算机视觉领域的任务有一些困难。Transformer 中最主要的操作层就是注意力层，而注意力层需要在输入的一系列元素之间两两计算注意力分数，形成一个注意力矩阵，然后利用这个注意力矩阵对输入元素进行加权平均计算。可以发现，注意力分数计算的复杂度是 $O(n^2)$ 的，这已经是比较复杂的模型了。

在计算机视觉领域中，如果想用 Transformer 模型，第一个要解决的问题就是如何把一个二维的图像转换成一个一维的序列。最直观的方式就是将图像的每个像素点当成输入序列的元素，然后直接将二维的图像拉直。但是"理想很丰满，现实很骨感"，一般来说，在计算机视觉领域，即使是训练图像分类任务，一张图像的分辨率也是 224×224 像素的，直接拉直成一维向量的话，序列长度为 224×224=50 176，这个长度已经远超出目前模型训练时计算机能够处理的长度，注意力矩阵的计算量非常大。并且，在计算机视觉的其他任务中，图像的分辨率更大，例如，在目标检测任务中常用的图像分辨率大小为 416×416 像素或 544×544 像素，在视频分类任务中常用的图像分辨率为 800×800 像素，注意力矩阵的计算量进一步增大。

因此，如何将注意力机制应用于图像计算就是将 Transformer 应用于计算机视觉领域的重点。最简单的方式就是直接将 CNN 与自注意力机制结合，先由 CNN 进行特征提取，得到一组特征图，然后将特征图视为序列，进行自注意力计算。这里的自注意力机制的结构如图 1-30 所示，保留了原始 Transformer 中的 query、key 和 value 等概念，计算过程包括 3 个步骤：首先，通过使用点积、拼接、感知机等相似度函数，对 query 与 key 进行相似度计算以得到权重；然后，使用 softmax 函数对这些权重进行标准化，转换为注意力分数；最后，将这些注意力分数与相应的 value 进行加权求和计算，以得到最终的注意力输出。这种自注意力机制依赖特征图来提取注意力，而卷积的工作方式是通过设定卷积核来限制其感受野大小，因此为了使网络能够关注全局的特征图，通常需要堆叠多层网络。自注意力机制的主要优点在于其具有全局的关注范围，简单地通过查询和赋值操作就能捕获特征图的全局空间信息。这个特性使得自注意力机制在处理复杂的特征图时更具优势。

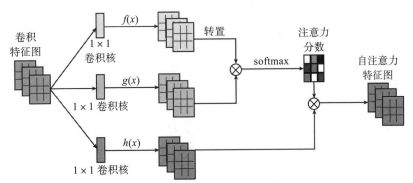

图 1-30　自注意力机制在图像特征图中的应用流程

传统的 CNN 在处理数据时，只能关注卷积核周围的局部信息，无法有效地融合远处的信息。这会导致模型在处理一些需要全局上下文理解的任务时性能较差。而注意力机制本身就实现了加权融合，既可以融合全局的信息，也可以融合局部的信息，因此能更好地理解全局上下文。具体来说，注意力机制通过计算不同位置之间的注意力权重，将远处的信息加权融合进当前位置的表示。基于这一思想，加州大学的王小龙提出了 Non-local Neural Network（非局部神经网络），应用于 Kinetics 视频分类。如图 1-31 所示，第一帧中 x_i 位置的球的信息可能和后面几帧中 x_j 位置的人及球的信息有关，有了这两个位置的图像特征，就可以计算得到一个新的特征

$$y_i = \frac{\sum_j f(x_i, x_j) g(x_j)}{C(x)}$$

其中 $C(x)$ 为标准化项，而对于函数 f 和 g，可以选择注意力函数。通过这种方式将注意力机制融合到很多卷积神经网络的基线中，在多个数据集上都取得了 SOTA 效果。

图 1-31   非局部神经网络在视频帧间的注意力信息融合示意

1.3.2   ViT 模型架构

ViT 受 Transformer 模型在 NLP 领域的可扩展性启发，将一个标准的 Transformer 模型直接作用于图像，尽量做最少的修改。这样做的好处之一是可以开箱即用地使用 Transformer 模型在 NLP 领域的体系结构和高效实现。

为了解决序列太长的问题，如图 1-32 所示，ViT 将一个图像切分成多个小的图像块（patch，或称补丁），然后通过一个嵌入层对这些小块进行线性投影，使一个小块对应输入序列中的一个元素，然后将其输入 Transformer 的编码器中。输入图像的分辨率为 224×224 像素，切分后的图像小块的分辨率为 16×16 像素，此时的序列长度为（224 / 16）×（224 / 16）=196，每个元素的维度就是 16×16×3=768，这对于一般的机器来说是可以接受的训练 Transformer 模型的长度。

切分这个操作可以通过卷积来实现，虽然原论文中并没有这样实现，但是通过卷积进行维度变换是一个很巧妙的操作。如上述，我们的目的是将一个 224×224×3 的矩阵变换成一个 196×768 的矩阵，那么可以通过对原图进行卷积操作来实现，卷积核大小为 16×16×3，步长为 16，padding 为 0，经过卷积运算后，会得到维度为 14×14×768 的特征图，然后按照前面两个维度进行展开，就得到了 196×768 的矩阵。

在输入 Transformer 模型之前，ViT 借鉴了 BERT 的分类方法，在输入序列的前面拼接

了一个特殊的可以学习的词元（CLS）来表示分类结果。之所以这样做，是因为 ViT 只有编码器而没有解码器，因此编码器也要起到一定的解码器输出的作用，那么额外添加的这个词元就可以理解为开启解码的标志，类似于标准的 Transformer 解码器在对输入进行嵌入时右移一位的操作。由于在计算注意力时是所有元素之间两两计算，因此这个特殊的词元在训练的过程中也能够提取到图像全局的特征。最终输入 Transformer 模型的矩阵维度为（196+1）× 768，而输出时则通过切片操作将第一个 CLS 词元取出，其维度是 1×768，接着通过一个简单的 MLP 头进行分类即可。

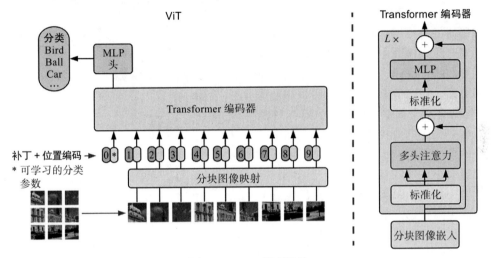

图 1-32　ViT 模型架构

在计算注意力分数时，输入元素两两之间都需要进行计算，所以说得到的注意力矩阵并不存在顺序问题。但是对于图像来说，它是一个整体，切分后的图像也是有位置信息的，并不能随意组合。类似于 NLP 任务，ViT 在对图像进行分块映射时，也加入了位置编码（Position Embedding，或称位置嵌入）。

最终 ViT 的模型结构如图 1-32 所示，ViT 中的编码器层与 Transformer 中的编码器层类似。分块图像的嵌入或者上一个编码器层的输出，首先会通过一个标准化层，然后通过一个多头注意力层，在这之后会加入一个残差连接，再通过一个标准化层和一个 MLP 层，最后再加入一次残差连接。

在形式上，对于任意一个图像 $x \in \mathbb{R}^{H \times W \times C}$，其中 (H, W) 表示图像的分辨率，C 表示颜色通道的数量，首先需要将其切分成 $x_p \in \mathbb{N}^{N \times (P^2 \cdot C)}$ 的图像块序列，其中 (P, P) 表示图像块的分辨率，$N = \dfrac{HW}{P^2}$ 表示切分后图像块的个数。对于每个图像块，还需要通过线性变换将其转换成向量的形式，并且拼接上表示分类的词元，最后加上位置编码，即

$$z_0 = [x_{\text{class}}; x_p E] + E_{\text{pos}}$$

其中 $E \in \mathbb{R}^{(P^2 \cdot C) \times D}$，$E_{\text{pos}} \in \mathbb{R}^{(N+1) \times D}$，$D$ 表示向量维度。接下来就是 L 层编码器操作，在每

一层中，"标准化 + 多头注意力 + 残差连接"可以表示为

$$z_l' = \text{MSA}(\text{LN}(z_{l-1})) + z_{l-1}$$

再经过"标准化 +MLP+ 残差连接"，表示为

$$z_l = \text{MLP}(\text{LN}(z_l')) + z_l'$$

经过多次编码提取特征后，我们对最后一层的输出进行切片，取第一个词元的向量，再经过一次标准化后分类：

$$y = \text{LN}(z_L^0)$$

编码器的每一层会重复 L 次，每次在注意力层都对输入序列中的每个图像块进行上下文相关的特征编码，捕获图像块之间丰富的空间关系。在图像上应用注意力机制使得 ViT 能够整合整个图像的信息，如图 1-33 所示，根据多头注意力权重计算图像空间中信息整合的平均距离，类似于卷积神经网络中的感受野大小。可以发现，在刚开始时，有的注意力头之间的距离很近，而有的注意力头之间的距离很远，这说明一开始模型可以关注全局信息。随着网络深度的增加，多头之间的距离在变大，这说明网络已经不再通过邻近像素点获取特征，而是已经学习到了高层的语义信息。

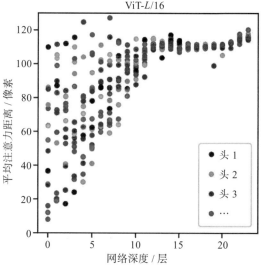

图 1-33　ViT 中多头注意力权重对应的空间信息整合距离随网络深度变化示意

整体来看，ViT 的模型架构也是相当简洁的，它的特殊之处就在于把图像处理为 Transformer 编码器能够接收的输入序列。

1.3.3　大数据预训练

随着模型的扩大和数据集的增长，我们还没有看到 Transformer 模型有任何性能饱和的迹象，这就比较有意思了。因为我们知道，很多时候并不是一味扩大模型或者数据集就能取得很好的效果，尤其是当扩大模型的时候，很容易出现过拟合的问题，但是对于 Transformer 模型来说，目前还没有观测到这个瓶颈出现。

ViT 的训练数据集主要是 ImageNet-1k（1000 个类别，1.3M 大小的图像）和 ImageNet-21k（2 1000 个类别，14M 大小的图像），还有谷歌自己收集的 JFT 数据集（18 000 个类别，303M 大小的图像）。那么训练 ViT 到底需要多大的数据集呢？研究者做了一个相关实验，结果如图 1-34 所示，横轴表示不同大小的数据集，纵轴表示模型在 ImageNet 测试集上的准确率，图中 BiT 表示不同大小的 ResNet，而其他颜色和大小不一的圆圈表示的就是不同规模的 ViT 模型。可以发现，在最小的 ImageNet-1k 上做预训练时，ViT 的效果基本都不如 BiT，这是因为训练 Transformer 模型时没有卷积神经网络的先验知识。当在 ImageNet-21k

上做预训练时，可以发现 ViT 的效果就和 BiT 的效果差不多了。最后当采用 JFT-300M 数据集进行预训练时，可以发现 ViT 的效果已经全面超过 BiT 的效果了。

总的来说，当在中型数据集（ImageNet）上训练 ViT 时，如果不加入一些强约束，那么 ViT 相比于同等大小的残差神经网络效果要弱一些，而在大型数据集（JFT-300M）上训练时，即使没有强约束，ViT 也能够取得与最好的卷积神经网络相近甚至比之更好的结果。这是因为 Transformer 模型相比于卷积神经网络来说缺少了一些先验知识。在卷积神经网络中实际上有两个先验知识：第一个是局部特征性，因为卷积神经网络是以滑动窗口的形式提取特征的，其前提是我们认为图像上相邻的区域具有相似的特征；第二个是平移不变性，即 $f(g(x)) = g(f(x))$，也就是说，不论先做卷积再做平移，还是先做平移再做卷积，最终的结果是一样的。卷积神经网络基于这两个先验知识进行训练时，相当于已经有了一定的基础，就不需要大量的数据进行训练了，因此在小数据集上进行训练也能取得比较好的结果。对于 Transformer 模型来说，没有这些先验信息，所以说它所具有的对视觉世界的感知能力，全都需要从数据中自己学习，因此训练 Transformer 模型需要相对较大的数据集。

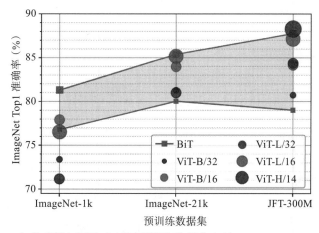

图 1-34　ViT 与卷积神经网络在不同预训练数据集上的 ImageNet Top1 准确率对比

图 1-34 还给我们提供了两个信息：第一个信息是，如果我们想用 ViT 模型，那么至少应该准备 ImageNet-21k 那么大的数据集，如果只有很小的数据集，那还是用卷积神经网络比较好；第二个信息是，如果我们有比 ImageNet-21k 更大的数据集，那还是用 ViT 比较好，它的可扩展性和训练效率比卷积神经网络更好。ViT 证明了在大规模数据集上预训练一个 Transformer 模型，是能够取得比卷积神经网络更好或者与它差不多的结果的。

既然卷积神经网络和 Transformer 模型各有优缺点，那么自然可以想到将二者组合起来使用，即混合架构。卷积神经网络可以很好地获取图像中的局部特征和平移不变性特征，但是全局特征的处理效果并不好。而 Transformer 模型可以很好地处理序列数据，如文本数据中的长依赖关系，更擅长捕获全局相关特征。因此，将卷积神经网络和 Transformer 模型结合起来可以取长补短，克服各自的局限性。混合架构的模型往往会使用一个小的卷积神经网络作为特征提取器，从原始图像中提取特征图，通常是一些局部特征，如边缘、纹理等，然后将这些特征图输入 Transformer 模型中进行处理，提取全局依赖关系，如物体的位置、大小等。

1.3.4 ViT 模型训练实践

在开始真正写代码之前，我们需要先对 ViT 模型的整体结构有所把握，该模型的论文中给出的图并没有体现一些技术细节，例如 Dropout 层和 MLP 层，这些内容需要阅读 ViT 的源码才能够知道。如图 1-35 所示，我们以 ViT-B/16 为例，按照源码中对模型的定义，给出详细的模型架构图。

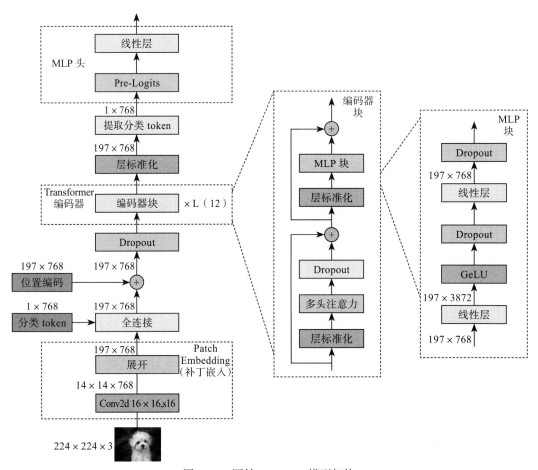

图 1-35 原始 ViT-B/16 模型架构

首先，我们根据模型架构图定义 ViT 模型。需要注意的是，为了代码更简单，我们并没有完全按照 ViT 的架构进行定义，具体修改的地方会在后面详述。

```python
class ViT(nn.Module):
    def __init__(self, image_size=224, patch_size=16, num_classes=1000, dim=768,
```

```
            depth=12, heads=12, mlp_dim=3872):
        super(ViT, self).__init__()
        self.image_size = image_size  # 输入图像的大小
        self.patch_size = patch_size  # 切分图像的块大小
        self.num_patches = (image_size // patch_size) ** 2  # 计算总的图像块数量
        self.patch_dim = 3 * patch_size ** 2  # 每个图像块的维度
        # 利用卷积层将图像切分为多个图像块，并将每个图像块投影到 dim 维空间
        self.conv = nn.Conv2d(3, dim, kernel_size=patch_size, stride=patch_size)
        self.cls_token = nn.Parameter(torch.randn(1, 1, dim))  # CLS token
        # 使用 Transformer 对图像块进行编码
        self.transformer_encoder = nn.TransformerEncoder(nn.
            TransformerEncoderLayer(d_model=dim, nhead=heads, dim_
            feedforward=mlp_dim), num_layers=depth)
        # 添加 LayerNorm 层
        self.layer_norm = nn.LayerNorm(dim)
        # 全连接层，用于分类任务
        self.fc = nn.Linear(dim, num_classes)

    def forward(self, x):
        # 图像通过卷积层进行切分和线性投影
        x = self.conv(x)
        # 对卷积层的输出进行变形（reshape），以符合 Transformer 的输入要求
        x = x.flatten(2).transpose(1, 2)
        # 在序列的开始位置添加 CLS token
        cls_tokens = self.cls_token.expand(x.shape[0], -1, -1)  # 对 CLS token 进
            行复制以匹配批量大小
        x = torch.cat((cls_tokens, x), dim=1)
        # 图像块通过 Transformer 进行编码
        x = self.transformer_encoder(x)
        # 取出 CLS token 的表征用于分类
        x = x[:, 0]
        x = self.layer_norm(x)
        # 通过全连接层进行分类
        x = self.fc(x)
        return x
```

在这段代码中，首先在 __init__ 函数中定义了我们需要的变量和组件，然后在 forward 函数中按照 ViT 的架构进行前向传播。其中，x = x.flatten(2).transpose(1, 2) 操作的目的是重新调整卷积层输出的特征图的形状，使其能够输入到 Transformer 编码器中。x.flatten(2) 这一操作是将每个特征图的高度和宽度维度（第二维度和第三维度）合成一个维度。这一步的目的是将每个图像块（patch）转化为一个向量。假设卷积后输出的 x 的形状是 [batch_size, dim, h, w]，执行这一步之后，x 的形状将变为 [batch_size, dim, h*w]。x.transpose(1, 2) 这一操作是交换第一和第二维度。这一步的目的是满足 Transformer 编码器输入序列的形状要求。Transformer 编码器的输入形状通常是 [batch_size, seq_len, feature_dim]，其中 batch_size 是批量大小，seq_len 是序列长度，feature_dim 是特征维度。交换第一和第二维度后，x 的形状会变为 [batch_size, h*w, dim]，这样就满足了 Transformer 编码器的输入要求。

1.4 本章总结

首先，本章介绍了 Seq2Seq 结构模型，这是 Transformer 的基本结构，也是很多 NLP 模型所使用的结构。Seq2Seq 结构模型由一个编码器和一个解码器组成，编码器对输入序列中的每个元素依次进行处理，然后将获取的信息压缩成一个上下文向量，之后将上下文向量发送给解码器，解码器根据输入序列和上下文向量依次生成输出序列。加入注意力机制后，Seq2Seq 模型可以关注输入序列中的相关部分。

其次，本章详细介绍了 Transformer 模型，它是一个完全基于注意力机制训练的模型，由一系列相同的编码器和解码器堆叠组成。编码器包含自注意力层和前馈神经网络，解码器在编码器和自注意力层间再加入一个注意力层。位置编码为模型提供顺序信息。多头注意力机制允许模型并行关注不同的表示空间。残差连接和层标准化让模型训练更加稳定，易于优化。相比于 RNN，Transformer 模型具有更强的并行性和依赖建模能力。

再次，本章通过一个从中文到英文的日期转换任务，详细介绍了如何使用 PyTorch 实现并训练一个基于 Seq2Seq 结构的 Transformer 模型。我们实现了编码器、解码器、注意力机制和位置编码等模块，并组装成一个完整的模型，对模型进行训练和预测。这一实战过程详细展示了 Transformer 模型的具体使用方式。

最后，本章介绍了 Vision Transformer 模型，即 ViT。它是一个直接在图像上应用 Transformer 编码器的模型。由于图像分辨率过大，ViT 先将图像分割为图像块，然后在其上应用标准的 Transformer 模型，并添加一个可学习的 [CLS] 标志用于最终分类。ViT 在大规模预训练后性能优异，证明了 Transformer 模型具有取代 CNN 的潜力。

CHAPTER 2

第 2 章

GPT 系列模型

深度学习模型训练需要大量的标注数据，在 NLP 领域中，虽然文本语料库很丰富，但是大部分都是未标注的数据，针对特定任务的标注数据少之又少，而对数据进行标注的成本实际上限制了模型本身在各个领域的发展。一些研究表明，通过在大量未标注数据上做自监督学习，让模型先学习数据表征，再接着做有标注数据的下游任务，可以提升模型的性能。此方案最典型的一个例子就是词嵌入模型，这在 NLP 领域应用深度学习技术的初期非常流行。

GPT 系列的模型也贯彻了这种两阶段的方法，先用未标注数据进行预训练，再用标注数据进行微调。预训练阶段的目标就是令语言模型学习通用的文本表征，以尽量无损地将其迁移到下游任务中。

本章我们将沿着 GPT 系列模型的论文发布时间顺序进行介绍。首先是 GPT 系列的开山之作 GPT-1，其原理简单讲就是将 Transformer 模型中的解码器单独"拿"出来，在大量无标注数据上进行了预训练，然后又在有标注数据上进行了微调。其次是 GPT-2，它在 GPT-1 的基础上对模型规模和数据集都进行了扩展，不仅效果变得更好，还具有一定的零样本推理（Zero-Shot）能力。之后是 GPT-3，它继续在 GPT-2 的基础上进行优化，将参数规模推到了 1750 亿，在多项任务上都达到了 SOTA 的效果。最后我们将介绍两个 GPT-3.5 系列的模型——CodeX 和 InstructGPT（ChatGPT 的"孪生兄弟"）。前者在代码数据集上进行了微调，具有了代码生成能力；后者通过 RLHF（基于人类反馈的强化学习）进行微调，能够更好地与人类进行交互。

2.1 GPT-1

GPT-1 发表于论文"Improving Language Understanding by Generative Pre-Training"（https://openai.com/research/language-unsupervised），论文题目翻译过来就是"使用生成式预训练来提升模型对语言的理解能力"。

首先介绍一下 GPT-1 发表的背景。自然语言理解（Natural Language Understanding，NLU）领域中有很多任务，比如文本蕴含、问答、情感相似度评估和文档分类等等。所有这些任务的根本目的是想让模型能够理解自然语言想要表达的意思，并做出相应的回应。

那么如何让模型能够理解语言文字要表达的意思呢？"书读百遍其义自见"，一个简单的想法就是让模型充分学习各种语料。

在 NLP 领域中，应用自监督学习需要应对巨大的挑战。因为大部分可用的语料数据都是未标注的，所以尽管这些数据资源丰富，但我们在使用它们进行自监督学习时，还有两个主要的难题：首先，我们不清楚应该设置何种优化目标才能最有效地学习文本表征；其次，我们也不知道如何将从未标注数据中学习到的文本表征有效地传递给下游的子任务。

GPT-1 的解决方案就是先在大量没有标注的数据上预训练一个语言模型，然后在有标注的数据上针对特定任务进行微调。在微调期间，还使用了任务感知技术进行输入转换，尽量减少对模型架构的修改。

2.1.1　语言模型

GPT 系列的模型都是语言模型，那么什么是语言模型呢？简单讲就是"单字接龙"，具体来说就是提供任意一段上文，模型会据此生成下文。语言模型最常见的应用就是手机输入法，如图 2-1 所示，它会根据你当前的输入给出可能的后续输入建议。语言模型每次都会将预测的新词再添加到输入序列最后，作为下一次预测的输入，这是一种被称为自回归的策略。

训练语言模型的方法被称为语言建模，这是一种无监督的学习算法，它的主要目标是学习一个概率分布，用于预测在给定某些上下文词汇后，下一个词汇是什么。这也导致了一个问题，就是它并不会像计算器那样进行计算，例如，它只能预测出 1+1 等于 2 的概率最大，而不能基于数学规则对 1+1 进行计算。

图 2-1　语言模型应用举例——手机输入法

这种看似简单的预测下一个词的功能，为什么能够让 ChatGPT 产生那么令人惊叹的结果呢？这可以通过"猴子打字机悖论"来解释：如果一个猴子有无限的时间在键盘上随机敲打，那么它在某个时间点上就能写出莎士比亚的全集。从数学概率的角度来看，这确实是有可能的。ChatGPT 肯定比猴子更为高效，因为它能够精准地预测下一个词，只需要给定上文即可。

2.1.2　训练框架

本节我们将介绍一下 GPT 系列的训练框架。首先是在无标签数据上进行自监督学习的预训练阶段，将给出相应的数学定义和所使用的数据集。其次是在有标签的数据上进行有监督的微调阶段，它在数学定义上与自监督学习略有不同，数据集也根据不同的任务而有所区分。之后分析 GPT-1 的模型架构，其架构在大体上就是直接将 Transformer 的解码器迁移过来进行堆叠，只不过做了一些小调整。最后分析在微调阶段 GPT-1 是如何迁移到下游任务的，这是使用任务感知型的输入变换来实现的。

1. 无标签数据的自监督学习

首先是第一个阶段，通过没有标签的数据让模型进行自监督学习，此阶段的训练任务就是语言建模。假设有一段文本，里面每一个词表示为 $u = (u_1, u_2, ..., u_n)$，语言建模就是要根据 i 之前连续的 k 个单词 $(u_{i-k}, u_{i-k+1}, ..., u_{i-1})$ 来预测第 i 个词 u_i 的概率，因此目标函数就是最大化似然估计：

$$L_1(u) = \sum_i \log P(u_i \mid u_{i-k}, u_{i-k+1}, ..., u_{i-1}; \Theta)$$

其中 k 表示上下文窗口大小的超参数，是模型输入序列的长度，序列越长，模型关注的内容就越多。Θ 是模型的参数，即 Transformer 中的解码器。在此阶段通过随机梯度下降对模型进行训练。

具体来说，如果要预测 u 这个单词出现的概率，就要把 u 之前的 k 个词"拉"出来，记为 $U = (u_{-k}, ..., u_{-1})$，然后进行词向量编码得到 W_e，再加上一个位置信息编码 W_p，就得到了第一层的输入：

$$h_0 = U W_e + W_p$$

接下来要添加 n 层一样的解码器：

$$h_i = \text{decoder}(h_{i-1}), \forall\, i \in [1, n]$$

得到最后一个解码器的输出，再通过 softmax 函数计算得到该事件的概率分布：

$$P(u) = \text{softmax}(h_n W_e^{\mathrm{T}})$$

这个概率分布表示的就是 u 这个单词出现的概率。

在此阶段，GPT-1 使用了 4.6GB 的 BookCorpus 数据集训练语言模型。这个数据集包含了 11 000 多本没有发布的书籍（大约包含 7400 万个句子和 10 亿个单词），涵盖了 16 种不同的子类型（如浪漫、历史、冒险等），来自自称"世界上最大的独立电子书分销商"的 Smashwords 平台。GPT-1 训练使用了 BookCorpus 中的 7000 多本书，其中含有很多长文本，因此能够让模型学习跨度更长的上下文依赖关系。由于数据集中的书籍并没有发布，因此很难在下游任务的数据集上见到，更能验证模型的泛化能力。

2. 有标签数据的有监督微调

经过在大量无标签数据上进行自监督学习之后，模型能够学习到一些通用的文本表征，接下来就要将这些表征信息应用到下游任务中，通过有标签数据进行有监督的微调。此阶段的工作描述起来非常简单：给定一个长度为 m 的词序列，知道序列的标签为 y，以此进行模型训练。详细来说，将整个序列放入预训练好的模型中，然后将最后一个解码器的输出 h_n^m 乘以一个输出层参数矩阵 W_y，最后通过一个 softmax 函数计算，得到预测标签的概率，即

$$P(y \mid x_1, ..., x_m) = \text{softmax}(h_n^m W_y)$$

微调任务中会将所有带标签的序列对都输入模型，以计算预测标签的概率，然后同样是做最大似然估计：

$$L_2(C) = \sum_{(x, y)} \log P(y \mid x_1, ..., x_m)$$

GPT-1 的研究者发现，如果在下游任务微调时将语言建模作为辅助任务，则一方面可以提升模型的泛化能力，另一方面可以加速模型收敛。因此，在做下游任务微调的时候有两个目标函数：第一个是语言模型的目标函数 L_1，给定一个序列然后预测序列的下一个词；第二个是下游任务目标函数 L_2，给定一个完整的序列，然后预测序列对应的标签。所以，有标签数据的有监督微调阶段最终优化的目标函数是

$$L_3(C) = L_2(C) + \lambda L_1(C)$$

其中 λ 是超参数，用于平衡语言模型目标函数（L_1）和下游任务目标函数（L_2）的权重。通过调整 λ 的值，可以控制这两个目标函数在微调阶段中的相对重要性。当 λ 越接近 0 时，模型更关注优化下游任务的目标函数，而对于提升泛化能力可能没有太大帮助。当 λ 越接近 1 时，语言模型目标函数的权重相对较高，这会引导模型更加注重预测序列的下一个词，有助于提升模型的泛化能力。通过适当调整 λ 的值，可以在下游任务微调中平衡语言模型的预训练知识和任务特定的优化目标，从而实现更好的模型性能。

有监督微调阶段所使用的数据集较为广泛，主要针对四个方面的任务：自然语言推理、问答、语义相似度判断和分类，如表 2-1 所示。

在自然语言推理任务中，SNLI（Stanford Natural Language Inference，斯坦福自然语言推理）数据集包含了 570 000 个由人工标注为"蕴含""矛盾"及"中性"的句子对。其中前提部分数据源自 Flickr30k 数

表 2-1　GPT-1 训练数据集

任务	数据集
自然语言推理	SNLI、MultiNLI、QNLI、RTE、SciTail
问答	RACE、Story Cloze
语义相似度判断	MSR Paraphrase Corpus、QQP、STS Benchmark
分类	Stanford Sentiment Treebank-2、CoLA

据集中的图片标题，而假设部分数据由众包标注者根据给定的前提生成。MultiNLI（多类型自然语言推理）数据集由 433 000 个句子对组成，其规模和收集方式与 SNLI 相似，但提供了 10 种不同的英语数据类型。QNLI（问答自然语言推理）数据集由 SQuAD（斯坦福问答数据集）v1.1 自动转化而成，其任务是判断上下文是否包含问题的答案。RTE（Recognizing Textual Entailment，识别文本蕴含）数据集收集了一系列文本蕴含数据，基于新闻和维基百科的文本构建。SciTail 数据集则是根据科学考试多选题和网络句子通过众包标注的方式创建的蕴含数据集，共包含 27 026 个例子，其中"蕴含"和"中性"标签的例子分别为 10 101 个和 16 925 个。

在问答任务中，RACE（ReAding Comprehension dataset from Examinations，阅读理解考试）数据集由 RACE-M 和 RACE-H 两个子集组成，分别包含来自中学英语考试的 28 293 个和高中英语考试的 69 574 个问题，而每个问题都配备了 4 个候选答案，其中只有一个是正确的。Story Cloze 数据集来源于一个包含约 50 000 个五句常识故事的语料库 ROCStories，这个库不但捕获了日常事件之间丰富的因果和时间常识关系，而且是一个高质量的日常生活故事集，可以用于故事生成。Story Cloze 团队开发了一个用于评估故事理解能力的框架，用于测试模型的语言理解能力。

在语义相似度判断任务中，QQP（Quora Question Pairs，Quora 问题对）数据集包含

超过 400 000 对来自 Quora 的问题，每对问题都被标注了一个二元值，用来指示这两个问题是否互为释义。STS Benchmark（语义文本相似性基准）数据集包括了 2012~2017 年 SemEval 语义评估研讨会组织的 STS 任务所使用的一部分英文数据集，这些数据集选取的文本包括图片标题、新闻头条和用户论坛的内容。

在分类任务中，Stanford Sentiment Treebank（斯坦福情感树库）数据集是一个完全标注语法树的语料库，支持对语言中情感的组成效应进行全面分析。这个语料库是从电影评论中提取的 11 855 个独立句子组成的，所有句子都经过斯坦福语法分析器处理，并且包括来自语法树的 215 154 个独特短语，每个短语都由 3 个评审员人工标注，标记为"负面""稍微负面""中性""稍微正面"或"正面"。包含这 5 个标签的语料库被称为 SST-5，而在此基础上进行二分类实验的数据集（包含"负面""稍微负面"或"稍微正面""正面"的句子，不包含"中性"句子）被称为 SST-2。CoLA（Corpus of Linguistic Acceptability，语言可接受性语料库）由来自 23 本语言学出版物的 10 657 个句子组成，这些句子都被其原作者专业地标注了可接受性（语法正确性）。其公开版本包含训练集和验证集中的 9594 个句子，但不包括预留测试集的 1063 个句子。

3. 模型架构

GPT-1 使用了 12 层带掩码的自注意力层的 Transformer 解码器（隐藏层维度为 768，带 12 个注意力头），如图 2-2 所示。掩码的作用是让模型看不见未来的信息，即在预测的时候只能看到当前词及其之前的词，不会发生穿越问题，得到的模型泛化能力更强。

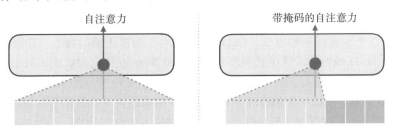

图 2-2　自注意力层和带掩码的自注意力层示意图

训练数据集使用了 BPE 编码，有 40 000 个字节对，用 ftfy library 2 清理原始文本，标准化了一些标点符号和空格，然后用 spaCy 进行序列化，序列长度最大为 512。在位置编码方面，GPT 并没有与原生的 Transformer 保持一致，Transformer 采用的是正余弦函数来表示位置信息，并不需要训练，而 GPT 采用了绝对位置编码中的训练位置向量方向，位置向量的长度是 3072。训练模型使用了 Adam 优化器、GeLU 激活函数，最大学习率是 $2.5e^{-4}$，使用了线性学习率衰减方法，自监督学习阶段的批量大小设置为 64，训练了 100 轮（epoch），有监督微调阶段的批量大小设置为 32，训练了 3 轮。

激活函数决定了神经网络是否传递信息，目前比较流行的激活函数是线性整流函数（Rectified Linear Unit，ReLU），又称为修正线性单元。ReLU 函数表达式为

$$f(x) = \max(0, x)$$

其函数图像如图 2-3 所示。ReLU 函数可以有效地解决梯度消失和梯度爆炸的问题，并

且由于其函数表达式简单，因此计算效率也相对较高。自从 2012 年被著名的 AlexNet 使用后，ReLU 就开始广泛流传。

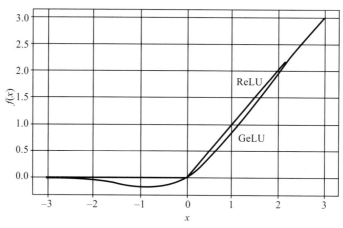

图 2-3   ReLU 和 GeLU 函数图像

ReLU 函数也有一些问题。首先它是一种分段线性函数，因此其非线性并不突出，所以在使用 ReLU 时通常需要构建更深的网络结构。其次，ReLU 函数可能会导致"神经元死亡"。当 ReLU 函数的输入为负时，该函数在负半轴的取值为 0，反向传播过程中该神经元的梯度也为 0，导致在这个步骤中相关的权重和偏差无法被更新。这样，这个神经元就无法进一步学习，产生了所谓的"神经元死亡"问题。

作为解决这个问题的一种方法，GeLU 函数引入了随机正则的概念，在激活时保留了一定的概率性。GeLU 函数的设计灵感来源于 ReLU 和 Dropout，它根据输入的概率分布情况来决定是否保留当前的神经元。具体来说，对于每一个输入 x，假设 x 服从标准正态分布 N(0, 1)，GeLU 函数会将 x 乘以一个伯努利分布，其概率值由输入 x 的累计分布函数决定。通过这种方式，GeLU 函数不仅保留了概率性，还保留了对输入值的依赖性。GeLU 函数表达式为

$$f(x) = 0.5x\left(1 + \tanh\left[\sqrt{\frac{2}{\pi}}(x + 0.044715x^3)\right]\right)$$

其函数图像如图 2-3 中下方曲线所示。GeLU 函数在 Transformer 模型（包括 BERT、RoBertA 和 GPT-2 等）中得到了广泛的应用，它被认为是目前在 NLP 领域表现最好的激活函数，尤其在 Transformer 模型中的表现优秀。

4. 任务感知型输入变换

我们最终的目标是希望模型能够进行多任务学习，具有通用性和泛化性，但是 NLP 领域中各式各样的任务的输入和输出格式并不完全相同。因此，知道了下游微调任务是什么形式之后，接下来要考虑的就是怎么把 NLP 领域中各式各样的子任务表示成我们想要的形式——一个序列加一个标签。

如图 2-4 所示，GPT-1 主要针对四个任务进行了有监督微调。

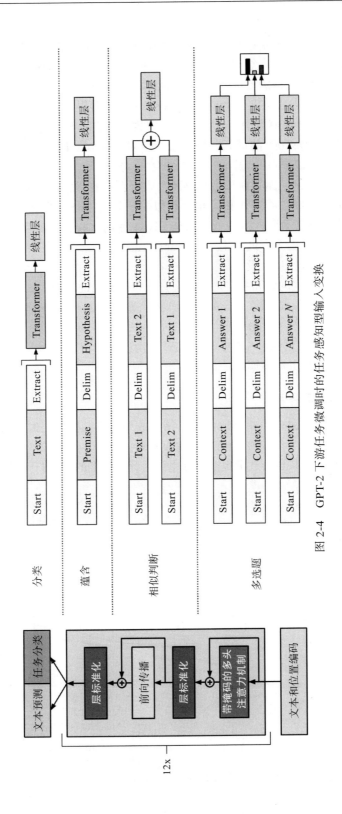

图 2-4 GPT-2 下游任务微调时的任务感知型输入变换

1）文本分类任务：给定一段文本，判断所属的标签。在文本（Text）开始前放一个表示开始（Start）的词元，在结束后放一个表示抽取（Extract）的词元，通过 Transformer 之后，将最后一个词元提取的特征通过一个线性层，投影到多分类标签上。

2）文本蕴含任务：给定一个前提（Premise），然后提出一个假设（Hypothesis），判断假设的内容是否包含在前提中。在文本开始前放一个表示开始的词元，然后两段话中间放一个表示分隔符（Delim）的词元，最后放一个表示抽取的词元，同样通过 Transformer 之后，将最后一个词元抽取的特征通过一个线性层，投影到二分类标签上。

3）文本相似判断：给定两段话，判断两段话表示的意思是否相似。相似是一个对称的关系，若 A 和 B 相似，那么 B 和 A 也是相似的，但是在语言模型中序列是有先后顺序的，所以 GPT-1 做了两个序列。第一个序列是 Text 1 在前，Text 2 在后；第二个序列是 Text 2 在前，Text 1 在后。两个序列分别通过 Transformer 之后，将最后一个词元抽取的特征加在一起，再通过一个线性层，投影到二分类标签上。

4）多选题：给定问题和多个选项，选择认为最正确的选项。如果有 N 个选项，就构造 N 个序列，问题在前，选项在后。每个序列分别通过 Transformer 和线性层，给每一个选项计算置信度，最后计算 softmax 值。

虽然每个任务的目标不一样，但是都可以构造成一个序列的形式，然后通过预训练完的模型，进行下游任务的微调。

2.1.3 模型效果分析

GPT-1 在 4 个下游任务中都取得了不错的效果，其性能在当时的背景下与其他模型相比都具有较大的提升。论文中还对模型深度进行了研究，如图 2-5 所示，研究者发现随着层数的增加，模型效果也会逐渐提升，这也为后续大模型的发展打开了大门。

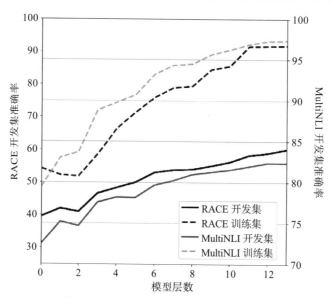

图 2-5　GPT-1 中模型层数对模型在 RACE 和 MultiNLI 两个任务上的影响

除此之外，GPT-1 还具有一定的零样本推理能力（Zero-Shot），也就是预训练好的模型可以不经过有监督微调直接执行下游任务。如图 2-6 所示，横轴表示训练次数，纵轴表示相对任务表现，y=0 表示随机猜的基线，y=1 表示当时的 SOTA 结果。在没有见过数据的 Zero-Shot 任务中，GPT 的模型要比基于 LSTM 的模型稳定，且随着训练次数的增加，GPT 的性能也逐渐提升，表明 GPT 有非常强的泛化能力，能够用于和有监督任务无关的其他 NLP 任务中。

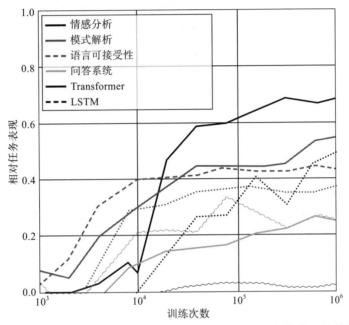

图 2-6　GPT-1 在 Zero-Shot 设定下与 LSTM 相比在不同任务上的效果

　　总结一下，GPT-1 首先采用了一种在自然语言理解中，先用未标注数据进行预训练，再用标注数据进行微调的训练框架。通过在大量文本语料库上进行预训练，模型可以获得令人意想不到的知识和处理长文本依赖的能力，并且可以迁移到下游任务中。重点是 GPT-1 具有零样本推理能力，这也是 GPT-2 和 GPT-3 等的主要特点。

2.2　GPT-2

　　GPT-2 发布于论文"Language Models are Unsupervised Multitask Learners"（https://paperswithcode.com/paper/language-models-are-unsupervised-multitask），即"语言模型是无监督的多任务学习器"。

　　先介绍一下 GPT-2 的发布背景。在当时，各种深度学习模型虽然在很多任务上的表现都很强悍，但它们都是通过大数据集、大模型和有监督学习训练出来的，这就导致这些系统面对数据分布的变化和任务的变化时会有些脆弱和敏感，模型的泛化能力不够强。也就是说，在任务 A 数据集上训练的模型没有办法直接用在任务 B 上。所以当时的模型只能算是一个领域的"专家"，而不是一个"全才"。GPT-2 的研究者猜测，在单个数据集上进行单个任务的训练可能是造成当前系统泛化性不强的原因之一。因此，为了提高模型的泛化性和鲁棒性，应该在多个领域的多个任务上同时训练和评估模型的性能，也就是多任务学习。

在 NLP 领域，多任务学习的模式应用并不多，更多还是采用"预训练模型 + 微调"的模式，但是此模式有两个问题：首先，下游任务需要收集大量有标签的数据；其次，针对每个下游任务需要对模型进行重新训练。GPT-2 为了解决这两个问题，首先在预训练模型阶段就通过大量语料做隐含的多任务学习，然后不再做下游任务的微调，而直接采用 Zero-Shot 的设定进行评估。"Zero-Shot 的设定"是说在下游任务评估前不修改模型架构，不需要任何的标注信息，也不需要重新训练，直接通过语言模型输出答案进行判断。

2.2.1 模型架构分析

GPT-2 和 GPT-1 采用的模型架构是一样的，都是 Transformer 的解码器结构，不同点在于对下游任务数据的处理。GPT-1 中将下游任务的数据进行了标注和处理，加入了一些特殊的词元，分别表示开始、分隔和提取等功能。模型在预训练阶段是没有见过这些词元的，因此必须经过微调阶段重新训练之后才会认识它们。

在 Zero-Shot 的设定下，做下游任务时模型不能再被调整和更新，因此就没有办法再引入一些新的词元。换句话讲，对于下游任务的输入，模型在预训练阶段都应该见过。这就要求模型的输入在形式上要更接近人类的自然语言。

在语言建模中，只有一个学习任务，即给定输入序列来预测输出单词的概率：$P(\text{output}|\text{input})$。通用系统应该能够执行许多不同的任务，即使输入相同，但是任务不同，输出应该也是不同的，因此它的学习目标就变成了给定输入和任务来预测输出的概率：$P(\text{output}|\text{input, task})$。

在模型结构上，GPT-2 与 GPT-1 模型类似，但是做了一些小修改，例如，将 Post-LN 换成了 Pre-LN，以及在最后一个 Transformer 模块之后又增加了一个层标准化模块等，其模型结构如图 2-7 所示。

GPT-2 训练了 4 个模型，深度和宽度依次增加，在后续的实验中证明，提高模型的容量也能提高模型的效果。GPT-2-EXTRA-LARGE 将解码器层数提升至 48 层，隐藏层的维度达到了 1600，而参数的数量更是高达 15 亿，相较于 BERT 大模型的 3.4 亿参数，扩大了将近 6 倍。此外，GPT-2-SMALL 小型版本拥有 12 层编码器，隐藏层维度为 768；GPT-2-MEDIUM

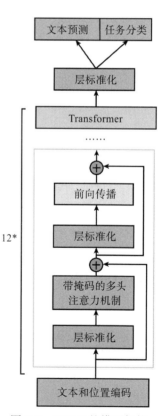

图 2-7 GPT-2 的模型架构

中型版本包含 24 层编码器，隐藏层维度为 1024；GPT-2-LARGE 大型版本则有 36 层编码器，隐藏层维度为 1280。不同大小的模型可以满足不同复杂度和性能需求的应用场景。

2.2.2 构造训练数据集

GPT-2 之前的语言模型大多只在单个领域的文本上进行了训练，如新闻文章、维基百科和科幻小说等等。而 GPT-2 希望只通过预训练就得到一个通用的模型，因此，为了达到多任务学习的目的，训练模型的数据集也必须包含各种领域、各种任务的语料。

Common Crawl（https://commoncrawl.org/）是一个公开的网页爬虫项目，从互联网上获取了各种各样大量的文本，但互联网上的内容质量良莠不齐，信噪比太低，毕竟很多网页中的信息是没有高质量文本的。GPT-2 一开始也在 Common Crawl 数据集上做过实验，但是效果并不好，因此研究者最终并没有采用这个数据集，而是开发了一个网页爬虫爬取 Reddit（https://www.reddit.com/）上的数据。

Reddit 是一个新闻聚合平台，每个用户都可以在上面提交自己感兴趣的网页，然后其他用户可以点赞，也可以发表自己的意见，点赞越高说明越多用户觉得这个网页有价值。GPT-2 就爬取了上面至少有 3 个赞的网页，整理成了一个文本数据集 WebText，其中包含了 8 百万篇文档，一共有 40GB 大小。该数据集也做了一些清洗，去掉了其中的维基百科的文档，因为这些内容可能和测试集数据有重叠。

2.2.3 模型效果分析

由于 GPT-2 设定的评估背景是 Zero-Shot，因此在实验中也是与其他同样采用 Zero-Shot 设定的研究进行对比的，如图 2-8 所示，可以发现 GPT-2 在很多任务上的表现在当时都是比较优秀的。

	LAMBADA (PPL)	LAMBADA (ACC)	CBT-CN (ACC)	CBT-NE (ACC)	WikiText2 (PPL)	PTB (PPL)	enwik8 (BPB)	text8 (BPC)	WikiText103 (PPL)	IBW (PPL)
SOTA	99.8	59.23	85.7	82.3	39.14	46.54	0.99	1.08	18.3	**21.8**
117M	**35.13**	45.99	**87.65**	83.4	**29.41**	65.85	1.16	1.17	37.50	75.20
345M	**15.60**	55.48	**92.35**	87.1	**22.76**	47.33	1.01	**1.06**	26.37	55.72
762M	**10.87**	**60.12**	**93.45**	88.0	**19.93**	40.31	0.97	**1.02**	22.05	44.575
1542M	**8.63**	**63.24**	93.30	89.05	**18.34**	35.76	0.93	0.98	**17.48**	42.16

图 2-8　GPT-2 在多项任务上的效果

针对阅读理解、翻译、总结和问答这几个任务，GPT-2 中做了对应的实验，如图 2-9 所示，横轴表示模型的规模，纵轴表示相应任务的指标。可以发现 GPT-2 在前面 3 个任务上的表现还算不错，在问答任务上仍有些逊色。但是可以发现，随着模型规模的增大，其效果也是在提高的，因此 GPT-2 还有很大的提升空间。

GPT-2 证明了，在足够大也多样化的数据集上进行无监督训练的语言模型，依然能够在多个领域和数据集上表现良好，即使是在 Zero-Shot 的设定下，GPT-2 所做的 8 个测试任务中也有 7 个达到了 SOTA 的效果。

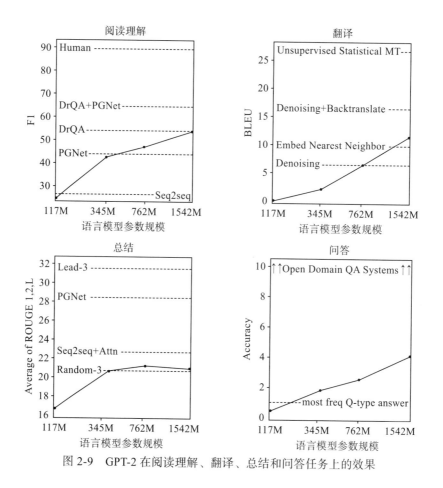

图 2-9   GPT-2 在阅读理解、翻译、总结和问答任务上的效果

2.3   GPT-3

GPT-3 发布于报告"Language models are few-shot learners"（https://arxiv.org/abs/2005.14165），即"语言模型是小样本学习器"。

从 GPT-1 和 GPT-2 都发现了一个非常有意思的现象，即预训练模型具有 Zero-Shot 能力，但是它的效果还是不尽如人意，因此 GPT-3 的出现就是为了解决 GPT-2 的 Zero-Shot 效果不佳的问题。GPT-3 在 Zero-Shot 的设定上也退了一步，并没有追求完全的 Zero-Shot，而是采用了 Few-Shot。Few-Shot 的意思是说，提供少量的学习样例，就可以让模型掌握新的知识。

GPT-3 同样是语言模型，跟 GPT-2 的模型架构一样，也是由 Transformer 的解码器构成的，但是具有 1750 亿可学习的参数，比之前任何非稀疏的语言模型都要大 10 倍。因为模型规模巨大，下游任务如果还要微调的话，成本会非常高，因此对于所有的子任务，GPT-3 都不用做任何梯度更新或微调。GPT-3 在很多 NLP 的数据集上取得了很好的成绩，能够完成翻译、问答、完形填空等任务，并且可以通过 Few-Shot 学会新的任务。

2.3.1　上下文学习

在 NLP 领域,"预训练模型 + 下游任务微调"的模式一度成为标准解决方案,但是这个方案有一个很大的限制:下游任务需要标注数据集和微调。GPT-2 虽然相比于其他 Zero-Shot 的模型具有一定的优势,但并没有达到 SOTA 的效果,限制依然存在。而消除这个限制是有必要的,主要有以下几个原因。

①从实际应用的角度来看,每一项下游任务都需要大量的标注数据集,但是下游任务数不胜数,如果每个任务都要收集数据集并微调的话,不仅耗时耗力,还不可持续。

②在下游任务上微调之后的效果好并不一定能说明预训练的大模型具有泛化性,有可能是过拟合了预训练数据集所包含的一部分微调任务的数据。但是对于同一个任务,如果换一种语言,可能效果就没有那么好了。因此,如果下游任务不允许微调,那么起决定性作用的就是预训练模型的泛化性。

③从人类学习一个新技能的角度看,我们去做一个新的任务时并不需要巨大的数据集,可能看一两个例子就学会了。

为了解决这些问题,GPT-3 提出了自己的解决方案——Few-Shot,也可以称为小样本学习。采用传统的"预训练 + 微调"的模式,在微调阶段,传统模型使用大量针对目标任务的语料数据集进行训练,更新梯度。GPT-3 则打破了这种模式,下游任务不再微调,而是可以通过上下文学习的方式解决。

上下文学习有 3 种设定:Zero-Shot、One-Shot 和 Few-Shot,样例如图 2-10 所示,在这 3 种设定中都不需要进行梯度的更新。

- ❑ Zero-Shot:只给定任务的描述,直接通过语言模型预测问题的答案。
- ❑ One-Shot:除了给定任务的描述之外,还给出一个符合任务要求的例子,然后预测问题的答案。
- ❑ Few-Shot:给定任务的描述和多个符合任务要求的例子,模型通过学习例子再预测问题的答案。

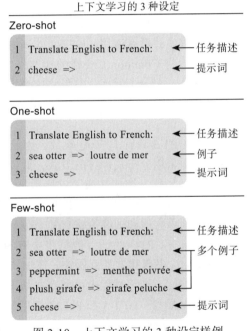

图 2-10　上下文学习的 3 种设定样例

Few-Shot 是 GPT-3 最出彩的能力之一,模型通过新任务的描述和少量几个样本就能够学习,并且对新任务的处理能力还非常不错,比较接近人类的学习模式。GPT-3 最大的好处是整个过程都不需要微调,不需要更新参数。

2.3.2　构造训练数据集

训练越大的语言模型就需要越大的语料数据集,数据集的选择和处理方式对模型的最终性能至关重要。以下是常见的 6 种数据集类别。

①维基百科：这是一个由众多志愿者编写和维护的多语言在线百科全书。其内容精练、引用严谨，覆盖了多种语言和领域，因此非常适合作为训练数据集。

②书籍：这包含了小说和非小说两大类，旨在提升模型的故事讲述能力和反应能力。常见的数据集来源包括 Project Gutenberg 和 Smashwords 等。

③期刊：这类数据集主要来源于 ArXiv 和各类期刊会议的预印本及已发表的论文，其内容严谨条理，理性细致。

④ Reddit：GPT-2 的训练数据集 WebText 就来源于 Reddit，包含从此社交媒体平台上爬取的所有点赞超过 3 个的文章，这些数据反映了流行内容的趋势。

⑤ Common Crawl：这是一个自 2008 年以来定期抓取数据的大型网站数据集，包含原始网页、元数据和文本提取，其数据涵盖了不同语言和领域的内容。

⑥其他数据集：这类数据集包括 GitHub 的代码数据集、Stack Overflow 的论坛数据集和视频字幕数据集等等。

前面提到，Common Crawl 是一个公开的网页爬虫，但由于其数据质量太差，在 GPT-2 的训练过程中并没有使用。GPT-3 的训练数据集则对 Common Crawl 进行了一些过滤。

首先，将 Common Crawl 的样本作为负例，将之前训练 GPT-2 的优质文本数据集作为正例，训练一个分类模型，然后将这个模型应用于 Common Crawl，如果一篇文章的得分高于某个阈值，就认为该内容是高质量的。其次，在数据集内部和跨数据集之间，做了文档级的模糊去重。

由于 GPT-3 具有 1750 亿参数，因此不管是单机单卡还是单机多卡，显存肯定都是不够用的，必须采用分布式训练的方式，此部分我们会在第 4 章中详细介绍。

然而，实际上即使知道了这些数据集，复现 GPT-3 的效果仍然非常具有挑战性。许多尝试的公开模型（如 OPT-175B 和 BLOOM-176B）在性能上都无法达到 GPT-3 的效果，这可能与预训练数据和训练策略有关。

一方面，GPT-3 的训练数据集中有 60% 来自经过筛选的 Common Crawl，其余部分来自 WebText、书籍和维基百科等，还加入了代码数据集（如 GitHub Code）进行训练。

另一方面，训练过程中可能存在如下三个关键问题。

①数据质量：GPT-3 和 PaLM 使用了分类器来筛选低质量的数据，但 OPT 和 BLOOM 没有采用这种策略。

②数据去重：去重可以帮助模型避免学习相同的数据或发生过拟合，从而提高模型的泛化能力。GPT-3 和 PaLM 采用了文档级别的去重操作，但 OPT 的 Pile 语料库中存在许多重复数据。

③数据多样性：包括领域多样性、格式多样性和语言多样性。虽然 OPT-175B 所使用的 Pile 语料库声称具有更好的多样性，但 BLOOM 使用的 ROOTS 语料库中包含的学术数据集过多，缺乏 Common Crawl 数据的多样性。

最后，尽管研究表明筛选高质量数据、数据去重和保证数据多样性对于训练语言模型十分重要，但 GPT-3 和 PaLM 预处理这些数据的具体方法和预训练数据的详细信息并未公开，这使得公共社区在复现这些模型的效果时面临困难。

2.3.3　训练停止判定

　　由于 GPT-3 的模型参数巨大，因此训练所花费的资源也很庞大，于是判断模型应该何时停止训练就变得十分重要。在 GPT-3 的技术报告中，研究了不同参数大小的模型在训练的时候跟计算量的关系，如图 2-11 所示。x 轴表示的是算力，y 轴表示的是验证集损失，每一根线表示一个模型。可以发现，当模型损失下降到拐点时，虽然继续训练也能够让损失继续下降，但是下降的幅度明显降低，因此对于大模型训练，当损失下降到接近拐点阈值时，一般就可以停止训练了。

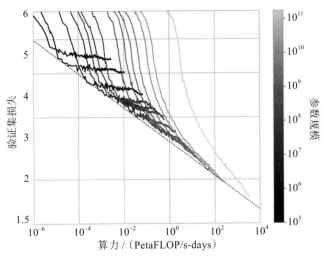

图 2-11　GPT-3 模型参数规模与算力对验证集损失的影响

2.3.4　重要潜力

　　初代 GPT-3 以其 3 个核心能力吸引了人们的广泛关注：强悍的语言生成能力、上下文学习能力以及丰富的世界知识。

　　首先，GPT-3 在语言生成方面的表现十分出色。用户仅需给出一个提示词，GPT-3 即能生成与之相关的完整句子，这是其通过语言建模训练所获得的能力。这种与语言模型的交互方式也成为当前应用最为普遍的一种。

　　其次，上下文学习是 GPT-3 另一个令人注目的特点。当给定一些任务示例时，它能够通过学习上下文为新的测试用例生成相应的解决方案。然而，这种上下文学习能够泛化的原理仍然颇为神秘。一种可能的解释是，这种能力源自训练时针对同一任务的数据点被顺序排列在一个批量中。

　　再次，GPT-3 还拥有丰富的世界知识，包括各种事实性知识和常识，这些知识都来自其庞大的包含了 3000 亿单词的训练语料库。

　　尽管相比于现在的模型，GPT-3 表现得似乎不够强大，但随后的研究和实验证明，它潜藏着巨大的潜力。通过代码训练、指令微调以及基于人类反馈的强化学习，GPT-3 的这些潜力得到了释放，呈现出了令人震惊的能力和表现。这将 GPT-3 推向了一个新的高度，使其在 AI 领域占据了举足轻重的地位。

2.4　GPT-3.5

OpenAI 已经发布了多个大语言模型，每个模型都具有独特的性质和能力。初代 GPT-3 模型的索引名为 davinci。然后又发布了 Codex 系列模型，该系列第一个模型是根据 120 亿参数在 GPT-3 的基础上进行微调得到的，命名为 Code-davinci-001。后来这个 120 亿参数的模型演变成 OpenAI API 中的 Code-cushman-001。之后 OpenAI 发布了指令微调相关的论文，其有监督微调的部分对应了 Instruct-davinci-beta 和 Text-davinci-001 模型。

有了这两项技术之后，OpenAI 又在此基础上通过"语言模型 + 代码训练"然后进行指令微调的方式，训练出了 Code-davinci-002 模型，并继续通过有监督指令微调训练出了 Text-davinci-002 模型，最后通过基于人类反馈的强化学习方法训练出了 Text-davinci-003 和 ChatGPT 模型。从 GPT-3 到 GPT-3.5 的整体发展流程如图 2-12 所示。

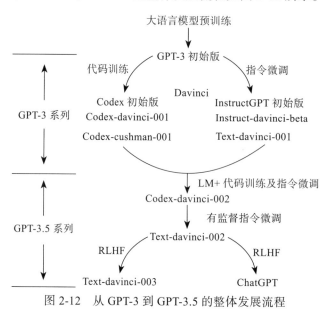

图 2-12　从 GPT-3 到 GPT-3.5 的整体发展流程

Code-davinci-002 和 Text-davinci-002 被视为第一版 GPT-3.5 模型，一个用于代码生成与理解，另一个用于理解和生成更加合乎逻辑及人类意图的文本。这些模型显示出与 GPT-3 的明显差异，具备更先进的功能，如响应人类指令、进行更复杂的推理和理解、更好的泛化能力、对代码的生成和理解能力等。

在这之中，我们特别强调两种关键能力——泛化能力和思维链推理能力。首先，我们着眼于模型的泛化能力。当模型接收到大量的指令以进行指令微调后，它能够在未见过的新指令上也生成有效的回答。这一能力对于模型的上线部署至关重要，因为用户会不断提出新的问题，模型必须能够妥善处理这些问题。这种对未知任务的泛化能力并不是一开始就存在的，而是在指令数量达到一定程度后逐渐出现的。

其次，我们探讨利用思维链（Chain of Thought,CoT）进行复杂推理的能力。比较而言，初代的 GPT-3 模型在这一方面表现得相当薄弱，而经过特定训练的 Code-davinci-002 和 Text-davinci-002 模型却展现出了卓越的思维链推理能力。令人惊讶的是，这种能力可能是通过代码训练获得的。早期的 GPT-3 模型，由于没有经过代码训练，其思维链推理能力极其有限。然而，随着大量代码数据的输入，例如 Codex 模型中采用了 159GB 代码数据，新一代的模型开始展现出强大的思维推理能力。

至于原因，推测可能在于代码本身具有极高的逻辑性。与普通文本相比，代码必须严格遵循逻辑规则，否则将无法执行。因此，代码可以看作一种具有高度逻辑性的文本语料。人类创造了诸如 C、Python、Java 等编程语言，并编写了海量的代码。这些代码被喂给了大语言模型，使模型在学习过程中逐渐掌握了代码背后的抽象能力与逻辑能力。这种对于逻辑和抽象的学习可能是 ChatGPT 等模型表现"智能"的原因。此外，由于代码中含有大量注释信息，这些注释与代码之间形成数据对，意外地实现了多模态对齐的工作，从而进一步提升了模型的推理能力。

总之，代码训练、指令微调和基于人类反馈的强化学习这几个因素可能是使模型呈现出智能行为的关键。代码训练赋予模型以高度的逻辑和抽象能力，而指令微调和基于人类反馈的强化学习则激活并强化了模型对人类指令的响应和遵循能力。接下来我们将重点介绍这几项内容。

2.4.1　代码生成模型 Codex

Codex 是为 GitHub Copilot 提供支持的代码生成模型，而 Copilot 精通十几种编程语言，可以用自然语言生成代码。Codex 发布于论文 "Evaluating Large Language Models Trained on Code"（https://arxiv.org/abs/2107.03374）中，不过它只做了 Python 代码的训练，而 Copilot 是支持多语言的，因此它们并不完全一样。

Codex 是一个基于 GPT 的语言模型，在 GitHub 公开可用的代码上进行了微调。GPT-3 的核心卖点虽然是可以通过上下文学习直接推理，不用做微调，但是 Codex 属于 GPT-3 的一个应用，因此相当于做了定向应用优化。

在之前 GPT-3 的工作中，研究者发现模型可以根据注释生成简单的 Python 代码，这种能力让人极其兴奋，因为 GPT-3 并没有在专门的代码数据上进行训练，于是 Codex 的研究者就探索了如何从注释生成 Python 函数代码的功能，并通过单元测试自动评估代码的正确性。

代码生成任务与自然语言生成任务有一点不同，在自然语言生成中，结果通常由人工进行评估，但是在代码生成中，结果可以由机器进行评估。为了准确地对模型进行基准测试，Codex 的研究者还创建了一个包含 164 个编程问题的数据集——HumanEval，用于测试代码生成模型对语言的理解能力、对算法的实现和解决数学问题的能力。

在现实生活中，编程也不是一步到位的，经常需要迭代修改。在评估的时候，也可以让模型生成多个答案，只要有一个能通过单元测试即算通过。Codex 的研究者在这种设定下对模型进行了测试，如果只能生成一个答案的话，初版的 120 亿参数的 Codex 模型能够解决 28.8% 的问题。为了进一步提升模型的性能，Codex 的研究者又收集了一个跟评估模型的策略更加匹配的数据集，在这个数据集上再进行微调，得到 Codex-S 模型。此时即使只允许生成一个答案，模型也能够解决 37.7% 的问题如果允许生成 100 个答案，其中只要有一个通过即算通过，那么模型能够解决 77.5% 的问题。在实际编程的过程中，不可能让模型生成 100 个答案然后由用户进行选择，因此论文中又提供了一个排序算法，计算生成结果出现的平均概率选择最大值对应的结果，这样能解决 44.5% 的问题。

1. 评估指标

在评估语言模型的效果时，经常使用的一个指标叫 BLUE，这个指标看的是生成的序列和真实的序列在一些子序列上的相似度，它是一个模糊匹配的指标，不需要完全匹配。但是在生成代码的任务中，BLUE 分数会有一些问题，因为即使生成的代码和目标代码在一些子序列上一致，也不代表生成的代码能够正确运行并达到预期的效果。

在 Codex 的论文中，使用的是一个叫 pass@k 的指标，这里的"k"表示模型可以生成 k 个不同的结果，其中只要有一个能够通过测试即算通过。然后，直接计算 pass@k 得到的结果并不是很稳定，所以会让模型一次生成 $n(n > k)$ 个结果，每次从这 n 个结果样本中随机采样 k 个结果，看看里面是不是有正确答案，其中正确答案的个数记为 c。

具体的计算公式为

$$\text{pass@k} := \mathbb{E}_{\text{problems}} \left(1 - \frac{\binom{n-c}{k}}{\binom{k}{n}} \right)$$

为了提高计算效率，可以将公式简化，并转换成如下函数代码。

```python
def pass_at_k(n, c, k):
    """
    :param n: 生成的结果总数
    :param c: 正确结果的数目
    :param k: 从 n 个结果中选择 k 个结果
    """
    if n - c < k: return 1.0
    return 1.0 - np.prod(1.0 - k / np.arange(n - c + 1, n + 1))
```

Codex 的作者在 HumanEval 数据集上评估函数的正确性。这个数据集包含 164 个手写编程问题，每个问题包括函数的签名、注释、函数体和若干个单元测试。这些评估的数据集是由人工编写的，因为网上找的代码很可能已经包含在训练数据集中了。

2. 代码微调

Codex 的训练集是 2020 年 5 月从 GitHub 上 5400 万个代码仓库中收集的，包含 179GB 的 Python 文件，然后过滤掉这些数据：可能是自动生成的；平均一行长度大于 100 的；最大一行长度大于 1000 的；二进制文件。经过清洗之后，最终数据集大小为 159GB。因为代码的单词分布跟自然语言的文本分布不同，有很多的空格、缩进和换行，因此 Codex 在训练的时候添加了一组词元来表示不同长度的空格，这样可以节省大约 30% 的词元。

　　Codex 是基于 GPT-3 模型进行训练的，但是比较令人惊讶的是，在预训练模型上再进行微调并没有对最终结果带来什么明显的提升，仅仅是收敛速度变快了。

　　论文中还提到在生成代码的时候采用了核采样的方法。普通的采样每次都会选择 softmax 计算之后概率最大的词元，但这样并不能保证整个序列最终的概率最大，即不是全局最优。还有一个问题就是如果每次都选择平均概率最大的值，那么每次生成的结果都是固定的。一般来说改进的方法是通过树搜索（或者叫 Beam Search）维护一定数量的当前最优候选词，然后一直往下层执行，这样做会增加一点计算量，但是可以一次给出多个解。使用核采样还是会在每个时刻对候选词计算一个概率，然后我们按照概率对词元进行降序排列，保留累加概率达到 0.95 的所有词元。

　　因为评估指标 pass@k 是会生成多个结果的，所以采样数 k 该如何设置也有讲究，论文中也讨论了一下，如图 2-13 所示。

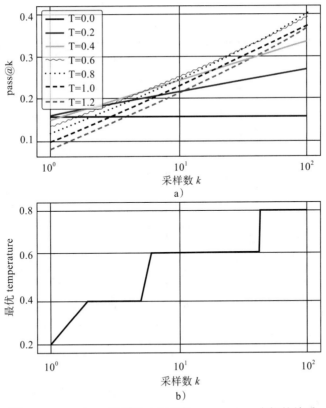

图 2-13　pass@k、采样数 k 与最优 temperature 之间的关系

　　图 2-13 中的 x 轴表示采样数，范围为 1~100，图 a 中 y 轴表示 pass@k 指标，不同的

线表示生成代码时设置的参数 temperature 不一样，temperature=0 表示每次都选择概率最大的结果，那不管采样多少次结果都是一样的，因此是一条直线。temperature 越大，最终生成的多个结果的多样性就越大。图 2-13 b 是根据图 a 导出的在不同采样次数下的最优 temperature。

如图 2-14 所示，在设置最优参数的情况下，Codex 的研究者做了个实验观察模型参数量大小对 pass@k 的影响，可以发现还是参数量越大模型效果越好。

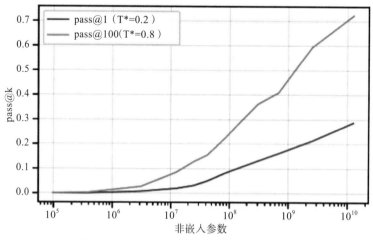

图 2-14　pass@k 与模型参数量大小的关系

接下来作者又对比了几种采样方法的效果，如图 2-15 所示。这些采样方法的设定如下。

①：k 个结果中只要有 1 个通过即算通过。

②：在原本通过注释生成代码的基础上，又训练了一版通过代码生成注释的模型，取概率之和最大的结果。

③：取概率之和最大的结果。

④：取平均概率最大的结果。

⑤：随机取一个结果。

3. 有监督微调

Codex 的研究者认为，代码微调阶段虽然从 GitHub 上收集了大量

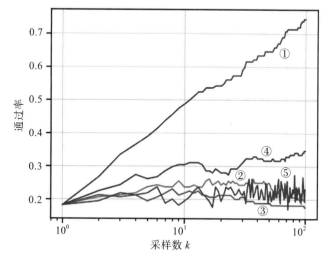

图 2-15　采样数 k 在不同采样方法的设定下与
通过率的关系

的代码数据，包含了很多的类实现、配置文件和数据存储文件等，但这些文件的内容与最终测试的任务并没有太大相关性，因此模型在评测时的效果并不好。为了让 Codex 能够更

好地迁移到目标任务上，Codex 的研究者又收集了一个数据集，这个数据集是从各种在线评测网站上通过爬虫爬取下来的，还有一部分来自持续集成的代码库。研究者在新的数据集上又进行了一次有监督微调，得到新的模型叫 Codex-S。Codex 与 Codex-S 的效果对比见图 2-16。

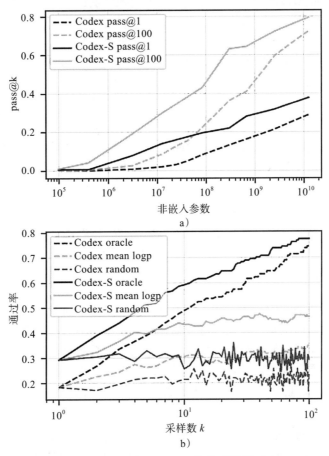

图 2-16　Codex 与 Codex-S 的模型效果对比

图 2-16a 对比了 Codex 和 Codex-S 模型参数量大小对 pass@k 的影响，图 2-16b 图对比了不同采样方法对 pass@k 的影响。

4. 局限性分析

Codex 的表现虽然也算出色，但也呈现出了一些局限性。

首先，关于训练过程中的样本利用率问题，Codex 的训练并不高效。其训练数据集包含了 GitHub 上大量公开可用的 Python 代码，累计达到数亿行。与此相比，即便是经验丰富的开发者，在他们的职业生涯中也不太可能遇到如此庞大的代码量。而实际上，即使只是完成了入门级计算机科学课程的优秀学生，也有望比 Codex-12B 解决更多的问题。

其次，Codex 在处理长文本时表现不佳。Codex 的研究者构建了一个由 13 个基础块组成的数据集，每个块都以一种确定的规则修改输入内容。如以下代码所示，对于输入的 x、y、z、w 这 4 个变量，模型要依次执行 3 个块：让 y 加 3；让 x 和 w 都减去 4，返回 4 个数的乘积。然而我们发现生成结果并不对。更具体来说，当文档字符串（docstring）中链接的块的数量增加时，模型性能呈指数下降。这与人类程序员的行为特征不同，人类应该能够实现任意链长的程序。

```python
def do_work(x, y, z, w):
    t = y + 3
    u = x - 4
    v = z * w
    return v
```

最后，Codex 可能会生成语法不正确或未定义的代码，并且可能会调用未定义或超出代码库范围的函数、变量和属性。此外，Codex 也难以解析越来越长和越来越高级或系统级的规范。

综上所述，Codex 虽然在某些方面展现了卓越性能，但在样本利用率、长文本处理、全局理解和数学计算等方面仍存在一些不足，这些局限性需要在未来的研发过程中加以解决和改善。

2.4.2　强化学习

在开始介绍 InstructGPT 之前，我们需要先了解一些关于强化学习的背景知识。强化学习也是一种机器学习的范式，但是与有监督学习、无监督学习和自监督学习不同，强化学习的目标是让机器学习如何在给定的环境中通过选择一系列行动来实现长期累计收益最大化。强化学习从本质上来说其实是一套决策系统，因此在很多游戏中都有运用。一个著名的例子就是 AlphaGo，它成功地结合应用了强化学习和专家系统，击败了多位人类高手。

1. 基本概念

强化学习允许模型（或称为智能体）通过与其环境互动来达成目标。如图 2-17 所示，智能体首先会感知当前环境的状态 S_t，然后基于其计算能力做出决策并执行相应的动作 A_t。这个动作会对环境产生影响，导致环境发生变化，并产生相应的奖励 R_{t+1} 和新的状态 S_{t+1} 反馈给智能体。然后智能体会在下一次交互中根据新的环境状态进行感知和决策，如此循环往复。

在强化学习中有一些基本概念。

（1）随机过程

抛开智能体不谈，环境一般来说也是动态的，它会随着某些因素的变化而不断演变，是一个随机过程。随机过程是一连串随机现象动态关系的定量描述，研究对象是随时间演变的随机现象。举个例子，有一辆汽车要经过一个十字路口，它可以直行、左转、右转和调头，这就是一个随机的过程，定量描述就是要确定它直行、左转、右转和调头的概率有多大。随机现象指的就是在某个时刻 t 汽车状态的取值，状态包括加速度、车速和位置等信

息，它是一个向量，可以用 S_t 表示，所有可能的状态组成状态集合 S。对于一个随机过程，最关键的要素就是状态以及状态转移的条件概率分布，在 t 时刻的状态 S_t 通常取决于 t 时刻之前的状态，那么同理，下一时刻的状态为 S_{t+1} 的概率就可以表示成 $P(S_{t+1}|S_1,...,S_t)$。

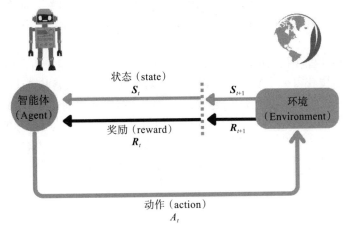

图 2-17　强化学习中智能体与环境的交互

（2）马尔可夫性质

马尔可夫性质指的是，对于一个随机过程，在给定现在状态及所有过去状态的情况下，其未来状态的条件概率分布仅依赖于当前状态。换句话说，在给定现在状态时，它与过去状态（即该过程的历史路径）是条件独立的。简单讲，汽车在某时刻的状态只取决于上一时刻的油门踩得多深和方向盘怎么打。结合马尔可夫性质，计算下一时刻状态 S_{t+1} 的公式就可以简化成 $P(S_{t+1}|S_t)$。

虽然根据马尔可夫性质来说下一刻的状态只取决于当前状态，不会受到过去状态的影响，但并不代表和历史完全没有关系。因为 $t+1$ 时刻的状态虽然只与 t 时刻的状态有关，但是 t 时刻的状态信息其实包含了 $t-1$ 时刻的状态信息，通过这种链式关系，历史信息就被传递到了现在。

所以马尔可夫性质实际上简化了计算，只要当前状态可知，就不再需要所有的历史状态了。

（3）马尔可夫过程

具有马尔可夫性质的随机过程称为马尔可夫过程，通常用元组 (S, P) 表示，其中 S 是随机过程中有限数量的状态集合，P 是状态转移矩阵。假设一共有 n 个状态，那么状态转移矩阵就定义了所有状态对之间的转移概率，矩阵的第 i 行第 j 列元素表示的就是从状态 S_i 转移到状态 S_j 的概率：

$$P = \begin{bmatrix} P(S_1|S_1) & \cdots & P(S_1|S_n) \\ \vdots & \ddots & \vdots \\ P(S_n|S_1) & \cdots & P(S_n|S_n) \end{bmatrix}$$

（4）马尔可夫奖励过程

如果在马尔可夫过程的基础上再加入奖励函数 r 和折扣因子 γ，就可以得到马尔可夫奖励过程，由元组 (S, P, r, γ) 组成。奖励函数 r 是指转移到某个状态 S 时得到的奖励。比如，对自动驾驶车辆给定一个任务过程：先洗车，然后加油，最后回家。那么当车辆到达洗车店的时候会得到一个奖励，再到达加油站的时候还会得到一个奖励，最后回家的时候也会得到一个奖励。

折扣因子 γ 的取值范围是 $[0,1)$。引入折扣因子是因为远期利益具有一定的不确定性，有时我们希望能够尽快获得一个奖励，所以需要在对远期利益的关注度上打一个折扣。γ 越接近 1 就表示越关注长期的累积奖励，γ 越接近 0 就表示越关注短期奖励。

在马尔可夫奖励过程中，一个状态的期望回报被称为这个状态的价值，所有状态的价值就组成了价值函数，价值函数的输入为某个状态，输出为这个状态的分值。例如，对于洗车、加油和回家这 3 个状态，洗车的价值没有加油的价值大，因为洗不洗车无所谓，但是不加油可能回不了家，加油的价值也没有回家的价值大，因为最终目的是回家，所以可以定义 $r(洗车)=1$、$r(加油)=3$、$r(回家)=5$。

（5）马尔可夫决策过程

上面所介绍的随机过程都是环境自发改变的，如果有一个外界的刺激，也就是智能体的动作，那么环境的下一个状态就是由当前状态和智能体的动作来共同决定的。马尔可夫决策过程就是在马尔可夫奖励过程的基础上再加入智能体的动作，由元组 (S, P, A, r, γ) 组成，其中 A 表示动作集合，而奖励函数和状态转移函数也与 A 有关。智能体采取的动作是由策略 π 决定的，$\pi(a|s)=P(A_t=a|S_t=s)$，表示在输入状态为 s 的情况下采取动作 a 的概率。

在马尔可夫决策过程中，价值函数被分成了状态价值函数和动作价值函数。状态价值函数指的是从状态 s 出发遵循策略 π 能获得的期望回报，$V^\pi(s)=E_\pi[G_t|s]$。动作价值函数指的是在使用策略 π 时，对当前状态 s 执行动作 a 得到的期望回报，$Q^\pi(s,a)=E_\pi[G_t|s,a]$。

2.PPO 算法介绍

了解了以上概念之后，接下来我们开始正式介绍 ChatGPT 的 RLHF 训练所使用的近端策略优化（Proximal Policy Optimization，PPO）算法。PPO 算法是由 OpenAI 的 John Schulman 等人在 2017 年提出的，因此直接用在 ChatGPT 的训练中。PPO 算法的核心思想是，在进行策略（可以理解为模型）更新时，通过限制新策略和旧策略之间的差异来让更新更稳定。

具体来说，PPO 算法采用了两个神经网络，一个负责执行动作（Actor，策略网络），另一个负责处理奖励（Critic，价值网络）。在每次迭代中，PPO 首先从环境中采样一批数据，然后利用这批数据更新策略参数和价值函数参数，并且在更新的过程中，会将策略的更新限制在一个较小的范围内，避免造成不可恢复的大跨度更新。在实际操作中，这种约束是通过限制新旧策略之间的 KL 散度（Kullback-Leibler 散度，一种衡量两个概率分布差异的方法）不超过设定的阈值来实现的。具体到代码层面，PPO 通过引入一个剪裁函数 clip 来实现这个约束：

$$L(\theta) = \mathrm{E}[\min(r_t(\theta)A_t, \ \mathrm{clip}(r_t(\theta), 1-\varepsilon, 1+\varepsilon)A_t)]$$

其中，θ 是策略的参数，$r_t(\theta) = \dfrac{\pi(\theta)}{\pi(\theta_{\mathrm{old}})}$，$\pi(\theta)$ 是新策略，$\pi(\theta_{\mathrm{old}})$ 是旧策略，A_t 是优势函数，clip 是剪裁函数，ε 是允许的误差范围。

优势函数用于衡量在给定状态下采取某个动作相对于平均水平能好多少，其计算方法通常是用动作价值函数减去状态价值函数，即

$$A(s, a) = Q(s, a) - V(s)$$

$Q(s, a)$ 表示在状态 s 下采取动作 a 随后继续遵循策略 π 的期望回报，$V(s)$ 表示在状态 s 下遵循策略 π 的期望回报。

在强化学习中，优势函数、价值函数和策略函数是 3 个核心概念，它们各自扮演着不同但互补的角色。优势函数的作用是度量在某个状态下执行某个动作相对于平均水平的效果，它对策略更新提供了重要指导。价值函数则是对策略效果的衡量，包括状态价值函数（衡量一个状态的价值）和动作价值函数（衡量在特定状态下执行某个动作的价值）。策略函数决定了在给定状态下每个动作被采取的概率，它直接指导了智能体如何在不同的状态下选择行动。

在众多的强化学习算法中，这 3 个概念往往会被共同利用。强化学习的算法通常会同时对策略函数和价值函数进行学习。通过学习价值函数，算法可以更深入地理解环境的动态变化，为智能体提供关于不同状态和动作的价值信息。同时，通过学习策略函数，算法可以推导出更优的动作，从而提高智能体在环境中的性能。通过综合利用这 3 个概念，强化学习算法可以有效地解决各种复杂的问题。

3. PPO 算法实战

在本节中，我们将实际编写一个 PPO 算法的代码，应用于一个车杆平衡游戏。强化学习的智能体需要不断地跟游戏环境进行交互，而从头开始编写一个游戏通常需要耗费大量的时间和精力，所以如果有别人已经编写好的环境，我们拿来即用，就可以节省很多时间。OpenAI 的 Gymnasium 就是这样一个库，它提供了多种预设的模拟环境，大大简化了环境配置的工作。

本次实战所使用的车杆平衡游戏环境如图 2-18 所示，一个杆子通过一个无动力的关节连接到一个可以在无摩擦轨道上移动的小车上。杆子一开始垂直地放在小车上，游戏的目标是通过在小车的左右两侧施加力让其移动来保持杆子的平衡。

车杆游戏的动作空间用一个长度为 1 的数组表示，它的取值就是简单的 {0, 1}，表示推动小车的力的方向，其中 0 表示向左推动小车，1 表示向右推动小车。需要注意的是，施加一定的力所产生的速度大小并不是固定的，这取决于杆子指向的角度，因为杆子的重心变化会影响移动

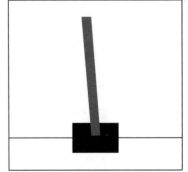

图 2-18　车杆平衡（Cart Pole）
游戏环境

小车所需要的力。状态空间使用一个长度为 4 的数组表示：第一项表示小车的位置，取值在（–4.8, 4.8），但是如果小车离开了（–2.4, 2.4）的范围，则游戏结束；第二项表示小车的速度，取值在（–inf, inf）；第三项表示杆子的角度，取值在（–24°,24°），但是如果杆子偏离的角度不在（–12°,12°），则游戏结束。在初始状态下，所有的状态值都被分配为（–0.05, 0.05）之间的均匀随机值。车杆游戏的目标是尽可能长时间地保持杆子垂直，因此每走一步都会得到 +1 的奖励，奖励的阈值是 500。

接下来我们可以定义 PPO 算法模型。首先导入一些需要的库，如果程序报错说没有 Gymnasium 库，则可以通过命令 pip install gymnasium 安装。

```python
import torch as th
import numpy as np
import gymnasium as gym
import torch.nn.functional as F
import matplotlib.pyplot as plt
from tqdm import tqdm
```

接下来定义两个网络——PolicyNet 和 ValueNet，分别对应 PPO 算法中的 Actor 和 Critic。

```python
class PolicyNet(th.nn.Module):
    def __init__(self, state_dim, hidden_dim, action_dim):
        super(PolicyNet, self).__init__()
        # 定义第一层全连接层，输入维度为状态维度，输出维度为隐藏层维度
        self.fc1 = th.nn.Linear(state_dim, hidden_dim)
        # 定义第二层全连接层，输入维度为隐藏层维度，输出维度为动作维度
        self.fc2 = th.nn.Linear(hidden_dim, action_dim)

    def forward(self, x):
        # 使用 ReLU 作为激活函数
        x = F.relu(self.fc1(x))
        # 对第二层的输出使用 softmax 函数，得到一个概率分布
        return F.softmax(self.fc2(x), dim=1)


class ValueNet(th.nn.Module):
    def __init__(self, state_dim, hidden_dim):
        super(ValueNet, self).__init__()
        # 定义第一层全连接层，输入维度为状态维度，输出维度为隐藏层维度
        self.fc1 = th.nn.Linear(state_dim, hidden_dim)
        # 定义第二层全连接层，输入维度为隐藏层维度，输出维度为 1，表示状态价值
        self.fc2 = th.nn.Linear(hidden_dim, 1)

    def forward(self, x):
        # 使用 ReLU 作为激活函数
        x = F.relu(self.fc1(x))
        # 第二层直接输出，代表状态的价值
        return self.fc2(x)
```

　　PolicyNet 是一个两层全连接的神经网络，用于模拟策略函数，也就是计算在给定状态下选择各个动作的概率。它接收的输入是状态向量（state_dim），输出一个动作概率分布（action_dim）。ValueNet 也是一个两层全连接的神经网络，用于模拟价值函数，也就是计算在给定状态下的期望回报。它接收的输入同样是状态向量（state_dim），输出一个标量值，表示当前状态的价值。

　　接下来我们定义优势函数。

```python
def compute_advantage(gamma, lambda_, td_delta):
    # 将 td_delta 从 PyTorch 张量转化为 numpy 数组
    td_delta = td_delta.detach().numpy()
    # 初始化优势值和优势列表
    advantage_list = []
    advantage = 0.0
    # 逆序遍历 td_delta 中的每一个元素
    for delta in reversed(td_delta):
        # 利用公式计算每个时间步的优势
        advantage = gamma * lambda_ * advantage + delta
        # 将优势添加到优势列表中
        advantage_list.append(advantage)
    # 将优势列表中的元素顺序反转
    advantage_list.reverse()
    # 将优势列表转化为 PyTorch 张量
    return th.tensor(advantage_list, dtype=th.float)
```

　　然后我们就可以定义 PPO 模型了。

```python
class PPO:
    def __init__(self, state_dim, hidden_dim, action_dim, actor_lr, critic_lr,
        lambda_, epochs, eps, gamma, device):
        # 初始化 Actor 和 Critic
        self.actor = PolicyNet(state_dim, hidden_dim, action_dim).to(device)
        self.critic = ValueNet(state_dim, hidden_dim).to(device)
        # 设置对应的优化器
        self.actor_optimizer = th.optim.Adam(self.actor.parameters(), lr=actor_lr)
        self.critic_optimizer = th.optim.Adam(self.critic.parameters(), lr=critic_lr)
        # 设置强化学习的参数
        self.gamma = gamma
        self.lambda_ = lambda_
        self.epochs = epochs  # 使用一个完整序列的数据来多轮训练
        self.eps = eps  # PPO 中截断范围的参数
        self.device = device  # 设备选择（CPU 或者 GPU）

    def take_action(self, state):
        # 通过 Actor 获取动作的概率分布
        state = th.tensor(np.array([state]), dtype=th.float).to(self.device)
        probs = self.actor(state)
        # 从动作的概率分布中采样一个动作
        action_dist = th.distributions.Categorical(probs)
```

```
        action = action_dist.sample()
        return action.item()

    def update(self, transition_dict):
        # 获取转换的状态、动作、奖励、下一状态和结束标志
        states = th.tensor(transition_dict["states"], dtype=th.float).to(self.device)
        actions = th.tensor(transition_dict["actions"]).view(-1, 1).to(self.device)
        rewards = th.tensor(transition_dict["rewards"], dtype=th.float).view(-1,
            1).to(self.device)
        next_states = th.tensor(transition_dict["next_states"], dtype=th.float).
            to(self.device)
        dones = th.tensor(transition_dict["dones"], dtype=th.float).view(-1,
            1).to(self.device)

        # 计算 TD 目标和 TD 误差
        td_target = rewards + self.gamma * self.critic(next_states) * (1 - dones)
        td_delta = td_target - self.critic(states)

        # 计算优势函数
        advantage = compute_advantage(self.gamma, self.lambda_, td_delta.cpu()).
            to(self.device)
        old_log_probs = th.log(self.actor(states).gather(1, actions)).detach()

        # 进行多轮网络更新
        for _ in range(self.epochs):
            # 计算新的动作概率
            log_probs = th.log(self.actor(states).gather(1, actions))
            ratio = th.exp(log_probs - old_log_probs)

            # 计算 PPO 的两种 surrogate 函数
            surr1 = ratio * advantage
            surr2 = th.clamp(ratio, 1 - self.eps, 1 + self.eps) * advantage  # 截断

            # 计算 Actor 和 Critic 的损失
            actor_loss = th.mean(-th.min(surr1, surr2))  # PPO 损失函数
            critic_loss = th.mean(F.mse_loss(self.critic(states), td_target.
                detach()))

            # 清空优化器的梯度
            self.actor_optimizer.zero_grad()
            self.critic_optimizer.zero_grad()

            # 反向传播损失，并执行一步优化
            actor_loss.backward()
            critic_loss.backward()
            self.actor_optimizer.step()
            self.critic_optimizer.step()
```

最后，我们就可以定义训练相关的变量，创建相应的游戏环境，开启训练过程了。需要注意的是，在训练刚开始时，算法模型迭代速度是比较快的，后面会越来越慢。这是因

为刚开始智能体还没有学会如何熟练掌控杆的平衡，导致每一局结束得都比较快。经过不断的训练后，智能体已经能够很好地掌握平衡了，那么每一局游戏的时间也会被拉长，因此训练过程的迭代速度会变得比较慢。模型训练的代码如下。

```python
def train_on_policy_agent(env, agent, num_episodes):
    return_list = []  # 用于存储每个周期的总回报
    for i in range(10):  # 总共进行 10 次迭代
        with tqdm(total=int(num_episodes / 10), desc=f"Iteration: {i}") as pbar:
            for i_episode in range(int(num_episodes / 10)):  # 在每个迭代周期中，智能体都会进行 num_episodes / 10 次动作
                episode_return = 0  # 用于存储每个周期的总回报
                transition_dict = {"states": [], "actions": [], "next_states": [],
                    "rewards": [], "dones": []}  # 用于存储每个周期中的状态，动作和奖励等信息
                state, _ = env.reset()  # 重置环境，并获取初始状态
                done = False
                while not done:  # 在每个周期中，只要环境没有结束，智能体就会一直执行动作
                    action = agent.take_action(state)  # 通过当前策略选择动作
                    next_state, reward, done, _, _ = env.step(action)  # 执行动作，并获取下一状态、奖励和是否结束等信息
                    transition_dict["states"].append(state)  # 存储状态信息
                    transition_dict["actions"].append(action)  # 存储动作信息
                    transition_dict["next_states"].append(next_state)  # 存储下一状态信息
                    transition_dict["rewards"].append(reward)  # 存储奖励信息
                    transition_dict["dones"].append(done)  # 存储是否结束信息
                    state = next_state  # 更新状态
                    episode_return += reward  # 更新总回报
                return_list.append(episode_return)  # 存储该周期的总回报
                agent.update(transition_dict)  # 通过学习这个周期的状态、动作和奖励等信息来更新策略
                if (i_episode + 1) % 10 == 0:  # 每 10 个周期，输出一次信息
                    pbar.set_postfix({"episode": "%d" % (num_episodes / 10 * i +
                        i_episode + 1),  # 输出当前的周期数
                                      "return": "%.3f" % np.mean(return_list[-
                        10:])})  # 输出最近 10 个周期的平均总回报
                pbar.update(1)  # 更新进度条
    return return_list  # 返回所有周期的总回报


actor_lr = 1e-3  # Actor 的学习率
critic_lr = 1e-2  # Critic 的学习率
num_episodes = 300  # 总的周期数
hidden_dim = 128  # 隐藏层的维度
gamma = 0.98  # 折扣因子
lambda_ = 0.95  # PPO 的参数
epochs = 5  # PPO 的参数
eps = 0.2  # PPO 的参数
device = th.device("cuda" if th.cuda.is_available() else "cpu")  # 使用的设备
```

```
env_name = "CartPole-v1"    # 环境名称
env = gym.make(env_name)    # 创建环境
state_dim = env.observation_space.shape[0]    # 状态的维度
action_dim = env.action_space.n              # 动作的维度
# 实例化智能体
agent = PPO(state_dim, hidden_dim, action_dim, actor_lr, critic_lr, lambda_,
    epochs, eps, gamma, device)

return_list = train_on_policy_agent(env, agent, num_episodes)
```

我们可以观察一下训练过程中模型得到的回报。模型每个周期都会算一个总回报，因此直接绘制 return_list，会发现回报曲线波动非常大。为了更好地观察回报的变化趋势，我们会对 return_list 进行滑动平均值的平滑处理。

```python
def moving_average(a, window_size):
    # 计算累积和，np.insert 用于在数组第一个位置插入 0
    cumulative_sum = np.cumsum(np.insert(a, 0, 0))
    # 计算每个窗口的平均值
    middle = (cumulative_sum[window_size:] - cumulative_sum[:-window_size]) /
        window_size
    # 为了处理开始和结束位置不足窗口大小的部分，独立计算它们的平均值
    # np.arange(1, window_size - 1, 2) 创建一个从 1 开始，到 window_size - 1 为止，步长
        为 2 的等差数组
    # np.cumsum(a[:window_size - 1])[::2] / r 计算的是开始位置的平均值
    r = np.arange(1, window_size - 1, 2)
    begin = np.cumsum(a[:window_size - 1])[::2] / r
    # np.cumsum(a[-window_size:-1])[::2] / r 计算的是结束位置的平均值
    # [::-1] 是为了将结果翻转，因为我们是从后向前计算的
    end = (np.cumsum(a[-window_size:-1])[::2] / r)[::-1]
    # 将开始、中间和结束的部分连接起来，得到最终的滑动平均值
    return np.concatenate((begin, middle, end))

episodes_list = list(range(len(return_list)))
mv_return_list = moving_average(return_list, 10)
plt.plot(episodes_list, mv_return_list)
plt.xlabel("Episodes")
plt.ylabel("Returns")
plt.title(f"PPO on {env_name}")
plt.show()
```

对所有训练周期的回报做完平滑处理后如图 2-19 所示。可以发现，在前 200 个周期内，PPO 算法的回报都不是很高，还处于学习和探索的阶段。但是在 200 个周期之后，回报曲线开始剧烈波动，并且逐渐升高。如果实时观察车杆游戏的动画的话，就可以发现，前期算法基本上都是瞬间失败，而当算法掌握了技巧之后，其游戏水平就有了巨大的提升。

PPO 的优点在于，它能在保证策略改进的同时，避免策略更新过程中可能产生的极端变化。PPO 在工程实践中表现优秀，被广泛应用于各种场景，尤其在处理复杂环境问题（如多任务学习和高维动作空间）上，PPO 展现出了良好的性能。

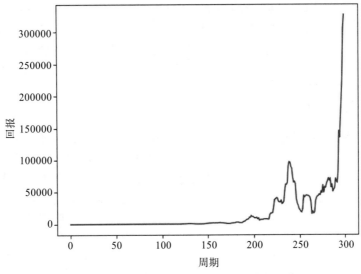

图 2-19　PPO 算法用于车杆平衡游戏的回报

　　总的来说，强化学习的应用一直以来都存在一定难度，因此其主要应用场景还局限于游戏和模拟环境，如 Atari 或 MuJoCo。而仅仅在 5 年前，强化学习和自然语言处理还在很大程度上是互相独立的，二者的技术体系、方法和实验设计都有各自的特点。而现在，强化学习在自然语言处理领域大放异彩，逐渐得到大规模应用，令人惊奇。在未来，我们期待强化学习可以在其他的领域继续发挥奇效。

2.4.3　ChatGPT 的 "孪生兄弟"：InstructGPT

　　InstructGPT 发表于论文 " Aligning language models to follow instructions"（ https://arxiv.org/abs/2203.02155 ）。

　　GPT-3 虽然掌握了各种词语搭配和语法规则，还学会了编程，了解不同语言之间的关系，可以给出高质量的外语翻译。然而，有一个非常致命的问题，那就是尽管 GPT-3 拥有了海量的知识，但是其回答形式和内容却不受约束。因为 GPT-3 知道的实在是太多了，能接触到一个人几辈子都读不完的资料，它可以随意 "联想"，会不受控制地 "乱说"。所以 GPT-3 的能力其实是非常强悍的，但我们却很难指挥它。换句话说，模型没有与用户对齐。我们希望语言模型是有用、真诚并且无害的。

　　InstructGPT 的解决思路是用优质对话模板矫正 GPT-3 模型。具体做法就是不再用随便的互联网文本进行训练，而是把人工专门写好的优质对话范例 "喂" 给 GPT-3，再使其去做 "单字接龙"，以此来学习如何组织符合人类要求的回答。通过人类的反馈对模型进行微调，来将语言模型与用户意图对齐。举个例子：当用户询问如何毁灭世界时，不能让它真的回答怎么毁灭世界，而要回答 "这是有害的行为"。

　　那么为什么不在一开始就直接教它最正确的对话方式和对话内容呢？一方面，优质对话范例的数量有限，所能提供的语言多样性不足，可能难以让模型学到广泛适用的语言规律，也无法涉猎各个领域。举个例子，如果你不想让模型生成脏话，那么它至少要在预训练阶段见过什么是脏话，如果模型从头到尾都没有见过一句脏话，那么它就不"懂"不要生成脏话的要求。另一方面，优质对话范例都需要人工专门标注，价格不菲。所以说不定未来在某些特殊领域，有了足够多的优质对话范例之后，就会跳过预训练这一步，直接用优质对话范例进行监督学习。

1. 构造训练数据集

在创建一个用于对大语言模型进行微调的数据集时，我们必须考虑一些关键因素。首先，需要选择合适的数据来源，可以从相关领域收集或抓取数据。如果我们的目标是微调模型以完成特定任务，那么我们的数据集应包含与此任务相关的文本。其次，数据集的质量也至关重要。我们需要在准备数据时仔细检查并清洗它们，以确保数据集不包含无关的文本和其他噪声。此外，数据集的规模也需要考虑。我们需要确保有足够的数据样本，一般认为数据集中的文本数量应该在几千到几十万条之间，这样模型才能准确地学习特定任务的规则和模式。最后，我们需要确保数据集中的数据具有相关性和可泛化性，这意味着它们应该在特定的微调任务上具有代表性，但又不是简单的重复。

目前，微调数据集通常采用指令跟随格式、多轮对话格式和其他辅助格式。

（1）指令跟随格式

这是一种用户输入指令，模型按照指令的要求输出结果的格式。例如，Alpaca-52k 数据集就是这种格式，它包含了 52 000 条指令数据。这种数据集通常采用 json 文件格式存储。

指令跟随格式有两种类型，第一种是"指令 / 输出"格式，例如：

```json
{
    "instruction": " 解释量子力学是什么?",
    "output": " 量子力学（Quantum Mechanics），为物理学理论，是研究物质世界微观粒子运动规律的物理学分支，主要研究原子、分子、凝聚态物质，以及原子核和基本粒子的结构、性质的基础理论。它与相对论一起构成现代物理学的理论基础。"
}
```

第二种是"指令 / 输入 / 输出"格式，例如：

```json
{
    "instruction": " 将这个句子翻译成法语 ",
    "input": " 我喜欢读书和旅行。",
    "output": "J'aime lire et voyager."
}
```

用指令跟随格式的数据进行训练时，是一问一答、一指令一输出的形式，问题和指令可以作为提示词输入模型，而答案作为输出。需要注意的是，计算损失值时要屏蔽掉填充词（pad token）部分。

（2）多轮对话格式

这是一种用户和模型之间以对话形式进行的，模型通过与用户进行多轮交互来满足用户需求的格式。例如，ShareGPT 数据集就是这种格式，它包含了大量的用户和聊天机器人的对话记录。

```json
"conversations": [
    {"from": "human", "value": "你是谁?"},
    {"from": "gpt", "value": "我是 ChatGPT, ..."},
    {"from": "human", "value": "你能做什么?"},
    {"from": "gpt", "value": "我可以和你聊天。"},
    {"from": "human", "value": ""你好"用英语怎么说?"},
    {"from": "gpt", "value": ""你好"的英文是"Hello""},
]
```

这种对话的形式并不是模型能够直接处理的，语言模型需要的是输入"一段话"然后输出"一段话"，因此上面这种格式的数据可以转换成下面 3 条训练样本。

```txt
<sos>human: "你是谁?"<sep>gpt: "我是 ChatGPT, ..."<eos>
<sos>human: "你是谁?"<sep>gpt: "我是 ChatGPT, .."<sep>human:"你能做什么?"<sep>gpt:
    "我可以和你聊天。"<eos>
<sos>human: "你是谁?"<sep>gpt: "我是 ChatGPT, ..."<sep>human:"你能做什么?"<sep>gpt:
    "我可以和你聊天。"<sep>human:""你好"用英语怎么说?"<sep>gpt: ""你好"的英文是
    "Hello""<eos>
```

这种处理方式虽然简单，但是也带来了一些问题。一段完整的对话被转换为多条训练数据，会导致大部分数据都是一些填充词，利用率不高。例如上述 3 条样本中的第一条，实际对话的长度很短，后面直到长度到达 max_length 全是填充词。另外，还会有数据重复膨胀的问题，训练数据量会膨胀为"总会话数量 × 平均轮次"，这些大量的重复内容也会降低训练的效率。

单独针对 GPT 这类纯解码器的语言模型来说，它具有两个特点。其一是它的注意力机制是因果（Casual）型的，如图 2-20 所示，也就是说单个 token 只能看到其上文的信息。其二是它的位置编码只有 token 的次序信息而没有其他指代信息（后面我们将介绍的 GLM 系列模型的位置编码还可以用来表示生成文本片段（span）的位置等含义）。

基于以上两点，一个新的思路就是通过设计新的注意力机制和位置编码，将多轮对话样本的输入构造为 Q1<sep>A1 <eos> Q2<sep>A2 <eos>Q3<sep>A3 <eos> 的形式，然后在计算损失函数时，只需要计算 A1<eos>、A2<eos> 和 A3<eos> 部分即可，这样就能在一条样本里面进行会话级别的训练了。

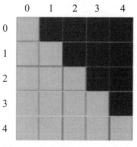

图 2-20　因果形的注意力掩码矩阵

创建多轮对话数据集有多种方法，其中一种常见的方法是利用大型语言模型进行自我对话，即让模型同时扮演用户和 AI 助手的角色进行对话生成。在生成对话的过程中，模型输出和指令输入会不断迭代，从而生成多轮对话数据集。这种方法充分利用了预训练语言模型的生成能力，能够快速地生成对话数据。然后通过对生成的对话数据进行标注和筛选，我们就可以构建出用于指令微调的多轮对话数据集。

（3）其他格式

除了上述两种主要格式，还有一些特殊的数据格式，例如纯文本文档，以及针对特定用途（如文本总结或根据纯文本生成对话）的数据集。根据文本的不同功能，这些数据集还可能包含调用 API 的格式和调用 SQL 的格式等。

在构建 InstructGPT 的微调数据集时，OpenAI 充分运用了其现有的平台和资源。如图 2-21所示，这个过程可以分为以下 3 个主要阶段。

①第一阶段：首先雇佣了 40 个人的标注团队，专门写了很多的提示词，然后将提示词发给 OpenAI 的 API，之后将符合人类意图的模型结果整理成一个 SFT 数据集，最后在这个数据集上通过有监督学习来微调 GPT-3。

②第二阶段：对模型的多个输出进行人工打分并排序，整理成一个 RM 数据集，并通过这个数据集训练一个打分模型。

③第三阶段：通过打分模型，在第一阶段的数据集中的提示词上进行强化学习微调，最终训练出来的模型就是 InstructGPT。

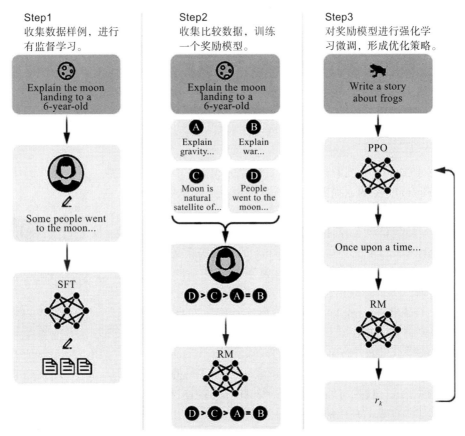

图 2-21　InstructGPT 训练的 3 个阶段

那么提示词数据集是怎么来的呢？首先，第一种数据是标注人员手动写了很多的提示词，其内容包括：随意写的任何问题，确保多样性；给定一个主题来写的指令，比如文本摘要；根据用户的一些需求设计相应的提示词。基于以上数据通过有监督微调训练了第一版模型。然后，对于第二种数据，先将第一版模型放到 OpenAI 的 Playground 中，之后会有很多真实用户去尝试调用，再将这些数据采集回来，做一些筛选和切分。

在上述策略的指导下，作者收集了一系列提示词，并据此构建了 3 个不同的数据集，如图 2-22 所示。这些数据集分别用于进一步的微调训练。

① SFT 数据集：这个数据集包含了 1 3000 个样本，标注人员直接编写答案，然后用这些答案训练 SFT 模型。

② RM 数据集：这个数据集包含了 3 3000 个样本，这些样本用于训练打分模型。

③ PPO 数据集：这个数据集包含了 3 1000 个样本，这些样本没有经过人工标注，而是通过打分模型自动进行标注。

SFT Data			RM Data			PPO Data		
split	source	size	split	source	size	split	source	size
train	labeler	11,295	train	labeler	6,623	train	customer	31,144
train	customer	1,430	train	customer	26,584	valid	customer	16,185
valid	labeler	1,550	valid	labeler	3,488			
valid	customer	103	valid	customer	14,399			

图 2-22　InstructGPT 训练所使用的数据集来源和数量

2. 有监督指令微调

AI 最重要的目标是让模型具有良好的泛化能力，能够在未见的预留任务上依然具有出色的表现。在 NLP 领域中，预训练模型在实现这个目标上有了巨大的进步，如 GPT-3，它可以执行给定自然语言描述的任务，但是生成的内容可能不太可控。更进一步，研究人员发现，对语言模型进行指令微调（Instruction Fine-Tuning，IFT）能够让模型更好地响应指令，并且减少对示例的需求。IFT 技术可以在多样化的任务上对基础模型进行微调，包括情感分析、文本分类、内容摘要等经典的自然语言处理任务。

在数据量方面，虽然 OpenAI 拥有大量的真实用户指令数据，但是我们也可以利用合成数据来制造大量样本进行模型训练。在构建指令数据集的过程中，从已有的标注自然语言数据集中提取数据和通过大语言模型生成输出，这两种方法各有优势和劣势。如果从已有的标注数据集中提取数据，则可靠性较高，因为它依赖于人工标注，这些数据的准确性和可用性得到了保证。但是，这种方法可能需要更多的人工努力来将"文本 – 标签"对转换为"指令 – 输出"对。相反，通过大语言模型生成输出的方法能够更快地获得给定指令的期望输出，从而降低了人工标注的工作量。但是，这种方法也存在一定的风险，因为大语言模型生成的结果可能会受到模型自身的偏见影响和限制。因此，哪种方法更可靠并没有定论，这需要根据具体的需求和数据可用性来进行综合考虑。如果有足够的人力资源进行数据标注，那么从已有的标注数据集中提取可能是一个更好的选择。如果人力资源有限，但需要快速生成大量数据，那么可能会选择使用大语言模型生成输出的方法。

然而，语言模型经过 IFT 之后也可能无法生成有用和安全的响应。例如，模型可能会给出无效的回应，总是回答"我不知道"；或者对敏感话题的输入做出不安全的回应。为了解决这个问题，研究人员使用了一种名为有监督微调（Supervised Fine-tuning，SFT）的技术，在高质量的人工标注数据上微调基础语言模型，以获得有效和安全的响应。SFT 和 IFT 密切相关，IFT 可以被视为 SFT 的一个子集。SFT 主要用于处理安全相关的主题，而不是在 IFT 之后处理指令特定的主题。

InstructGPT 的 SFT 数据集如图 2-23 所示，图 2-23a 中包含了不同任务的占比，图 2-23b 中提供了一些例子。如上一节所述，IFT 主要由三部分组成：指令、输入和输出。其中输入是可选的，一些任务只需要指令。

通过 API 调用的提示词数据集的不同分类及其分布概率

Use-case	（%）
Generation	45.6%
Open QA	12.4%
Brainstorming	11.2%
Chat	8.4%
Rewrite	6.6%
Summarization	4.2%
Classification	3.5%
Other	3.5%
Closed QA	2.6%
Extract	1.9%

通过 API 调用提示词数据集的样例

Use-case	Prompt
Brainstorming	List five ideas for how to regain enthusiasm for my career
Generation	Write a short story where a bear goes to the beach,makes friends with a seal,and then returns home.
Rewrite	This is the summary of a Broadway play: """ {summary} """ This is the outline of the commercial for that play: """

a)　　　　　　b)

图 2-23　InstructGPT 的 SFT 数据集概览

需要注意的是，IFT 和 SFT 其实并不会为模型添加新的能力，所有的能力都已经在预训练阶段被注入。IFT 的作用是解锁或激发这些能力，这是因为相比于预训练数据，IFT 的数据量要少很多。IFT 使得 GPT-3 模型分化为不同的技能树，有些模型更擅长上下文学习，如 text-davinci-003，有些模型更擅长对话，如 ChatGPT。另外，IFT 其实是通过牺牲其他性能来获得更好的与人类需求对齐的效果，例如 ChatGPT 擅长聊天对话，那么相应的它的上下文学习能力会变差，OpenAI 的研究人员在他们的 IFT 论文中将其称为"对齐税"。

3. 训练奖励模型

在 InstructGPT 的论文中，奖励模型其实是一个 60 亿参数的 SFT 模型，把最后一个非嵌入层去掉，将 softmax 替换为一个线性层，让其直接输出一个奖励值的标量，然后基于数据集中的提示词和回复排序来重新训练。当然，我们也可以选择从零开始训练一个奖励模型，但是实践结果证明，从 SFT 模型初始化模型的效果更好、效率更高，这大概是因为 SFT 模型提前掌握了一些 NLP 的基础知识。

在训练奖励模型时，损失函数输入的标签其实是回复的排序，并不是实际的奖励值，因此需要将排序转换为奖励值。读到这我们可能会有一个疑问，为什么不直接用分类模型，还要绕一个弯把排序转换成分数呢？

　　举一个很形象的例子，我们学生时代都写过作文，而作文的评分是语文考试中不确定性最高的部分，因为老师的评分行为带有强烈的主观性，即使是同一篇作文，不同的老师可能会给出不同的评分。这种情况在对 ChatGPT 进行标注时也会出现，由于每个标注员对于同一生成文本的评分可能会有所不同，模型在学习时就可能会对于同一句话的质量感到困惑。

　　因此，如果我们把任务从打"绝对分数"转变为"相对排序"，就可以大大减少这种困扰。也就是说，我们不再要求标注员为每一句话打出一个绝对的分数，而是让他们对一组答案进行排名。这样，即使不同的标注员可能对同一句话的质量有不同的看法，但他们对于一组答案的相对质量排序可能会一致，这让标注过程更加简单和有效。

　　解决了标注一致性问题之后，接下来我们需要教会模型如何从排列序列中学习如何打分。举个例子，假设模型生成了 4 句话，分别为 A、B、C、D，并且已经由标注员根据质量排好序了，顺序是 A > B > C > D，我们想要训练出一个模型，它能给出的分数满足 $r(A)$ > $r(B)$ > $r(C)$ > $r(D)$。针对这个目标，我们可以设置一个特殊的损失函数，类似于 loss = $r(A) - r(B) + r(A) - r(C) + r(A) - r(D) + r(B) - r(C) + r(B) - r(D) + r(C) - r(D)$。为了让损失值在 0 ～ 1，我们会对每两句话的分数差额外应用一个 Sigmoid 函数进行归一化。这样，损失函数的值就等于排序列表中所有前面的好句子的评分减去后面的坏句子的评分的总和。我们的目标是让模型最大化"好句子得分"和"坏句子得分"之间的差值。但是，因为梯度下降本质上是一个最小化操作，所以我们需要对损失函数取负数，这样就能达到最大化差值的目的。

　　具体来讲，对一个提示词，取出一对答案，记为 y_w、y_l，并假设 y_w 的排序比 y_l 要高。先用 x 和 y_w 通过奖励模型得到一个分数 $r_\theta(x, y_w)$，然后用 x 和 y_l 通过奖励模型得到一个分数 $r_\theta(x, y_l)$。因为 y_w 的排序比 y_l 要高，所以我们希望 $r_\theta(x, y_w)$ 比 $r_\theta(x, y_l)$ 大。通过 Sigmoid 函数计算，再取对数，也就得到了逻辑回归的损失函数，即

$$\text{loss}(\theta) = -\frac{1}{\binom{K}{2}} E_{(x, y_w, y_l) \sim D}[\log(\sigma(r_\theta(x, y_w) - r_\theta(x, y_l)))]$$

　　对于每个提示词，模型会生成 K=9 个答案，每次从 K 里面选出来两个，最终除以组合数进行标准化。

　　图 2-24 是 OpenAI 的标注员在创建 InstructGPT 的奖励模型训练数据时使用的用户界面（UI）示例。标注员会对每个回答进行 1 ～ 7 的评分，并根据他们的偏好对回答进行排序。正如我们前面所说的，对训练来说，只有排序是有效的。在标注的一致性方面，大约能达到 73%。这意味着如果有 10 个人对两个回答进行排序，那么其中大约有 7 个人会得到完全一致的结果。

4. 强化学习微调

　　ChatGPT 和 InstructGPT 的训练方法都是 RLHF 实现的，只不过在数据收集方面存在一些差异。RLHF 将语言模型的微调转化为强化学习问题，通过 PPO 算法进行处理，因此，我们需要定义如策略、动作空间观察空间和奖励函数这样的核心元素。在这里，策略是指

基于所给的语言模型，接收提示词作为输入，然后输出一系列的文本或文本的概率分布。动作空间则是所有可能的词汇在所有输出位置的所有组合，每个位置通常有约 50 000 个词汇选项。观察空间是所有可能的输入词汇序列，即提示词。奖励函数是基于预训练好的奖励模型计算的，同时会考虑一些策略层面的约束。

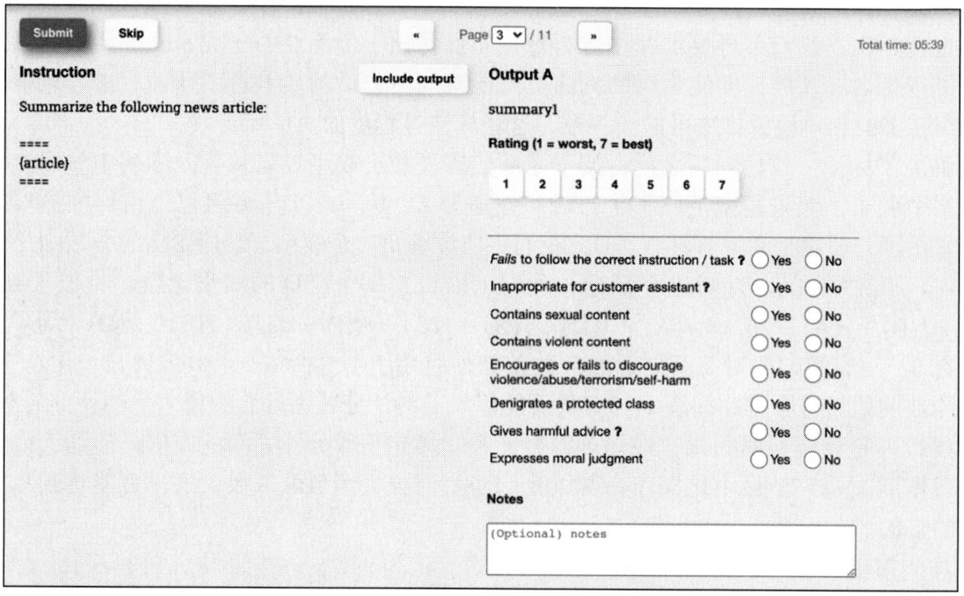

a）

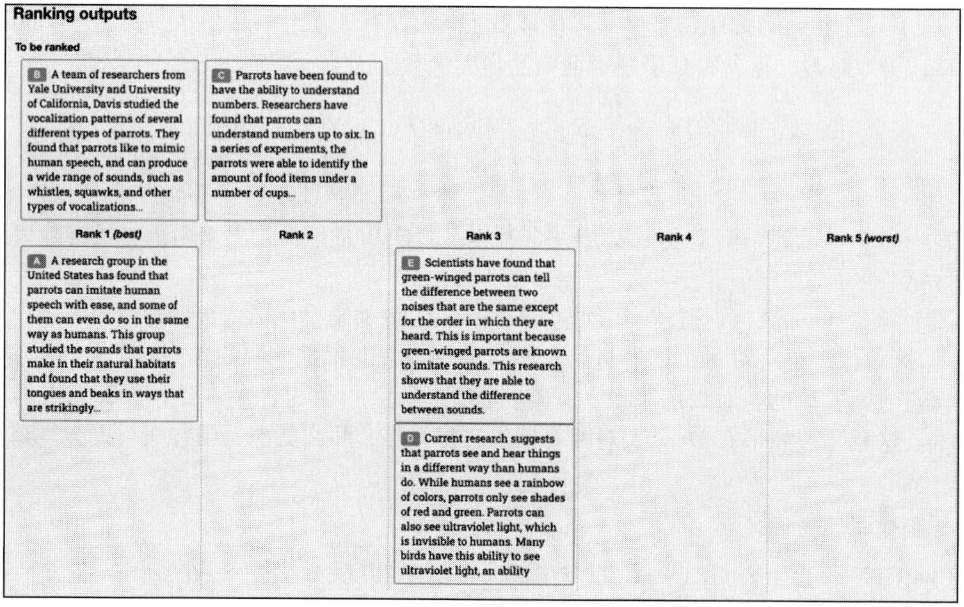

b）

图 2-24　创建奖励模型训练数据时的用户界面示例

强化学习微调的流程图如图 2-25 所示。在计算奖励时,我们会先从预先准备好的数据中挑选提示,同时将其输入到初始的语言模型和当前训练中的语言模型中,得到两个模型的输出文本 y_1 和 y_2。然后,我们使用奖励模型对 y_1 和 y_2 进行评分,以判断哪一个更优秀。评分的差值就可以作为训练策略模型的信号,基于这个差值,通常通过 KL 散度来计算奖励或者惩罚的大小。如果 y_2 的评分比 y_1 的高出很多,那么奖励就会更大,反之惩罚更大。根据奖励,我们可以使用 PPO 算法来更新模型参数。

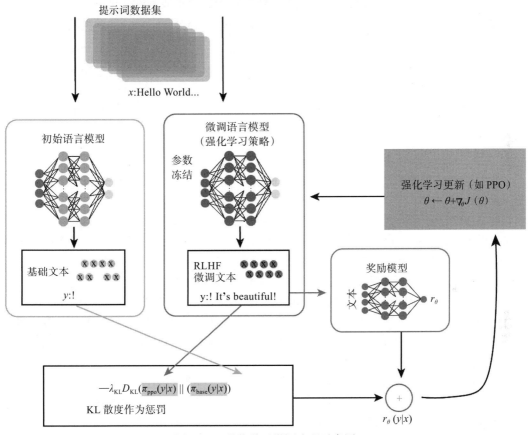

图 2-25　强化学习微调流程示意图

为什么要加入 KL 散度这个限制呢?这是因为 OpenAI 发现,在训练过程中,模型不应过于偏离初始预训练模型和有监督微调阶段的模型,这一限制在目标函数中就是用 KL 散度实现的。添加这个限制的原因在于,对于任何特定的提示,都可能存在多个可能的回答。然而,大部分的回答可能都是奖励模型从未见过的。对于许多未见过的提示和回答对,奖励模型可能会错误地给出极高或极低的评分。如果没有这个限制条件,我们可能会倾向于选择那些得分极高的回答,即便这些回答实际上可能并不优质。因此,添加这个限制条件可以帮助我们避开那些可能并不优质但得分极高的回答。

强化学习微调模型时的目标函数如下

$$\text{objective}(\phi) = E_{(x,y)\sim D_{\pi_\phi^{\text{RL}}}}\left[r_\theta(x,y) - \beta\log\left(\frac{\pi_\phi^{\text{RL}}(y\,|\,x)}{\pi^{\text{SFT}}(y\,|\,x)}\right)\right] + \gamma E_{x\sim D_{\text{pretain}}}[\log\pi_\phi^{\text{RL}}(x)]$$

- ❑ π_ϕ^{RL} ：可学习的策略，初始化时跟 π^{SFT} 一样。
- ❑ π^{SFT} ：有监督学习微调训练出来的模型。
- ❑ $E_{(x,y)\sim D_{\pi_\phi^{\text{RL}}}}$ ：第一项的 (x,y) 来自当前的强化学习模型，每个提示词 x 都通过模型生成一个 y，然后对 (x,y) 进行打分，最大化分数来更新模型参数。
- ❑ r_θ 是不会发生改变的，并且它的训练数据分布来自 π^{SFT}，因此 π_ϕ^{RL} 的更新可能会导致 y 的分布发生变化，从而使 r_θ 的估算逐渐不准，因此通过 KL 散度 $\beta\log\left(\dfrac{\pi_\phi^{\text{RL}}(y\,|\,x)}{\pi^{\text{SFT}}(y\,|\,x)}\right)$ 控制更新幅度。
- ❑ 过于专注微调任务可能会导致模型偏移，因此又从 GPT-3 的训练数据集中采样了一些数据，用于语言模型损失函数：

$$\gamma E_{x\sim D_{\text{pretain}}}[\log\pi_\phi^{\text{RL}}(x)]$$

如果 $\gamma=0$，则模型为纯 PPO 模型；如果 $\gamma\neq0$，则为混合训练 PPO 模型，论文中称为 PPO-ptx。

虽然强化学习目前在 NLP 领域展现出了显著的优势，但是它也存在许多问题，如训练收敛速度慢、训练成本高等。尤其在现实世界中，很多任务的探索成本或数据获取成本都非常高，因此如何提升训练效率是当前强化学习领域需要解决的重要问题之一。大语言模型进行 RLHF 中的 PPO 训练是非常困难的，这种困难不仅体现在计算资源的消耗上，还体现在模型训练过程中的稳定性问题上。训练过程中模型的稳定性也是一个大问题，很有可能会出现无法控制的情况，例如变成复读机，一直输出没有逻辑的内容，或者变得一言不发。这种问题在强化学习游戏训练中也很常见，如果环境和参数设置不好，智能体也可能会走向极端，这就会使得训练过程变得非常困难。

这方面，复旦大学的一篇技术报告值得我们学习。这篇报告不仅分享了关键的技巧和设置，还分享了在训练过程中遇到的失败经验。这对于我们理解和改进模型 RLHF 训练过程是非常有价值的。报告的链接是 https://arxiv.org/abs/2307.04964。

5. 为什么要用强化学习训练？

为什么 InstructGPT 的训练必须采用强化学习，而不是通过一步有监督学习就完成呢？大部分模型都是一步到位、端到端的，即直接通过一种方式训练一个模型。即使是"预训练＋微调"的模式，也只需要两步而已。很少有模型像 InstructGPT 这样，在微调阶段就分为了三步，要训练 3 个模型出来。那么为什么要这样呢？难道是强化学习比有监督学习的效果更好？还是单单通过有监督学习还不够？下面我们分析一下这个问题。

经过预训练之后的 GPT-3 模型具有很强的文本生成能力，它能够根据给定的前文生成后文，但是生成的结果只是更符合自然语言习惯而已，在数学上也只是出现的累计概率更高，实际上可能并不符合交流的需要。例如，当我们给定的前文是一个问题时，模型有可能会回答该问题，但是也有可能会生成一系列跟这个问题比较相关的问题，还有可能开始介绍这个问题的背景等等，这些都是遵循自然语言规律的有效延续。如果要改善该状况，我们可以对前文进行一些定制化，来让模型生成符合我们期望的结果，这被称为"提示词工程"。例如，假设我们想问的问题是"什么是 AIGC？"，那么我们可以给模型输入前文为"问题：什么是 AIGC？回答："。这种方式能让模型生成我们所希望得到的答案，但是对于只想提出问题或者发布指令就能得到回答的普通用户来说并不方便。

这就引出了 InstructGPT 为什么需要第一步的有监督微调的讨论。如果我们想要使模型能够持续回答问题，就需要对其进行引导，这个过程也就是微调，也有人称为"对齐模型与用户需求"。我们需要收集一组由人类编写的文本，这些文本包含了问题或指令，并且包括了期望的输出结果。然后同样训练模型，使其在给定前缀的情况下预测下文。这次的训练将基于"指令 – 输出"对集合，模型将学会通过执行指令来产生相应的输出。也就是说，我们将向模型展示给定问题与正确输出的对应关系，让模型学会"复制"输出结果。通过这种方式，我们希望模型能够泛化到在训练中未见过的问题上。

经过预训练和有监督微调之后，模型其实已经变得非常强悍了，能够响应各种指令和问题，但是还有一些不足：InstructGPT 的回答可能过于模板化，只能尽量复制我们给出的准确答案，这限制了其创造力，有可能变成模板复读机。这是因为在有监督微调的过程中，只要模型生成的结果轻微偏离了我们给定的答案，就会受到惩罚，这会让模型变得非常"小心翼翼"。我们人类的语言是可以通过多种多样的方式传递各种信息的，因此我们也希望模型能够生成一些超越模板但仍符合人类对话模式和价值取向的创新性回答。

想要激发模型产生更多的创意，就有点类似于解答试卷最后的附加题，按照正常学习的模板来做的话可能并不能得出正确结果，这时候就需要一些奇思妙想，如果能有一些创新的回答，就可以获得更高的分数。这也就是为什么有了第二步的奖励模型和第三步的强化学习。在强化学习时，不再要求模型按照我们提供的对话范例做单字接龙，而是直接向它提问，让它自由回答。如果回答得很好，就给予奖励；如果回答得不好，就降低奖励，然后利用评分再去调整模型。这也是强化学习相比于有监督学习的一个优势，有监督学习只能够提供正反馈，而强化学习既能够提供正反馈，也能够提供负反馈。举个例子，有监督学习就好像我们在做题的时候，老师给了一道题又给了一个标准答案，我们所有的步骤都是在向这个标准答案靠拢，有可能我们思考的步骤不对，但最终也能硬凑出来结果；强化学习则像老师给了我们一道题，但没有给出答案，当我们思考出一种解决方案之后，就让老师打分，如果思路错误，那么得分肯定不高，通过排除了一些错误方案，最终剩下的就是正确的思路和正确的答案。

但是，相比于有监督训练，强化学习更加困难。其中一个原因是强化学习中存在着"credit 分配"的问题，也就是当语言模型生成一段词元序列时，它只能在序列末尾得到一个分数。由于这个分数信号相对较弱，我们无法确定答案中哪些部分是好的，哪些部分是不好的。这使得强化学习变得更加复杂。不过这个问题我们在这里暂且不讨论。

通过这三步训练之后，模型既不会因为模板规范限制其表现，又可以经引导生成符合人类认可的优质回答，并且具有了一些意料之外的能力。首先，它能够提供更加详尽的回答，相比于之前的版本而言，生成的文本更长。对于 ChatGPT 而言，回答则变得冗长，以至于用户需要明确要求"用一句话回答我"才能得到简洁的回答。其次，模型具备了更加公正和平衡的回答能力，特别是当问题涉及多个实体利益的事件时，如政治事件。最后，模型还具备了拒绝不当问题的能力。这是通过内容过滤器和模型自身能力的结合实现的，首先内容过滤器会过滤掉一部分问题，然后模型在此基础上进行进一步的拒绝。这种能力提高了模型对于问题的筛选和拒绝的能力。

还有一个意料之外的能力，就是模型能够拒绝知识范围之外的问题。例如，早期的 ChatGPT 拒绝回答在 2021 年 6 月之后发生的新事件的相关问题（因为它没在这之后的数据上训练过）。这是 RLHF 最神奇的部分，它使模型能够隐式地区分哪些问题在其知识范围内，哪些问题不在其知识范围内。要实现这个功能并不容易，尽管我们可以通过有监督学习约束模型的行为，例如，告诉它不回答涉及种族歧视的问题，并尝试回答"我不知道"，但这只是一个简单的替代方法，并不能保证在所有未知情况下都能得到理想的回答。该功能在强化学习时也很难实现，模型可能从一开始就不会生成"我不知道"的答案，我们无法鼓励它做出这样的回答。所以 RLHF 先进行有监督训练，让模型学习在某些情况下回答"我不知道"，再进行强化学习训练，让模型学习在什么情况下该回答"我不知道"。这种方法有时候也有一些缺点，就是模型可能会过度回答"我不知道"，无法提供有用的回答。因此，如何设计奖励函数也是一个重要的研究问题，我们可以尝试对正确答案给出非常高的分数，对放弃回答的答案给出中低分，对错误答案给出负分，以此来引导模型的行为。

在论文的结尾部分，研究者们对 InstructGPT 进行了深入的评估，并得出了一些观察结果。从整体来看，标注员们认为 InstructGPT 比 GPT-3 的输出要优秀得多。实际上，InstructGPT 的回答在真实性上比 GPT-3 有着明显的提升。在控制生成影响恶劣的内容方面，InstructGPT 相比于 GPT-3 也有一些改进，但仍存在一些偏见。另外，InstructGPT 还能够扩展到训练数据集之外的预留数据和指令上，显示出了良好的泛化能力。然而，尽管有这些进步，但是 InstructGPT 仍然会犯一些简单的错误，这意味着它还有改进的空间。

2.4.4　RLAIF

RLHF 可以将语言模型与人类偏好进行对齐，是现代对话语言模型取得成功的关键驱动因素之一。然而，RLHF 的一个主要难点在于对高质量人类标签的需求。

谷歌的一项研究表明，在大模型训练中，人类反馈可以被 AI 替代。在这项研究中，谷歌提出了一种新的基于 AI 反馈的强化学习（RLAIF）方法，发表于论文"RLAIF: Scaling Reinforcement Learning from Human Feedback with AI Feedback"（https://arxiv.org/abs/2309.00267）上，其表现在实验中大体上与基于 RLHF 相近。这个发现有可能将人类从 LLM 的训练流程中进一步解放出来，同时使得"AI 训练 AI"的构想更加接近现实。

RLAIF 使用已有 LLM 来生成偏好标签。例如，给定一段文本和两个候选摘要，谷歌使用了一个现成可用的 LLM 来评判哪个摘要更好，给出排序结果。然后，模型基于这些偏好标签，使用对比损失训练一个奖励模型，最后使用这个奖励模型通过强化学习微调出一个策略模型，如图 2-26 所示。

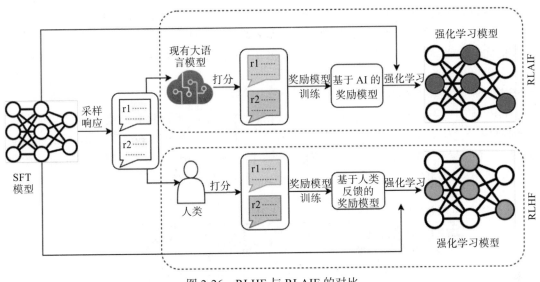

图 2-26　RLHF 与 RLAIF 的对比

经过实验验证，RLAIF 生成偏好标签的表现与 RLHF 基本相当，分别在大约 71% 和 73% 的时间里比 SFT 更受人类标注者青睐，而 RLHF 直接与 RLAIF 进行对比的话，人类标注者对两者的偏好大致相同，如图 2-27 所示。

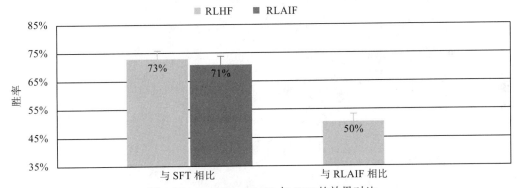

图 2-27　RLAIF、RLHF 与 SFT 的效果对比

这些结果表明，RLAIF 完全有可能替代 RLHF，并且 RLAIF 由于不依赖于人类标注，因此具有良好的扩展性。此外，该团队研究发现，通过为 LLM 提供详细的提示词并使用思维链推理，可以提高 AI 生成的偏好标签与人类偏好之间的对齐效果。

2.5　GPT-4

OpenAI 在 2023 年 3 月 14 日发布了 GPT-4 多模态模型，这是对之前的 GPT 系列模型的跨越式提升。GPT-4 拥有对图像和文本的深度理解能力，能够生成相应的文本回应，并对视觉元素进行分类、分析和隐含语义的提取。虽然在现实生活中的许多应用场景里，GPT-4 的表现还无法与人类相比，但在专业和学术领域的多项基准测试中，GPT-4 已经展现出了媲美人类的优秀性能，比如，在模拟律师资格考试中，GPT-4 的成绩甚至能够排在前 10% 之列。

2.5.1　GPT-4 的非凡表现

GPT-4 还是一个基于 Transformer 的预训练模型，不过不再只有解码器，还增加了图像编码器。关于 GPT-4，只有一篇技术报告 "GPT-4 Technical Report"（https://arxiv.org/abs/2303.08774）。如图 2-28 所示，GPT-4 能够很好地理解用 VGA 接口形状的充电线给手机充电是不太恰当的，而且能理解这是一个笑点，并做出详细的解释。

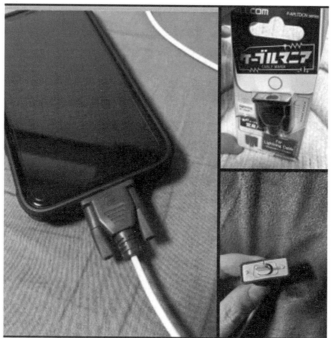

| User | What is funny about this image?Describe it panel by panel. |

Source:https://www.reddit.com/r/hmmm/comments/ubab5v/hmmm/

GPT-4   The image shows a package for a "Lightning Cable" adapter with three panels.

Panel 1: A smartphone with a VGA connector (a large,blue,15-pin connector typically used for computer monitors) plugged into its charging port.

Panel 2: The package for the"Lightning Cable" adapter with a picture of a VGA connector on it.

Panel 3: A close-up of the VGA connector with a small Lightning connector (used for charging iPhones and other Apple devices) at the end.

The humor in this image comes from the absurdity of plugging a large,outdated VGA connector into a small, modern smartphone charging port.

图 2-28　GPT-4 的图像理解能力举例

在很多 NLP 基准测试中，GPT-4 的性能超过了以前的大语言模型和大部分最先进的系统（这些系统通常需要针对基准测试进行特定的训练或手动工程操作）。在逻辑推理能力方面，在一个横向对比的试验中，GPT-4 在 19 个逻辑推理问题中的正确率达到了 100%，而 ChatGPT 只有 37%。在文本生成的安全性方面，GPT-4 也做出了大量改进。与 ChatGPT 相比，GPT-4 生成有害内容的概率大约降低至 1/10。在编程能力方面，GPT-4 也有显著提升。在 LeetCode 上的编程题目中，GPT-4 的表现远超 ChatGPT，在 166 道编程题中，ChatGPT 只答对了 20 道，而 GPT-4 答对了 55 道。GPT-4 在处理非英语问题的能力上也有了大幅提升，甚至在许多语种上都超过了 ChatGPT 在英语上的表现。GPT-4 还能处理更长的序列，最大可以处理 32 000 个 token，这是 ChatGPT 所无法比拟的。

GPT-4 项目的另一个重点是构建可预测并且可扩展的模型。对于像 GPT-4 这样的大规模训练来说，进行广泛的微调是不可行的。为了解决这个问题，开发团队构建了强大的基础设施和多种优化方法，它们在多个尺度上都有可预测的行为特征。这些改进使 OpenAI 可以通过小模型可靠地预测 GPT-4 在某些方面的表现。

然而，尽管 GPT-4 展现出了强大的能力，但它仍然有早期 GPT 模型的一些局限性，比如，在一些情况下并不完全可靠，也就是出现"幻觉"问题；上下文窗口有限；不能从经验中学习等等。因此，使用 GPT-4 的输出时需要特别小心，尤其是在对结果可靠性要求很高的情况下。

GPT-4 是真正意义上的多模态模型，能够处理图像和文本两类信息的输入。这种多模态的能力使得语言模型的应用领域得到了进一步拓展，包括多模态人机交互、文档处理和机器人交互等领域。

2.5.2　基于规则的奖励模型

OpenAI 的开发团队为了提升 GPT-4 的安全性进行了大量的工作，首要步骤是对模型进行对抗测试和红队测试。这个过程中，OpenAI 聘请了超过 50 位来自不同领域的专家进行测试。这些专家会模拟各种可能的攻击和滥用情况，以检查 GPT-4 的反应和处理方式。这个步骤的目的是找出模型可能的漏洞和不足，以便在后续的训练过程中进行改善。

在训练方法上，GPT-4 引入了基于规则的奖励模型（Rule-Based Reward Model，RBRM）。RBRM 是一组零样本分类器，其中可能包含正则表达式和有限状态机等文本编写规则，它们根据这些预定义的规则为特定的行为或事件分配奖励。如图 2-29 所示，这些分类器在 RLHF 微调期间为 GPT-4 策略模型提供额外的奖励信号，让其在训练过程中自动学习如何拒绝生成有害内容，或者不拒绝无害的请求。这种独特的训练方式使得 GPT-4 在处理疑难问题和处理复杂场景时，能够更好地控制输出结果，以确保其安全性。

至于为什么要引入 RBRM？可能是由于 InstructGPT 和 ChatGPT 的 RLHF 训练效率太低。强化学习的优化目标就是逐渐减少搜索空间的范围，寻找最优策略，而 RBRM 正好可以加速这一优化目标的实现。在经过规则对搜索空间的约束后，再利用强化学习在剩余的空间中进行搜索，有效地减少了强化学习的搜索空间，从而可以显著提高算法的收敛速度。

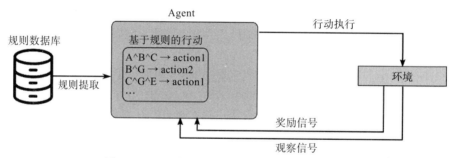

图 2-29　基于规则的奖励模型用于 RLHF 微调

RBRM 具有几个显著的特性。首先是规则的可定义性。模型会根据预先设定的规则来给其输出分配奖励，这些规则通常由领域专家或高质量的人类标注员制定，以保证奖励与任务目标和预期行为的一致性。其次是规则的可解释性。奖励模型依赖于清晰的规则，这些规则通常具有较高的可读性和可解释性，方便开发人员进行模型的解读和调试。再次是规则的可调整性。我们可以通过修改或增加新的规则，相对容易地调整奖励函数，使其适应不同的任务和环境或更复杂的规则。最后是在数据稀缺的情况下具有显著的优势，如图 2-30 所示。

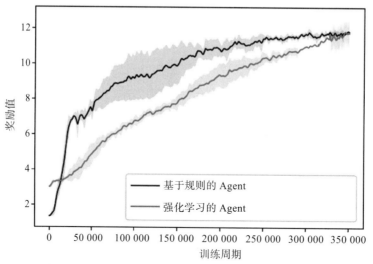

图 2-30　RBRM 在样本稀缺的情况下具有良好的性能

然而，RBRM 也有其局限性。首先是场景泛化能力的缺乏。由于这类模型严重依赖预设的规则，可能会在面对未知或新的场景时泛化能力较弱。这可能会导致模型在新情景下产生错误的幻觉，或无法做出适当的反应。其次是规则设计的复杂性。对于复杂的任务，制定适当的规则可能非常耗时。此外，如果规则过于复杂或存在内部矛盾，则可能会导致模型无法训练出有效的策略。最后是学习效率可能会下降。模型需要在给定的规则集合中探索最佳策略，如果规则设计不理想，则可能导致基于规则的奖励模型学习效率降低或过拟合。

总的来说，通过对模型进行对抗测试，引入基于规则的奖励模型，OpenAI 的开发团队在 GPT-4 的安全性方面实现了显著的提升。这些工作不仅改善了模型的输出质量，也提升了模型的使用安全性，从而让 GPT-4 在各种应用场景中都能提供更高质量、更安全的服务。

2.5.3 多模态架构

GPT-4 是 OpenAI 从单模态到多模态的一项重要技术突破。人类的认知能力通常源自多种模式的学习。以"汽车"为例，这个概念包含了视觉和语言等多方面的丰富信息。比如，根据词典中的文字定义，它是一种交通工具，可以带人们从一处到另一处。它还包含了视觉信息，如汽车的外形、颜色、大小，甚至某种特定品牌或型号的汽车的独特特征。此外，它可能包括音频信息，如汽车的引擎声、喇叭声，甚至汽车在不同路面上行驶的声音。我们小时候学习"汽车"这个概念时，通常是先看到汽车的图片，然后在大街上真的看见汽车从自己面前呼啸而过，再记住对应的文字，从而学会这个词。

GPT-3.5 及其前身，如 ChatGPT，主要是基于文本语料的概率来生成回答。语言模型的核心是对词语序列的概率分布进行建模，即根据已经说过的语句预测下一个时刻可能出现的语句的概率分布。在 GPT-3.5 及其之前的 GPT 版本中，"汽车"仅仅是一种符号表示和概率。而 GPT-4 引入了多模态输入的能力，极大地丰富了语言模型的语义理解。首先，多模态感知赋予语言模型获取文本描述以外的常识性知识的能力。其次，感知与语义理解的结合为新型任务，如机器人交互技术和多媒体文档处理，提供了可能性。最后，感知的统一接口使得图形界面成为最自然和高效的人机交互方式。

多模态模型能够从多种来源和模式中学习知识，并利用模式之间的交叉关联来完成任务。例如，通过图像或图文知识库学习的信息可以用于回答自然语言问题；从文本中学习的信息也可以应用于视觉任务。目前，多模态大模型正在经历将图文信息对齐、进行模态认知管理、进一步形成多模态决策或生成的过程。常见的多模态大模型任务包括：图像描述生成或文本生成图像（Stable Diffusion）、图文问答（GPT-4）、从文本到图像或从图像到文本的检索，以及视频流描述。

根据深圳鹏城实验室的研究，目前主要的多模态模型架构主要有 5 种，如图 2-31 所示，分别如下。

1）合并注意力架构（Merge-Attention）：如图 2-31a 所示，来自论文"i-Code: An Integrative and Composable Multimodal Learning Framework"（https://arxiv.org/abs/2205.01818）。它将多个输入模态调整为统一的特征表示，在计算注意力之前进行融合，然后共同通过模型。需要注意的是，这里的模型参数是由所有模态共享的。

2）共同注意力架构（Co-Attention）：如图 2-31b 所示，也来自论文"i-Code: An Integrative and Composable Multimodal Learning Framework"。每个输入模态都分别独立进行注意力计算，得到多种模态的特征向量，然后使用共同的交叉注意力层融合多模态特征。

3）交叉注意力架构（Cross-Attention）：如图 2-31c 所示，来自论文"Proposal-free One-stage Referring Expression via Grid-Word Cross-Attention"（https://arxiv.org/abs/2105.02061）。将两种模态分别结合，一种模态的 Query 向量相互输入到另一种模态的自注意力网络中，实现信息的相互嵌入，然后将两种模态的输出连接起来。

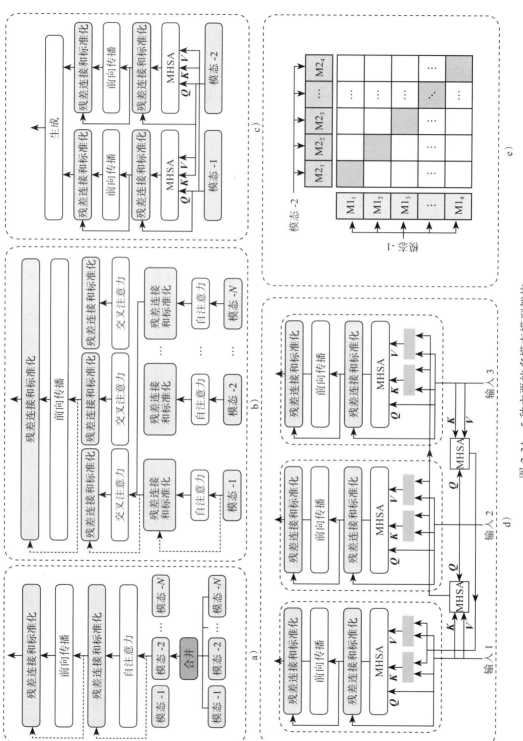

图 2-31 5 种主要的多模态模型架构

4）三角 Transformer 架构（Tangled-Transformer）：如图 2-31d 所示，来自论文"ActBERT: Learning Global-Local Video-Text Representations"（https://arxiv.org/abs/2011.07231）。在该论文中，使用 3 组 Transformer 模块同时处理动作、图像和语言 3 种模态的特征，通过特定的三角连接关系，注入其他模态的 Transformer 网络，以实现不同模态的信息融合。

5）模态间对比学习架构（Inter-Modality Contrastive Learning）：如图 2-31e 所示，来自论文"Learning Transferable Visual Models From Natural Language Supervision"（https://arxiv.org/abs/2103.00020）。对比学习被广泛应用于建立不同模态之间的关系，先将不同模态的信息分解，然后通过矩阵建立多模态对比学习关联。（我们将在 3.3 节中详细介绍此架构。）

其中，交叉注意力架构对于开发 GPT-4 来说，可能是代价最小且能大幅度利用已有语言模块的架构。

2.5.4　训练流程

GPT-4 的训练数据集是在 GPT-3 和 GPT-3.5 的基础上，进一步加入多模态数据，包括图片和文字的组合。这个庞大的数据集的收集工作是一项重大挑战，由 30 ～ 50 名 OpenAI 团队成员以及额外雇佣的 50 ～ 100 名标注员共同完成。GPT-4 的训练数据集更丰富，包括图表推理、物理考试、图像理解、论文总结、漫画图文等内容。

GPT-4 的训练过程也主要经历两个阶段。首先，模型在大规模的文本数据集上进行预训练，也就是语言建模。然后，模型使用基于人类反馈的强化学习算法进行微调，使其生成的输出更符合人类的喜好。预训练的语言模型具有广泛的能力，包括 Zero-Shot、上下文学习和执行多任务的能力，如问题回答、算术和分类等。

根据已有的一些资料，我们推测 GPT-4 的训练流程可以进一步细分为以下几个步骤。

①构建交叉注意力架构预训练模型。GPT-4 在 GPT-3.5 的基础上增加了视觉语言模型组件，可能是 Vision Transformer 的视觉预训练模型。预训练模型要在多模态领域进行初步微调，首先会从文本数据集和多模态数据集中抽取问题，由人类标注员给出高质量答案，然后用这些人工标注好的数据来微调 GPT-4 初始模型，得到经过有监督精调的 SFT 模型。

②训练奖励模型和基于规则的奖励模型：这一阶段先设计和验证基于规则的奖励模型，然后使用 SFT 模型生成的答案，人类标注者对这些结果进行排名，使用这个排序结果数据来训练 GPT-4 的奖励模型。

③采用 PPO 强化学习优化策略：使用 PPO 模型生成回答，利用第二阶段训练好的奖励模型和基于规则的奖励模型，给出质量分数，更新预训练模型参数。

GPT-4 训练的成功主要取决于以下几个关键因素：建立高质量的数据集和提示词，发展有效的思维链训练方法，具备大规模的计算力，并能对早期训练空间进行准确的预测和优化选择。相比于这些，数据的总量就显得不是那么重要了。

2.5.5 局限性

尽管 GPT-4 在许多方面，包括上下文对话、编程能力、图像理解和数据分析等领域展现出了卓越的性能，但我们也必须认识到，它的技术仍存在一些局限性，并且正在不断地改进和发展。以下是对 GPT-4 的局限性的概述。

①常识和引申能力：在没有经过大量训练的领域，GPT-4 可能缺乏人类常识和引申能力，并可能提供有误导性的回答，产生错误的建议或信息。

②计算资源：GPT-4 的训练和部署需要大量的算力，这可能超出了许多企业的负担能力。

③在线学习新知识：GPT-4 无法在线学习新知识，需要重新训练模型才能纳入新的信息，但成本高昂，而且可能会发生"灾难性遗忘"。

④黑箱模型：GPT-4 的内部算法逻辑复杂且不透明，我们还不能深入理解其工作原理，因此无法保证其生成的内容是否正确。

⑤社会和道德风险：GPT-4 有可能生成有偏见的、虚假的和令人不悦的文本，并且还有可能用于生成虚假新闻、宣传和垃圾邮件。

⑥隐私风险：GPT-4 从公开可用的数据中学习，可能会无意间泄露或关联到个人隐私信息。

模型生成的内容若出现荒谬或不真实之处，我们称之为"幻觉"（hallicination）现象。随着模型生成的内容语义越来越连贯、说服力越强，这种幻觉行为的潜在危害也越大。模型产生幻觉的原因可以总结为以下两点。

- ❑ 数据偏差：训练集的偏差，如数据缺少或错误，可能对模型理解自然语言产生负面影响，导致在这方面的生成内容失控。
- ❑ 模型结构：模型的结构与参数量可能对模型的泛化能力和表示能力产生影响，从而导致模型在某些方面出现幻觉现象。

GPT-4 在解决幻觉问题时采用了两种策略。首先，它利用 ChatGPT 的数据进行训练，这种方法的优势在于 ChatGPT 已具备一定程度的防止生成有害内容的能力，其数据比网络爬取的数据更为可靠。然而，此方法可能会将 ChatGPT 的问题复制到 GPT-4 中，且使用一个模型的生成内容作为另一个模型的训练数据可能引发过拟合问题。

其次，GPT-4 采用 NLP 技术来检测模型产生的幻觉样本，包括自动评估和人工评估。这种方法可以有效地检测和纠正模型产生的幻觉问题，但自动评估可能会因为评估模型的不足而忽略一些幻觉样本，而人工评估的主要问题在于成本过高。

2.6 语言模型的未来

尽管当前的语言模型已经具有令人惊叹的能力，但是技术仍在不断发展，下一代的大语言模型可能会在以下两个新兴领域有所突破。第一个是自我学习与自我核实。下一代语言模型可能会在未来实现自我学习，通过预训练具有了一定的语言能力之后，就可以直接从生成的数据中再次学习。当然，这也就需要保障模型生成的内容尽量准确，因此下一代语言模型也要具备高度的自我核实能力，能够通过上下文理解和逻辑推理来纠正自己的错误。第二个是稀疏专家模型，下一代语言模型可能会在处理特定领域或任务时，只激活部分特定的神经网络，从而节省计算资源和内存。

2.6.1　自我学习与自我核实

回想我们人类的学习方式。首先通过大量的外部信息来获取看法和知识点，比如上课和阅读书籍。然后在这个过程中，我们会产生新的想法和认识，必要的时候也要付诸实践。最后通过反思不断对新想法进行修正，再次实践。通过这种实践、认识、再实践、再认识的反复循环，我们能够不断加深对知识的思考和对世界运行规律的理解。目前的大语言模型似乎也具备了这样的条件，它已经学习了这世界上许许多多的知识，了解了各种各样的信息，并能够基于此生成新的内容。如果我们再进一步，将生成的新的内容再作为额外的训练数据让模型进行学习，就能够实现这种自我学习的循环。

谷歌和卡内基梅隆大学合作的一项相关的研究表明，大语言模型如果能够在回答之前先回顾有关该主题的知识，就产生更准确和丰富的答案。这可以类比于人类的对话场景，我们在说话时并非随时都是脱口而出，尤其是在一些比较有深度的讨论或会议中，在回答前一般会先搜索脑海中的相关记忆。

自我学习也引发了一些概念上的疑问，有人质疑这是否会导致循环逻辑。他们认为，从某种意义上说，大语言模型可以被视为存储着训练数据信息，并在回答时以不同组合的方式进行重现的数据库，那么新数据如果来自模型，那么模型中应该已经包含了这些知识点或信息，自我学习只能是无意义的复读机。尽管听起来有些道理，但最好还是根据人类大脑的思维方式来理解大语言模型。我们人类通过摄取来自世界的大量数据，以无数种令人难以置信的方式改变大脑中的神经连接，通过自省、写作、对话，有时甚至只是睡一觉，大脑就能够产生前所未有的见解，这些见解不曾出现在我们的脑海中或世界上任何信息来源中。如果我们将这些新见解内化，就能够变得更加聪明。

考虑到全球可用的文本训练数据可能很快会耗尽，大语言模型的自我学习不失为一条好路，许多 AI 研究员都对此表示关注。根据估计，全球可用的文本数据总量在 4.6 万亿到 17.2 万亿个词元之间，包括所有书籍、网页、博客、社交媒体、科学论文、新闻文章、维基百科、公开可用的代码以及互联网上大部分内容，这些内容都经过质量过滤。虽然现在我们远未耗尽世界上所有可用的语言训练数据，但也应该居安思危，如果大语言模型能够生成自身的训练数据，并利用这些数据持续进行自我改进，那么数据短缺就将不再成为问题。

要实现自我学习还有一个前提，那就是要解决目前大语言模型的幻觉问题。尽管目前的大语言模型已经具备了非常强大的语言能力，但它们还是经常会产生不准确、误导性或虚假的信息。例如，它们可能会认为数字 220 比 200 更小，会推荐一些并不存在的书籍或参考文献，等等。对于这些幻觉问题，有的大模型十分"自信"和"倔强"，尽管你一再指出它的错误之处，但它就是不改，而有的大模型立场十分不坚定，即使是正确的答案，如果你不断否定它，那它也会自我怀疑并最后修改答案。

目前也有一些工作在探索如何提高大模型回答的准确性，主要有两种途径：从外部知识库检索信息；回答时提供参考文献和引用来源。这两种方法在现在的大语言模型落地应用中被广泛使用，但也只是能改善幻觉问题，并没有从底层架构的层次上解决问题。OpenAI 发布的 WebGPT 就是一个通过浏览器提升语言模型事实准确率的应用，它可以像人类一样利用微软的 Bing 搜索引擎浏览互联网，可以提交搜索查询、点击链接、滚动网页、使用 Ctrl+F 来搜索特定术语等等。当模型在互联网上找到相关信息并将其作为回答的依据时，还可以提供引用，以向用户展示信息的来源，这样的回答更准确、更全面。根据结果显示，在相同的查询场景下，大约 56% 的时间里，WebGPT 的回答比人类撰写的回答更受欢迎，而在约 69% 的时间里，它的回答比 Reddit 上评分最高的回答更受欢迎。WebGPT 也并没有完全解决幻觉问题，作为用户，我们仍然需要对模型提供的信息进行适当的验证和审查，以确保其真实性和可靠性。

2.6.2　稀疏专家模型

当前的大语言模型大致采用相同的架构，包括 OpenAI 的 GPT、谷歌的 PaLM 或 LaMDA、Meta 的 OPT、NVIDIA/ 微软的 Megatron-Turing 等。这些模型都是基于自回归、自监督学习和预训练的密集型 Transformer 模型构建的，虽然这些模型在参数大小、训练数据、优化算法、批处理大小、隐藏层数量以及是否经过指令微调等方面存在差异，但它们的基本架构是相似的。

密集型模型不管在训练还是推理时都需要调动所有的参数参与计算，例如，每次向 GPT-3 提交请求时，该模型的所有 1750 亿个参数都会被激活，以计算输出。然而，有一种更有趣的架构称为稀疏专家模型，它与密集型模型有所不同。稀疏模型的特点是不会激活所有参数来处理给定的输入，而只会激活与输入相关的参数子集。这样，模型的稀疏性将参数与计算解耦，使得稀疏专家模型虽然具有较大的规模但计算需求较低。

可以将稀疏专家模型视为由处理不同主题的专家子模型组成的。根据输入内容不同，模型会激活与之最相关的"专家"，而其他"专家"则保持静态。例如，使用中文交互时只会激活能够理解和响应中文的专家子模型，从而有效地绕过模型的其余部分。

最近对稀疏专家模型的研究表明，这种架构具有巨大的潜力。例如，谷歌开发的 GLaM 是一个稀疏专家模型，其参数规模比 GPT-3 大 7 倍，但是训练所需的资源减少了 2/3，推理所需的计算减少了一半，并在广泛的自然语言任务上优于 GPT-3。

稀疏专家模型的另一个显著优势就是它的可解释性。在 AI 领域中，可解释性可谓是当下最为重要、最为棘手的挑战之一，而稀疏模型，相比于传统的密集模型来说，拥有更优越的可解释性，其优点在于稀疏模型的输出结果是由模型中那些可识别的离散参数子集（也就是被激活的"专家"）决定的，这在很大程度上增强了模型预测结果的透明性，从而有助于我们对模型的运作方式和预测逻辑有更加深入的了解与掌握。

稀疏专家模型目前还没有得到广泛应用，因为相对于密集模型而言，它的技术复杂度更高。然而，考虑到它的潜在优势，特别是计算效率，可以预见稀疏专家架构在未来的大型模型中会变得更加普遍。正如 Graphcore 首席技术官所言，"人工智能不需要访问所有知识来完成任务，这是显而易见的。这是大脑的工作方式，也是人工智能应该模仿的方式。"

2.7　GPT 系列的其他应用

GPT 系列的火爆是不可否认的，引发了许多人对其应用和可能性的浓厚兴趣。基于 GPT 的应用也在不断涌现，为各个领域和需求提供了更多选择和可能性。

2.7.1　MiniGPT-4

GPT-4 展示了非凡的多模态能力，例如，直接从网页草图生成代码和解释搞笑图片的含义等等。来自 KAUST（沙特阿卜杜拉国王科技大学）的几位博士生提出的 MiniGPT-4，不仅具备了许多类似于 GPT-4 的能力，还具备了其他新兴能力，包括根据给定的图像撰写故事和诗歌、根据图像中的问题提供解决方案、根据食物照片教用户如何烹饪（如图 2-32 所示）等，并且模型开源开放，还提供了网页版的演示样例。

Food recipes generation　　How should I make something like this?

To make this dish, you will need the following ingredients:
* 4 large lobsters
* 2 tablespoons olive oil
* 2 cloves garlic, minced
* 1 teaspoon dried thyme
* 1 teaspoon dried oregano
* 1/2 teaspoon paprika
* Salt and pepper, to taste
* 4 lemon wedges, for serving
1. Preheat the oven to 400℉ (200℃).
2. In a large baking dish, toss the lobsters with the olive oil, garlic, thyme, oregano, paprika, salt, and pepper.
3. Roast the lobsters in the preheated oven for 20-25 minutes, or until they are cooked through.
4. Remove the lobsters from the oven and let them cool for a few minutes.
5. Serve the lobsters with the lemon wedges on the side

图 2-32　MiniGPT-4 可以根据用户提供的食物图片给出烹饪步骤

MiniGPT-4 通过一个线性投影层将一个冻结的图像编码器和一个冻结的大语言模型（Vicuna）对齐，模型结构如图 2-33 所示。MiniGPT-4 的训练分为两个阶段，第一阶段仅对原始的图像文本对进行预训练，实验结果显示生成的语言输出存在重复和碎句等不自然问题。为了解决这一问题，研究人员在第二阶段使用对话模板筛选了一个高质量、对齐良好的数据集，再对模型进行微调，这一步对于提升模型生成结果的可靠性和可用性起到了至关重要的作用。

值得注意的是，MiniGPT-4 在计算效率方面表现出色。它仅需要训练一个投影层，并利用大约 500 万对"图像–文本"数据进行对齐训练。这样的设计使得模型能够快速而高效地进行图像和文本的对齐，提高了整体的运行效率。

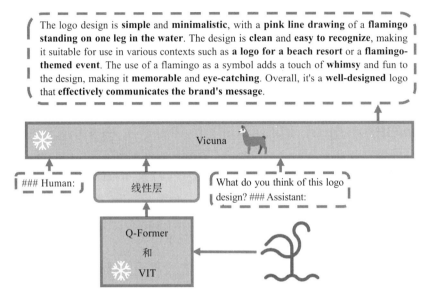

The logo design is **simple** and **minimalistic**, with a **pink line drawing** of a **flamingo standing on one leg in the water**. The design is **clean** and **easy to recognize**, making it suitable for use in various contexts such as **a logo for a beach resort** or a **flamingo-themed event**. The use of a flamingo as a symbol adds a touch of **whimsy** and fun to the design, making it **memorable** and **eye-catching**. Overall, it's a **well-designed** logo that **effectively communicates the brand's message**.

Vicuna

Human:

线性层

What do you think of this logo design? ### Assistant:

Q-Former 和 VIT

图 2-33　MiniGPT-4 通过一个线性层将图像编码器与大语言模型对齐

MiniGPT-4 团队也提供了一个更轻量级的版本，部署起来只需要 23GB 的显存，结合参数高效微调技术，在一些消费级显卡上也能够实现本地训练和推理。更多内容请参考 MiniGPT-4 的 GitHub 链接：https://github.com/Vision-CAIR/MiniGPT-4。

2.7.2　minGPT 与 nanoGPT

minGPT 是 GPT 的 PyTorch 版本重实现，包括了训练和推理功能。它旨在打造一个小型、清晰、易于理解和教育的实现，因为目前大多数可用的 GPT 模型实现都相对冗长。如果说完整的 GPT 是一艘航空母舰，那么 minGPT 就是一艘民用快艇。实际上，GPT 模型并不复杂，minGPT 的代码只有大约 300 行。其主要功能是将一系列索引作为输入，通过 Transformer 模型，输出该序列中下一个索引的概率分布。GPT 的复杂之处主要在于，为了有效地进行批处理，需要跨多个样本和序列长度。更多内容请参考 minGPT 的 GitHub 链接：https://github.com/karpathy/minGPT。

nanoGPT 则是针对中型 GPT 模型的最简单、最快速的训练 / 微调库，它是 minGPT 的重写版本。由于 minGPT 在各种场合（如 Notebook、博客、课程、书籍等）中广泛使用，作者不愿意对其代码进行太大的改动。因此，nanoGPT 将 minGPT 从纯粹的教育重点转向一些具有实际应用价值的方向，例如，重现中型工业基准、在运行时效率方面做一些权衡等。nanoGPT 使用单个 8XA100 40GB 显卡，在 OpenWebText 数据集上进行约 4 天的训练，复现了 GPT-2（124M）模型。更多内容请参考 nanoGPT 的 GitHub 链接：https://github.com/karpathy/nanoGPT。

2.7.3　AutoGPT 与 AgentGPT

AutoGPT（https://github.com/Significant-Gravitas/Auto-GPT）是一款基于 Python 的实验性开源接口 AI 应用程序，它采用 OpenAI 的 GPT-3.5 或 GPT-4 模型来创建完全自主和可定制的 AI 代理。AutoGPT 的功能极为强大且多样化。一旦用户设定了目标，AutoGPT 就能够自我提示，全程自动完成任务，无需过多的人工干预。例如，你可以要求 AutoGPT 为你策划一次假期，只需输入目的地、期望和预算，它就能为你提供一份包含完整行程的方案，甚至会自动预订机票和酒店。此外，AutoGPT 还可以用于进行代码调试、撰写邮件、增加净资产、创建应用程序、制定商业计划、构建网站等多种任务。

AutoGPT 并非神奇的黑箱，它的运行完全有据可查。用户输入目标后，AutoGPT 会根据 OpenAI 的模型管理或协调对用户目标的后续行动，智能地查询和回答他们，直到任务完成。AutoGPT 可以与在线和本地的其他应用程序、软件和服务交互，例如网络浏览器和文字处理器。

AutoGPT 的主要优势在于其自主性级别高，用户无需深入的编程知识即可使其运行。此外，AutoGPT 还为数据收集和研究提供互联网访问，并改进了长期和短期记忆。然而，AutoGPT 也存在一些局限性。例如，AutoGPT 对上下文的理解有限，这意味着它可能会产生与当前任务无关的结果。这可能会导致时间和资源的浪费，因为生成的文本可能需要额外的编辑和细化以适应预期的上下文。

AgentGPT（https://agentgpt.reworkd.ai/zh）与 AutoGPT 的功能类似，只不过它是网页版。AutoGPT 的安装和使用操作比较烦琐，很多人可能连环境都配置不好。AgentGPT 相对来说更简单更直观，是基于 Web 的平台，这意味着用户可以直接在浏览器中创建和部署 AI 代理，无须在本地进行任何安装或配置。使用 AgentGPT，用户同样只要简单地设定好他们的目标，就能一键启动 AI 代理去执行任务。

2.8　本章总结

本章主要介绍了 GPT 系列模型的发展历程。首先，GPT-1 于 2018 年提出，是第一个利用 Transformer 解码器进行自监督预训练的语言模型。它在 11 个下游任务上进行了有监督微调，展现出了一定的零样本推理能力。GPT-1 证明了在大量文本语料上进行自监督预训练可以让模型获得强大的语言理解能力。

其次，GPT-2 于 2019 年提出，在更大规模的 WebText 语料上进行无监督预训练，在阅读理解、翻译、摘要和问答等任务上实现了当时最佳的零样本性能。它表明了无监督预训练的语言模型具有很强的泛化能力和跨任务迁移能力。

然后，GPT-3 于 2020 年提出，参数量达到 1750 亿，数据集扩大到了约 3000 亿词，在几乎零样本的条件下就能完成阅读理解、翻译、问答等任务。它引入了提示学习方法，展示了人类级的语言理解和推理能力。

接着，基于 GPT-3，OpenAI 开发了代码生成模型 Codex、对话系统 InstructGPT 和

ChatGPT。Codex 能根据注释生成 Python 代码，InstructGPT 通过监督学习、奖励模型和强化学习来优化模型输出，ChatGPT 则侧重于对话场景。

最后，GPT-4 于 2023 年提出，可以处理图像和文本的多模态输入，生成高质量的文本和代码。它使用了更复杂的训练框架，包括监督学习、规则奖励模型和强化学习来提升安全性。GPT-4 代表了 LLM 向多模态、安全、对齐的方向发展。

GPT 系列的发展推动了预训练语言模型技术的进步，使之能处理越来越复杂的任务，并朝着智能、安全、多模态的方向不断迭代。GPT 的发展路径或可预示未来 LLM 的进一步演进。当然，LLM 也存在一些不足。例如，它们在生成过程中可能会表现出偏见和不准确，导致输出带有偏见的内容。同时，LLM 在理解复杂逻辑和推理任务上的能力有限，可能在复杂的上下文中产生混淆或错误。另外，LLM 处理大数据集和长时序的能力也有限，这可能使它难以处理长文本和涉及长期依赖的任务。此外，LLM 对提示词非常敏感，尤其是对抗性的提示词，这就需要研究者开发新的评估方法和算法，以提高 LLM 的稳健性。

最后，发散一下我们的思维。当我们思考人脑学习语言的方式时，可以看出人类与 LLM 的学习方式存在显著的差异。例如，3 岁的孩子就已经具有强大的语言能力，但他们的大脑只有 5% 的神经元被激活进行语言相关活动。他们能够通过演绎、归纳、推理、联想和举一反三等方法进行学习，这是种自顶向下和自底向上相结合的学习方式，与基于自底向上学习的 ChatGPT 存在明显的差异。因此，未来的语言模型肯定是一种与 ChatGPT 完全不同的形式。

第 3 章

深度生成模型

人工智能主要有两大类模型：判别式模型和生成式模型。常见的判别式模型主要做两种任务——预测和分类，而生成式模型则要根据需求自动生成用户想要的内容，例如，生成一张图片、一段语音、一段视频，并且还要能够调整输入参数定制化内容等等，这就是我们本章要介绍的深度生成模型。

目前的深度生成模型主要是利用深度神经网络来建模计算概率分布，以此来生成目标样本，可以分为两大类，即基于似然的模型和基于能量的模型。

基于似然的模型的代表是自回归模型，GPT 就是一种典型的基于似然的生成模型，还有我们本章会介绍的变分自编码器。这种模型在理论上具有可追踪的似然性，因此在优化模型权重时可以直接使用数据的对数似然估计。

基于能量的模型的代表是扩散模型，也就是我们本章会介绍的生成对抗网络（GAN）和稳定扩散模型（Stable Diffusion）。基于能量的模型虽然在参数化方面比较灵活，但是训练起来比较困难。

3.1 从自编码器到变分自编码器

编码器其实在前面介绍 Transformer 和 GPT 时就已经提到过了，都是神经网络的一种。只不过从训练方式上看，Transformer 是有监督学习，GPT 是自监督学习，而本章将要介绍的自编码器、变分自编码器和条件变分自编码器是无监督学习。

3.1.1 自编码器

自编码器（Auto Encoder，AE）的作用是提取数据的关键特征，也称为潜在特征（Latent Feature）或特征向量（Feature Vector）。自编码器的模型结构如图 3-1 所示，通过编码器将高维的原始数据转换为低维的特征向量，如果这些特征向量能够完美地还原原始数据，那么就可以认为这些特征向量是原始数据的关键特征。

通过这个过程，自编码器模型可以学习并捕捉到数据中的重要信息，剔除冗余和噪声。这些特征向量可以用于数据压缩、降维、数据可视化和聚类等任务。通过提取低维特征，我们可以更好地理解数据的本质，并且可以减少对原始数据的存储和处理需求。当 AE 模型能够完美重构原始数据时，这个模型就已经成功地学习并提取出了原始数据的重要信息。

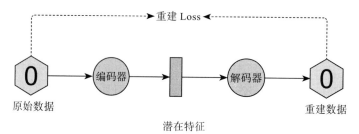

图 3-1 自编码器的模型结构

接下来我们通过代码基于 MNIST 实现一个手写数字的自编码器。

```python
class DownConvLayer(nn.Module):
    def __init__(self, dim):
        super(DownConvLayer, self).__init__()
        self.conv = nn.Conv2d(dim, dim, 3, padding=1)
        self.pool = nn.MaxPool2d(2)

    def forward(self, x):
        x = F.relu(self.conv(x))
        x = self.pool(x)
        return x
```

以上代码定义了一个名为 DownConvLayer 的类，主要功能是实现了一个下采样卷积层，用于在卷积神经网络中进行特征提取和降维。在类的初始化方法中，定义了两个子模块。第一个子模块是使用 nn.Conv2d 函数定义的卷积层，输入和输出的通道数都是 dim，卷积核大小为 3×3，padding 为 1，表示在输入特征图周围填充一圈 0，使得卷积操作后特征图大小不变。第二个子模块是 nn.MaxPool2d，用于进行最大池化操作，将输入特征图尺寸缩小一半。在 forward 方法中，接收输入 x，并通过卷积操作、ReLU 激活函数和最大池化操作进行特征提取和降维，最后返回降维后的特征图。

```python
# 创建一个 DownConvLayer 对象
down_conv = DownConvLayer(dim=1)
# 创建一个输入张量，假设尺寸为 [batch_size, channel, height, width]
input_tensor = th.randn(1, 3, 32, 32)
# 将输入张量传递给 DownConvLayer 的 forward 方法进行前向计算
output_tensor = down_conv(input_tensor)
# 输出降维后的特征图尺寸
print(output_tensor.shape)
```

在测试用例中，我们创建了一个包含 3 个通道的输入张量，尺寸为 [1, 3, 32, 32]。然后将输入张量传递给 DownConvLayer 的 forward 方法进行前向计算，得到输出张量 output_tensor。最后打印输出张量的形状，可以看到输出特征图的尺寸被压缩了一半，即成为 [1,

3, 16, 16]。

```python
class UpConvLayer(nn.Module):
    def __init__(self, dim):
        super(UpConvLayer, self).__init__()
        self.conv = nn.Conv2d(dim, dim, 3, padding=1)
        self.upsample = nn.Upsample(scale_factor=2, mode="nearest")

    def forward(self, x):
        x = F.relu(self.conv(x))
        x = self.upsample(x)
        return x
```

以上代码定义了一个名为 UpConvLayer 的类，主要功能是实现了一个上采样卷积层，用于在卷积神经网络中进行特征上采样和提取更细致的特征。在类的初始化方法中，定义了两个子模块。第一个子模块是使用 nn.Conv2d 函数定义的卷积层，具体参数和作用与 DownConvLayer 一致。第二个子模块是 nn.Upsample，用于进行上采样操作，通过指定 scale_factor 参数来确定上采样的倍数，mode 参数设置为"nearest"表示使用最近邻插值。在 forward 方法中，接收输入 x，并通过卷积操作、ReLU 激活函数和上采样操作进行特征提取和上采样，最后返回上采样后的特征图。

```python
# 创建一个 UpConvLayer 对象
up_conv = UpConvLayer(dim=1)
# 创建一个输入张量，假设尺寸为 [batch_size, channel, height, width]
input_tensor = th.randn(1, 3, 16, 16)
# 将输入张量传递给 UpConvLayer 的 forward 方法进行前向计算
output_tensor = up_conv(input_tensor)
# 输出上采样后的特征图尺寸
print(output_tensor.shape)
```

在测试用例中，我们创建了一个包含 3 个通道的输入张量，尺寸为 [1, 3, 16, 16]。然后将输入张量传递给 UpConvLayer 的 forward 方法进行前向计算，得到输出张量 output_tensor。最后打印输出张量的形状，可以看到输出特征图的尺寸被放大了一倍，即成为 [1, 3, 32, 32]。

```python
class Encoder(nn.Module):
    def __init__(self, dim, layer_num=3):
        super(Encoder, self).__init__()
        self.convs = nn.ModuleList([DownConvLayer(dim) for _ in range(layer_num)])

    def forward(self, x):
        for conv in self.convs:
            x = conv(x)
        return x


class Decoder(nn.Module):
    def __init__(self, dim, layer_num=3):
```

```python
        super(Decoder, self).__init__()
        self.convs = nn.ModuleList([UpConvLayer(dim) for _ in range(layer_num)])
        self.final_conv = nn.Conv2d(dim, 1, 3, stride=1, padding=1)

    def forward(self, x):
        for conv in self.convs:
            x = conv(x)
        reconstruct = self.final_conv(x)
        return reconstruct
```

以上代码定义了一个 Encoder 类和一个 Decoder 类，分别用于实现编码器和解码器的功能。Encoder 类中包含一个 nn.ModuleList 对象 self.convs，根据 layer_num 参数的设置，循环创建个数为 layer_num 的 DownConvLayer 实例，并将它们存储在 self.convs 中。在 Encoder 类的 forward 方法中，对于 self.convs 中的每个 DownConvLayer 实例，将输入 x 传递给它们进行特征提取和降维操作，并将结果作为下一个 DownConvLayer 的输入。之后返回最后一个 DownConvLayer 的输出结果。Decoder 类中也包含一个 nn.ModuleList 对象 self.convs，用于存储多个 UpConvLayer 类的实例，以及一个最终的卷积层 self.final_conv。初始化方法与 Encoder 类类似，根据 layer_num 参数的设置，循环创建个数为 layer_num 的 UpConvLayer 实例，并将它们存储在 self.convs 中。同时，创建一个卷积层 self.final_conv，用于将解码器的输出特征图映射为最终的重建图像。在 Decoder 类的 forward 方法中，对于 self.convs 中的每个 UpConvLayer 实例，将输入 x 传递给它们进行特征上采样和提取更细致的特征操作，并将结果作为下一个 UpConvLayer 的输入。之后将最后一个 UpConvLayer 的输出结果通过 self.final_conv 进行卷积运算，得到最终的重建图像。

```python
python
class AutoEncoderModel(nn.Module):
    def __init__(self):
        super(AutoEncoderModel, self).__init__()
        self.encoder = Encoder(1, layer_num=1)
        self.decoder = Decoder(1, layer_num=1)

    def forward(self, inputs):
        latent = self.encoder(inputs)
        reconstruct_img = self.decoder(latent)
        return reconstruct_img

# 加载和预处理 MNIST 数据集
transform = transforms.Compose([
    transforms.Resize((32, 32)),
    transforms.ToTensor()
])

train_dataset = torchvision.datasets.MNIST(root="./data", train=True,
    transform=transform, download=True)
train_loader = torch.utils.data.DataLoader(train_dataset, batch_size=32,
    shuffle=True)
# 创建自编码器模型实例、优化器和损失函数
```

```
model = AutoEncoderModel()
optimizer = th.optim.Adam(model.parameters(), lr=1e-2)
criterion = nn.MSELoss()
# 创建学习率调度器
scheduler = th.optim.lr_scheduler.StepLR(optimizer, step_size=10, gamma=0.1)
# 训练自编码器模型
num_epochs = 10
device = th.device("cuda" if th.cuda.is_available() else "cpu")
model.to(device)


for epoch in range(num_epochs):
    running_loss = 0.0
    for data in train_loader:
        images, _ = data
        images = images.to(device)

        optimizer.zero_grad()
        reconstructed_images = model(images)
        loss = criterion(images, reconstructed_images)
        loss.backward()
        optimizer.step()
        running_loss += loss.item()
    scheduler.step()
    epoch_loss = running_loss / len(train_loader)
    print(f"Epoch [{epoch+1}/{num_epochs}], Loss: {epoch_loss:.4f}")

print("Training finished!")
```

在以上代码中，首先，我们通过 AutoEncoderModel 定义了一个自编码器类，该类包含了一个编码器（Encoder）和一个解码器（Decoder），在 forward 方法中，输入通过编码器得到特征向量，然后通过解码器进行重建，返回重建后的图像。然后，使用 torchvision. datasets.MNIST 类加载 MNIST 数据集，并通过 transform 将输入图像调整为 32×32 像素的大小，以及将其转换为张量格式，再使用 torch.utils.data.DataLoader 创建一个数据加载器，每个批量大小为 32，并随机打乱顺序。之后，创建了自编码器模型的实例、Adam 优化器、均方误差损失函数和学习率衰减器，使用 StepLR 调度器，设置每 10 轮进行学习率衰减，衰减系数为 0.1。最后，将模型移动到 GPU 设备上进行训练（如果可用），设置总共的训练轮数为 10，进行常规的训练即可。

经过一些调参和训练后，我们将输入的原始图片和重建图片进行展示，如图 3-2 所示。可以发现，输入的原始图片是一个手写数字 7，而重建的图片虽然有些模糊，但已经有了一些数字 7 的轮廓，这说明编码器获得的中间特征向量捕获了数字 7 的特征，并能够将其重现出来。当然，这里的模型层数比较少（该参数太大了也不好，读者可以思考一下为什么），训练的轮数也较少，因此重建的图片还是有些模糊，如果想要更好的效果，可以修改模型结构，再增加训练轮数尝试。

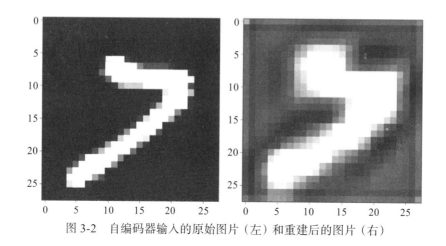

图 3-2   自编码器输入的原始图片（左）和重建后的图片（右）

3.1.2   变分自编码器

在自编码器中，我们用编码器将原始数据转换为特征向量，然后通过解码器将这些特征向量再转换回原始数据。然而，自编码器并不能生成不在训练数据中的新数据，因为关键特征向量都是通过已有数据生成的。

为了解决这个问题，我们可以假设特征向量符合某种分布规律，并可以通过有限的参数来描述这个分布。如此一来，我们就可以从这个分布中采样新的特征向量，然后通过解码器生成全新的数据。这就是变分自编码器（Variational Auto Encoder，VAE）的核心思想。VAE 在 AE 模型的基础上引入了概率分布的概念，其中编码器输出的是均值和方差这样的参数，而不是确定性的特征向量。通过这些参数，我们可以使用抽样技术（如重参数化）从特征分布中采样出新的特征向量。然后，这些新的特征向量通过解码器就可以生成全新的数据。

在数学上，VAE 假设特征向量 z 符合正态分布，也就是通过训练数据得到的 z 满足如下条件：

$$p(z_i \mid x_i) \sim \mathcal{N}(u_i, \sigma_i^2)$$

因为 z 是向量，所以 u 和 σ^2 都是向量，分别表示正态分布的均值和方差。有了正态分布的参数之后，接下来就可以从这个正态分布中采样新的 z'，然后解码器通过新的 z' 得到新的数据。

VAE 的模型结构如图 3-3 所示。对于 VAE 中的采样操作，由于它是一个非线性、不可导的过程，无法直接进行梯度计算和反向传播优化。为了解决这个问题，我们使用了重参数化技巧。重参数化技巧的思想是，将隐变量 z 表示为标准正态分布 $\mathcal{N}(0,1)$ 与某些可学习的参数 u 和 σ^2 的组合方式，使得这种组合方式是可导的。具体地说，我们可以通过如下方式进行重参数化：

$$z \sim \mathcal{N}(\boldsymbol{\mu}, \sigma^2) = \boldsymbol{\mu} + \sigma * \epsilon \sim \mathcal{N}(0,1) = g(\epsilon)$$

在 VAE 的训练过程中，我们需要同时优化两个方面的损失函数。首先，我们希望重建的数据和原始训练数据之间的差异尽可能小，也就是生成的数据 x 的对数似然值尽可能高。一般采用 L2 或 L1 损失函数来衡量这种差异。其次，我们希望通过特征变量的分布采样得到的新的特征向量与所设想的分布规律一致。为了实现这一目标，我们使用 KL 散度来衡量生成的特征向量的分布与标准正态分布之间的差异。因此，在 VAE 的训练过程中，我们需要综合考虑重建损失和 KL 散度这两个指标。通过联合优化这两个损失函数，我们可以使得生成的数据既具有高质量的重建能力，又能够产生多样化的新样本。

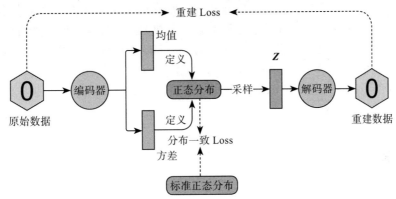

图 3-3 变分自编码器的模型结构

VAE 的模型代码如下所示：

```python
class VAEModel(nn.Module):
    def __init__(self, latent_dim=20):
        super(VAEModel, self).__init__()
        self.encoder = nn.Linear(784, 400)
        self.fc_mu = nn.Linear(400, latent_dim)
        self.fc_var = nn.Linear(400, latent_dim)
        self.fc_decode = nn.Linear(latent_dim, 400)
        self.decoder = nn.Linear(400, 784)

    def encode(self, x):
        x = F.relu(self.encoder(x))
        return self.fc_mu(x), self.fc_var(x)

    def reparameterize(self, mu, log_var):
        std = 0.5 * th.exp(log_var)
        eps = th.randn_like(std)
        return mu + eps * std

    def decode(self, z):
        x = F.relu(self.fc_decode(z))
        return th.sigmoid(self.decoder(x))

    def forward(self, x):
        mu, log_var = self.encode(x)
```

```
    z = self.reparameterize(mu, log_var)
    return self.decode(z), mu, log_var


def vae_loss(reconstructed, original, mu, log_var):
    recon_loss = F.binary_cross_entropy(reconstructed, original, reduction=" sum ")
    kl_divergence = -0.5 * th.sum(1 + log_var - mu.pow(2) - log_var.exp())
    return recon_loss + kl_divergence
```

这段代码定义了一个变分自动编码器及其损失函数。VAE 模型首先通过编码器获取输入数据的特征，并使用两个全连接层预测均值和对数方差。接着，模型利用重参数化技巧通过这些均值和对数方差生成隐变量，然后通过解码器重构原始数据。损失函数由两部分组成：一部分是输入数据与其重构之间的放大的均方误差损失，另一部分是预测的均值和对数方差与标准正态分布之间的 KL 散度。模型的目标是最小化这两部分损失的总和，从而在训练过程中优化其参数。

```python
vae_model.train()
for epoch in range(num_epochs):
    running_loss = 0.0
    for images, _ in train_loader:
        images = th.flatten(images, start_dim=1).to(device)
        reconstructed_images, mu, log_var = vae_model(images)
        loss = vae_loss(reconstructed_images, images, mu, log_var)
        optimizer.zero_grad()
        loss.backward()
        optimizer.step()
        running_loss += loss.item()

    epoch_loss = running_loss / len(train_loader)
    print(f"Epoch [{epoch+1}/{num_epochs}], Loss: {epoch_loss:.4f}")
```

通过以上这段进行训练后，变分自编码器生成的手写数字效果如图 3-4 所示，我们取一个批量数据中的第一张图（图 3-4a）和生成图片的第一张图（图 3-4b），虽然输入的原始图片是 8，但是生成的图片却是 6，也许是因为 6 和 8 在形状上有些相似，不过理论上变分自编码器确实可以生成一些不在训练数据集中的图片。

不过变分自编码器依然存在一个问题，即生成的图片有些模糊、质量不高。这个问题在下一节我们将要介绍的生成对抗网络中可以解决。除此之外，在众多的生成任务中，我们往往需要某种控制条件来指导生成过程。以手写数字为例，我们可能希望模型在生成过程中具体地产生数字 0 的图像。为满足这样的需求，又有研究者提出了条件变分自编码器（Conditional Variational Autoencoder，CVAE）。

CVAE 的核心改进在于其训练阶段。在传统的 VAE 中，隐变量 z 是由输入 x 决定的。但在 CVAE 中，隐变量 z 是由输入 x 和控制条件 y 共同决定的。同样，生成的输出 x 不仅受到 z 的影响，也受到条件 y 的指导。因此，通过这种方式我们可以更有针对性地生成满足特定条件的输出。

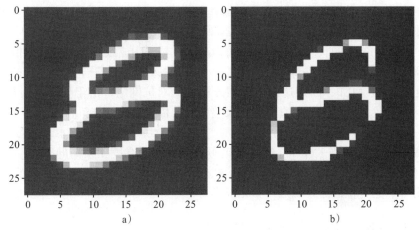

图 3-4 变分自编码器输入的原始图片和重建后的图片

至于损失函数，我们期望 $q(z|y)$ 仍然遵循标准正态分布。实际上，对于原始 VAE 的代码，我们只需进行微小的调整即可实现 CVAE。一种简洁的实现方式是为条件 y 提供一个嵌入表示，该嵌入既参与编码器的训练，也参与解码器的训练。这样，我们便能够有效地将控制条件融入整个模型中，从而实现条件化的生成。至于 CVAE 的代码，我们就不在这里再实现了，感兴趣的读者可以自行尝试。

3.2 生成对抗网络

生成对抗网络（GAN）来自论文"Generative Adversarial Nets"（https://arxiv.org/abs/1406.2661）。GAN 是受到博弈论中的零和博弈启发而设计的，它将生成问题视为判别器和生成器两个网络之间的对抗与博弈。生成器从给定的噪声（通常呈均匀分布或正态分布）中产生合成数据，而判别器则负责区分生成器输出的数据与真实数据。生成器的目标是产生更接近真实数据的合成数据，而判别器的目标则是更准确地区分真实数据和生成数据。

在这个对抗过程中，生成器和判别器不断进步。通过不断的对抗训练，生成器生成的数据会越来越接近真实数据，最终能够生成我们想要得到的数据（如图片、序列、视频等）。这种对抗性的训练过程使得生成器能够学习到真实数据的特征，并尽可能地模仿和重现这些特征，从而生成高质量的合成数据。

3.2.1 网络架构

GAN 在当时是一种新的生成器框架，它通过对抗性的过程来评估生成的结果，因此需要训练两个模型：生成器 G 用来捕获整个原始数据的分布，判别器 D 用来判断样本究竟来源于生成器还是来源于原始数据。对抗性的过程体现在，生成器生成的结果要尽量"迷惑"判别器，而判别器则要严格地筛选出生成器生成的结果。

举一个非常形象的例子，生成器就像是古董造假工厂，而判别器就像是鉴宝专家，专家的任务当然是要把仿造的古董挑出来，跟真古董区分开来，而造假工厂也会越来越专业，以假乱真，这也是一个对抗性的过程。GAN 最终希望生成器和判别器能够同时变得越来越好，达到一种互相制衡的状态，这时候就可以用生成器来生成跟真实数据十分相近的样本。

在 GAN 的论文中，生成器是一个 MLP，它的输入是一个符合正态分布的随机噪声，而判别器也是一个 MLP，因此这两个模型才被称为对抗网络。由于整个网络都是由 MLP 构成的，因此在训练的时候可以直接通过误差的反向传播来进行更新。

回顾一下，GAN 之前的方法专注于构造出分布函数，通过一些样本来学习分布函数的参数。但是其问题是，当采样一个分布的时候，特别是当维度比较高的时候，计算过程比较复杂。因此，GAN 提出了生成模型，不再去构造分布函数，而是通过一个模型来学习并得出近似分布，这样做的好处就是计算比较容易，坏处就是不知道真实的分布是什么样子。

3.2.2 算法描述

GAN 框架最简单的应用是当生成器和判别器都是 MLP 的时候，生成器根据数据 x 学习 p_g 的分布。我们定义一个先验输入噪声变量 $p_z(z)$，生成模型就是将 z 映射成 x，即 $G(z;\theta_g)$，其中 θ_g 是一个可学习的参数。判别器也是一个 MLP，定义为 $D(x;\theta_d)$，θ_d 也是一个学习的参数，它的输出是一个标量，用来判断 x 究竟是生成的数据还是真实采样的数据，θ_d 其实就是一个二分类的分类器。在训练判别器的同时也会训练生成器，G 用来最小化 $\log(1-D(G(z)))$，其中 z 是随机噪声，在生成器 G 中可以生成一个样本。如果判别器认为这是正确的话，那么 $D(G(z))=0$，代入上式，最终结果为 0。但是如果判别器还没有训练好，假如 $D(G(z))=0.5$，那么最终 $\log(1-D(G(z)))$ 就是一个负数。

目标函数 $V(D, G)$ 由两项组成。第一项是一个期望，其中 x 采样于真实的分布，将其放到判别器中，再计算 log 函数，如果判别器是收敛的，则 $D(x)=1$，$\log(D(x))=0$。第二项中 z 采样于噪声的分布，首先在生成器中生成样本 $G(z)$，然后通过判别器进行分类得到 $D(G(z))$，如果判别器是收敛的，那么 $D(G(z))=0$，且 $\log(1-D(G(z)))=0$。因此，在判别器收敛的情况下，两项都应该等于 0，但在模型不收敛的情况下，这两项都会变成一个负数值。所以，如果要训练判别器，那么就要最大化 $V(D,G)$。而生成器要尽可能生成能够以假乱真的样本，就要最小化第二项。这样，目标函数中就有一个最小化和一个最大化，这是一个对抗的过程。当判别器没办法最大化目标函数，而生成器也不能最小化目标函数时，我们就认为达到了均衡状态，模型收敛了。

$$\min_G \max_D V(D, G) = \mathbb{E}_{x \sim p_{\text{data}}(x)}[\log D(x)] + \mathbb{E}_{z \sim p_z(z)}[\log(1-D(G(z)))] \qquad (3\text{-}1)$$

在式（3-1）中，第二项会有一些问题。在早期的时候，生成器比较弱，生成的数据跟真实的数据差得很远，那么就很容易把判别器训练得特别好，就导致 $D(G(z))=0$，且 $\log(1-D(G(z)))=0$，那么就没有办法计算梯度更新模型。在这种情况下，建议在更新生成器时把目标函数改成最大化 $\log(D(G(z)))$，当 $D(G(z))=0$ 时，需要对 $\log(D(G(z)))$ 进行单独处理。

图 3-5 是 GAN 训练时的算法描述。最外层是一个 for 循环，迭代总的训练次数，而在

每次迭代的过程中，也分为了两步。第一步也是一个 for 循环，在循环中，先采样 m 个噪声样本，再采样 m 个来自真实数据的样本，组成一个 $2m$ 大小的批量数据，放入目标函数对判别器的参数求梯度，更新判别器。第二步，再采样 m 个噪声样本，放到目标函数的第二项中，因为现在要更新生成器，生成器跟第一项无关，只要计算第二项就可以。之后对生成器的参数求梯度，更新生成器。

算法步骤：生成对抗网络的小批量随机梯度下降训练。k 是一个用于鉴别器的超参数。

遍历训练样本
  执行 k 次循环
- 每次循环采集 m 个噪声样本。
- 再采集 m 个真实样本。
- 通过随机梯度下降更新判别器：

$$\nabla_{\theta_d} \frac{1}{m} \sum_{i=1}^{m} [\log D(\boldsymbol{x}^{(i)}) + \log(1 - D(G(\boldsymbol{z}^{(i)})))]$$

  k 次循环结束
- 再采集 m 个噪声样本。
- 通过随机梯度下降更新判别器：

$$\nabla_{\theta_g} \frac{1}{m} \sum_{i=1}^{m} \log(1 - D(G(\boldsymbol{z}^{(i)})))$$

样本遍历结束

图 3-5　生成对抗网络算法描述

每次迭代的过程中，都是先更新判别器，再更新生成器。k 是一个超参数，不能取太小也不能取太大，要保证判别器有足够的更新，但也不要更新太多。如果判别器更新不足，而生成器已经能做得非常好，那么生成器也就没有必要再更新了，第二项的意义不大。反过来讲，如果判别器已经非常好了，但是生成器更新不足，那么第二项就会变成 0，没有办法继续求梯度。这里可以看出，最好的训练状态就是生成器和判别器实力相当，相互制约，共同进步。

之所以要先训练 k 次判别器，再训练生成器，是因为整个 GAN 的训练过程需要先有一个好的判别器，才能够有效地区分生成样本和真实样本，进而能更好地对生成器进行优化。如图 3-6 所示，在训练初期，由于生成器生成的样本与真实样本差距较大（如图 3-6a 所示），并且判别器效果不好，因此无法很好地判断，此时需要先把判别器训练好。当训练至某个阶段时，如图 3-6b 所示，判别器能够非常有效地分辨真假样本。随后，将训练目标转向生成器。在判别器已经相对成熟的基础上，我们希望生成器能生成更接近真实样本的数据。经过训练，生成器的输出会逐渐接近真实数据分布，如图 3-6c 所示。在多次迭代后，生成器的输出与真实样本的差距会越来越小，直到判别器几乎无法区分这两者的差异，如图 3-6d 所示。此时，生成对抗网络的训练目标基本达成。

那么怎么判断 GAN 是否已经收敛呢？它的目标函数有两项，一项追求最大化，另一项追求最小化，因此如何判断模型收敛并不是很容易，如果一项不动，另一项还在动，则算不上收敛，如果双方都在抖动，那么也算不上收敛，只有当双方都不动时，才算收敛。整体来说，GAN 的收敛非常困难，所以之后有非常多的研究工作旨在对它进行改进。

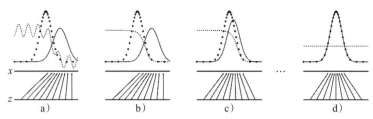

图 3-6   生成对抗网络中生成器与判别器的分布关系

注：深色虚线代表真实样本分布，浅色虚线代表判别器分辨概率分布，浅色实线代表生成样本分布

3.2.3   实战：手写数字图像生成

在本节中，我们将复现论文中的一个实验——手写数字图像生成。为了生成以假乱真的手写数字图像，根据前面的描述，我们需要设计一个生成器和一个判别器来完成这个任务，如图 3-7 所示。

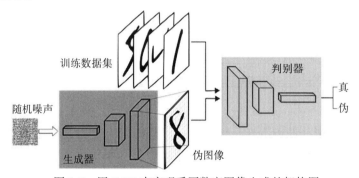

图 3-7   用 GAN 来实现手写数字图像生成的架构图

在开始搭建模型之前，我们需要读取手写数字图像的数据集，对此，通过 torchvision可以很方便地构造一个数据加载器。

```python
# 数据加载
transform = transforms.Compose([
    transforms.ToTensor(),
    transforms.Normalize((0.5,), (0.5,))
])
data_loader = torch.utils.data.DataLoader(
    datasets.MNIST("data", train=True, download=True, transform=transform),
    batch_size=64, shuffle=True
)
```

首先是生成器（Generator），它接收一个 n 维向量作为输入，并输出一个与手写数字尺寸相同的像素图像。生成器可以采用各种模型，如简单的全连接神经网络或反卷积网络。在这里，输入向量会携带有关生成图像的某些信息，如数字的标签或方向等。由于我们只关心生成图像与真实手写数字的相似程度，而不需要具体的标签信息，因此我们可以使用随机生成的向量作为输入。在这里，随机输入最好符合常见的分布模型，如均匀分布或正态分布。

```python
class Generator(nn.Module):
    def __init__(self):
        super(Generator, self).__init__()
        self.main = nn.Sequential(
            nn.Linear(128, 256),
            nn.ReLU(True),
            nn.Linear(256, 512),
            nn.ReLU(True),
            nn.Linear(512, 1024),
            nn.ReLU(True),
            nn.Linear(1024, 784),
            nn.Tanh()
        )

    def forward(self, x):
        return self.main(x)
```

需要注意的是，在训练之前，我们通常不会规定输入向量中的具体信息，以便生成器能够灵活地生成图像。然而，在训练后，我们可以分析生成器的输出来获取用于控制数字编号等信息的特定维度，从而得到具体的输出。

然后是判别器（Discriminator），它接收手写数字图像作为输入，并输出图像的真伪标签。判别器可以是任何合适的模型，如全连接网络或包含卷积层的网络。

```python
class Discriminator(nn.Module):
    def __init__(self):
        super(Discriminator, self).__init__()
        self.main = nn.Sequential(
            nn.Linear(784, 1024),
            nn.ReLU(True),
            nn.Linear(1024, 512),
            nn.ReLU(True),
            nn.Linear(512, 256),
            nn.ReLU(True),
            nn.Linear(256, 1),
            nn.Sigmoid()
        )

    def forward(self, x):
        return self.main(x)
```

在完成模型的构建之后，我们需要设置一些参数，如损失函数和优化器，以便训练我们的 GAN 网络。在这里，我们使用的是 BCELoss（二分类交叉熵损失函数），它对应于 GAN 理论中的损失函数。

```python
# 实例化生成器和判别器
generator = Generator()
discriminator = Discriminator()
```

```python
# 损失函数和优化器
criterion = nn.BCELoss()
g_optimizer = optim.Adam(generator.parameters(), lr=0.0002)
d_optimizer = optim.Adam(discriminator.parameters(), lr=0.0002)
```

通过这个生成器和判别器的对抗训练，生成器被训练以生成更逼真的手写数字图像，而判别器被训练以准确地区分真实图像和生成图像。随着训练的进行，生成器将学会生成越来越接近真实手写数字的图像，以尽量欺骗判别器。

```python
num_epochs = 50
for epoch in range(num_epochs):
    for i, (images, _) in enumerate(data_loader):
        # 真实图像
        real_images = images.view(images.size(0), -1)
        real_labels = torch.ones(images.size(0), 1)

        # 生成图像
        z = torch.randn(images.size(0), 128)
        fake_images = generator(z)
        fake_labels = torch.zeros(images.size(0), 1)

        # 训练判别器
        outputs = discriminator(real_images)
        d_loss_real = criterion(outputs, real_labels)
        real_score = outputs

        outputs = discriminator(fake_images)
        d_loss_fake = criterion(outputs, fake_labels)
        fake_score = outputs

        d_loss = d_loss_real + d_loss_fake
        d_optimizer.zero_grad()
        d_loss.backward()
        d_optimizer.step()

        # 训练生成器
        z = torch.randn(images.size(0), 128)
        fake_images = generator(z)
        outputs = discriminator(fake_images)

        g_loss = criterion(outputs, real_labels)
        g_optimizer.zero_grad()
        g_loss.backward()
        g_optimizer.step()

        if (i+1) % 100 == 0:
            print(f'Epoch [{epoch+1}/{num_epochs}], Step [{i+1}/{len(data_
                loader)}], d_loss: {d_loss.item():.4f}, g_loss: {g_loss.
                item():.4f}, D(x): {real_score.mean().item():.2f}, D(G(z)):
                {fake_score.mean().item():.2f}')

print('Training completed!')
```

最后，我们可以通过生成器随机生成一些手写数字图片来查看一下模型的生成效果，如图 3-8 所示。

```python
from matplotlib import pyplot as plt

# 固定随机噪声
fixed_z = torch.randn(64, 128)

# 生成图像
with torch.no_grad():  # 不需要梯度信息
    fake_images = generator(fixed_z)
plt.imshow(fake_images[2].detach().numpy().reshape(28, 28), cmap='gray')
```

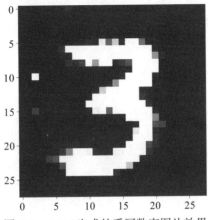

图 3-8　GAN 生成的手写数字图片效果

3.2.4　衍生应用

虽然最开始的 GAN 仅应用于简单的手写数字生成和人脸合成，但它掀起了一股多媒体生成的风潮。随后，GAN 也产生了各种各样的变体，如 DCGAN、StyleGAN、BigGAN、StackGAN、Pix2pix、Age-cGAN、CycleGAN 等，并且在计算机视觉、自然语言处理等多个领域都有了越来越深入的应用。除此之外，GAN 的衍生应用在过去几年也经常上新闻头条，基于 GAN 的"换脸"应用的效果越来越逼真，最后甚至让美国加州政府都出台了两条法令：禁止在成人行业在未经过本人允许的情况下进行换脸；禁止使用政治人物的照片生成视频让其发表言论。那么本节我们就简单介绍两种 GAN 的衍生架构。

1. DCGAN

GAN 中使用的网络结构是 MLP，而 CNN 在当时的计算机视觉领域又是当之无愧的首选，因此自然可以想到将 CNN 与 GAN 结合起来。基于此，2016 年，Alec Radford 等人提出了 DCGAN（深度卷积生成对抗网络），发表于论文" Unsupervised Representation Learning with Deep Convolutional Generative Adversarial Networks "（ https://arxiv.org/

abs/1511.06434），它是 GAN 发展史上一项里程碑式的工作，提出了一个新的架构，解决了 GAN 训练不稳定的问题。

DCGAN 的原理与 GAN 相似，但在网络构建上有所不同，主要区别在于 DCGAN 在整体模型搭建中使用了卷积操作，而不仅仅是在全连接层中。首先，用卷积取代了判别器中的池化层，用转置卷积取代了生成器中的池化层。其次，判别器和生成器中都采用了 BN 层，即批量标准化层。然后，全连接层被去除。最后，在激活函数的选择上，生成器中除了输出层使用 tanh，其余层都使用 ReLU；判别器中所有层都使用 LeakyReLU。

生成网络模型架构如图 3-9 所示，可以看到特征图的尺寸越来越大，这是一个上采样的过程，主要采用了转置卷积。具体来说，首先利用转置卷积在输入特征的像素之间插入一些间隔（通常是零值），然后对这个扩大的特征图应用一个标准的卷积操作。这个过程可以看作标准卷积的一个"反向"操作，因此也有人称其为反卷积，但实际上这个称呼并不准确，因为并不涉及卷积操作的逆运算。

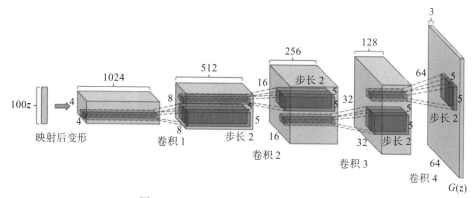

图 3-9　DCGAN 中生成网络模型架构

判别网络模型架构如图 3-10 所示，基本上就是传统的卷积操作。

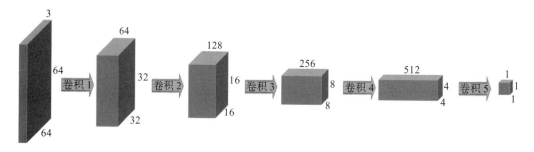

图 3-10　DCGAN 中判别网络模型架构

2. CycleGAN

CycleGAN（循环一致性网络）主要用于图像的风格转换和内容替换，来自论文"Unpaired Image-to-Image Translation using Cycle-Consistent Adversarial Networks"（https://arxiv.org/

abs/1703.10593），即使用循环一致对抗网络的非对称图像转换。如图 3-11 所示，CycleGAN 可以将莫奈风格的油画转换成写实照片、将夏天的图片转换为冬天、将图片中的斑马替换成马等。

图 3-11　CycleGAN 用于图像的风格转换和内容替换

非对称图像是指训练样本之间没有直接相关性的图像，如图 3-12 所示。在以往的一些 GAN 转换实验中，往往需要成对的图像数据。然而，收集和标注成对的图像数据是非常困难的。因此，CycleGAN 的出现大大降低了对数据的要求，它不需要成对的图像数据，即可以使用非对称图像。这使得 CycleGAN 的应用场景更加丰富。

图 3-12　对称图像（左）和非对称图像（右）

CycleGAN 的目标是实现两个不同域之间的图像转换，例如，将夏季图片（域 X）转换成冬季图片（域 Y）。传统的 GAN 当然可以处理这个任务，但存在一些问题。如果使用生成器 G 将域 X 中的图片转换成生成的图片 $G(x)$，而鉴别器 D_Y 用于区分生成的图片和域 Y 中的真实图片。这样看上去似乎可以完成任务，即可以将域 X 中的图片转换成域 Y 中的冬季图片风格。然而，真实的结果是，虽然我们成功将域 X 中的图片转换成了域 Y 中的冬季图片风格，但转换后的图片与原始图片没有任何关联，即 GAN 只学会了将夏季图片转化为冬季图片，但并没有学习到转换后的冬季图片和原始夏季图片的关系。因此，这样的网络显然不符合实际要求。此时，CycleGAN 就派上用场了。

CycleGAN 的转换结构如图 3-13 所示，主要分为两个主要的操作步骤，首先由生成器 G 将夏季图片 X 生成冬季图片 $\hat{Y}$，然后由生成器 F 将冬季图片 $\hat{Y}$ 再转换回夏季图片 $\hat{X}$。首先，让我们关注生成器 G 的工作，它的主要任务是将夏季图片 X 转换为冬季图片 $\hat{Y}$。这个过程可以视为一个映射，即 $G: X \rightarrow \hat{Y}$。这一步的目标是让生成的冬季图片 $\hat{Y}$ 尽可能地与原始的夏季图片 X 保持高度相关，但是这种相关性的强度在实际操作中往往是未知的，甚至可能相当差。为了解决这个问题，引入了另一个生成器 F。

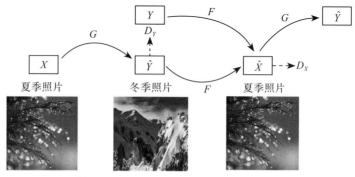

图 3-13　CycleGAN 的转换结构示意图

生成器 F 的任务是将生成的冬季图片 $\hat{Y}$ 再转换回夏季图片 X，这个过程也可以视为一个映射，即 $F: \hat{Y} \rightarrow X$。通过这样的操作，我们可以获得一个新的夏季图片 $\hat{X}$，并希望这个 $\hat{X}$ 能与原始的夏季图片 X 尽可能相似。这样，我们就可以通过设定一种特定的损失，让 $\hat{X}$ 和 X 尽可能地接近，从而保证生成的冬季图片 $\hat{Y}$ 与原始夏季图片 X 具有很强的相关性。

因此，整个过程可以被精简为一个环形的流程：

$$X \rightarrow G(X) \rightarrow \hat{Y} \rightarrow F(\hat{Y}) \rightarrow \hat{X}$$

即让 $\hat{X}$ 和 X 尽可能相似。

同样，这个流程也可以逆向进行，即从冬季图片 Y 通过生成器 F 生成夏季图片 $\hat{X}$，然后通过生成器 G 转换为 $\hat{Y}$，也能形成一个环形流程：

$$Y \rightarrow F(Y) \rightarrow \hat{X} \rightarrow G(\hat{X}) \rightarrow \hat{Y}$$

让 $\hat{Y}$ 和 Y 尽可能相似。

了解了原理之后，那么相应的损失函数就比较简单了，一共由 3 个部分组成：

$$\text{Loss}(G,F,D_X,D_Y) = \text{Loss}_{\text{GAN}}(G,D_Y,X,Y) + \text{Loss}_{\text{GAN}}(G,D_X,Y,X) + \lambda \text{Loss}_{\text{cyc}}(G,F)$$

其中 $\text{Loss}_{\text{GAN}}(G,D_Y,X,Y)$ 表示生成器 G 和判别器 D_Y 部分的损失：

$$\text{Loss}_{\text{GAN}}(G,D_Y,X,Y) = \mathbb{E}_{y \sim P_{\text{data}}(y)}[\log D_Y(y)] + \mathbb{E}_{x \sim P_{\text{data}}(x)}[1 - \log D_Y(G(x))]$$

$\mathrm{Loss}_{\mathrm{GAN}}(G, D_X, Y, X)$ 表示生成器 F 和判别器 D_X 部分的损失:

$$\mathrm{Loss}_{\mathrm{GAN}}(G, D_X, Y, X) = \mathbb{E}_{x \sim P_{\mathrm{data}}(x)}[\log D_X(x)] + \mathbb{E}_{y \sim P_{\mathrm{data}}(y)}[1 - \log D_X(F(y))]$$

$\mathrm{Loss}_{\mathrm{cyc}}(G, F)$ 表示循环一致性部分的损失:

$$\mathrm{Loss}_{\mathrm{cyc}}(G, F) = \mathbb{E}_{x \sim P_{\mathrm{data}}(x)}[\| F(G(x)) - x \|_1] + \mathbb{E}_{y \sim P_{\mathrm{data}}}(y)[\| G(F(y)) - y \|_1]$$

而 λ 表示循环一致性损失所占的权重, 论文中设置 $\lambda = 10$ 。

通过这样的操作, 我们就可以利用 CycleGAN 实现从夏季到冬季的图片转换, 同时保证生成的冬季图片与原始夏季图片具有高度的相关性, 使图片只在季节上有所区别。

3.3 文本与图像的桥梁: CLIP

3.3.1 介绍

CLIP 来源于论文 "Learning Transferable Visual Models From Natural Language Supervision" (https://arxiv.org/abs/2103.00020), 即《利用自然语言监督学习可迁移的视觉模型》。这其中包含了两个关键词, 第一个是迁移性能好, 第二个是自然语言监督学习, 因此如何更好地利用自然语言进行视觉的有监督学习就是 CLIP 的重点。

在 CLIP 出现之前, 最先进的计算机视觉模型都是通过严格有监督学习的方式训练的, 也就是先有一个固定的预定义好的物体标签集合, 例如, ImageNet-1k 数据集有 1000 种分类, COCO 数据集有 80 种分类。之所以先预定义好物体的标签, 一个目的是更方便地收集和整理数据, 另一个目的是更好地训练模型。但是这种操作相当于简化了任务, 大大限制了模型的泛化能力, 特别是当模型要识别超出预定义类别的新物体时, 其效果会急剧降低。

CLIP 提出了一种方法, 即直接从关于图像的描述文本中获取标签, 这大大扩充了监督信号的来源, 只要是在描述中出现过的物体, 就有可能让模型学习到, 这样就可以不局限于预定义好的标签类别。CLIP 的研究者从互联网上收集了 4 亿个图像和文本的配对数据集, 然后定义了一个简单的预训练任务, 即预测哪个标题和哪个图像相对应, 也可以看作给图片加上文字说明。训练完成后, 自然语言就可以用于引导视觉信号, 令模型预测各种各样的类别, 打破了传统的固定类别的分类范式, 从而使模型可以更好地迁移到下游任务中, 具有很强的 Zero-Shot 能力。

3.3.2 训练与推理

CLIP 的全称是 Contrastive Language-Image Pre-training, 即对比语言 – 图像预训练。对比学习是一种更关注于学习同类物体之间的共同特征且区分不同类物体之间的特征差异的方法。它的核心思想来源于人类在学习的过程中不仅可以从正向反馈中进步, 还能够在负向反馈中反思并纠正错误行为。

CLIP 由图像编码器 (Image Encoder, 一个 Vision Transformer) 和文本编码器 (Text Encoder, 一个 Transformer) 组合而成, 并且这两个编码器都是可以直接使用已经预训练好的模型。在训练的过程中,模型的输入就是一张图像和一句文字描述的配对数据,如图 3-14 所示,输入的图片是一只狗,而对应的文字描述是"Pepper 是一只澳大利亚牧羊犬"。N 张图片的描述句子会通过文本编码器得到 N 个特征向量,然后 N 张图片也会通过图像编码器得到 N 个特征向量,这里的图像编码器可以任意选择,论文中使用了 ResNet 和 ViT 两种。CLIP 就是根据 N 个图像特征向量和 N 个文本特征向量做对比学习,一个配对的"图像 – 文本"对就是一个正样本,而其他的都是负样本。因此,在一个矩阵对应关系上,对角线上的 N 个元素是正样本,非对角线的 $N^2 - N$ 个元素都是负样本。

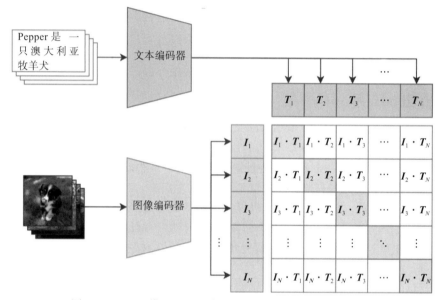

图 3-14   CLIP 模型的"图像 – 文本"编码对比学习示意图

CLIP 预训练好之后,会在 Zero-Shot 的设定下进行推理,这也是 CLIP 最精彩的部分,打破了传统的图像分类范式。CLIP 训练好之后只能够得到文本和图像的特征,并没有在分类任务上继续微调,也就是没有分类头。CLIP 提出了一种巧妙利用自然语言分类的方法,如图 3-15 所示。给定一张图片,经过图像编码器得到 1 个图像特征,然后将可能的 N 个标签通过提示词工程得到 N 个文本描述,再经过文本编码器得到 N 个文本特征,最后用 1 个图像特征和 N 个文本特征计算余弦相似度,再通过一个 softmax 函数,得到最终的分类概率分布。

标签如何通过提示词工程构建文本描述也是很有讲究的,最简单的方式就是直接拼接。例如,分类标签有 { 飞机、汽车、小狗、小鸟 } 这 4 类,文本描述就可以定义为格式化字符串:"一张 {object} 的图片"。其中的 {object} 表示的就是标签。通过这种方式,在 CLIP 实际使用的时候泛化能力非常强。分类标签是可以变动的,甚至可以是训练数据集以外的标签,也可以换成任何其他的单词或自然语言描述。当然,输入的图片也不限于训练数据集中的图片,可以是任何图片,模型依旧可以通过这种计算相似度的方式判断图片中含有哪些物体。

CLIP 不但可以识别新的物体,而且由于它深入学习了视觉语义和文本语义,因此它提取的特征语义性非常强，迁移的泛化能力也非常好。如图 13-16 所示，在第一行，对于在 ImageNet 上训练的 ResNet101 和 CLIP，二者的准确率都是 76.2%，但是如果换到其他 ImageNet 的衍生数据集上，可以发现 ResNet101 的准确率急剧下跌，而 CLIP 的效果始终非常好，这进一步说明其泛化能力非常好。这也从侧面说明了，因为和自然语言处理的结合，CLIP 能够将学习到的视觉特征和用自然语言描述的物体之间建立高度关联。比如，对于图 3-16 中的香蕉，不论是现实照片中的香蕉，还是动画片里的香蕉，甚至是素描的香蕉，CLIP 都能够对其进行正确分类。

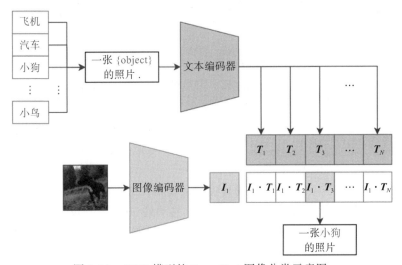

图 3-15 CLIP 模型的 Zero-Shot 图像分类示意图

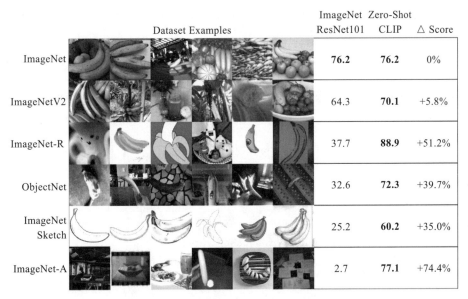

	Dataset Examples	ImageNet	Zero-Shot	
		ResNet101	CLIP	△ Score
ImageNet		**76.2**	**76.2**	0%
ImageNetV2		64.3	**70.1**	+5.8%
ImageNet-R		37.7	**88.9**	+51.2%
ObjectNet		32.6	**72.3**	+39.7%
ImageNet Sketch		25.2	**60.2**	+35.0%
ImageNet-A		2.7	**77.1**	+74.4%

图 3-16 CLIP 模型在不同 ImageNet 衍生数据集上的泛化能力对比

3.3.3 实战：图像文本匹配

在本节我们将尝试实际使用 CLIP 模型，从下载模型开始，先计算任意图像和文本输入之间的相似度，然后进行零样本图像分类。

首先，我们需要安装一下 CLIP 和相关的依赖项。

```bash
pip install ftfy regex tqdm
pip install git+https://github.com/openai/CLIP.git
```

然后，我们查看一下 PyTorch 的版本，需要保证其版本不低于 1.7.1。

```python
import torch as th
th.__version__                 # 1.13.1
```

我们可以用 clip.available_models() 列出可用的 CLIP 模型名称。

```python
import clip
clip.available_models()
# ["RN50", "RN101", "RN50x4", "RN50x16", "RN50x64", "ViT-B/32", "ViT-B/16",
    "ViT-L/14", "ViT-L/14@336px"]
```

接下来通过 CLIP 的 load 方法加载其中一个模型，这个函数会返回两个变量：第一个是模型权重，将其赋值给 model 变量，随后将其移动到 GPU 上并设置为评估模式；第二个是模型期望输入图片的预处理变换，对图像进行中心裁剪，得到模型期望的分辨率。

```python
model, preprocess = clip.load("ViT-B/32")
model.cuda().eval()
print("模型参数: ", f"{np.sum([int(np.prod(p.shape)) for p in model.
    parameters()]):,}")     # 151,277,313
print("输入图像分辨率: ", model.visual.input_resolution)          # 224
print("模型处理上下文大小: ", model.context_length)                # 77
print("词表大小: ", model.vocab_size)                            # 49408
```

我们从 skimage 中挑选几张图片，然后通过 Matplotlib 显示图像和对应的文字描述，如图 3-17 所示。

```python
import os
import skimage
import matplotlib.pyplot as plt
from PIL import Image

descriptions = {
    "chelsea": "a facial photo of a tabby cat",
    "camera": "a person looking at a camera on a tripod",
    "horse": "a black-and-white silhouette of a horse",
    "coffee": "a cup of coffee on a saucer"
}
```

```
original_images = []
images = []
texts = []
plt.figure(figsize=(16, 5))

for filename in [filename for filename in os.listdir(skimage.data_dir) if
    filename.endswith(".png")]:
    name = os.path.splitext(filename)[0]
    if name not in descriptions:
        continue
    image = Image.open(os.path.join(skimage.data_dir, filename)).convert("RGB")
    plt.subplot(1, 4, len(images) + 1)
    plt.imshow(image)
    plt.title(f"{filename}\n{descriptions[name]}")
    plt.xticks([])
    plt.yticks([])
    original_images.append(image)
    images.append(preprocess(image))
    texts.append(descriptions[name])

plt.tight_layout()
```

图 3-17　4 张示例图片及其描述文字对照

接下来我们将图片打包成一个张量，对文本描述进行分词，然后分别通过文本编码器和图像编码器转换为特征向量，之后进行标准化，最后计算其相似度。

```python
image_input = torch.tensor(np.stack(images)).cuda()
text_tokens = clip.tokenize(["This is " + desc for desc in texts]).cuda()
with torch.no_grad():
    image_features = model.encode_image(image_input).float()
    text_features = model.encode_text(text_tokens).float()
image_features /= image_features.norm(dim=-1, keepdim=True)
text_features /= text_features.norm(dim=-1, keepdim=True)
similarity = text_features.cpu().numpy() @ image_features.cpu().numpy().T
```

最后，我们将图片、文本和相似度矩阵可视化，如图 3-18 所示。可以发现，对角线上的相似度是最大的，这说明图片和相应的文本是能够匹配上的，也就是说，模型学到了图片和文本的深层语义。

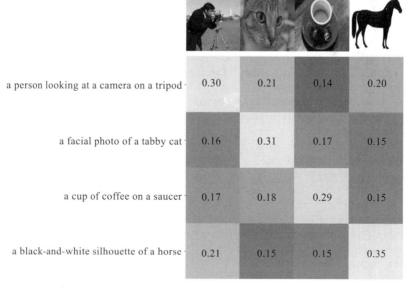

图 3-18　图片与文本描述的相似度可视化对比

3.3.4　CLIP 的局限性

CLIP 在很多数据集上的效果与基线模型相近，但是这个基线模型在大多数数据集上的表现并不是最好的，其效果相对来说差一些。当然，如果继续扩大数据集和模型的规模，那 CLIP 的性能也是会继续提高的，但相对来说性价比并不高。

CLIP 在一些细分类的数据集上的效果也并不好，并且无法处理特别抽象的概念，例如，计算图片中有多少个物体。因此，可以说 CLIP 在检索任务上的表现非常优秀，但是在 VQA（Visual Question Answering，视觉问答）等一些需要逻辑推理的任务上能力稍显不足。

虽然 CLIP 的泛化性能很好，但是如果测试数据集完全偏离训练数据集，那 CLIP 的表现照样很差。例如，在 MNIST 这个数据集上，CLIP 的准确率只有 88%，这按照常理来说是非常不可思议的，因为基于 MNIST 的手写数字图片分类任务非常简单，即使是一个简单的基线模型也能够达到 90% 以上的准确率。分析 CLIP 的训练数据集发现，其训练数据集中虽然拥有 4 亿个"图像 – 文本"对，但是跟手写数字高度相关的图片确实非常少，所以 MNIST 的手写数字图片对于 CLIP 来说就是处于特征分布外的数据。

跟其他的深度学习模型一样，CLIP 对数据的利用并不是很高效，还是需要大量的数据才能训练出好的效果。CLIP 的训练数据集有 4 亿个"图片 – 文字"对，一共训练了 32 轮，因此相当于训练了 128 亿个"图片 – 文字"对。假设模型"看"一张图片需要 1s，那么即使只是把这些图片都看一遍，都需要 405 年以上。

虽然 CLIP 可以做 Zero-Shot 的分类任务，但是要预先定义分类，相较而言，有一种更灵活的方法就是通过语言模型直接生成图片标题。因此，如何同时利用对比学习的目标函数和语言模型的目标函数是后续优化 CLIP 的方向之一。

对于很多很复杂的任务或者概念，并没有办法用自然语言准确描述，如果能够在做下游任务的时候为模型提供一些例子，对于模型的判断就会非常有帮助。但 CLIP 并不是为了实现 Few-Shot 这种设定而提出的，所以就导致了一个非常奇怪的现象：当给 CLIP 提供一些例子做 Few-Shot 任务的时候，其效果反而不如 Zero-Shot 任务。这跟人类的学习方式截然不同。

3.4　稳定扩散模型：Stable Diffusion

如果说 2022 年有什么让人眼前一亮的技术，那一定非 Stable Diffusion 图像生成技术莫属。它展示了震撼人心的 AI 绘画能力，并且显著推动了人类艺术创作形式的转变。Stable Diffusion 还具有诸多不同的使用方式，不仅可以通过文本来生成图像（文生图，text2img），还可以通过文本描述来修改已有图像（图生图，img2img），如图 3-19 所示。

图 3-19　Stable Diffusion 的文生图与图生图功能演示

Stable Diffusion 的基础——扩散模型（Diffusion Model），其实可以算是 GAN 的升级版，一般 GAN 能够做的事它都能做，并且效果还要比 GAN 更好，模型训练起来更加稳定。Stable Diffusion 其实是一个应用产品，它的核心原理可参考论文 "High-Resolution Image Synthesis with Latent Diffusion Models"（https://arxiv.org/abs/2112.10752）。

3.4.1　基本组件

Stable Diffusion 是一个由几个组件模型组合而成的完整的系统，并非一个单独的模型。接下来，我们将以文生图为例，逐步了解各个组件模型，并且深入了解其底层原理。

如图 3-20 所示，在文生图的应用场景中，Stable Diffusion 模型是一个类似于 Seq2Seq 结构的模型，由一个用于文本理解的编码器（CLIP Text Encoder）和一个用于将文本内容转换成图片的图像生成器组成。文本编码器将文本内容转换成数字向量形式，用于捕获文本的深层含义，而图像生成器则根据文本的语义向量来扩散生成图片。其中，图像生成器也分为了两部分：图像信息创建器（U-Net）和图像解码器（VAE）。

1. 文本编码器

文本编码器采用的是基于 CLIP 的 Text Encoder，将输入的文本进行编码，然后输出一个语义特征向量（Token Embedding），最后通过交叉注意力机制，将其发送给图像信息创建器作为生成条件。

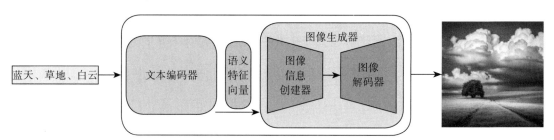

图 3-20 Stable Diffusion 系统架构：从文本到图像的转化过程

2. 图像信息创建器

图像信息创建器有两个输入：文本编码器输出的语义特征向量和随机初始化的图像信息矩阵。图像信息创建器是一个 U-Net 网络，在每个 ResNet 之间添加了一个注意力层，这个注意力层一端的输入是图像信息矩阵，另一端的向量就是文本语义特征向量。

3. 图像解码器

图像解码器将根据图像信息创建器发送过来的信息绘制成图像，并且只在过程结束时运行一次，生成最终的图像。在文生图应用中，VAE 的图像解码器以文本隐向量作为输入，将特征升维解码出图片。在以图生图应用中，VAE 的编码器能够将输入图片转换为隐向量，对特征进行压缩降维，然后根据图片隐向量和文本隐向量一起解码出图片。

3.4.2 扩散原理

1. DDPM

Stable Diffusion 中的 Diffusion 是"扩散"的意思，扩散模型最初来自 DDPM 的论文"Denoising Diffusion Probabilistic Models"（https://arxiv.org/abs/2006.11239）。扩散的设计灵感主要来自非平衡热力学，在非平衡热力学中，系统和环境之间经常发生物质与能量的交换。举例来说，如果在一个装有水的容器中滴入一滴墨水，那么我们会看到墨水逐渐在水中扩散，直到最终均匀分散在整个容器中。如果我们将这个扩散过程中的每一步都控制得足够小，那么理论上这个过程是可逆的。

基于这个理论，DDPM 主要包括两个阶段：前向加噪阶段和反向去噪阶段。在前向加噪阶段，我们将原始数据 x_0 视为起始点，然后在每一步都为其添加一个足够小的高斯噪声。经过足够多的步骤 T，最终我们可以使原始数据 x_0 符合标准的高斯噪声分布。而在反向去噪阶段，我们则试图从噪声中恢复出有用的数据。因为前向加噪阶段是可行的，所以反向去噪过程理论上也是可行的，这是两个互逆的过程。

如图 3-21 所示，DDPM 主要分为正向编码（前向加噪）过程和逆向解码（反向去噪）过程。在正向编码的过程中，给定一张原始图片 x_0，对其添加一个轻微的高斯噪声得到图片 x_1，然后在 x_1 的基础上添加一个中等的高斯噪声得到 x_2，重复上述步骤，逐步添加越来越强的高斯噪声，直到图片变成 x_n。由于添加了足够多的高斯噪声，因此最终的 x_n 近似服从正态分布。在逆向解码的过程中，我们会先随机生成一张服从正态分布的噪声图片，然后逐步减少噪声，直到生成预期图片。

图 3-21 DDPM 前向加噪和反向去噪示意图

在研究模型的文生图能力之前，我们首先需要让模型具备产生逼真图片的能力。DDPM 或者扩散模型就是这种能力的基石，能让模型深入学习并理解图像的风格分布。例如，我们可以通过大量的中国风图片来训练模型，使其学会分析和理解这种风格的特征分布。然后，我们为模型提供一张随机噪声图片，模型便能够以中国风重新生成一张逼真的图片。

当模型可以足够熟练地生成图片时，我们还可以进一步让它进行图片的去噪处理，如图 3-22 所示。例如，我们可以给模型提供一张含有噪声的中国风图片，模型能够根据已经学习到的中国风图片分布来去除噪声，生成一张清晰的图片。

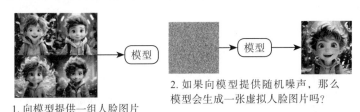

1.向模型提供一组人脸图片

2. 如果向模型提供随机噪声，那么模型会生成一张虚拟人脸图片吗？

2. 如果向模型提供一张带噪声的图片，那么模型能帮你去噪吗？

图 3-22 扩散模型的训练示意图

这种生成和去噪的能力，是我们进一步实现由文字生成图片的基础。当模型具备了这种能力之后，我们才可能引导它通过理解文字描述的语义信息，生成符合这些描述的图片。例如，我们可以告诉模型："生成一张中国风的图片"，然后模型就能根据已经学习到的风格，生成一张新的图片。

在这个过程中，扩散模型的作用就显现出来了。扩散模型的本质功能就是学习训练数据的分布，并尽可能地生成符合其分布的真实图片。因此，它是后续由文字生成图片的扩散模型框架的基础。

2. 噪声预测器

在 Stable Diffusion 中，扩散过程发生在图像信息创建器内。如图 3-23 所示，以文本语义特征向量和图像信息矩阵作为输入，由于图像信息矩阵是随机初始化的，因此一开始可以假设它是一个充满噪声的图像，然后多次迭代更新图像信息矩阵，每次迭代更新都相当于进行了一次反向去噪，最终将产生一个更接近文本语义特征向量的图像信息矩阵。

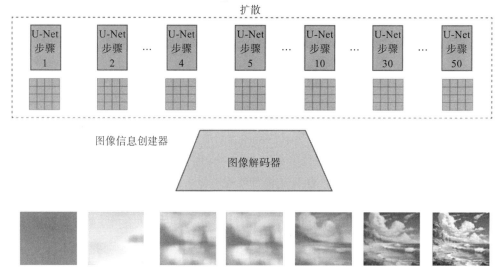

图 3-23　噪声预测器扩散过程逐步去噪示意图

　　通过正向编码的方式可以创建大量的从原始图像到噪声图片的映射样本，并且可以控制添加到图像中的噪声数量，这样数据集中的每个图像都可以生成多个训练样本，然后以此来训练一个噪声预测器。训练好的噪声预测器既然可以预测噪声，那么也可以进一步用来去除噪声。对于一张带有噪声的图像，如果不给任何文本描述，由于噪点是可预测的，那么将这些噪声从图像中去除，就可以得到一张更接近于训练数据集的图像。当然，去噪之后的图像并不一定是精准的原始图像，但符合一定的规律，具体的风格则取决于训练该模型的数据集。

　　正向的加噪过程和反向的去噪过程都是逐步进行的，为了知道当前所处的步骤，Stable Diffusion 借鉴了 Transformer 的位置编码（Positional Embedding）思想，将时间步长信息 t 也转换为向量，添加到输入的特征向量中。这个参数的设计是为了模拟出随时间增强的图像扰动过程。每一个时间步长 t 代表一个扰动阶段，图像从初始状态出发，通过多次加入噪声，逐步改变分布特性。时间步长 t 的大小直接影响了噪声扰动的力度，t 值较小意味着扰动较弱，而 t 值较大则代表扰动更强。

　　Stable Diffusion 有一个特点是 U-Net 的参数是共享的。这就带来一个问题：如何在相同参数的情况下，通过不同的输入最终产生不同的输出，从一个初始的完全随机噪声状态，逐步形成有意义的图像？我们希望 U-Net 在反向去噪的开始阶段，能生成图像中物体的大体轮廓，随着时间步长的推进，逐步描绘出更多的细节。最后，当要生成逼真图像的时候，希望模型已经学习到了高频的特征信息。由于 U-Net 的参数是共享的，我们需要一个机制来提示模型现在的输出应该是粗糙的大体轮廓，还是细致的特征细节。这时时间步长 t 就派上了用场，它能告诉模型现在的反向过程进行到哪一步了，需要产生粗糙的还是细腻的输出。因此，引入时间步长 t 对于图像的生成和采样过程都是非常有帮助的。

需要注意的是，在模型的训练过程中，每次引入的时间步长 t 都是随机的。这是因为在模型训练的过程中，损失值会逐渐降低，越到后面，损失值的变化幅度就越小。如果在训练过程中时间步长 t 是递增的，那么模型就会过度关注早期的时间步长，因为那时的损失值比较大，这就使得模型忽略了后期时间步长的信息。因此，在 Stable Diffusion 训练过程中引入随机的时间步长，能够让模型平衡地学习到不同时间步长的信息。

还有一点需要注意的是，Stable Diffusion 的扩散是基于隐向量的，而不是基于像素空间的。由于隐向量的维度较低，因此扩散过程可以降低内存的占用和计算的复杂度。举个例子，如果隐向量的维度可以缩小为原始数据矩阵的 1/8，那么原始尺寸为（512, 512, 3）的图像，将被压缩为（64, 64, 3）的隐向量，内存和计算量将会缩小为 1/64，极大提升了模型训练的效率。

3.4.3　数据集构建

Stable Diffusion 经过了 3 个版本的迭代，一直使用 LAION-5B 的美学子集数据集进行训练。不同版本的 Stable Diffusion 模型使用的数据集有略微的变化。Stable Diffusion 1.0 使用了全部的 LAION-5B 的美学子集进行训练，Stable Diffusion 2.0 使用了 LAION 的 NSFW 过滤器来除去数据集中的成人内容，而 Stable Diffusion 2.1 则调整了过滤器的权重，保留了一部分的成人内容，扩大了数据集的规模。

LAION-5B 是一个开源的、规模最大的多模态数据集，包含图片和对应的描述。该数据集利用 CommonCrawl 获取了大量的"图像 – 文本"对，然后使用 CLIP 模型对这些图文对进行过滤，保留了大约 50 亿个高质量的"图像 – 文本"对。其中包括 23.2 亿个英文描述数据、22.6 亿个其他语言描述数据和 12.7 亿个未知语言描述数据。

构建 LAION-5B 数据集的过程包括 3 个主要步骤。首先是分布式爬取，从 CommonCrawl 的网页中提取"图像 – 文本"对，并且只选择具有 alt-text 属性的图像。然后利用语言检测模型 CLD3 对文本进行语言分类。接下来是"图像 – 文本"对的分布式下载，通过异步请求从解析后的 URL 中下载原始图像。最后是内容过滤，利用 CLIP 模型计算图像和文本之间的相似度，删除所有余弦相似度小于 0.28 的"图像 – 英文文本"对以及所有相似度低于 0.26 的"图像 – 其他文本"对。

LAION-5B 团队提供了数据集的元数据文件，采用了 Apache Parquet 格式。每个"图像 – 文本"对都包含了以下属性：一个 64 位整数标识符、图像的 URL、文本字符串、图像的长和宽、文本与图像之间的文本相似度，以及来自 NSFW 和水印检测器的输出（一个介于 0 到 1 之间的分数）。

此外，为了满足不同任务的需求，LAION-5B 还提供了不同的子集。其中，LAION-High-Resolution 是一个超分辨率子集，包含了超过 1024 像素分辨率的图像，用于超分辨率任务。而 LAION-Aesthetics 是一个美学图片子集，包含了约 120MB 的图像，用于文图生成任务。

在构建 LAION-Aesthetics 子集时，作者团队采用了以下 3 个准则对 LAION-5B 数据集中的图像进行筛选。首先，只保留 pwatermark（水印概率）低于 0.8 且 punsafe（不安全概率）低于 0.5 的数据。其次，对这些数据按照人类审美进行人工打分，分为 10 个等级，得分越高就表示图像越符合美学标准。最后，仅保留得分大于 8 的图像，构建一个包含 10MB 图像的美学子集。如果降低美学打分的要求（保留得分大于 7 的图像），则可以得到一个包含约 120MB 图像的美学子集。

在构建扩散模型的数据集时，首先需要一个图文数据集作为基础，并通过加入噪声来创建一个训练去噪模型的数据集。Stable Diffusion 就是在 LAION-Aesthetics 上进行训练的。在拥有图文数据集后，只需向普通照片中添加高斯噪声，即可生成带噪声的图片。具体的数据集构建方式为：首先从图文数据集中随机选择一张照片，然后生成多个不同强度的噪声；接着选择一个噪声强度，并将噪声加到所选照片上，这样就得到了训练集中的一张图片。实际上，噪声的强度可以细分为多个级别。如果将其分为几十个甚至上百个级别，则可以创建成千上万个训练集示例。例如，图 3-24 就展示了利用不同级别的噪声创建训练图片的过程。

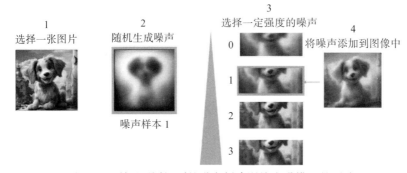

图 3-24　利用不同级别的噪声创建训练去噪模型的图片

有了这个数据集之后，我们就可以通过有监督学习训练一个噪声预测器。首先，从构建的带噪声训练集中选择一部分图像，同时记录其对应的噪声级别。然后，将图像和噪声级别输入一个神经网络（Stable Diffusion 中使用的是 U-Net 网络）来预测一个噪声。最后，将预测的噪声与真实的噪声进行对比，计算损失，然后反向传播更新网络参数。整体流程如图 3-25 所示。

噪声预测器训练完成后，就可以应用于估计未知图像的噪声级别。然后，我们可以利用这个预测的噪声级别来调整图像，应用去噪算法及逆向过程以减少或去除噪声。去噪的过程也不是一步到位的，可以通过多步去噪的方式来迭代处理。

训练好的 Diffusion 模型所生成的图片接近训练集的分布特征，保持相同的像素规律。例如，如果用艺术家的数据集来训练模型，模型将遵循美学的颜色分布；如果用 icon 图片数据集来训练模型，则模型将遵循 icon 图片的规律。上述数据集构建方式不仅适用于 Stable Diffusion，还适用于 OpenAI 的 Dall-E2 和谷歌的 Imagen 等模型。

上述过程目前还没有引入文字和语义特征向量的控制，换句话说，如果只按照上述方法构建数据集来训练模型，可能会得到一些令人惊艳的图片，但无法对最终生成的结果进行控制。因此，在构建数据集时，还需要引入文本的语义输入。如图 3-26 所示，数据集包含了编码后的文本。由于所有操作都在向量空间进行，因此输入图像和预测噪声都是在向量空间中。

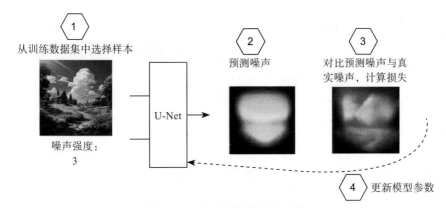

图 3-25　噪声预测器训练步骤

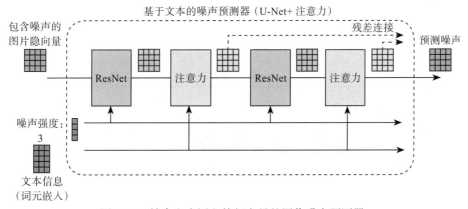

图 3-26　结合文本语义特征向量的图像噪声预测器

综上所述，训练扩散模型的数据集是通过添加噪声构建的，在构建过程中需要一个基于图文的数据集，模型的输入包括加噪图片、噪声强度和文本语义特征向量，输出为预测的噪声。

3.4.4　流程梳理

Stable Diffusion 是一种基于潜在空间进行图像生成的技术，这种技术可以分为训练和生成两个部分。

潜在空间是 Stable Diffusion 中的核心概念，是一个维度远小于图片像素空间的特殊空间。例如，对于一张尺寸为 512×512 的图片，其像素空间是一个 $3 \times 512 \times 512$ 的矩阵，而在 Stable Diffusion 中，我们使用一个 $3 \times 64 \times 64$ 的矩阵来表示这张图片的潜在空间。这种方式显著降低了对内存和计算力的需求，使得训练和生成图片的过程更加高效。

训练是建立生成模型的过程。首先，我们将带有文本描述的图片通过一个编码器转换为潜在空间中的向量。其中，文本描述向量的每一维度都代表了一种特征或属性，如颜色、形状、大小等。同时，我们也将原始图片转换到潜在空间中。整个流程如图 3-27 所示。

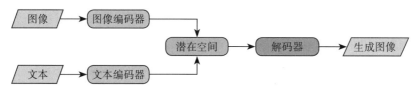

图 3-27　Stable Diffusion 中文本和图像转换到潜在空间再生成图像的流程图

接下来，我们采用前向扩散的方法，基于文本描述向量逐步生成噪声图像，然后使用后向扩散的方法去除噪声，尽量恢复到原始图像的向量表示。我们将得到的图片向量与原始图片的向量进行对比，通过计算损失值并调整模型参数，使得损失值尽可能地减小。这个过程会重复多次，直到损失值无法再降低或降低的幅度已经非常小。当然，也可以对噪声进行预测。在添加了时间步数之后，我们再对图片添加一个噪声，然后通过 U-Net 来预测这个噪声，通过计算添加的噪声和预测的噪声之间的损失值来调整模型参数，如图 3-28 所示。

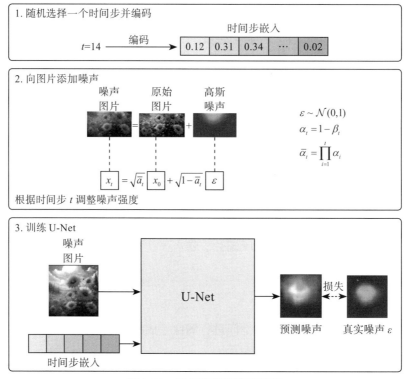

图 3-28　噪声预测器训练流程

在生成阶段，我们首先将文本提示词转换为潜在空间中的向量，然后同样使用前向扩散和后向扩散的方法生成符合向量语义的噪声图像，并逐步去除噪声，最终得到清晰的图片，如图 3-29 所示。在每一轮的训练过程中，我们会为每个训练样本选择一个随机时间步长，将其应用到图片中，并将时间步长转化为对应的嵌入向量。

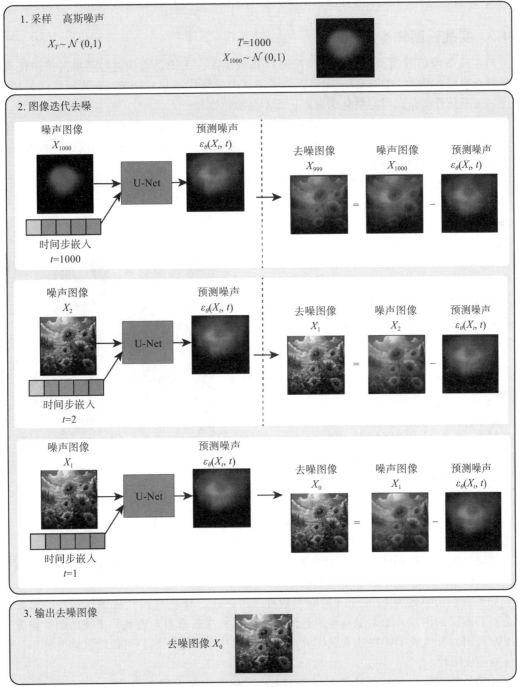

图 3-29　基于随机噪声向量的扩散去噪生成过程

总结来说，Stable Diffusion 通过在特殊的潜在空间中进行扩散，实现了高效的训练和生成过程。这种方法首先通过编码器将文本描述和原始图片转换为潜在空间中的向量，然后通过前向扩散和后向扩散的方法，生成噪声图像并去除噪声，最终得到清晰的图片。

3.4.5 实战：图像生成

对生成图像扩散模型进行预训练首选 Diffusers 库。无论是直接进行简单的推理任务，还是训练自己的模型，Diffusers 库都提供了丰富的模块化工具。Diffusers 库以简单易用为重点，而不是性能；以可定制化为重点，而不是抽象概念。

该库主要包括 3 个组件：先进的扩散模型流水线，只需要几行代码就可以进行推理；可调整的噪声调度器，用于在生成速度和质量之间权衡；大量预训练好的模型，可以快速构建模块，创建端到端应用。

因此，想要应用 Stable Diffusion，我们首先需要安装 Diffusers 库以及相关依赖。

```python
pip install diffusers transformers scipy
    ftfy accelerate
```

下面这段代码加载了 Diffusers 库中的 Stable-
DiffusionPipeline 类，然后通过模型名创建了一个
流水线变量 pipe，之后将模型装载到 GPU 上，最
后我们只需要给定提示词 prompt，就可以生成并保
存一张图片了，如图 3-30 所示。

图 3-30　Stable Diffusion 生成的图片示例

```python
from diffusers import StableDiffusionPipeline
import torch as th

model_id = "runwayml/stable-diffusion-v1-5"
pipe = StableDiffusionPipeline.from_
    pretrained(model_id)
pipe = pipe.to("cuda")
generator = th.Generator("cuda").manual_seed(1)
# 一张宇航员在火星骑马的图片
prompt = "a photo of an astronaut riding a horse on mars"
image = pipe(prompt=prompt, generator=generator).images[0]
image.save("astronaut_rides_horse.png")
```

在第一次运行代码的时候，如果本地没有模型文件，则 from_pretrained 方法将下载模型权重，根据网络情况需要等待一段时间。

如果我们没有设置 generator 的随机数种子（seed），那么这段代码重新运行的话每次都会得到不同的图片。如果出现纯黑色的图片，那么这通常意味着我们生成的图片触发了NSFW 机制，并生成了一些违规的图片。为了解决这个问题，我们可以尝试修改种子，然后重新生成图片。

在默认情况下，生成图片的尺寸为 U-Net 采样大小乘以相对于采样大小的缩放因子，

StableDiffusionPipeline 默认会生成 512×512 尺寸的图片。我们也可以通过自定义 height 和 width 参数来设置生成图片的尺寸，不过有如下建议。

1）建议选择的图片高度和宽度都是 8 的倍数。这样可以确保生成的图片像素均匀分布和处理，避免出现像素不对齐的问题。

2）低于 512 的尺寸可能会导致生成的图像质量较低。因此，建议选择高于或等于 512 的尺寸，以保证生成的图像具有更好的质量和细节效果。

3）如果需要创建非正方形的图像，推荐的方法是在其中一个维度上使用 512 的尺寸，而在另一个维度上选择更大的值。

除此之外，Stable Diffusion Pipeline 还有一些核心参数。

❑ num_inference_steps：整数型，可选，默认值为 50，表示图像去噪优化的步骤数量。增加步骤数量通常会提高图像的质量，但会导致生成时间变慢。可以根据需要选择 20、25 或 50 等适当的数值。

❑ guidance_scale：浮点数，可选，默认值为 7.5，表示无分类指引（Classifier-Free Guidance）的指引尺度，它控制了文本提示词对图像生成过程的影响程度。较高的指引尺度鼓励生成与文本提示紧密相关的图像，但这通常会以牺牲图像多样性为代价。此参数设置为 0 时，生成的图像是无条件的，也就是说此时提示词将被忽略，建议在 $7 \sim 8.5$ 的范围内选择适当的值。

❑ negative_prompt：字符串或字符串列表，可选，表示不用于指导图像生成的提示。

❑ num_images_per_prompt：整数型，可选，默认值为 1，表示每个提示生成的图像数量。

我们知道，Stable Diffusion 是由文本编码器（CLIP Text Encoder）、图像信息创建器（U-Net）和图像解码器（VAE）三部分组成的，这三部分基本上是可以独立训练的，因此在加载模型时除了将预训练模型整体加载以外，还可以按照组件单独加载。

```python
from transformers import CLIPTextModel, CLIPTokenizer
from diffusers import AutoencoderKL, UNet2DConditionModel
from diffusers import LMSDiscreteScheduler

# 单独加载 CLIP 模型和分词器
tokenizer = CLIPTokenizer.from_pretrained("openai/clip-vit-large-patch14")
text_encoder = CLIPTextModel.from_pretrained("openai/clip-vit-large-patch14")
# 单独加载 U-Net 模型
unet = UNet2DConditionModel.from_pretrained("runwayml/stable-diffusion-v1-5",
    subfolder="unet")
# 单独加载 VAE 模型
vae = AutoencoderKL.from_pretrained("runwayml/stable-diffusion-v1-5",
    subfolder="vae")
# 单独加载调度算法
scheduler = LMSDiscreteScheduler(beta_start=0.00085, beta_end=0.012, beta_
    schedule="scaled_linear", num_train_timesteps=1000)

pipe = StableDiffusionPipeline(vae=vae, text_encoder=text_encoder,
    tokenizer=tokenizer, unet=unet, scheduler=scheduler)
```

```
pipe = pipe.to("cuda")
# 一张宇航员在火星骑马的图片
prompt = "a photo of an astronaut riding a horse on mars"
image = pipe(prompt=prompt).images[0]
```

由于 Stable Diffusion 是由多个模型组合而成的，因此一般来说模型所占内存较大，普通的消费级显卡都难以加载，容易出现 OutOfMemory 的报错。并且，图像信息创建器在去噪时要迭代多次，耗时较长，目前还做不到 1s 出图。因此，为了解决上述问题，我们可以采用半精度浮点数加载模型。

在加载模型时，一般默认采用 32 位浮点数加载，但实际上，在推理计算时并不需要那么高的精度，16 位浮点数也可以满足要求。如果用 16 位浮点数加载模型，相当于减少了一半的显存占用。除此之外，模型计算速度也会加快，一般来说会加快一倍，如果是一些针对半精度浮点数计算优化过的显卡型号，甚至可以加速 3 ~ 8 倍。

```python
th.cuda.empty_cache()
pre_memory = th.cuda.memory_allocated() / 1e9
pipe1 = StableDiffusionPipeline.from_pretrained(model_id).to("cuda")
image1 = pipe1(prompt=prompt).images[0]
post_memory = th.cuda.memory_allocated() / 1e9
print(f"32 位浮点数加载模型的显存占用 : {(post_memory - pre_memory):.2f} GB")

th.cuda.empty_cache()
pre_memory = th.cuda.memory_allocated() / 1e9
pipe2 = StableDiffusionPipeline.from_pretrained(model_id, torch_dtype=th.
    float16)to("cuda")
image2 = pipe2(prompt=prompt).images[0]
post_memory = th.cuda.memory_allocated() / 1e9
print(f"16 位浮点数加载模型的显存占用 : {(post_memory - pre_memory):.2f} GB")
```

如图 3-31 所示，32 位浮点数加载的模型占用了 5.51GB 的显存，而 16 位浮点数加载的模型仅占用了 2.78GB 的显存，32 位浮点数的模型推理 50 步需要 7s 左右，而 16 位浮点数的模型推理 50 步只需要 3s 左右。

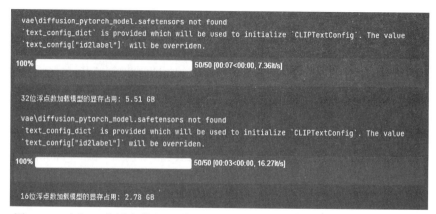

图 3-31　对比 32 位浮点数和 16 位浮点数加载 Stable Diffusion 模型占用的空间

3.4.6　Stable Diffusion 升级

1. Stable Diffusion 2.0

Stability AI 公司在 2022 年 11 月发布了 Stable Diffusion（简称 SD）2.0 版本，与 SD 1.x 版本相比，2.0 在模型结构和训练数据方面进行了一些改进。

模型结构方面，SD 1.x 使用 OpenAI 的 CLIP ViT-L/14 模型作为文本编码器，参数量为 123.65MB，SD 2.0 则采用了 OpenCLIP 在 LAION-2B 数据集上训练得到的规模更大的文本编码器，即 CLIP ViT-H/14 模型，其参数量为 354.03MB，大约是原模型的 3 倍。这意味着新的文本编码器更强大，能够更准确地捕捉文本的语义信息。另一个改进是 SD 2.0 提取的是倒数第二层的特征，而 SD 1.x 则提取倒数第一层的特征。在 CLIP 原本的训练任务中，倒数第一层之后接的是对比学习任务，所以倒数第一层的特征可能会丢失部分细粒度语义信息。经过实践验证，使用 CLIP 倒数第二层特征的效果更好，并且这种方法在 Imagen 和 NovelAI 中都得到了应用。

对于 U-Net 模型，SD 2.0 没有做什么改变，只是由于更换了 CLIP 模型，交叉注意力层的维度从 768 变成了 1024，这对参数量产生了轻微的影响。另外，SD 2.0 中不同阶段的注意力模块使用固定的注意力头维度，为 64，而 SD 1.0 则是使用固定的注意力头数量。SD 2.0 的这一设定更常用，但不会影响模型参数。

在训练数据方面，SD 1.x 版本主要使用了 LAION-2B 数据集中美学评分为 5 以上的子集进行训练。而 SD 2.0 版本则扩大了训练数据集，采用了评分在 4.5 以上的子集。除了 512×512 版本的模型，SD 2.0 还新增了 768×768 像素版本的模型。这个 768×768 像素模型是在 512×512 像素模型的基础上，利用分辨率大于 768×768 像素的子集进行继续训练得到的。

2. Stable Diffusion XL

Stability AI 在 2023 年 7 月 26 日又发布了一款全新的开源绘图模型——Stable Diffusion XL 1.0，论文为"SDXL: Improving Latent Diffusion Models for High-Resolution Image Synthesis"（https://arxiv.org/abs/2307.01952）。这款模型引起了业界的广泛关注和热议。据悉，Stable Diffusion XL 1.0 是当时全球最大的开源绘图模型，其基础模型（Base Model）拥有 35 亿个参数，用于生成图像，而精修模型（Refiner Model）拥有 66 亿个参数，用于对图像进行细节优化。Stable Diffusion XL 的模型架构如图 3-32 所示。

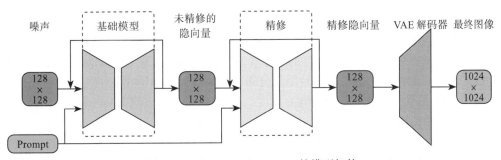

图 3-32　Stable Diffusion XL 的模型架构

如图 3-32 所示，Stable Diffusion XL 采用了两阶段的生成模式，先使用基础模型生成 128×128 的隐向量，再用精修模型对隐向量进行优化，最后才用 VAE 解码器生成最终图像。

Stable Diffusion XL 1.0 的发布，将 AI 绘画领域推向了一个新的进程。相比于之前的版本，Stable Diffusion XL 1.0 的表现在许多方面都有显著提升。首先，其出图兼容性和图像精细度都有着大幅提升，几乎可以支持任意风格的模型绘制，画面表现力也得到了显著提升。其次，Stable Diffusion XL 1.0 能够支持在图像中生成清晰的文本，如图 3-33 所示，这是目前市面上大多数绘图模型无法做到的。此外，该模型对人体结构的理解也加强了，一些先前存在的问题，如手脚错误等，都得到了显著改善。

一个绿色标志牌上写着 "Verry Deep Learning"，并且它位于大峡谷边缘

图 3-33　Stable Diffusion XL 能够直接在图像中生成文字

Stable Diffusion XL 1.0 还引入了一种新的训练技术，使其可以采用 1024×1024 像素的图片进行训练。这一改变解决了旧版本模型在处理大尺寸图片时出现的问题，也使得用户可以直接绘制各种精美的大尺寸图片。通过精修模型的二次优化，原生图像的表现力也得到了显著提升。

此外，Stable Diffusion XL 1.0 对自然语言的识别能力也有大幅度增强，使得用户可以使用更加自然和更加精简的语言来描述图像信息，模型会自动识别其中的关键内容并进行展示。这使得用户无须再使用复杂的语言或者特定的提示词来绘制图像，大大降低了使用门槛。

在艺术风格的支持上，Stable Diffusion XL 1.0 也有很大的提升，提供了更多的艺术风格选项，包括动漫、数字插画、胶片摄影、3D 建模、折纸艺术、2.5D 等距风、像素画等多种风格。

3.5　本章总结

本章首先介绍了深度生成模型的基本概念，它与判别模型形成对比，目标是学习数据的分布以生成新样本。目前主流的深度生成模型可以分为基于似然和基于能量两大类。

其次，本章详细介绍了基于似然的变分自编码器（VAE）。它在自编码器（AE）的基础上，假定编码后的特征向量服从某种简单分布，这样就可以采样出新的特征来生成全新样本。训练 VAE 需要优化重构损失和 KL 散度。Conditional VAE（CVAE）则可以引入条件，实现对生成结果的控制。

然后，本章讲解了基于对抗训练的生成对抗网络（GAN）。它包含生成器和判别器，通过两者的博弈不断提升生成结果的逼真度。GAN 有多种变体，应用于图像生成、风格转换、

图像编辑等任务。

接着，本章介绍了对比语言 – 图像预训练（CLIP）模型。它由已经完成预训练的图像编码器和文本编码器组成，能够利用自然语言进行有监督学习，具有良好的迁移泛化能力。但是，CLIP 也具有一定的局限性，相比于其他基线模型，CLIP 在很多数据集上的表现都不是最好的。从效果与投入的角度来说，CLIP 仍有一定的发展空间。

最后，本章介绍了基于隐空间扩散的 Stable Diffusion 模型。它包含文本编码器、图像信息创建器和图像解码器，通过在隐空间中进行噪声预测实现图像的逐步扩散和去噪。训练数据集通过在真实图像上添加不同程度的噪声来构建。Stable Diffusion 可实现文生图、图生图、图像修复、超分辨率等多种应用。

总的来说，本章系统、详尽地介绍了深度生成模型的发展脉络、主流技术原理与应用情况，既概括了基础知识，又讲解了最新进展，对理解和运用深度生成模型具有重要参考价值。

CHAPTER 4

第 4 章

预训练模型

真正引发 AIGC 技术能力产生突破式进展的其实是预训练模型，它打破了过往的模型训练成本高、使用门槛高、效果难复现的缺点，逐渐适应高精度、便捷、高质量的真实应用场景。而在最近几年，虽然大规模预训练模型已经越来越普遍，但是关于如何训练这些模型的内容却很少有人关注，一般都是由一些具有专业设备的企业或实验室来训练大模型并发布，然后中小型企业以及高校来使用。即便如此，大模型应用也有一些门槛，例如，受限于机器配置，可能效果更好的大模型并不能直接加载到显卡中，或者现有设备是单机多卡，需要通过分布式的方法进行模型微调。

大规模语言模型的训练面临两大挑战：显存效率和计算效率。这两个挑战源于模型参数量过大和训练数据量过大。第一个挑战是显存效率。由于模型参数的数量巨大，即使使用目前显存最大的 GPU 也难以满足需求。以 GPT-3 为例，它拥有 175B 的参数量，按每个参数 4 字节计算，就需要 700GB 的显存来存储模型参数。而参数梯度需要的显存与模型参数相等，即 700GB。此外，使用 Adam 优化器时，还需要额外 1400GB 的显存来存储优化器状态。这样一来，总的显存需求就达到了 2.8TB，远超出现有 GPU 的显存能力。第二个挑战是计算效率。大规模模型需要处理的数据量极大，而且模型参数之多也使得计算操作的数量极大。这就导致了即使我们能将大模型放在一张 GPU 上，训练大模型仍然需要很长的时间。例如，若使用 NVIDIA A100 显卡训练参数量为 175B 的 GPT-3 模型，则大约需要 288 年的时间。这样的训练时间显然是难以接受的。

目前训练超大规模语言模型主要有两条技术路线：TPU + XLA + TensorFlow 和 GPU + PyTorch + Megatron-LM + DeepSpeed。前者由谷歌主导，由于 TPU 和自家云平台 GCP 深度绑定，对于非谷歌开发者来说，只可远观而不可亵玩。后者背后则有 NVIDIA、Meta、微软等大厂支持，社区氛围活跃，也更受欢迎。在本书中，我们将主要使用第二种技术路线。

本章首先介绍大模型的涌现能力，然后介绍模型参数量和通信数据量的估算与分析，以及分布式训练中多种常见的并行优化方式，之后介绍 DeepSpeed 框架的原理和使用，主要是零冗余优化器（Zero Redundancy Optimizer，ZeRO），最后介绍两个模型即服务平台，为大模型的开发提供便捷。

4.1　大模型的涌现能力

在开始介绍分布式训练之前，我们需要知道为什么要训练大模型。一直以来，人们普遍认为模型的规模越大能力也就越强。但是在早期，语言模型的规模虽然呈指数级增长，性能的增幅却是线性的，所以，当时觉得并没有必要去训练一个"庞然大物"。因此，即使是最大的 GPT-3 模型，在没有提示词的情况下，其性能可能也不如经过精心训练的小模型。而且，大规模的网络对训练数据的需求量以及训练和推理的成本也会大大增加。

随着最近新模型的提出以及对 GPT-3 的深入研究，发现大规模语言模型表现出了一些超出研究者预期的能力。也就是说，当模型的规模超过一定阈值时，其性能的提升将超过比例关系，呈现出量变引起质变的效果。特别是大规模语言模型，展示出了一种被称为"涌现能力"的特点，也就是说，某些能力在小规模的模型中不能展现出来，只有在大规模的模型中才能被观察到，比如语言理解能力、逻辑推理能力和语言生成能力等等。涌现能力在信息科学、神经学、生态学、经济学、社会学等许多领域都被广泛观察到，但由于其复杂性，以目前的知识和认知水平很难对其进行定量解释。

4.1.1　缩放法则

缩放法则指的是，模型的性能在很大程度上依赖于模型的规模。具体来说，模型的规模包括参数量、数据集的大小以及计算量，模型的表现（以 Loss 值的降低为标准）会随着这 3 个变量的指数级增长而线性提升，前提是其他两个变量没有形成瓶颈，如图 4-1 所示。缩放法则意味着我们可以通过提升模型参数量、扩大数据集规模，来预测性地提升模型的性能。缩放法则同样适用于微调过程。

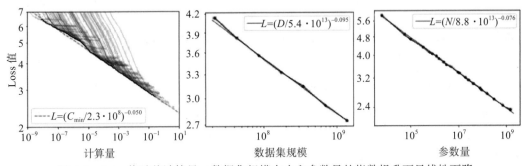

图 4-1　Loss 值随着计算量、数据集规模大小和参数量的指数提升而呈线性下降

缩放法则的一个重要应用是预测模型的性能。但是，当模型规模扩大时，模型在不同任务上的表现并不总是呈现出相同的规律。在许多知识密集型的任务中，随着模型规模的提升，模型在下游任务的表现也会有所提升。然而，在其他更复杂的任务中，如逻辑推理、数学推理或者需要多步推理的复杂任务中，模型的性能会在规模达到一定阈值之前非常糟糕，基本相当于随机水平，但是当规模超过这个阈值后，性能则会显著提升，远超随机水平。这种性能突变的现象就是我们下一节将要介绍的涌现能力。

4.1.2　涌现能力

尽管许多人希望能够自行训练 GPT-3 这样的大语言模型，然而，由于其巨大的规模——惊人的 1750 亿个参数，自主训练这样一个模型的难度极大。并且，GPT-3 自发布以来并未开源，未来也很可能保持这一状态。

那我们是否可以训练一个规模相对较小的模型，如参数量为百亿的模型呢？正如我们上一节所讲，有一些 AI 模型的性能并不是随着模型规模的增长而提升的，而是在模型规模超过一定临界值后，性能才会显著提升。例如，一些研究表明，只有当模型的规模至少达到 620 亿个参数时，AI 模型才可能训练出思维链的能力。

在 GPT-3 的论文中提出了通过提示词激发大模型能力的方法，这种方法的基本思想：给定一个提示，如一段自然语言指令，模型能够在不更新参数的情况下给出回复。例如：Few-Shot prompt，即在提示中加入输入 / 输出示例，让模型进行推理。如图 4-2 所示，展示大模型在不同的任务中通过 Few-Shot 的测试结果，横坐标代表了模型训练的规模，用浮点运算数（FLOPs）来表示，可以更全面地反映训练数据量、参数数量和训练轮次；纵坐标则表示模型在该任务上的准确率。可以发现，在以下这些任务上，只有当模型规模超过一定的临界值时，模型的性能才会显著提升。而在这个临界值之下，即使模型规模逐渐增大，模型的性能也并未随之提升。这个临界值大多数时候位于 10^{22} FLOPs 左右。

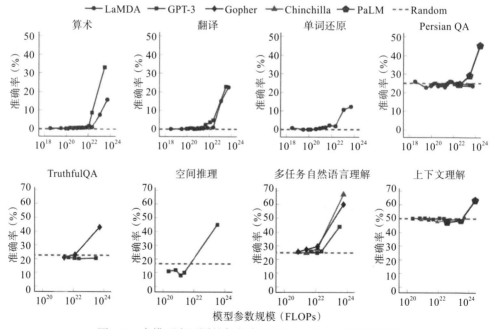

图 4-2　大模型在不同的任务中通过 Few-Shot 的测试结果

随着我们对大规模语言模型的研究越来越深入，为大模型添加提示词的方式也变得更加丰富。相比于原始的 Few-Shot 模式，新的方法增加了一些任务的中间过程。例如，思维链和寄存器（Scratchpad），通过细化模型的推理过程，提高了模型的下游任务性能。关于思维链的具体内容我们将在 5.1.2 节中详细介绍。

在某些复杂任务中，这种增强提示的方法能够有效地提高模型的性能。具体来说，这些任务包括数学问题解决、指令恢复、数值运算和模型校准等。因此，不同的任务可能需要不同的激发方式，我们需要针对具体的任务和模型，选择最合适的方法。

虽然模型的大小与其性能有着密切的关系，但模型的大小并非是观察到涌现能力的唯一标准。事实上，模型的涌现能力相当于一系列相关变量的函数。在这些变量中，模型的规模无疑极为重要，但我们不应忽视其他潜在的影响因素。例如，通过改进数据处理方法和优化算法，我们可以在更小规模的模型中观察到涌现能力。在 BIG-Bench 任务中就可以观察到这样的例子：尽管 LaMDA 需要到 137B、GPT-3 需要到 175B 才会出现涌现能力，但 PaLM 在只有 62B 的规模时就已经表现出这种能力。

但是斯坦福的研究者对大模型涌现能力提出了质疑，并认为这种涌现可能是由研究者选择的测量方法引起的。具体来说，他们观察到，当用非线性或不连续的方法测量模型的性能时，涌现能力才会出现；而如果使用线性或连续的测量方式，那么模型的性能提升则表现为平滑、连续和可预测的。

研究者进一步使用 InstructGPT 和 GPT-3 模型系列进行了测试，收集了模型在两个算术任务上的数据，然后进行了深入分析。首先，在图 4-3a 中，x 轴表示模型参数的规模，y 轴表示每个单词的交叉熵损失，我们假设每个单词的交叉熵损失随着模型参数的规模增加而单调递减。其次，在图 4-3b 中，y 轴表示模型选择正确单词的概率，随着模型参数的规模增加，选择正确单词的概率会逐渐趋于 1。之后，在图 4-3c 中，如果研究者使用非线性的评估指标，如准确度，那么只有当一系列词汇都是正确的时候，模型的表现才会被认为是好的。这会导致模型的性能产生急剧和不可预测的变化，这种变化即涌现能力。再之后，在图 4-3d 中，如果使用不连续的评估方式，如多选题成绩，性能同样会产生急剧和不可预测的变化。然而，在图 4-3e 中，从非线性或不连续的评估方法切换到线性的评估方法时，如词汇编辑距离，我们可以看到模型性能呈现出平滑、连续和可预测的改进趋势。同样，在图 4-3f 中，从不连续评估切换到连续评估，如 Brier 得分，也能观察到同样的趋势。

总之，尽管 GPT-3 模型规模巨大并未开源，而研究发现大模型的性能涌现并非仅依赖于模型大小。性能涌现可能既需要达到某一规模的临界值，又与评估方法有关。采用特定的评估方法可能导致性能急剧变化，而采用其他方法则性能表现为平滑和可预测的。因此，选择合适的评估方法和考虑更多因素对于正确评估模型性能至关重要。

4.2 模型参数量估算

为了更好地估算大模型所要占用的显存，首先需要分析一下模型训练过程中有哪些部分需要消耗存储空间。在 Samyam 等人的论文 "ZeRO: Memory Optimizations Toward Training Trillion Parameter Models" 中提出，模型在进行训练时，主要有两大部分的空间占用。首先，对于大模型来说，主要的空间占用是模型状态，包括优化器状态（例如 Adam 优化器的动量和方差）、模型参数和模型参数的梯度。其次，剩余的空间主要被模型训练中间激活值、临时缓冲区和不可用的内存碎片占用，它们统称为剩余状态。

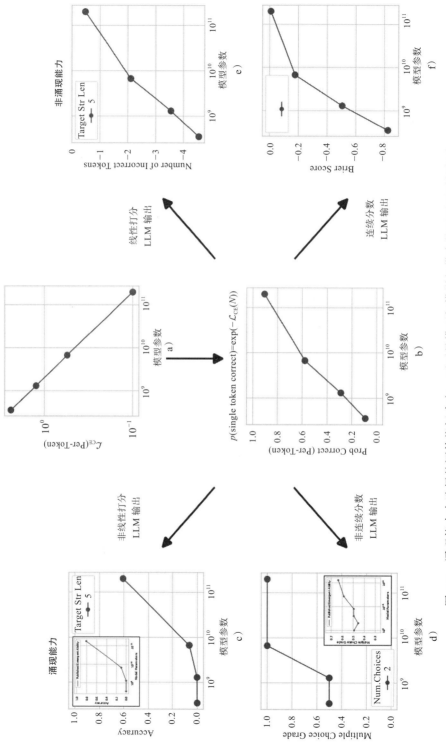

图 4-3   涌现能力由选择的评估指标决定，而不是模型规模模规增长带来的不可预测的行为

我们以 IDEA 研究院开源的闻仲 2.0 GPT2 模型（https://huggingface.co/IDEA-CCNL/Wenzhong2.0-GPT2-3.5B-chinese）为例，估算一下微调它需要占用的空间大小。此模型基于悟道数据集进行预训练，拥有 35 亿个参数，善于处理自然语言生成（Neural Language Generate，NLG）任务。35 亿个参数，如果用 16 位浮点数进行存储的话，也就是 70 亿个字节，有 7GB 左右。前向传播的激活值和反向传播的梯度大小跟模型参数是保持一致的，加起来约为 14GB。以 Adam 为例，优化器状态包括三部分，分别为 32 位浮点数模型参数的备份、32 位浮点数的动量和方差，加起来有 28GB。因此，从理论上计算，要微调此模型至少需要 49GB 的空间。

如果我们要通过 GPU 加速训练的话，那么显存占用还要包括 CUDA 上下文，这部分空间将在执行第一个 CUDA 操作时创建，用于加载驱动程序和内核，例如，PyTorch 的原生操作、使用的库等。显存上下文的大小依赖于设备类型，不同的 GPU 申请的上下文大小也不同，我们可以在 GPU 上创建一个很小的张量，然后通过 nvidia-smi 观察显存占用，以此来查看当前设备的上下文大小。例如，笔者使用 3090 显卡，CUDA 上下文占用的空间就是 408MB，如图 4-4 所示。当然，上下文大小可能会因为机器和配置的不同而有所差异。

```
python
>>> import torch as th
>>> th.tensor([1]).to("cuda:0")
tensor([1], device='cuda:0')
```

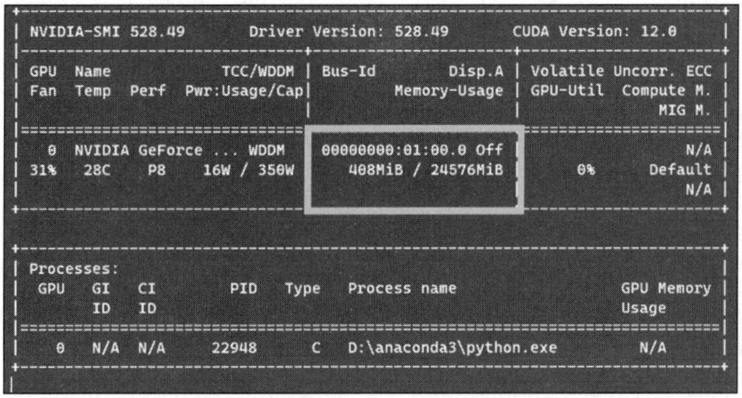

图 4-4　3090 显卡上 CUDA 上下文对显存的占用示意图

4.3　通信数据量分析

相比于 CPU/GPU 的计算效率，设备之间通信的效率是比较低的，因此当我们对模型进行切分时，还需要考虑设备之间的通信数据量。本节将介绍几种不同的通信策略，并给出相应的 PyTorch 实现案例。

PyTorch 中包含一个分布式训练的包 torch.distributed，可以非常方便地进行跨进程和跨机器集群的分布式训练。例如，使用如下脚本可以在单个机器上生成两个进程，每个进程都在 init_process 函数中通过相同的主机 IP 地址和端口连接主机进行通信。然后设置分布式环境，并通过 init_process_group 函数初始化进程组。初始化进程组的目的本质上就是允许进程通过共享其位置来相互通信。最后执行给定的函数。

```python
"""run.py:"""
import os
import torch
import torch.distributed as dist
import torch.multiprocessing as mp

def run(rank, size):
    """ 具体要执行的分布式函数 """
    pass

def init_process(rank, size, fn, backend="gloo"):
    """ 初始化分布式环境 """
    os.environ["MASTER_ADDR"] = "127.0.0.1"
    os.environ["MASTER_PORT"] = "29500"
    dist.init_process_group(backend, rank=rank, world_size=size) # 初始化进程组
    fn(rank, size)

if __name__ == "__main__":
    size = 2
    processes = []
    mp.set_start_method("spawn")
    for rank in range(size):
        p = mp.Process(target=init_process, args=(rank, size, run))
        p.start()
        processes.append(p)

    for p in processes:
        p.join()
```

在一个进程组中，各个进程之间可以通过两种方式进行通信。

1）点对点通信：一个进程通过进程 ID 向另一个进程发送数据。

2）集群通信：一组进程一起执行分散（Scatter）、收集（Gather）、归约（Reduce）、全归约（All Reduce）、广播（Broadcast）和全收集（All Gather）等操作。

4.3.1 点对点通信

数据从一个进程直接发送到另一个进程的通信方式就是点对点通信，如图 4-5 所示，当我们想要对进程的通信进行非常细粒度的控制时，点对点通信非常有用。

在 PyTorch 中是通过 send 和 recv 两个函数实现的。在下面的函数代码中，两个进程将在开

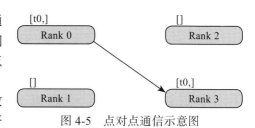

图 4-5 点对点通信示意图

始时都创建一个 0 张量，然后在 0 号进程中使张量值加 1，之后发送给 1 号进程，这样在程序运行完成后，两个进程中的张量值都为 1。注意，1 号进程也需要为接收变量分配存储空间。

```python
def run(rank, size):
    """ 阻塞的点对点通信 """
    tensor = torch.zeros(1)
    if rank == 0:
        tensor += 1
        # 将张量发送给 1 号进程
        dist.send(tensor=tensor, dst=1)
    else:
        """ 从 0 号进程接收张量 """
        dist.recv(tensor=tensor, src=0)
    print("Rank ", rank, " has data ", tensor[0])
```

需要注意的是，直接通过 send/recv 进行通信是阻塞的，也就是说，1 号进程如果没有接收到 0 号进程发送过来的数据会一直处于等待状态，直到数据通信完成。当然，也可以使用非阻塞通信函数 isend/irecv，例如，在以下脚本中，发送和接收的函数会返回一个名为 req 的 Work 对象，然后调用 req.wait() 方法，等待发送和接收完成后，才会继续执行后面的语句。

```python
def run(rank, size):
    """ 非阻塞的点对点通信 """
    tensor = torch.zeros(1)
    req = None
    if rank == 0:
        tensor += 1
        # 将张量发送给 1 号进程
        req = dist.isend(tensor=tensor, dst=1)
        print("Rank 0 started sending")
    else:
        # 从 0 号进程接收张量
        req = dist.irecv(tensor=tensor, src=0)
        print("Rank 1 started receiving")
    req.wait()
    print("Rank"', rank, " has data ", tensor[0])
```

当使用非阻塞通信时需要格外注意发送和接收的张量值，因为我们并不知道数据会在何时通过通信传递给其他进程，因此在接收张量的进程执行 req.wait() 方法之前，不要修改发送张量的值。

4.3.2　集群通信

分布式训练系统中的通信依赖于基于规则的集群通信，它允许在一个进程组内的所有进程相互通信。进程组是所有进程的一个子集，要创建一个组，可以将进程的 rank 列表传递给 dist.new_group(group)。默认情况下，集合操作在所有进程（或者称为全局通信）上执行。例如，在下面这段代码中，为了获取所有进程上的张量的和，可以使用 dist.all_reduce(tensor, op, group) 集合操作。

```python
def run(rank, size):
    group = dist.new_group([0, 1])
    tensor = torch.ones(1)
    dist.all_reduce(tensor, op=dist.ReduceOp.SUM, group=group)
print("Rank"', rank, " has data ", tensor[0])
```

一般而言，任何交换律成立的数学操作都可以作为操作符使用。PyTorch 中默认提供了4 个这样的操作符，都是以逐元素为级别进行操作。

❑ dist.ReduceOp.SUM：对元素进行求和操作。

❑ dist.ReduceOp.PRODUCT：对元素进行乘积操作。

❑ dist.ReduceOp.MAX：找出元素中的最大值。

❑ dist.ReduceOp.MIN：找出元素中的最小值。

包括 dist.all_reduce(tensor, op, group) 这个集合操作在内，PyTorch 目前总共实现了 6个集合操作，如图 4-6 所示。

❑ dist.broadcast(tensor, src, group)：执行广播操作，将源进程 src 中的张量广播到组内的其他进程中。

❑ dist.reduce(tensor, dst, op, group)：执行归约操作，将组内的张量按照指定的操作符op 进行归约，并将结果发送给指定的目标进程 dst。

❑ dist.all_reduce(tensor, op, group)：执行全归约操作，与归约操作类似，但是结果会发送给组内所有进程。

❑ dist.scatter(tensor, scatter_list, src, group)：执行分散操作，将源进程 src 中的张量按照指定的 scatter_list 进行划分，并将划分后的子张量发送给组内的其他进程。

❑ dist.gather(tensor, gather_list, dst, group)：执行收集操作，将组内的多个进程中的张量收集到目标进程 dst 的张量中。

❑ dist.all_gather(tensor_list, tensor, group)：执行全收集操作，将整组内进程中的张量tensor 复制到组内每个进程的张量列表 tensor_list 中。

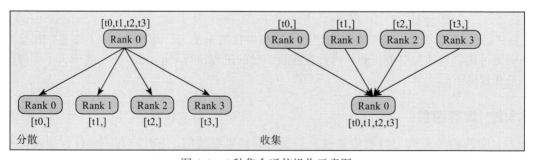

图 4-6　6 种集合通信操作示意图

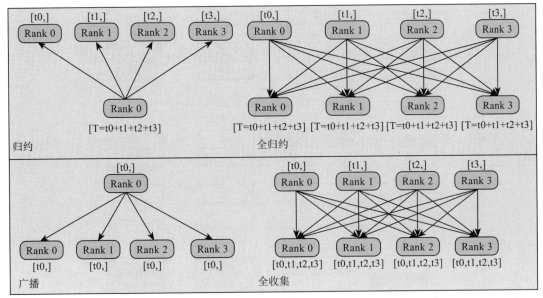

图 4-6　6 种集合通信操作示意图 （续）

在这些操作中，比较常用的就是全归约操作，它从多个节点中整合数据（向量或矩阵），计算后再将结果分发给各个机器。具体的实现方法有很多，最简单的实现方式就是每个节点都将自己的数据都发送给其他所有的节点，但是很显然，这种方式造成了大量的浪费，因为假如有 N 个节点，那么每个节点都需要把自己的数据发送 $N–1$ 次。

一种稍微好一点的优化方案是利用主从式架构，也就是将一个节点设置为主节点，其他节点都是从节点。执行全归约操作时，所有从节点先把数据发给主节点，主节点整合数据并进行计算，完成之后再把结果分发给从节点。当然，这种方式也有问题，主节点的通信能力会成为整个系统的瓶颈。

一个更好的优化方案是 Ring All Reduce 算法，它主要分为 3 个阶段。首先，将 N 个节点布置成一个环形结构，类似于环形链表，每个节点上的数据也平分成 N 份。然后，在执行 Reduce Scatter 操作，如图 4-7 所示，第 k 个节点把它的第 k 份数据发送给下一个节点，与此同时，它也会收到从前一个节点发送过来的第 $k–1$ 份数据。之后，每个节点将自己收到的数据和自己本身的数据打包，并再次发送给下一个节点。重复以上过程，直至每个节点的第 $k+1$ 份数据拥有完整的整合结果。

最后，执行全收集操作，如图 4-8 所示，每个节点将自己拥有的完整的整合结果再发送给下一个节点，但对应位置的数据不再相加，而是直接替换。以此类推，直到每个节点都获得完整的整合结果。假设每个节点的数据是一个长度为 S 的向量，那么在 Ring All Reduce 算法中，每个节点发送的数据量是 $O(S)$，这个数据量与节点的数量 N 无关。这样一来，就避免了在主从架构中，主节点需要处理大量数据（即 $O(S \cdot N)$）而可能成为网络瓶颈的问题。

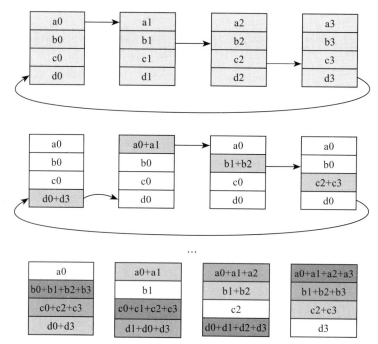

图 4-7   Ring All Reduce 算法的 Reduce Scatter 操作示意图

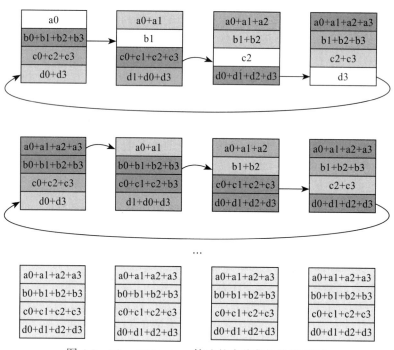

图 4-8   Ring All Reduce 算法的全收集操作示意图

4.4 分布式训练

现在最流行的深度学习方法都是神经网络，并且模型规模都特别大，比如，流行的 ResNet-50 模型，有 25M 个参数。要训练大模型也需要有足够多的数据，最常用的计算机视觉的数据集 ImageNet 有 14M 张图片，用这么大的数据集训练这么大规模的模型，计算量是很可怕的。假如我们用 ImageNet 训练一个 ResNet-50 模型，并且要迭代 90 轮，如果只用一个 NVIDIA M40 GPU 进行训练，要花 14 天，这还是在没有调超参数的情况下。这一训练总共要进行 10^{18} 次单精度运算，那么要如何应对这么大的计算量呢？这时候就要用分布式并行计算来减少所需时间。同样是训练 ResNet-50 模型，如果同时用 20 个 NVIDIA M40 GPU，则理论上不到一天就能训练完成，而且这个时间是 wall-clock time（墙上时钟时间），不是 CPU cost time（CPU 执行时间）或 GPU cost time（GPU 执行时间）。并行计算可以减少 wall-clock time，但是并不会减少 CPU cost time 或者 GPU cost time，因为总的计算量并没有减少。

目前分布式系统非常常见，例如，传统的数据库通常只在单台机器上运行，但随着数据量的急剧增长，单台机器已经无法满足企业的需求，特别是在像"双十一"和 618 这种网购狂欢节期间，网络流量会剧增，对系统的压力巨大。为了应对这种压力，现代的高性能数据库被设计成可以在多台机器上运行，这样它们可以共同为用户提供高吞吐量和低延迟的服务。

在人工智能领域，模型的规模呈指数级增加。以一些著名的模型为例，2015 年的 ResNet-50 有 2000 万个参数，2018 年 6 月的 GPT-1 有 1.5 亿参数，2018 年 10 月的 BERT-Large 有 3.45 亿个参数，2019 年的 GPT-2 有 15 亿个参数，而 2020 年的 GPT-3 则拥有 1750 亿个参数。与较小的模型相比，超大型模型通常具有更优越的性能。与模型规模增加相对应的是，数据集的规模也在迅速增大，2009 年发布的 ImageNet-1k 数据集有 1500 万张图片，2021 年谷歌自己的 JFT-300M 数据集有 3 亿张图片。现在的模型规模过于巨大，以至于单个顶配 GPU 无法承载，数据集也可能大到仅用 1 个 GPU 训练的话需要上百天的时间。此时，自然可以想到在多个 GPU 上通过并行技术来训练模型，以提高训练效率，加快训练流程，这样才能在合理的时间内获得想要的结果。

4.4.1 基本概念

分布式训练有多种不同的模式，如果只用一台机器和一块显卡，则称为单机单卡训练；如果只用一台机器但是有多块显卡，则称为单机多卡训练；如果用多台机器和多块显卡，则称为多机多卡训练。

在理想状态下，我们期望模型大小和 GPU 数量以及训练速度和 GPU 数量之间呈现线性关系。也就是说，如果我们将 GPU 数量增加 x 倍，那么模型的大小和训练的速度都将提升 x 倍。然而，这种理想状态的实现并不容易，具有一定的挑战性。

首先，我们需要解决的是关于 GPU 内存限制的问题。在训练更大的模型时，每个 GPU 不仅需要存储模型的参数，还需要存储中间结果以进行反向传播。而更大的模型通常需要更多的训练数据，这就进一步增加了中间结果所占用的内存，从而加重了每个 GPU 的内存压力。

其次，我们需要考虑 GPU 间的带宽限制，也就是网络通信的开销。因为数据需要在各个 GPU 卡之间进行传输，这就需要一定的通信时间。如果没有进行适当的设计，该通信时间可能会抵消由多 GPU 带来的训练速度提升所节约的时间。

因此，虽然我们的目标是实现模型大小和训练速度与 GPU 数量之间的线性关系，但是我们需要应对 GPU 的内存和带宽限制这两个主要的挑战。我们将对这两个问题进行更详细的分析。

最复杂的多机多卡训练需要利用多台机器和 GPU 协同工作，那么在模型训练期间，这些设备之间会进行通信，为了更充分地理解分布式训练，下面介绍一些重要的术语和定义。

- host：主机，分布式训练通信网络中的主要设备。
- port：端口，主机上用于通信的端口。
- node：节点，分布式训练网络中的机器 ID。
- rank：序号，分布式训练网络中 GPU 的唯一 ID。
- word size：机器数，分布式训练网络中机器的数量。
- process group：进程组，通信网络中的一个设备子集，组内设备之间可以通信，默认进程组包含所有设备。

假设分布式系统中有两台机器（也称为节点），每台机器上有 4 个 GPU，那么在开始训练时，要启动 8 个进程，每个进程被绑定到一个 GPU 上。在初始化分布式训练环境之前，需要指定主机 IP（host）和端口（port），然后让所有的 8 个进程按照主机的地址和端口进行相互连接，再创建默认进程组。默认进程组的 world size 为 8，细节如表 4-1 所示。

注意，rank 是相对于进程组而言的，一个进程在不同的进程组中可以有不同的 rank，因此"最大 rank = 最大进程组 ID −1"。例如，如果我们创建一个新的进程组，这个进程组只包含进程 ID 为偶数的进程，那么它的细节如表 4-2 所示。

表 4-1　分布式系统中默认进程组的进程分配情况

进程组	进程 ID	机器 ID（node）	GPU ID（rank）	GPU 索引
0	0	0	0	0
	1		1	1
	2		2	2
	3		3	3
	4	1	4	0
	5		5	1
	6		6	2
	7		7	3

表 4-2　新建进程组中仅包含进程 ID 为偶数的进程的分配情况

进程组	进程 ID	机器 ID（node）	GPU ID（rank）	GPU 索引
0	0	0	0	0
	2		1	2
	4	1	2	0
	6		3	2
1	1	0	0	1
	3		1	3
	5	1	2	1
	7		3	3

4.4.2 数据并行

模型的数据并行训练是一种常见的并行化方式，它将模型复制到多个 GPU 上，并将数据集切分成多个片段，每个片段分配给一个设备。这样可以实现训练过程在不同设备上的并行化，从而加快训练速度。在数据并行训练中，每个设备持有一个完整的模型副本，并使用分配的数据片段进行训练。在反向传播后，模型的梯度会被汇总，以保持不同设备上的模型参数同步。

在本章中，我们将循序渐进地介绍 3 种主流的数据并行方案：朴素数据并行（Data Parallel，DP）、分布式数据并行（Distributed Data Parallel，DDP）和零冗余优化器数据并行（ZeRO-DP）。每种方法都有其特定的应用场景和优势，我们在本节先介绍朴素数据并行和分布式数据并行，在 4.5 介绍零冗余优化器数据并行。

1. 朴素数据并行

这是最早的数据并行模式，通常采用参数服务器（Parameters Server，PS）架构，一般用于单机多卡的训练场景。在 PS 架构中，负责计算的 GPU 被称为工作节点（worker），而负责梯度汇总的 GPU 被称为服务器节点（server）。在实践中，为了尽可能减少通信量，通常会令一个工作节点同时充当服务器节点。例如，可以将所有的梯度都发送到 0 号 GPU 上进行聚合。此外，需要注意的是，一个工作节点或服务器节点可能拥有多个 GPU，并且服务器节点既可以仅进行梯度汇总，也可以在完成梯度汇总的同时进行全量参数的更新。

DP 采用单进程多线程的方式，简单易用，只需通过一行代码——dp_model = torch.nn.DataParallel(model)，就可以完成对模型的包装，除此之外，其使用方式与单卡操作无异。因为 DP 只有一个进程，所以无须手动启动多个进程。在 DP 中，输入数据在多卡中进行的分发、收集和模型复制的操作都是自动进行的。可以说，DP 的使用是"傻瓜式"的，非常方便。

然而，DP 的默认设置是将 0 号 GPU 作为主 GPU，所有的数据收集和梯度同步操作都在主 GPU 上进行。所以，所有的 GPU 都需要与 0 号 GPU 进行通信，这可能会导致传输效率较低，并可能出现负载不均衡的情况。因此，虽然 DP 的使用非常方便，但也需要注意可能存在的负载不均衡问题。

接下来，我们将在两个 2080Ti 的 GPU 上，通过朴素数据并行训练一个 MNIST 手写数字图片分类模型。首先，导入需要用到的函数和类。

```python
python
import torch
from torch import nn
from torch import optim
from torchvision import transforms
from torchvision.datasets import MNIST
from torch.utils.data import DataLoader
from torch.nn.parallel import DataParallel as DP
```

然后，定义一个 LeNet 模型。图像分类领域经过多年发展，有很多经典的卷积神经网络框架，LeNet 是最早的卷积神经网络之一。1998 年，Yan LeCun 第一次将 LeNet 卷积神经网络应用到图像分类上，在手写数字识别任务中取得了巨大成功。

LeNet 通过连续使用卷积和池化层的组合提取图像特征，模型架构如图 4-9 所示。

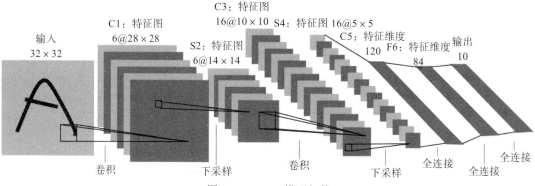

图 4-9 LeNet 模型架构

下列代码实现与上述架构略有不同。整个卷积神经网络一共有 6 个组成部分，第一个组成部分是 3×3 的卷积层 conv1，输出的特征图有 6 个通道，维度是 30×30。接着是 2×2 的步长为 2 的池化层 pool1，输出空间大小为 15×15 的特征图。第二个组成部分同样是卷积层，有 3×3 的卷积核，输出的特征图有 16 个通道，维度是 13×13，紧接着同样是 2×2 的步长为 2 的池化层 pool2，输出特征的空间大小为 6×6。最后把四维张量转换为二维张量，将其中的 CHW 这 3 个维度合并到一个维度，使用 3 个线性层进行变换，将特征维度依次由 576 降到 120 再降到 84，最后映射到 10 分类。

```python
class LeNet(nn.Module):
    def __init__(self):
        super(LeNet, self).__init__()
        self.conv1 = nn.Conv2d(in_channels=1, out_channels=6, kernel_size=3)
        self.pool1 = nn.MaxPool2d(kernel_size=2, stride=2)
        self.conv2 = nn.Conv2d(in_channels=6, out_channels=16, kernel_size=3)
        self.pool2 = nn.MaxPool2d(kernel_size=2, stride=2)
        self.fc1 = nn.Linear(in_features=16 * 6 * 6, out_features=120)
        self.fc2 = nn.Linear(in_features=120, out_features=84)
        self.fc3 = nn.Linear(in_features=84, out_features=10)

    def forward(self, x):
        x = self.pool1(torch.relu(self.conv1(x)))
        x = self.pool2(torch.relu(self.conv2(x)))
        x = x.view(x.size(0), -1)
        x = torch.relu(self.fc1(x))
        x = torch.relu(self.fc2(x))
        x = self.fc3(x)
        return x
```

之后我们通过 torchvision 来加载 MNIST 数据集。PyTorch 提供的 torchvison 软件包包括了一些流行的视觉任务数据集、模型架构和常见的图像转换。我们可以通过 torchvison 来下载并载入数据集，由于 LeNet 神经网络的输入是 32×32 的，所以我们需要用 transforms 对输入图像进行放缩，然后通过 DataLoader 组合数据集和采样器，提供可迭代的加载器。

```python
transform = transforms.Compose([transforms.Resize((32, 32)), transforms.
    ToTensor()])
train_dataset = MNIST("./MNIST", train=True, download=True, transform=transform)
    # 训练数据集
train_dataloader = torch.utils.data.DataLoader(train_dataset, batch_size=256,
    shuffle=True)
```

最后，创建 LeNet 模型实例，定义训练轮数、损失函数和优化器，然后按照常规流程进行模型训练即可。如图 4-10 所示，模型进行训练时，通过朴素数据并行，可以占用所有的 GPU 资源。

```python
model = DP(LeNet())
model = model.cuda()
epochs = 10          # 定义训练轮数

criterion = nn.CrossEntropyLoss()                # 定义交叉熵损失函数
# 定义随机梯度下降优化器
optimizer = optim.SGD(model.parameters(), lr=0.01, momentum=0.9, weight_
    decay=5e-4)

for epoch in range(epochs):
    train_loss, correct, total = 0, 0, 0
    for index, (inputs, targets) in enumerate(train_dataloader):
        inputs, targets = inputs.cuda(), targets.cuda()
        optimizer.zero_grad()
        outputs = model(inputs)                  # 通过模型输出
        loss = criterion(outputs, targets)       # 计算每个批量的损失
        loss.backward()                          # 损失函数反向传播
        optimizer.step()                         # 利用随机梯度优化器对模型参数优化

        train_loss += loss.item()
        _, predict = outputs.max(1)
        total += targets.size(0)
        correct += predict.eq(targets).sum().item()
    print(f"epoch: {epoch + 1} / {epochs}, loss: {loss:.4f}, accuracy: {(100 *
        correct / total):.2f}%")
```

2. 分布式数据并行

分布式数据并行相比于朴素数据并行更加复杂，采用了 Ring All Reduce 的通信方式，一般用于多机多卡的训练场景。DDP 是一种利用多进程分布式处理的方法，每个 GPU 在独立进程中并行处理，规避了 Python 的全局解释器锁（GIL）的影响。DDP 采用 Ring All Reduce 的通信方式后，所有的 GPU 连成一个环，每个 GPU 只需与上下游的 GPU 通信，经过两次循环即可获取全局信息。这种方式解决了负载不均衡和通信效率低的问题。

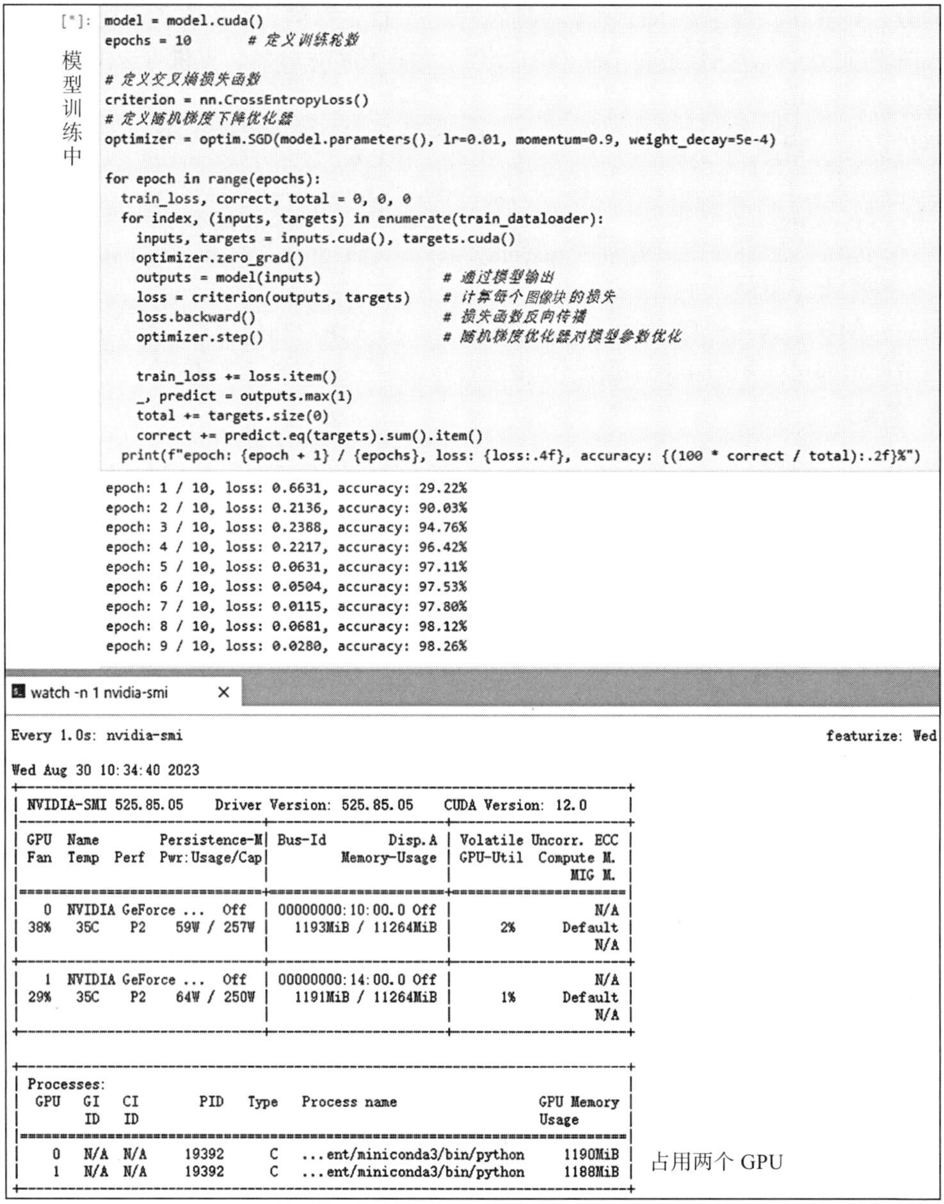

```
[*]:   model = model.cuda()
       epochs = 10         # 定义训练轮数

模      # 定义交叉熵损失函数
型      criterion = nn.CrossEntropyLoss()
训      # 定义随机梯度下降优化器
练      optimizer = optim.SGD(model.parameters(), lr=0.01, momentum=0.9, weight_decay=5e-4)
中
       for epoch in range(epochs):
         train_loss, correct, total = 0, 0, 0
         for index, (inputs, targets) in enumerate(train_dataloader):
           inputs, targets = inputs.cuda(), targets.cuda()
           optimizer.zero_grad()
           outputs = model(inputs)               # 通过模型输出
           loss = criterion(outputs, targets)    # 计算每个图像块的损失
           loss.backward()                       # 损失函数反向传播
           optimizer.step()                      # 随机梯度优化器对模型参数优化

           train_loss += loss.item()
           _, predict = outputs.max(1)
           total += targets.size(0)
           correct += predict.eq(targets).sum().item()
         print(f"epoch: {epoch + 1} / {epochs}, loss: {loss:.4f}, accuracy: {(100 * correct / total):.2f}%")

epoch: 1 / 10, loss: 0.6631, accuracy: 29.22%
epoch: 2 / 10, loss: 0.2136, accuracy: 90.03%
epoch: 3 / 10, loss: 0.2388, accuracy: 94.76%
epoch: 4 / 10, loss: 0.2217, accuracy: 96.42%
epoch: 5 / 10, loss: 0.0631, accuracy: 97.11%
epoch: 6 / 10, loss: 0.0504, accuracy: 97.53%
epoch: 7 / 10, loss: 0.0115, accuracy: 97.80%
epoch: 8 / 10, loss: 0.0681, accuracy: 98.12%
epoch: 9 / 10, loss: 0.0280, accuracy: 98.26%
```

```
watch -n 1 nvidia-smi                                                    X

Every 1.0s: nvidia-smi                                          featurize: Wed

Wed Aug 30 10:34:40 2023

+-----------------------------------------------------------------------------+
| NVIDIA-SMI 525.85.05    Driver Version: 525.85.05    CUDA Version: 12.0      |
|-------------------------------+----------------------+----------------------+
| GPU  Name        Persistence-M| Bus-Id        Disp.A | Volatile Uncorr. ECC |
| Fan  Temp  Perf  Pwr:Usage/Cap| Memory-Usage         | GPU-Util  Compute M. |
|                               |                      |               MIG M. |
|===============================+======================+======================|
|   0  NVIDIA GeForce ...   Off | 00000000:10:00.0 Off |                  N/A |
| 38%   35C    P2    59W / 257W |   1193MiB / 11264MiB |      2%      Default |
|                               |                      |                  N/A |
+-------------------------------+----------------------+----------------------+
|   1  NVIDIA GeForce ...   Off | 00000000:14:00.0 Off |                  N/A |
| 29%   35C    P2    64W / 250W |   1191MiB / 11264MiB |      1%      Default |
|                               |                      |                  N/A |
+-------------------------------+----------------------+----------------------+

+-----------------------------------------------------------------------------+
| Processes:                                                                  |
|  GPU   GI   CI        PID   Type   Process name            GPU Memory       |
|        ID   ID                                             Usage            |
|=============================================================================|
|    0   N/A  N/A     19392      C   ...ent/miniconda3/bin/python    1190MiB  |
|    1   N/A  N/A     19392      C   ...ent/miniconda3/bin/python    1188MiB  |
+-----------------------------------------------------------------------------+
```
占用两个 GPU

图 4-10　朴素数据并行训练时占用的 GPU

然而，DDP 的使用则相对复杂，需要另外再导入 3 个函数和类。

```python
import torch.distributed as dist
from torch.utils.data.distributed import DistributedSampler
from torch.nn.parallel import DistributedDataParallel as DDP
```

torch.distributed 是 PyTorch 库中的一个子模块，它提供了一组基础的分布式训练工具。

这个模块使得用户可以在多个计算节点上进行并行和分布式训练，从而加快训练速度和扩大模型规模。我们需要用到 dist.init_process_group(backend, init_method, world_size, rank) 函数，这是一个初始化进程组的函数，会启动一个分布式进程组。参数 backend 决定了用哪种后台进行通信，如 nccl、gloo 或 mpi；init_method 指定了如何初始化进程组；world_size 表示进程组中的总进程数；rank 表示当前进程的标识号。

DistributedSampler 是 PyTorch 库中 torch.utils.data.distributed 模块的一个类，它主要用于分布式训练中的数据采样。在进行分布式训练时，我们需要在多个进程中均匀地分配训练数据，这样每个进程都可以对一部分数据进行操作，从而实现并行处理。DistributedSampler 就是帮助我们实现这个目标的。它会根据当前的进程数和进程标识（rank）来划分数据集，确保每个进程都获得一部分独立的数据。

接下来我们就可以编写训练的主函数了，关键在于两点：首先，需要初始化进程组，以及获取当前进程的 rank；其次，在创建训练数据集加载器的时候需要实例化一个 DistributedSampler，用于 DataLoader 加载时采样。之后，通过 DistributedDataParallel 对模型进行一层包裹，用于创建支持分布式数据并行的模型。最后，按照常规的流程训练。需要注意的是，最后保存模型时，只需要保存 rank=0 进程的模型即可，因为它们都是相同的复制。

```python
def main():
    dist.init_process_group("nccl")
    rank = dist.get_rank()
    print(f"Start running DDP on rank {rank}.")

    transform = transforms.Compose([transforms.Resize((32, 32)), transforms.
        ToTensor()])
    train_dataset = MNIST("./MNIST", train=True, download=True, transform=transform)
        # 训练数据集
    train_sampler = DistributedSampler(train_dataset, shuffle=True)
    train_dataloader = torch.utils.data.DataLoader(train_dataset, batch_size=256,
        sampler=train_sampler)

    device_id = rank % torch.cuda.device_count()
    model = LeNet().to(device_id)
    model = DDP(model, device_ids=[device_id])

    epochs = 10                              # 定义训练轮数
    criterion = nn.CrossEntropyLoss()        # 定义交叉熵损失函数
    # 定义随机梯度下降优化器
    optimizer = optim.SGD(model.parameters(), lr=0.01, momentum=0.9, weight_
        decay=5e-4)

    for epoch in range(epochs):
        train_loss, correct, total = 0, 0, 0
        for index, (inputs, targets) in enumerate(train_dataloader):
            # 将输入数据放置在正确的设备上
```

```
        inputs, targets = inputs.to(device_id), targets.to(device_id)
        optimizer.zero_grad()
        outputs = model(inputs)                  # 通过模型输出
        loss = criterion(outputs, targets)       # 计算每个批量的损失
        loss.backward()                          # 损失函数反向传播
        optimizer.step()                         # 随机梯度优化器对模型参数优化

        train_loss += loss.item()
        _, predict = outputs.max(1)
        total += targets.size(0)
        correct += predict.eq(targets).sum().item()
    print(f"epoch on rank {rank}: {epoch + 1} / {epochs}, loss: {loss:.4f},
        accuracy: {(100 * correct / total):.2f}%")

    if rank == 0:  # 只在一个进程中保存模型, 以防止多个进程尝试写入同一个文件
        torch.save(ddp_model.module.state_dict(), 'model.pth')    # 保存模型参数

    dist.destroy_process_group()

if __name__ == "__main__":
    main()
```

最后，分布式数据并行需要通过下面这条命令启动脚本。其中 --nnodes 表示有多少个节点，一般可以理解为有多少台机器。--nproc_pre_node 表示每个节点上有多少个进程，一般一个进程独占一个 GPU。开始训练后，占用 GPU 情况如图 4-11 所示。

```bash
bash
torchrun --nnodes=1 --nproc_per_node=2 main.py
```

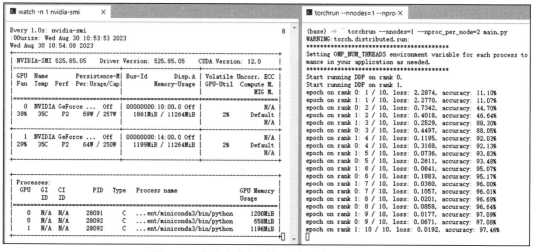

图 4-11　分布式数据并行训练时占用的 GPU

3. 数学证明

从数学的角度来讲，数据并行也是有效的。如果是单机单卡进行模型训练，我们要通

过损失函数 Loss 对参数 w 求梯度，即

$$\frac{\partial \text{Loss}}{\partial w} = \frac{1}{n} \sum_{i=1}^{n} \frac{\partial f(x_i, y_i)}{\partial w}$$

其中 x_i 和 y_i 表示样本 i 的特征和标签，$f(x_i, y_i)$ 就是通过前向传播所计算的样本 i 的预测值和真实值之间的损失。一共有 n 个样本，就把所有损失累加起来并求平均值，然后通过梯度更新模型参数就可以了。

如果我们要把数据分配到 k 个节点上，那么每个节点分配的数据量为 m_k，这其实就是在每个进程上计算相应的梯度。当每个进程上的分配的训练样本数量相等时，最后计算的就是 k 个机器的平均梯度和，这在数学关系上是恒等的。

$$\frac{\partial \text{Loss}}{\partial w} = \sum_{i=1}^{k} \frac{m_k}{n} \frac{\partial \left[\frac{1}{m_k} \sum_{i=m_{k-1}+1}^{m_{k-1}+m_k} f(x_i, y_i) \right]}{\partial w} = \sum_{i=1}^{k} \frac{m_k}{n} \frac{\partial l_k}{\partial w} = \frac{1}{k} \sum_{i=1}^{k} \frac{\partial l_k}{\partial w}$$

4. 梯度同步

数据并行一般最常用，只要 CPU/GPU 能够承载模型就可以。因为数据并行基本上都是通过小批量数据实现的，对所有的节点计算平均的梯度，然后更新模型参数即可。所以在每个小批量数据训练完一轮之后，每个节点需要同步梯度或更新后的参数，以保持所有节点上的模型都是最新的。有两种主流的同步方式。

- ❑ 批量同步并行（Bulk Synchronous Parallel，BSP）：所有节点在每个小批量数据全部训练结束后同步数据。这种方法可以保证各个节点的模型权重同步，但是可能存在延迟等待的问题。
- ❑ 异步并行（Asynchronous Parallel，ASP）：每个节点采用异步的方式同步数据，本轮结束后只需要将自己的权重发布出去，然后根据接收到的权重更新开始下一轮训练。这样可以避免不同节点之间相互等待的问题，但是可能会出现权重参数过时的问题，降低了学习效率。

最后我们来梳理一下，数据并行的操作流程包括以下步骤。

①在一个分布式系统中，存在多个计算单元（如多个 GPU）。同时，存在一个专用 GPU 用于收集梯度。

②训练开始时，模型的所有参数被复制到每一个计算 GPU 上，确保参数在开始时的一致性。

③接下来，训练数据被均匀地分配到各个计算 GPU 上。

④每一个 GPU 开始对其所分配的数据进行前向传播和反向传播计算，生成一组梯度值。

⑤计算完成后，每个 GPU 将自己计算出的梯度值发送到收集梯度的 GPU。在这里，这些梯度值会被聚合，这通常是通过累加操作实现的。

⑥梯度聚合完成后，计算 GPU 从收集梯度的 GPU 获取聚合的梯度结果，并用这些梯度更新自身的模型参数。更新完成后，所有计算 GPU 上的模型参数保持一致。

使用这种方式，我们可以充分利用多个 GPU 并行处理数据，提高模型训练的效率，同

时保证所有计算节点上的模型参数始终保持一致。DP 模式中，大部分的通信压力集中在服务器节点上，因为服务器需要与所有的 GPU 进行通信。这导致服务器的通信量与 GPU 数量呈线性关系，使得 DP 主要适用于单机多卡的场景。相比之下，DDP 通过采用 Ring All Reduce 这种 NCCL 操作，将通信压力均匀地分布到每一个 GPU 上。这意味着每个 GPU 上的通信量是一个固定的常量，不会随着 GPU 数量的增加而增加。因此，DDP 可以实现跨机器的训练，更适合大规模的分布式训练场景。

数据并行由于简单易实现，应用最为广泛，当然这不表示它没有缺点，每个显卡上都存储一个模型，此时显存就成了模型规模的天花板。如果我们能减少模型训练过程中的显存占用，那不就可以训练更大的模型了？可以发现，如果有 N 个显卡，则系统中就存在 N 份模型参数，但其实其中 $N–1$ 份都是冗余的，我们有必要让每个显卡都存储一个完整的模型吗？系统中能否只有一个完整模型，每个显卡只存储 $1/N$ 的参数？这样显卡数量越多，每个显卡的显存占用越少，也就越能训练出更大规模的模型。

5. 梯度累积

在这里我们再介绍一个新的概念——梯度累积，它与数据并行有些相似。梯度累积就是指把一个大批量数据拆分成多个小批量数据，并在每个小批量上进行前向传播和反向传播，然后将梯度累加起来，并在最后一个小批量数据的梯度累加完后统一更新模型。梯度累积与数据并行高度相似，但操作起来更简单。数据并行是在空间上进行的，数据被拆分为多个张量，同时供多个设备并行计算，然后将梯度累加在一起再更新。而梯度累积则相当于时间上的数据并行，数据被拆分为多个张量，按照时序依次进入同一个设备串行计算，然后将梯度累加在一起再更新。

特别地，当总的批量大小一致，并且数据并行的并行度和小批量的累加次数相等时，数据并行和梯度累积在数学上是完全等价的。梯度累积方法中，通过多个小批量的梯度累加，下一个小批量的前向传播不需要依赖上一个小批量的反向传播，因此可以流畅地进行计算。

在实际应用中，梯度累积解决了很多问题。首先，在单卡情况下，通过将大批量拆分成等价的多个小批量，梯度累积可以有效地节省显存。其次，在数据并行中，梯度同步开销过大一直是一个问题。因为梯度同步变成了一个稀疏操作，随着机器数和设备数的增加，梯度的全局同步开销也会增大，但是通过梯度累积，可以提升数据并行的加速比。

在 PyTorch 中实现梯度累积也比较简单，代码如下。

```python
for i, (features, target) in enumerate(dataloader):
    # 前向传播
    output = model(features)
    loss = criterion(output, target)
    # 反向传播
    loss.backward()
    # 每两个小批量更新一次，以及最后一个小批量更新
    if (i+1) % 2 == 0 or (i+1) == len(dataloader):
        optimizer.step()
        optimizer.zero_grad(set_to_none=True)
```

4.4.3　模型并行

深度学习的计算其实主要就是矩阵计算。计算的时候矩阵都是保存在内存里的，但是有的时候矩阵会非常大。比如，在图像分类任务中，如果类别数达到千万级别的话，那一个全连接层用到的矩阵就会非常大，这时候就可以把超大矩阵拆分到不同的 GPU 或者不同的机器上计算。从计算的过程来说是对矩阵做了分块处理，从模型的角度来说就是对网络结构做了切分。

模型并行将模型分割并分布在一个设备阵列上，切分的方式分为两种：一种是水平切分，即张量并行；另一种是垂直切分，即流水线并行。张量并行是在一个操作中进行并行计算，如矩阵的分块乘法运算。流水线并行是在各层之间进行并行计算，某一层之内的计算操作不会被拆开。因此，从另一个角度来看，张量并行可以看作层内并行，流水线并行可以看作层间并行。

为了更好地理解数据并行和模型并行，我们来举一个例子。假如我们准备盖一对双子楼，有两个工程队，那么我们就有两个选择：其一，两个工程队各盖一栋，每栋楼从建造到装修全部完成；其二，第一个工程队先把两栋楼都建造好，第二个工程队负责这两栋楼的装修。第一个方案的好处是并行度高，但是要求两个工程队既要懂建造又要懂装修，第二个方案对工程队的要求低，一个会建造一个会装修就行了，但是坏处是第一个工程队在干活的时候第二个工程队在等待。对应到数据并行和模型并行的概念，第一种方案就是数据并行，每个 CPU/GPU 既要加载数据又要训练模型；第二种方案就是模型并行，但是对内存 / 显存有一定的要求。当模型不是很大，能装进单机内存或者单 GPU 显存时，一般就得用数据并行，因为这样通常会更快一些，否则就需要切分模型用张量并行或流水线并行的方式。

不过模型并行的并行程度并没有例子中第二种方案那么低，比如，对于深度神经网络来说，可以把每一层楼都理解为神经网络的一层，这时候就相当于流水线并行了，也就是流水线盖楼。

第 1 天：1 队盖第 1 层。

第 2 天：1 队盖第 2 层，2 队装修第 1 层。

第 3 天：1 队盖第 3 层，2 队装修第 2 层。

……

1. 张量并行

张量并行是指对一个大的张量进行切分，然后分配到不同的 GPU 上，每个 GPU 只处理张量的一部分，并且只有在需要对所有张量计算的时候才进行聚合。张量并行需要在不同设备之间传递矩阵或向量，因此不建议在跨节点之间采用，除非网络速度非常快。

如图 4-12 所示，以一般的矩阵乘法为例，假设有两个设备，我们要计算 $Y=XA$。首先是按列分割，可以将 A 矩阵按列分割成 $[A1,A2]$，分布到两个设备上，然后将 X 矩阵与每个设备上的 A 矩阵的一列相乘，得到 $[Y1,Y2]$。此时，每个设备上仍然持有一部分的结果，我们需要收集所有设备上的结果，然后沿列串联张量。同样，如果是按行分割，则先将 X

矩阵按列分割成 $[X1,X2]$，然后将 A 矩阵按行分割成 $[A1,A2]$，之后 $X1$ 和 $A1$ 放在设备 1 上，$X2$ 和 $A2$ 放在设备 2 上，分别进行矩阵乘法，最后把两个设备上的结果收集起来。通过这种方式，我们能够将矩阵乘法分布到不同的设备上，同时能够保证计算结果的正确性。张量并行就是将此原理应用于深度神经网络。

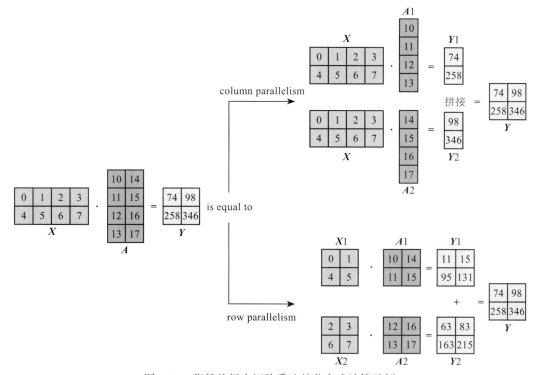

图 4-12　张量并行中矩阵乘法的分布式计算示例

（1）MLP 层的张量并行

在 Transformer 中有一个主要模块 MLP，它包括全连接层 nn.Linear 以及一个非线性激活函数 GeLU，我们可以将其表示为 $Y=\text{GeLU}(XA)$（X 表示输入向量，A 表示权重矩阵，Y 表示输出向量），然后将 YB 通过了一个 Dropout 层。

如图 4-13 所示，我们对 A 矩阵按列切分，对 B 矩阵按行切分。这里的 f 函数在前向传播的过程中是恒等运算符，也就是把输入 X 复制到两个 GPU 上，然后每个 GPU 独立进行前向传播计算。而在反向传播的过程中 f 函数是 All Reduce 操作，也就是当前层的梯度计算完毕时，需要传递到下一层继续计算，即

$$\frac{\partial L}{\partial X}=\frac{\partial L}{\partial X}\Big|_1+\frac{\partial L}{\partial X}\Big|_2$$

g 函数在前向传播的过程中是 All Reduce 操作，通过 Z_1+Z_2 得到 Z，而在反向传播的过程中是恒等运算符，只需要把 $\dfrac{\partial L}{\partial Z}$ 复制到两个 GPU 上，然后各自独立进行梯度计算即可。

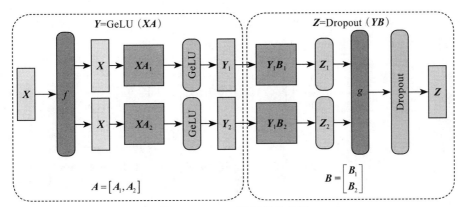

图 4-13 MLP 层的张量并行

之所以对 A 矩阵进行按列切分，对 B 矩阵进行按行切分，是为了尽量使在各个 GPU 上进行的计算能够相互独立，从而降低通信开销。A 矩阵需要进行 GeLU 运算，而 GeLU 是一种非线性函数，具有性质：

$$\text{GeLU}(Y) = \text{GeLU}(Y_1, Y_2) = [\text{GeLU}(Y_1), \text{GeLU}(Y_2)] ! = \text{GeLU}(Y_1) + \text{GeLU}(Y_2)$$

因此，如果要对 A 矩阵进行按行切分，那么在执行 GeLU 运算之前，需要进行一次 All Reduce 操作，以同步各个 GPU 的数据，这样会产生额外的通信量。确定要对 A 矩阵进行按列切分之后，那么相应的 B 矩阵就需要按行切分了。

MLP 张量并行的前向传播和反向传播各需要执行一次 All Reduce 操作，而 All Reduce 操作包括两个阶段：Reduce Scatter 和 All Gather。这两个阶段的通信量是相等的。设每个阶段的通信量为 Φ，那么一次 All Reduce 操作产生的通信量就是 2Φ，MLP 层的总通信量就是 4Φ。

（2）注意力层的张量并行

多头自注意力层的张量并行更简单，此层本来就拥有多个独立的注意力头，因此本身就支持并行计算。类似于 MLP，在前向传播时，将 Q、K、V 矩阵按列切分，把一个注意力头的参数放到一个 GPU 上，在整合的时候再将 B 矩阵按行拆分，最后将结果拼接起来即可，如图 4-14 所示。当然，在实际操作中并不总是严格按照一个注意力头对应一个 GPU 的方式来切割权重，也可以让一个 GPU 处理多个注意力头的计算。因此，在设计模型时，我们主要考虑的是如何使注意力头的总数能够被 GPU 的数量整除，以实现最优的资源利用和并行计算效率。

同样，类似于 MLP 层，自注意力层张量并行的前向传播和反向传播也各需要执行一次 All Reduce 操作，因此总通信量也是 4Φ。

（3）嵌入层的张量并行

在模型的输入层和输出层其实都有一个嵌入层，输入层的嵌入用于将此表映射到向量，而输出层的嵌入用于将向量再映射回词表。首先，我们来看输入层的嵌入。通常情况下，嵌入层由两个部分构成。

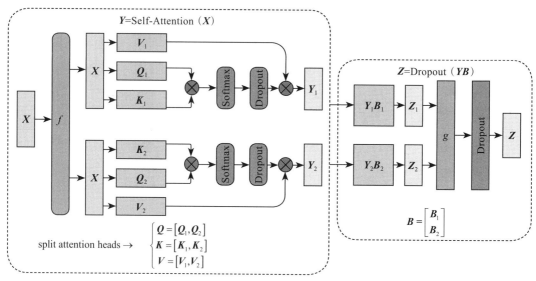

图 4-14   自注意力层的张量并行

- 单词嵌入（Word Embedding）：其维度为 (v, h)，其中 v 代表词汇表的大小。
- 位置嵌入（Positional Embedding）：其维度为 $(\max_s, h)$，其中 $\max_s$ 代表模型可以接受的最大序列长度。

对于位置嵌入，由于 $\max_s$ 本身不会过大，所以我们可以在每个 GPU 上都复制一份，这对显存的压力并不大。然而，对于单词嵌入，词汇表可能非常大，因此我们需要将单词嵌入分割到各个 GPU 上。具体操作图 4-15 所示，对于输入 X，其单词嵌入的过程，其实就是用 token 的序号去查找对应词向量的过程。假设我们的词汇表有 100 个词，我们将单词嵌入分割到两个 GPU 上，第一个 GPU 维护词汇表的前半部分 $[0, 50)$，第

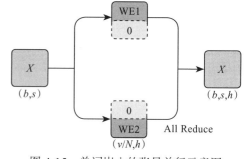

图 4-15   单词嵌入的张量并行示意图

二个 GPU 维护词汇表的后半部分 $[50, 99)$。当输入 X 在 GPU 上查找时，如果能找到对应的词，就返回该词的向量；如果找不到，则返回一个全为 0 的向量。在所有 GPU 上的查找完成后，对每个 GPU 上的数据进行一次 All Reduce 操作，就能得到最终的输入。

举个例子，假设我们有一个数据为 [1, 80, 15, 40]，其中每个数字代表单词在词汇表中的索引。分别在两个 GPU 上进行检索，假设第一个 GPU 返回的结果是 [I, 0, fine, thanks]，第二个 GPU 返回的结果是 [0, am, 0, 0]。然后进行一次 All Reduce 操作，就可以得到 [I, am, fine, thanks]。

通常情况下，输入层和输出层共用一个单词嵌入部分。在反向传播的过程中，我们会在输出层对单词嵌入计算一次梯度，在输入层也会对单词嵌入计算一次梯度。在使用这些梯度来更新单词嵌入的权重时，我们必须保证使用两次计算的梯度总和进行更新。当模型

的输入层到输出层都在同一个 GPU 上时，我们不需要关心这个问题。但是，如果模型的输入层和输出层在不同的 GPU 上，我们就需要在权重更新前，确保对两个 GPU 上的单词嵌入梯度进行过一次 All Reduce 操作。

（4）损失函数的张量并行

在经过输出层的单词嵌入处理之后，会得到两个输出：Y_1 和 Y_2。一般来讲，我们可以通过 All Gather 操作将这两个输出拼接成一个完整的输出 Y，然后对 Y 的每一行进行 softmax 操作，得到每个词在当前位置的概率，接下来就可以利用这些概率和真实值进行交叉熵计算损失值了。

然而，All Gather 操作会产生相当大的通信开销，尤其是当词汇表非常大的时候。因此，针对这种情况，我们也可以通过张量并行进行一些优化操作，如图 4-16 所示。

①在每个 GPU 上，我们首先可以按行对 e 进行求和，得到该 GPU 上的求和结果，记作 GPU_sum(e)。

②然后，我们可以对每个 GPU 上的求和结果进行 All Reduce 操作，得到 softmax 函数中的分母，即每行的 sum(e)。这样，通信量就从原来的 $b*s*v$ 降低到了 $b*s$。

③在每个 GPU 上，我们可以计算各自处理部分的 $\dfrac{e}{\text{sum}(e)}$，然后与真实值计算交叉熵，得到每行的损失值。将这些损失值加总后，就可以得到该 GPU 上的标量损失（scalar Loss）。

④最后，我们可以对所有 GPU 上的标量损失进行 All Reduce 操作，得到总的损失值。这一步的通信量为 N。

通过这种优化方式，我们将原先的通信量从 $b*s*v$ 大幅度降低到了 $b*s+N$，大大提高了计算效率。

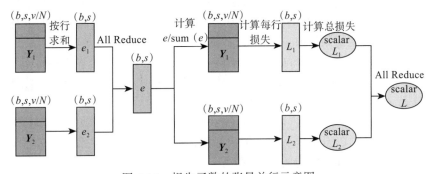

图 4-16 损失函数的张量并行示意图

可以发现，采用张量并行后，大部分层在前向传播和反向传播的过程中都需要进行两次 All Reduce 操作，因此模型训练时的通信需求其实依旧非常高。这意味着，在进行分布式训练时，设备之间的互联需要非常强大的网络传输能力。如果没有速度非常快的网络，那么就不适合在多个节点之间进行分布式训练，因为这样可能会导致训练效率的严重下降。

2. 流水线并行

在进行数据并行或模型并行时，需要在不同的机器之间进行全连接的通信。然而，当使用的机器数量增加时，通信开销和时延会变得非常大，导致效率低下。为了解决这个问题，可以采用流水线并行的方法。流水线并行既可以解决超大模型无法在单个设备上存放的问题，又能有效地减少机器之间的通信开销。在流水线并行中，每个阶段只需要传输与下一个阶段相邻的某个张量数据，而不需要传输整个网络的数据，这样可以大大减少数据传输量。此外，流水线并行中设备的数据传输量与总的网络带宽、设备总数和并行规模无关。

　　原生的流水线并行是指将模型各层分组划分到到多个 GPU 上，然后只需要简单地将数据从一个 GPU 移动到另一个 GPU 就好。流水线并行的 PyTorch 实现相对比较简单，只需要将不同的层通过 .to() 方法切换即可。

　　如下所示，假设我们有一个包含 8 层的模型，我们可以对其进行垂直切割，将第 0 至第 3 层放置在 GPU0 上，将第 4 至第 7 层放置在 GPU1 上。这样，数据从第 0 层传递到第 1 层、第 1 层传递到第 2 层、第 2 层传递到第 3 层的过程，类似于单个 GPU 上的普通前向传播过程。然而，当数据需要从第 3 层传递到第 4 层时，就需要进行跨 GPU 的数据传输，这会引入通信开销。如果参与计算的 GPU 位于同一计算节点上（如同一台物理机），那么传输速度非常快。但是，如果 GPU 位于不同的计算节点上（如多台机器），通信开销可能会大大增加。之后，从第 4 层到第 5 层、第 6 层、第 7 层的传递又类似于普通的模型前向传播过程。当第 7 层完成计算后，通常我们需要将数据发送回第 0 层，或者将标签发送到最后一层，然后可以计算损失并使用优化器来更新参数。

流水线并行的核心思想是，将模型按层分割成若干块，每块都交给一个 GPU。在前向传递过程中，每个 GPU 将中间的激活值传递给下一个 GPU。在反向传播的过程中，每个 GPU 将输入张量的梯度传回给前一个 GPU。

　　原生流水线并行训练的一个缺点是，会有一些设备处于计算的等待时间，导致计算资源的浪费。这主要是因为在模型训练的任意时刻都只有一个 GPU 参与计算，除此之外的其他所有 GPU 都是空闲的。

　　为了解决 GPU 空闲的问题，谷歌的 GPipe 论文提出了一种解决方案：将传入的一个批量的数据再进行分块，以更小批量进行依次前向传播，人工创建流水线，从而允许不同的 GPU 同时参与前向传播和反向传播的计算。

　　如图 4-17 所示，上半部分表示原生流水线并行，在这个并行计算的过程中使用了 4 个 GPU。一个批量的数据在 GPU0 上进行一次前向传播之后，将最后一层的输出发送给 GPU1，然后在 GPU1 上继续前向传播，以此类推，直到在所有的 GPU 上都完成了前向传播。之后我们开始进行反向传播，先在 GPU3 上进行反向传播，然后将梯度发送给 GPU2，以此类推，直到梯度传递到 GPU0。反向传播完成后，在最后一个时间步，统一更新每一层的参数。可以发现在前向传播和反向传播时，每个 GPU 都是依次进行计算的，只有在更新参数时才会同时更新，这就导致了在训练过程中有大量的空闲时间。

图 4-17 的下半部分表示 GPipe 流水线并行，先将一个批量的数据分成 4 个更小批量，在 GPU0 运算完 F_{00} 的数据后，将最后一层的输出传递给 GPU1 进行 F_{10} 的运算，同时，在 GPU0 上再进行 F_{01} 的运算，运算完成后，将最后一层的输出传递给 GPU1 进行 F_{11} 的运算，以此类推，直到完成所有的前向传播和反向传播。通过对比可以发现，GPipe 流水线并行的空闲时间相比于原生流水线并行更少，因此设备的利用率更高。

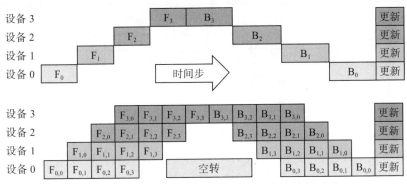

图 4-17　原生流水线并行与 GPipe 流水线并行对比

在解决了 GPU 空置问题之后，接下来就要处理 GPU 的内存问题。随着模型的增大，存储在每个 GPU 中的中间计算结果也会相应增大。为了解决这个问题，GPipe 提出了一种有效的策略：用时间换取空间。这种方法被称为"重计算"（re-materialization），后续也被称为"活动检查点"（Active Checkpoint）。具体来讲，该方法是指在前向传播时几乎不保存中间的计算结果，而在反向传播时，会重新计算一次前向传播的过程。

4.4.4　混合并行

数据并行、张量并行和流水线并行在显存效率、计算效率以及通信成本上各有优劣。

首先，从显存效率角度来看，模型并行的效率最高，其次是流水线并行，而数据并行的显存效率则相对较低。在数据并行模式中，每个计算单元都需要保存完整的模型、梯度以及优化器的状态，这会导致显存利用效率低下。模型并行则通过将模型分割到不同的计算单元上，降低了单个计算单元的显存占用。流水线并行虽然也能减少显存占用，但是并不能减少每层神经网络中间激活值的显存占用。

其次，从计算效率的角度来看，数据并行的效率最高，其次是流水线并行，而张量并行的计算效率最低。在数据并行中，当增加并行度时，单卡的计算量是保持恒定的，可以实现近乎完美的线性扩展。然而，张量并行由于需要频繁进行通信，限制了两个通信阶段之间的计算量，因此计算效率较低。流水线并行则通过成本更低的点对点通信，提高了计算效率。

最后，从通信成本的角度来看，流水线并行的通信成本最低，其次是数据并行，而模型并行的通信成本最高。流水线并行的通信量与流水线各个阶段边界的激活值大小成正比，因此通信成本相对较低。而在数据并行中，All Reduce 梯度的通信开销与模型大小成正相关，使得其通信成本较高。

综合考量后，自然可以想到，这几种并行方式组合起来使用才能发挥更好的效果。数据并行和流水线并行相对来说比较简单，先将数据分成两份，放到两个节点上，然后在每个节点的多个 GPU 上执行流水线并行，即 2D 并行训练，如图 4-18 所示。

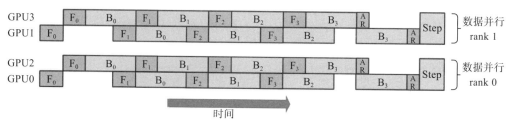

图 4-18　结合数据并行和流水线并行的 2D 并行训练示意图

需要注意的是，DP rank 0 不知道 GPU2 的存在，DP rank 1 也不知道 GPU3 的存在，因为对于 DP 的数据集加载器而言，只有 GPU0 和 GPU1 会与其进行数据通信，在 DP rank 0 和 DP rank 1 上进行的流水线并行是"秘密"进行的。

为了再进一步的提升效率，可以将 3 种并行方式都结合起来，即 3D 并行训练。如图 4-19 所示，站在三维直角坐标系的角度看，x 表示的是同一层内的张量并行，y 轴表示的是同一节点内的流水线并行，z 轴表示的是不同节点间的数据并行。

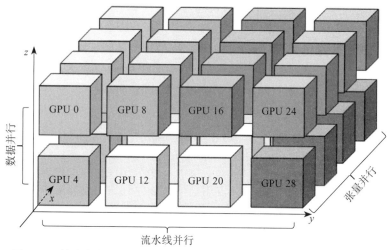

图 4-19　结合数据并行、模型并行和流水线并行的 3D 并行训练示意图

4.4.5　混合精度训练

在深度学习领域，神经网络的训练性能瓶颈常常出现在 GPU 显存的使用上。这主要表现为两方面问题：一是单个 GPU 卡上可容纳的模型和数据量有限；二是显存与计算单元之间的带宽和延迟限制了运算速度。对于这种情况，Micikevicius 等研究者在论文"Mixed Precision Training"（https://arxiv.org/abs/1710.03740）中就提出了一种创新的解决方案，即

混合精度训练。

在此之前，深度学习模型的训练通常都采用 Float32（简称为 FP32）的精度，而 Micikevicius 等人研究发现，使用较低的精度来进行神经网络的训练也是可行的，并且能够显著提升速度。通过采用混合精度训练，一般可以实现 2 ～ 3 倍的速度提升，大大优化了神经网络的训练流程。

FP32 的格式如表 4-3 的第一行所示，整体长度为 4 字节，也就是 32 位，其中有 8 位的指数位宽，23 位的尾数精度和 1 位的符号位，能够表示的数值范围是 $1 \times 2^{-126} \sim (2- \in) \times 2^{127}$。在一些不太需要高精度计算的应用中，比如图像处理和神经网络中，32 位的空间其实有一些浪费，因此就又出现了一种新的数据类型，半精度浮点数，使用 16 位（2 字节）来存储浮点值，简称 FP16。如表 5-3 的第二行所示，FP16 有 5 位的指数位宽，10 位的尾数精度和 1 比特的符号位，能够表示的数字范围是 $1 \times 2^{-14} \sim (2- \in) \times 2^{15}$。

表 4-3　不同精度浮点数的格式与数值范围

格式	位数 / 位	指数位宽 / 位	尾数精度 / 位	符号位 / 位	数值范围
FP32	32	8	23	1	$1 \times 2^{-126} \sim (2- \in) \times 2^{127}$
FP16	16	5	10	1	$1 \times 2^{-14} \sim (2- \in) \times 2^{15}$
BF16	16	8	7	1	$1 \times 2^{-126} \sim (2- \in) \times 2^{127}$

混合精度训练，顾名思义，就是在模型训练时同时采用 FP32 和 FP16 两种精度。在实践过程中，研究人员发现在大语言模型的训练中直接使用 FP16 会有一些问题。如图 4-20 所示，这是 BigScience 训练一个 104B 的 BLOOM 模型时的损失值情况，可以发现每次训练都非常不稳定。除此之外，Meta 训练的 175B 的 OPT 模型也报告了相同的问题，在 FP16 上训练大语言模型非常困难。

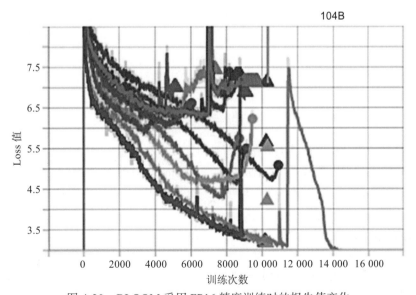

图 4-20　BLOOM 采用 FP16 精度训练时的损失值变化

问题在于 FP16 的指数位宽只有 5 位，它能表示的最大整数就是 65 504，一旦权重超过这个值就会溢出，因此只能进行较小数的乘法。例如，可以计算 250×250=62 500，但如果计算 255×255=65 025，就会溢出，这是导致训练出现问题的主要原因。这意味着模型权重必须保持很小。一种称为损失缩放（Loss Scaling）的技术有助于缓解这个问题，但是当模型变得非常大时，FP16 较小的数值范围仍然是一个问题。

为了更好地解决 FP16 的问题，谷歌的人工智能研究小组开发了一种新的浮点数格式——BF16（Brain Floating Point），用于降低存储需求，提高机器学习算法的计算速度。如表 5-3 的第三行所示，BF16 的指数位宽为 8 位，与 FP32 相同。但是 BF16 只占用 2 字节，因此尾数精度就只剩下 7 位，因此当使用 BF16 时，精度非常差。然而，在训练模型时一般采用随机梯度下降法及其变体，其过程像蹒跚而行，即使某一步没有找到最优方向也没关系，模型在接下来的步骤中会纠正自己。

训练 BLOOM 模型时，将模型参数从 FP16 换为 BF16 后，损失函数值的下降变得更为稳定，如图 4-21 所示。

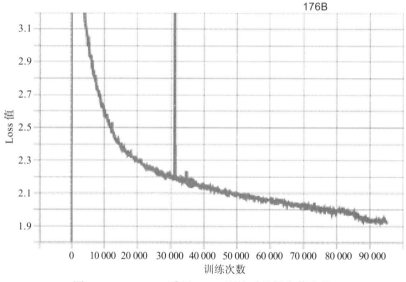

图 4-21　BLOOM 采用 BF16 训练时的损失值变化

这种低精度和混合精度训练的方法逐渐被广泛接受和应用，深度学习框架、GPU 以及神经网络加速器的设计也因此受到了深远影响。可以说，混合精度训练的提出，对深度学习领域起到了关键的推动作用，有效地解决了 GPU 显存的使用问题，提升神经网络训练的效率。

4.5　DeepSpeed

模型训练时除了需要模型与数据集之外，还有一个重要的组成部分——优化器，针对优化器 DeepSpeed 提供了一种并行方法——零冗余优化器（ZeRO）。DeepSpeed 是微软研究院开发的深度学习优化库，允许研究人员和工程师进行大规模模型训练。它的关键特性包括：模型并行性，用于分布模型的不同部分到多个 GPU；ZeRO，用于减少训练过程中的冗余数据；优化的通信协议，用于减少 GPU 间的通信开销；资源效率的提高，使用动态内存管理策略在运行时调整 GPU 内存的使用。DeepSpeed 的目标是让研究人员在有限的硬件资源条件下，可以训练前所未有的大规模模型，从而推动深度学习的进步。

4.5.1　ZeRO

在训练过程中，模型所占用的空间是最大的，但是现有的方法中，不管是数据并行还是模型并行，都不能很好地解决该问题。数据并行虽然有很好的计算 / 通信效率，但是由于模型复制了多份，导致空间利用率很差。而模型并行虽然内存利用率高，但是由于对模型进行了很精细的拆分，导致计算 / 通信效率很低。除此之外，所有这些方法都静态保存了整个训练过程中所需的所有模型参数，但实际上并不是整个训练期间都需要这些内容。

基于上述问题，微软研究院提出了 ZeRO 技术，包括 3 个部分。

① ZeRO：ZeRO-DP 优化模型状态，ZeRO-R 优化剩余状态。

② ZeRO-Offload：显存不够，内存来凑，将一些参数从 GPU 置换到 CPU 中。

③ ZeRO-Infinity：突破 GPU 内存墙，充分利用系统的各种资源。

1. ZeRO-DP

ZeRO-DP 会对模型状态进行分区，避免了复制模型导致的冗余，然后在训练期间使用动态通信调度保留数据并行的计算粒度和通信量，也能维持一个类似的计算 / 通信效率。

模型状态包括：模型参数（FP16）、模型梯度（FP16）和优化器状态（例如：Adam 优化器包括 FP32 的模型参数备份、动量和的方差）。假设模型参数量为 Ψ，则共需要申请 $2\Psi + 2\Psi + (4\Psi + 4\Psi + 4\Psi) = 16\Psi$ 字节的存储空间，可以发现，其中优化器状态所占用的存储空间就达到了 75%。

如图 4-22 所示，ZeRO-DP 有 3 个优化阶段。

1）切分优化器状态（P_{os}）：对于模型参数和梯度，还是在每个设备保存一份，但是将优化器参数切分到 N 个设备上，此时每块设备上的参数量为

$$2\Psi + 2\Psi + \frac{K\Psi}{N}$$

当 N 比较大时，可以将空间占用近似降低至 1/4。

2）切分梯度（P_{os+g}）：在第一个阶段的基础上，继续切分模型梯度，此时每块设备上的参数量为

$$2\Psi + \frac{2\Psi + K\Psi}{N}$$

当 N 比较大时，可以将空间占用近似降低至 1/8。

3）切分模型参数（P_{os+g+p}）：在第二个阶段的基础上，继续切分模型参数，此时每块设备上的参数量为

$$\frac{2\Psi + 2\Psi + K\Psi}{N}$$

空间占用减少量与使用的 GPU 数量呈线性关系。

		Memory Consumption		Comm Volume
		Formulation	Specific Example $K=1.2$ $\Psi=7.5$B $N_d=64$	
Baseline		$(2+2+K)\cdot\Psi$	120GB	1x
P_{os}		$2\Psi + 2\Psi + \dfrac{K\cdot\Psi}{N_d}$	31.4GB	1x
P_{os+g}		$2\Psi + \dfrac{(2+K)\cdot\Psi}{N_d}$	16.6GB	1x
P_{os+g+p}		$\dfrac{(2+2+K)\cdot\Psi}{N_d}$	1.9GB	1.5x

■Parameters ■Gradients ■Optimizer States

图 4-22　ZeRO-DP 的 3 个优化阶段及其空间占用优化示意图

在 DeepSpeed 中，ZeRO-1 即第一个优化阶段，对应 P_{os}；ZeRO-2 即第二个优化阶段，对应 P_{os+g}；ZeRO-3 即第三个优化阶段，对应 P_{os+g+p}。

接下来我们详细介绍一下 ZeRO 的 3 个优化阶段如何进行模型训练，包括前向传播、反向传播和参数更新。假如我们有一个 Transformer 模型，包含 16 层，然后以数据并行的方式在 4 个 GPU 上进行训练，即将训练数据集分成 4 份，然后将模型复制 4 份，如图 4-23 所示。每个 Transformer 的层对应了两列参数，即图中正方形小方块，表示占用的内存，其中最上面的长方形表示 Transformer 层，然后接下来的正方形小块表示 FP16 的模型参数，其下表示 FP16 的梯度，再下表示 Adam 优化器状态（包括 FP32 的梯度、FP32 的方差、FP32 的动量和 FP32 的参数）。

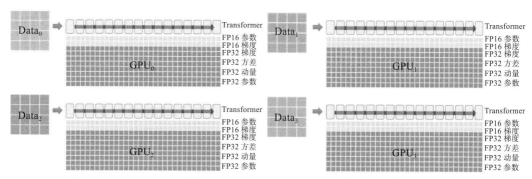

图 4-23　Transformer 模型在 4 个 GPU 上的 ZeRO 数据并行参数分布示意图

ZeRO-3 将模型占用的空间也分为 4 块，每个 GPU 只保留其中的 1 块，如图 4-24 所示。

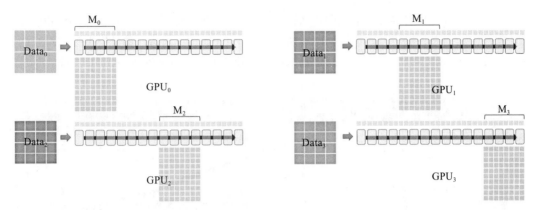

图 4-24 ZeRO-3 在 4 个 GPU 上的空间分布示意图

在前向传播时，首先把 GPU_0 上的模型参数通过广播发送给其他 GPU，然后在各个 GPU 上同时进行这部分的前向传播计算。完成计算之后，除了 GPU_0 以外的其他 GPU 删除该部分的参数，如图 4-25 所示。以此类推，再进行 GPU_1、GPU_2 和 GPU_3 的参数广播与前向传播计算。

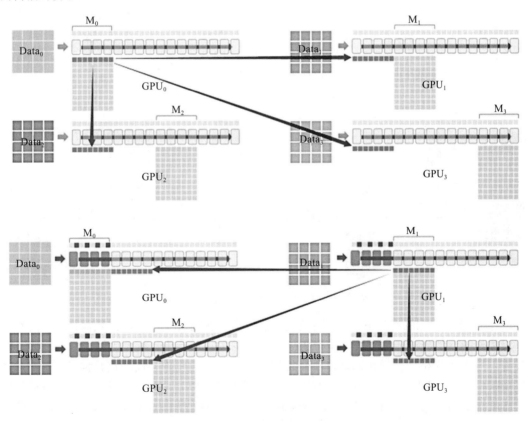

图 4-25 ZeRO-3 前向传播中的模型参数广播与计算流程示意图

在最后一部分模型参数完成前向传播计算后，先不删除模型参数，而是在每个 GPU 上分别计算各自的损失，然后开始执行反向传播，在每个 GPU 计算最后一部分模型参数对应的梯度，并将其他几个 GPU 上的梯度汇总到最后一个 GPU 上，进行梯度累加，如图 4-26 所示。

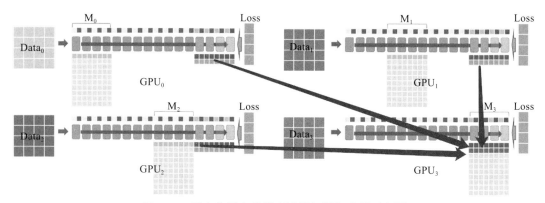

图 4-26　反向传播中的梯度计算与累加流程示意图

然后，其他 GPU 上删除各自 M_3 位置上的激活值、参数、梯度，继续进行反向传播。用同样的方法：传递参数，计算梯度，传递梯度，累加梯度，删除不需要的激活值、模型权重参数、梯度。完成上述操作后，现在每个 GPU 都有对应的部分参数与全局的梯度，开始通过 Adam 优化器更新参数。首先转换一些 FP32 的参数、梯度、动量，然后把更新完成的 FP32 参数转换成 FP16 的精度，替换上面第一层的参数，如图 4-27 所示。

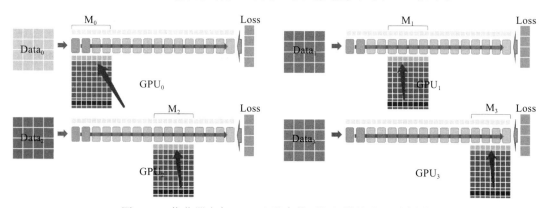

图 4-27　优化器在各 GPU 上的参数更新与转换流程示意图

ZeRO-DP 的方案看起来对于显存优化非常有效，但是相比于一般的数据并行，是否会造成额外的通信成本还需要进一步分析。在一般的数据并行中，模型训练完一轮之后，需要进行一次 All-Reduce 操作来计算所有梯度的平均值，每个设备的通信数据量（包括发送与接收）为 $2\varPsi$。ZeRO-1 和 ZeRO-2 都不涉及模型参数的切分，但是在一轮训练完成后，同样需要对所有设备上的梯度进行 All-Reduce 操作，因此使用 ZeRO-1 和 ZeRO-2 训练的通信数据量也是 $2\varPsi$。ZeRO-3 由于对模型参数进行了切分，每个 GPU 只存储了 $1/N$ 的参数，在进行前向传播计算时每个 GPU 都需要对自己拥有的这部分参数进行广播，因此通信数据量相比于一般的数据并行以及 ZeRO-1 和 ZeRO-2 都要多一些。

2. ZeRO-R

优化了模型的空间利用率之后，接下来就要优化激活值、临时缓冲区和不可用空间碎片，即 ZeRO-R。

当我们通过 PyTorch 训练模型时，如果一个张量在后续不会被继续使用，那么 PyTorch 将自动回收该张量所占用的空间，但空间并不会被释放，而是以缓冲区的形式继续占用显存。因此，当完成一轮前向传播和反向传播后，激活值和梯度要被回收，有可能会出现一些临时缓冲区。如果不希望有大量缓冲区占用显存，则可以在每一轮训练完后用 torch.cuda. empty_cache() 将缓冲区清零，但是此操作会让模型训练速度变慢。

1）对于激活值，需要在前向传播的过程中存储，在反向传播的过程中利用。ZeRO-R 可以在前向传播完成激活函数的计算之后，把激活值丢弃，由于计算图还在，因此等到反向传播的时候可以再重新计算激活值。这种方式也称为激活检查点，核心思想就是牺牲计算时间来换取显存空间。激活值也可以在适当的时候在 CPU 进行换入 / 换出。

2）模型训练过程中经常会创建一些大小不等的临时缓冲区，比如，对梯度进行 All Reduce 操作等。ZeRO-R 预先创建一个固定的缓冲区，训练过程中不再动态创建。如果要传输的数据较小，则多组数据打包（bucket）后再一次性传输，以达到内存和计算效率的平衡。

3）在训练过程中，不同张量的生命周期不同，例如，前向传播时不断创建和销毁不保存的激活值，会产生空间碎片，进而可能会导致连续空间分配失败。ZeRO-R 根据张量的不同生命周期主动管理空间，预分配一块连续的空间用于存储，防止产生空间碎片。

3. ZeRO 是数据并行，还是模型并行?

前面我们介绍过模型并行，那么学习了 ZeRO 之后，不可避免地会想，既然都把参数切分到不同的 GPU 上了，那它应该是模型并行，为什么还归到数据并行的范围内呢？尽管 ZeRO 在形式上看起来像模型并行，但在实质上它确实是数据并行。

在模型并行中，模型的每一部分在不同的 GPU 上运行。换句话说，每个 GPU 仅使用它自己维护的一部分参数来进行前向和后向传播计算。每个 GPU 接收相同的输入，对模型的一部分进行计算，然后将最后的结果通过某种方式聚合起来。

然而，ZeRO 的运行方式有所不同。在 ZeRO 的前向和后向传播过程中，它需要将各个 GPU 上的参数聚合起来，这意味着它实际上是使用完整的参数进行计算的。每个 GPU 接收不同的输入，使用全量的参数进行计算，最后的结果再进行聚合。这种方式更接近数据并行的操作方式。

4.5.2　ZeRO-Offload

ZeRO 还是一种数据并行方案，可是显存很有限，不够用，那怎么办呢？在操作系统中，当内存不足时，可以选择一些页面进行换入 / 换出，为新的数据腾出空间。类比一下，既然是因为显存不足导致训练不了大模型，而相比于昂贵的显存，内存则要便宜多了，那么 ZeRO-Offload 的想法就是：显存不足，内存来补。在一台服务器上，CPU 可以轻松拥有几百 GB 的内存，而消费级 GPU 通常只有 16GB 或 24GB 的内存。之前的很多工作都是聚焦在内存显存的换入换出，并没有用到 CPU 的计算能力。ZeRO-Offload 则是将训练阶段的某些模型状态从 GPU 和显存卸载到 CPU 和内存。

当然 ZeRO-Offload 并不希望为了最小化显存占用而牺牲计算效率，否则还不如直接使用 CPU 和内存，因为将部分 GPU 的计算和显存卸载到 CPU 和内存，肯定要涉及 GPU 和 CPU、显存和内存的通信，而通信成本一般是非常高的。此外，GPU 的计算效率比 CPU 的计算效率高了好几个数量积，因此也不能让 CPU 参与过多的计算，否则可能会出现延迟等待的问题。

在 ZeRO-Offload 的策略中，将模型训练过程看作数据流图，用圆形节点表示模型状态（比如参数、梯度和优化器状态），用矩形节点表示计算操作（比如前向传播、反向传播和参数更新），箭头表示数据流向，M 表示模型参数。图 4-28 中的左图是某一层的一次迭代过程，使用了混合精度训练，前向计算（FWD）需要用到上一次的激活值（activation）和本层的参数（parameter），反向传播（BWD）也需要用到激活值和参数计算梯度。如果用 Adam 优化器进行参数更新，边添加权重，物理含义是数据量大小（单位是字节），假设模型参数量是 M，在混合精度训练的前提下，边的权重要么是 2M（FP16），要么是 4M（FP32）。

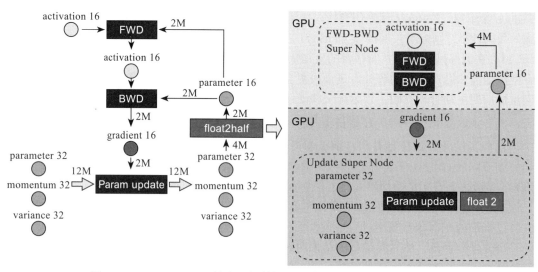

图 4-28 ZeRO-Offload 策略下的数据流图分布与优化节点融合示意图

现在要做的就是沿着边把数据流图切分为两部分，分别对应 GPU 和 CPU。计算节点（矩形节点）落在哪个设备，哪个设备就执行计算；数据节点（圆形）落在哪个设备，哪个设备就负责存储。将被切分的边权重加起来，就是 CPU 和 GPU 的通信数据量。

ZeRO-Offload 的切分思路是：图中有 4 个计算节点：FWD、BWD、Param update 和 float2half，前两个计算复杂度大致是 $O(MB)$，B 是 batch size，后两个计算复杂度是 $O(M)$。为了不降低计算效率，将前两个节点放在 GPU，后两个节点不但计算量小而且需要和 Adam 状态"打交道"，所以放在 CPU 上，Adam 状态自然也放在内存中，如图 4-28 中的右图所示。为了简化数据图,将前两个节点融合成一个节点 FWD-BWD Super Node,将后两个节点融合成一个节点 Update Super Node。沿着 gradient 16 和 parameter 16 两条边切分。

现在的计算流程是,在 GPU 上面进行前向和后向计算,将梯度传给 CPU,进行参数更新,再将更新后的参数传给 GPU。为了提高效率,可以使计算和通信并行,GPU 在反向传播阶段,可以待梯度值填满 bucket 后,一边计算新的梯度,一边将 bucket 传输给 CPU。当反向传播结束时,CPU 基本上已经有最新的梯度值了。同样,CPU 在参数更新时也同步将已经计算好的参数传给 GPU,如图 4-29 所示。

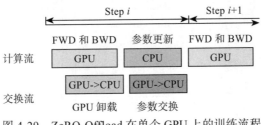

图 4-29　ZeRO-Offload 在单个 GPU 上的训练流程

到目前为止还都是单个 GPU 和 CPU 进行交换,在多卡场景中,ZeRO-Offload 可以利用 ZeRO-2,对优化器状态和梯度进行切分,每块 GPU 只保留 $1/N$,然后将这 $1/N$ 的优化器状态和梯度卸载到内存,在 CPU 上进行参数更新。多卡场景利用 CPU 多核并行计算,每个 GPU 至少对应一个 CPU 进程,由这个进程负责进行局部参数更新,如图 4-30 所示。并且 CPU 和 GPU 的通信量与 N 无关,因为传输的是 FP16 gradient 和 FP16 parameter,总的传输量是固定的,由于利用多核并行计算,每个 CPU 进程只负责 $1/N$ 部分的计算,反而随着卡数增加节省了 CPU 计算时间。

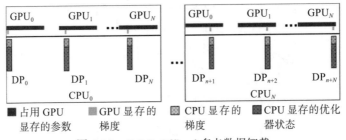

图 4-30　ZeRO-Offload 多卡数据卸载

但是有一个问题,当单个批量数据很小时,GPU 上每个小批量数据计算很快,此时 CPU 计算时间会成为训练瓶颈,一种解决方法是让 CPU 在某个节点更新参数时延迟一步,后面就可以让 GPU 和 CPU 并行。在前 $N-1$ 步,不延迟,避免早期训练不稳定,模型无法收敛;在第 N 步,CPU 拿到 GPU 计算的梯度后,不更新参数,相当于 GPU 空算了一步;到第 $N+1$ 步,CPU 开始根据刚才获得的第 N 步的梯度进行计算,此时 GPU 开始算 $N+1$ 步的梯度,如图 4-31 所示。当然这样会有一个问题,用来更新参数的梯度并不是根据当前模型状态计算得到的,但是论文的实验结果表明暂未发现对收敛和效果产生影响。

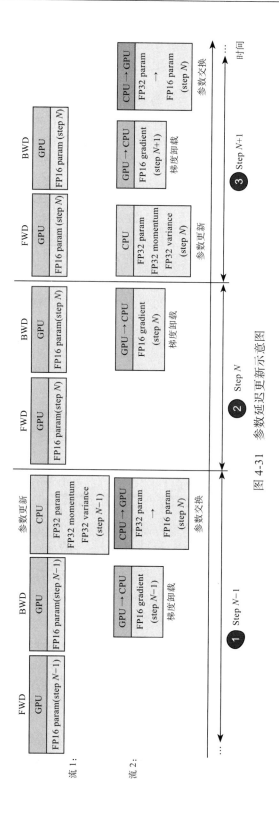

图 4-31 参数延迟更新示意图

最后需要注意的是，虽然 ZeRO-Offload 通过各种方式协调 GPU 和 CPU 的计算时间，但是 CPU 的计算效率会不可避免地远低于 GPU，因此，除非模型确实太大而资源有限，否则一般并不会使用此方案，因为确实会延长模型训练时间。CPU 卸载应满足以下 3 个方面的最优策略：首先，减少 CPU 的计算量，以避免 CPU 成为性能瓶颈；其次，尽量减少 GPU 与 CPU 之间的通信量，以避免通信开销成为性能瓶颈；最后，在最小化通信量的同时，最大化节省 GPU 的显存。

4.5.3　ZeRO-Infinity

从 2017 年的 GPT-1 到 2020 年的 GPT-3，两年时间内模型参数从 0.1B 增加到 175B，而同期，NVIDIA 的显卡从 V100 的 32GB 显存增加到 A100 的 80GB。显然，显存的提升速度远远赶不上模型增长的速度。图 4-32 展示的是 2012～2021 年训练 SOTA 模型所需要的浮点数运算量（以 FLOPs 为衡量单位）。深灰线表示的是计算机视觉、自然语言处理和语音模型，模型运算量平均每两年增大 15 倍，中灰线表示的是 Transformer 的模型，模型运算量平均每两年增大 750 倍。浅灰线表示的是则标志摩尔定律下内存硬件大小的增长，平均每两年翻倍。

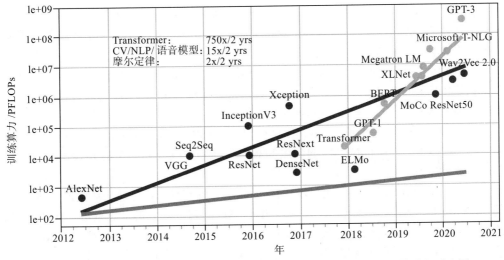

图 4-32　2012～2021 年 SOTA 模型的计算需求增长与摩尔定律下硬件增长对比图

在最新的模型训练时，硬件的算力已经逐渐满足不了需求，特别是对于自然语言处理相关的模型，分布式训练大规模语言模型有通信带宽的瓶颈，也就是所谓的"内存墙"问题。所谓"内存墙"，指的是当计算单元的处理速度远超过内存读取速度时，计算单元在处理完一批数据后，需要等待新的数据从内存中读取过来，这个等待的过程就造成了计算效率的降低。

不管是单机的 GPU 之间还是 GPU 和 CPU 之间，数据通信的效率都远低于计算的效率，多机跨设备之间的数据搬运更慢，效率更低。图 4-33 展示了 1996～2020 年带宽、内存和硬件的计算能力的增长趋势，从中可以看出带宽增长非常缓慢，硬件的峰值计算能力增大了 90 000 倍，但是内存 / 组件连接带宽却只提高了 30 倍。

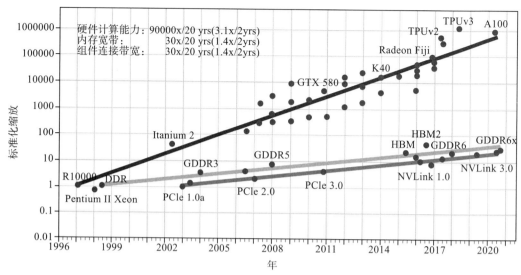

图 4-33   1996 ～ 2020 年内存、带宽与硬件计算能力增长趋势对比图

即使对于互联网巨头公司而言，以每两年增大百倍的速度进行指数增长也是不可持续的。这是因为在现实情况中，算力和带宽能力之间的差距越来越大，因此训练更大的模型所需的成本也会以指数级增长，内存墙使得训练更大的模型成为一项具有挑战性的任务。

ZeRO-Infinity 是一种新颖的深度学习训练技术，专门用于大模型的训练。它可以利用分布式系统中所有可用的空间，并且结合了异构系统架构（GPU 显存 +CPU 内存 +NVMe），可以容纳前所未有的模型规模。ZeRO-Offload 和 ZeRO-Infinity 做的都是将参数卸载的工作，ZeRO-Offload 更侧重单卡场景下从 GPU 显存卸载到 CPU 内存，而 ZeRO-Infinity 则更侧重于 GPU 显存、CPU 内存和 NVMe 的多级卸载，目标是解决极大模型的分布式训练，具有典型的工业界风格。

ZeRO-Infinity 用来解决内存墙的问题，但是它并没有打通内存墙，而是通过 NVMe 实现的。NVMe 是一种接口规范，最开始是用在 SSD 固态硬盘上的，之前的 SSD 用的都是 SATA 接口规范，数据传输速率最大 6Gbps，而 NVMe 就是一种新的技术，NVMe 固态硬盘拥有高达 20Gbps 的理论传输速度。使用 ZeRO-Infinity，内存瓶颈不再是 GPU 显存，甚至不再是 CPU 内存。

ZeRO-Infinity 还提供了系统功能，可以在 512 个 NVIDIA V100 GPU 上训练 30 万亿参数的模型，增大了 50 倍。除此之外，它还提供强大的计算 / 通信重叠引擎，通过尽可能多隐藏通信等待时间来提高训练效率。

4.6 模型即服务平台

在早期从事 AI 开发时，所有的项目都需要从头开始构建。假如想要做一个图像处理的项目，那么就必须从写代码获取摄像头数据开始。这样的工作烦琐而耗时，导致在 2015 年之前，AI 领域的项目进展相对较慢。由于这个领域内熟练的工程师和程序员数量有限，所以新加入的人员也需要经过长时间的学习。正是这种需求和动力，促使各种 AI 框架和社区出现，随之而来的就是各种 AI 模型的崛起。

虽然 AI 的研究发展迅速，但是应用却始终是一个难题，过往 AI 之所以难以应用到实际产品中，主要有以下 3 个原因。

①开发门槛高，需要准备大量的数据，以及海量的算力。

②定制化需求高，通用模型在专业领域上的效果并不是很好，还需要在相应的数据再做微调。

③模型众多，调用方式不统一，导致查找模型和比较不同模型的效果需要耗费大量的时间。

模型即服务（Model as a Service，MaaS）就是为了解决 AI 落地的"最后一公里"问题而提出的概念。在过去，开发工作通常需要硬件资源、通用软件能力和底层框架相关的服务，而现在，模型也成为底层框架服务的一部分，成为第一生产力。以往，从收集数据到代码下载，再到安装部署，最后到效果验证，往往需要数天的时间，但通过 MaaS 平台，一般只需要几个小时甚至几分钟就可以完成。

在大模型时代，MaaS 也为 AI 工程师提供了便捷的方式来微调模型，以满足不同应用场景的需求。这些任务可能涉及语法校正、写作辅助、图像字幕、代码生成等各种领域。与动辄需要耗费数百万个 GPU 计算小时来进行预训练不同，对大模型进行微调要便宜得多，GPU 计算时间也要少得多，并且在单个计算节点上使用少量的 GPU 就能完成。

4.6.1　ModelScope

ModelScope（魔搭）是国内首个模型开源社区和创新平台，由阿里巴巴达摩院和 CCF 开源发展委员会共同建立，并与国内多家 AI 科技公司和高校机构合作，通过开放的合作方式构建 AI 模型开源社区，开放相关模型创新技术，推动 AI 应用生态的繁荣发展。达摩院作为先行者向社区贡献了 300 多个验证过的高质量 AI 模型，覆盖了视觉、语音、自然语言处理和多模态等 AI 主要领域，涵盖了 60 多个任务，其中超过 1/3 是中文模型，全部都是开放和开源的。

❑ 在计算机视觉领域开源了近百个视觉任务的多种模型，包括多模态图文表征大模型、图像 / 视频生成大模型以及各种下游迁移应用模型。涵盖了图像识别、图像分类、目标检测、分割抠图等基本的视觉理解任务，以及画质增强、图像编辑、内容生成等视觉生产中的重要任务。

❑ 在自然语言处理领域提供了各种基于预训练大模型，包括 StructBert、PALM、mPLUG、中文 GPT3 等，共计 100 多个。涵盖了分词、词性标注、命名实体识别等基础技术，以及文本分类、情感分类、对话问答、OCR、机器翻译等应用技术。

❑ 在智能语音领域发布了 40 多个模型，涵盖语音识别、语音合成、语音信号处理和语音唤醒等主流能力，其中包括阿里云语音识别 API 背后的 UniASR 通用领域模型和语音合成 API 背后的 SAMBERT 高表现力多情感语音合成模型。此外，还开源了

SAMBERT 模型的训练代码和流程。

❑ 在多模态领域提供了包括各种图文多模态预训练模型，如中文版的原生 CLIP 模型和达摩院自研的多模态预训练模型 OFA/Team/mPLUG 等。ModelScope 还提供了图像描述、视觉定位、视觉问答、图文检索等多模态典型任务。为了满足不同部署条件的开发者需求，还提供了不同规模版本的模型以供开发者选择。

ModelScope 不仅提供模型检索功能，还提供在线体验的功能，用户可以快速体验各种模型的效果。除此之外，ModelScope 还发布了开源 Python 包，提供了不同模型接入的接口和实现，与各种机器学习框架兼容，方便用户使用 Python 代码进行模型开发、训练和调优。最后，社区分享频道也方便用户和开发者交流心得和经验，推动模型应用的发展。

4.6.2 Hugging Face

Hugging Face 作为 AI 领域中的一颗新星，自 2016 年成立以来，已经在全球范围内吸引了超过 5000 个机构的关注，其中包括谷歌、Meta 和微软等知名企业。作为一家刚刚成立不久的企业，Hugging Face 凭什么能在短短几年内获得如此广泛的关注和认可？这背后的原因既有其独特的创新理念，也有其在 NLP 领域的重要贡献。

Hugging Face 最初是开发聊天机器人起家的，他们的初衷是利用聊天机器人为年轻用户解闷儿。但是，这个创新想法并未取得预期的成功。然而，Hugging Face 并未因此而气馁，他们以开放的视野和灵活的思维，将公司的发展方向转向了 NLP 领域。

在 BERT 模型发布后的不久，Hugging Face 推出了基于 Pytorch 的 BERT 预训练模型，即 pytorch-pretrained-bert。这个库非常易用，迅速获得了用户的好评。随后，Hugging Face 将他们在 NLP 领域的各种预训练模型整合起来，发布了 Transformers 库，这个库包含了数以千计的预训练模型，支持 100 多种语言，包括文本分类、信息抽取、问答、摘要、翻译、文本生成等多种功能。

截止到 2023 年 9 月 11 日，Transformers 库在 GitHub 上已经有 112k 个 star，获得了 22.2k 次 fork，足以证明其在全球范围内的影响力和认可度。此外，Hugging Face 发起的 BigScience 项目也引发了广泛的关注，吸引了超过 1000 名研究者共同参与，致力于训练超大规模的模型。

Hugging Face 的业务范围已经远超出了最初的聊天机器人，他们的官方网站（https://huggingface.co/）已经发展成为一个大型的人工智能社区。在这个社区中，每个机构都可以发布自己的模型、数据集和 Spaces（这是一个托管 AI 应用或者展示 AI 应用的平台）。现在，Meta（Facebook）AI 已经在 Hugging Face 社区发布了 136 个模型，微软发布了 86 个模型。而整个 Hugging Face 平台在自然语言处理、计算机视觉、语音、时间序列、生物学、强化学习等多个领域提供了超过 100 000 个预训练模型和 10 000 个数据集。

公司联合创始人 Clément 认为，Hugging Face 之所以能够取得这样的成就，是因为他们成功地弥补了科学研究和实际生产之间的鸿沟。通过构建开放平台，Hugging Face 为开源社区和科研领域提供了强大的能力，其产生的价值远高于构建专有工具所能产生的价值，这是许多开源软件和公司所无法做到的。

Hugging Face 社区的模式与我们现在熟悉的社区有所不同，他们相当于一个机构的品牌专区。这个模式的优势在于，每个机构都可以在社区中发布自己的技术成果，吸引更多的开发者关注，从而提升自己的品牌影响力。除了这个新颖的社区模式外，Hugging Face 还提供了一些其他的服务，包括直接的专家支持、推理 API 和 AutoNLP 等业务。他们的目标是帮助用户解决 NLP 相关的问题，包括数据集访问、模型训练和应用部署等。

接下来，我们简单介绍一下本书中将要涉及的 Hugging Face 上的几个库。

1. Transformers

Transformers 是一款顶尖的机器学习工具，它支持 PyTorch、TensorFlow 和 JAX 这 3 种主流的机器学习框架，还提供了一系列 API 和工具，帮助用户轻松下载并训练最先进的预训练模型。用户通过使用这些预训练模型，可以大大节省计算成本和时间，还减少碳足迹，无须从零开始训练模型。这些模型支持多种模态的常见任务，包括如下方面。

- ❑ 自然语言处理：文本分类、命名实体识别、问题回答、语言模型、文本摘要、翻译、多项选择题和文本生成。
- ❑ 计算机视觉：图像分类，对象检测和分割。
- ❑ 音频处理：自动语音识别和音频分类。
- ❑ 多模态处理：表格问题回答、光学字符识别、从扫描文档中提取信息、视频分类和视觉问题回答。

Transformers 还支持 PyTorch、TensorFlow 和 JAX 之间的框架相互转换。这意味着用户可以在模型的每个生命周期阶段选择不同的框架。例如，可以在一个框架中用 3 行代码训练模型，然后在另一个框架中加载它进行推理。此外，模型还可以被导出到 ONNX 和 TorchScript 等格式，以便在生产环境中部署。

在这里，我们重点介绍一个 Transformers 的一个高级 API——Trainer，它是一个用于训练和评估模型的通用接口，可以让你轻松地用不同的优化器、调度器进行训练。它能自动处理训练和评估的很多方面，包括梯度累积、模型保存、数据加载等。它可以将经典的 PyTorch 模型流程大大简化，使用起来也更方便。

2. Datasets

Datasets 是一个专门为音频、计算机视觉和自然语言处理等任务提供方便快捷的数据集访问和分享功能的库。使用 Datasets 库，用户可以通过仅仅一行代码就能加载数据集，并通过强大的数据处理方法，迅速将数据集准备好，以供深度学习模型训练使用。

Datasets 库采用了 Apache Arrow 格式，可以实现对大数据集的零复制读取，无须考虑内存限制，从而最大化了速度和效率。此外，Datasets 还与 Hugging Face Hub 实现了深度集成，让你能够方便地加载和分享数据集，与机器学习社区的其他成员共享资源。

在 Hugging Face Hub 上，用户可以找到任何需要的数据集，通过实时查看器可以深入了解数据集的内部结构。无论是机器学习的初学者，还是经验丰富的研究者，都可以在这个平台上找到所需的资源，共享你的数据集，同时也可以从别人的分享中受益。

Hugging Face 平台上还有一个有趣的现象，NLP 领域的数据集和预训练模型主要以英语为主，其数量远超其他各种语言的总和。对于预训练模型来说，汉语模型的数量位列第二；但在数据集方面，汉语数据集的数量不仅远远少于英语，还少于法语、德语、西班牙语，甚至少于阿拉伯语和波兰语，这与我们中国作为 AI 超级大国的认知存在着明显的不匹配。

这样的现象可能由多种因素导致。首先，数据集的积累需要很长时间，而中国在 AI 领域的崛起主要发生在最近 10 年。因此，相对于英语，汉语的数据集积累可能还处于起步阶段。其次，数据集的构建需要大量的资源投入，并且一旦构建成功，就可以通过其生成新的模型获得持续的利益。这导致大部分有价值的数据集并未被公开发布。相比之下，发布预训练模型可以带来论文发表等学术成就，因此更可能被公开分享。

尽管中国在 AI 领域已经取得了显著的进步，但在 NLP 数据集的构建和分享方面，我们还有很长的路要走。这是一个值得我们深思和努力改善的问题，因为数据集的丰富度和高质量是推动 AI 技术进步的关键因素。

3. Hugging Face Hub

Hugging Face Hub 是一个在线开源平台，它汇集了众多的机器学习模型、数据集和应用示例。在这里，用户可以共享、探索、实验以及合作开发机器学习技术。

该平台的主要功能包括如下方面。

- ❑ 模型分享与探索：用户可以上传和发现社区共享的大量开源机器学习模型。这些模型覆盖多种 NLP、视觉和音频任务，每个模型都配备了描述其性能、限制和偏见的模型卡片。
- ❑ 数据集管理：Hub 提供了超过 5000 个在 100 多种语言中的数据集，适用于 NLP、计算机视觉和音频等多种任务。用户可以方便地找到、下载和上传数据集，且每个数据集都配有详细的文档，用户可以直接在浏览器中了解和探索数据。
- ❑ Spaces：这是一种在 Hub 上托管机器学习应用的方式，可以帮助用户展示他们的机器学习作品，用户可以使用 Python SDK（Gradio 和 Streamlit）或 HTML/CSS/JavaScript 创建自己的 Space。
- ❑ 组织管理：Hub 支持创建组织，用于将账户分组并管理数据集、模型和 Spaces。教育工作者还可以使用 Hugging Face for Classrooms 为学生创建协作组织。
- ❑ 安全保障：Hugging Face Hub 提供了安全和访问控制功能，包括用户访问令牌、组织的访问控制、使用 GPG 签名提交和恶意软件扫描等，以确保用户的代码、模型和数据的安全。

Hugging Face Hub 是一个全面、开放的机器学习资源平台，鼓励通过开源和协作的方式来推动机器学习的发展。

4. Diffusers

Diffusers 库是一个专门用于生成图像、音频甚至分子的 3D 结构的预训练扩散模型的首选库。无论是寻找一个简单的推理解决方案，还是想要训练自己的扩散模型，Diffusers 都能提供支持。这个库的设计理念主打易用性优于性能，以及可定制性优于抽象。

该库主要由 3 个组件构成。

- ❑ 先进的扩散流水线：这些流水线只需要几行代码就可以进行推理。利用这些流水线，用户可以方便快捷地实现各种推理任务，无须深入了解底层的实现细节。
- ❑ 可互换的噪声调度器：这些调度器可以帮助用户在生成速度和质量之间找到平衡。通过调整噪声调度器的设置，用户可以根据自己的需求进行优化，以获得最佳的生成效果。
- ❑ 预训练模型：这些模型可以作为构建块使用，并与调度器结合，创建自己的端到端扩散系统。这些预训练模型覆盖了各种任务，可以帮助用户快速地构建和训练自己的扩散模型。

5. Accelerate

Accelerate 库能够让一段 PyTorch 代码仅添加几行代码就能在任何分布式配置中运行。简而言之，它使得大规模的训练和推理变得简单、高效且自适应。

Accelerate 基于 torch_xla 和 torch.distributed 构建，它负责处理繁重的任务，因此用户无须编写任何定制代码来适应这些平台。Accelerate 可以将现有的代码库直接转换为利用 DeepSpeed 训练的代码，并且自动支持混合精度训练。

Accelerate 的使用也非常简单，可以直接在原始训练代码的基础上进行修改，如下代码所示。

```python
from accelerate import Accelerator

accelerator = Accelerator()

model, optimizer, training_dataloader, scheduler = accelerator.prepare(
    model, optimizer, training_dataloader, scheduler
)

for batch in training_dataloader:
    optimizer.zero_grad()
    inputs, targets = batch
    outputs = model(inputs)
    loss = loss_function(outputs, targets)
    accelerator.backward(loss)
    optimizer.step()
    scheduler.step()
```

然后就可以通过 Accelerate 的命令行接口在任何系统上启动分布式训练：

```bash
accelerate launch {my_script.py}
```

Accelerate 库是一个强大的工具，可以极大地简化大规模机器学习训练和推理的过程。无论你的代码需要在哪种分布式环境中运行，Accelerate 都可以通过比较简单的方式帮助你快速适应和执行。

6. PERT

传统的微调范式是针对每个下游任务微调模型的所有参数，但由于现今模型中的参数数量庞大，这种做法变得越来越昂贵且不切实际。相反，训练较少的提示词参数或者使用像低秩适应（LoRA）这样的重参数化方法来降低可训练参数的数量更为高效。我们将在 5.3 节和 7.1 节详细介绍参数高效微调技术。

PEFT，也即参数高效微调（Parameter-Efficient Fine-Tuning）库，是一个专门用于对预训练模型进行有效调整以适应各种下游应用的工具，无须微调模型的所有参数。PEFT 的方法只微调了少数的 / 额外的模型参数，这在很大程度上降低了计算和存储的成本，并且最先进的 PEFT 技术已经实现了与全面微调相媲美的性能。PEFT 可以无缝地与 Accelerate 库集成，从而可以利用 DeepSpeed 来处理大规模模型。

总的来说，Hugging Face 是一家非常有影响力的 AI 企业。他们的成功在于，不仅提供了一套功能强大的机器学习工具库，还创建了一个开放、活跃的人工智能社区，鼓励全球的开发者和机构分享、交流他们的技术成果。Hugging Face 的这种开放和分享的理念，让他们在全球范围内获得了广泛的认可和支持。

4.7　本章总结

本章主要介绍了大模型训练中面临的关键挑战，以及如何通过分布式训练来应对这些挑战。

首先，随着模型规模的不断增长，单机单卡训练难以满足需求。因此，分布式训练成为必然选择。分布式训练主要面临两个问题：GPU 内存限制和通信带宽限制。为解决这两个问题，出现了数据并行、模型并行和混合并行等技术。数据并行通过将数据划分到多个 GPU 实现并行，但存在冗余。模型并行将模型划分到多个 GPU，但计算与通信效率较低。流水线并行的层内计算和通信效率高，但是存在空闲等待时间。混合并行则试图结合三者优点。

其次，随着模型超大化，分布式训练也面临巨大挑战。首先是通信瓶颈，分布式训练需要频繁通信，但带宽增长缓慢。其次是内存墙，GPU 显存容量跟不上模型增长。为此，出现 ZeRO 等技术。ZeRO 通过数据并行和重计算等技术，可以极大降低冗余，突破 GPU 内存限制。ZeRO-Infinity 进一步利用 NVMe 显著提高 I/O 带宽，突破通信瓶颈。

最后，MaaS 平台简化了模型应用部署。ModelScope 汇集各类中文预训练模型，开启模型创新。Hugging Face 提供强大工具库，构建开放分享社区，是全球范围内具影响力的平台。它的 Transformer、Datasets 等库极大简化了模型训练、数据加载等过程。

本章系统概述了大模型训练的核心方法和平台，是后续实践章节的基础。这些技术和平台也为训练更大模型提供了可能，推动着大模型取得长足进步。

到此为止，关于 AIGC 大模型的理论部分就介绍完毕了，接下来我们将开启实战篇，真正上手训练、微调和应用大模型。

第二篇

应用实战

前面已经对 AIGC 算法的理论基础进行了深入的探讨，接下来进入更为激动人心的应用实战篇。这一篇把那些抽象的算法知识转化为实际应用，并深入探讨如何利用这些先进技术来解决真实世界中的问题。

首先，从文本生成的应用出发。第 5 章探索 ChatPDF 的实战应用。本章将详细解析大模型的落地应用，如何进行外部增强，以及如何利用提示词工程和模型微调来提高模型的效率及精度。第 6 章则掀开 DeepSpeed-Chat 的神秘面纱。本章将探索 ZeRO++ 及其与 DeepSpeed-Chat 的结合，以及 DeepSpeed 的 RLHF 训练等高效技术。

当然，文本生成并不是深度学习的全部，接下来，进入图像生成算法实战。第 7 章以 Stable Diffusion 微调为核心，介绍 LoRA 参数高效微调技术，探讨如何进行数据收集、模型训练与测试，并深入探讨各种高效便捷的实战应用，如 Stable Diffusion WebUI 和可控扩散模型 ControlNet。

然后，把目光转向代码生成算法。第 8 章介绍 Code Llama 微调技术，并深入探讨代码生成模型的各种应用场景。本章通过对比不同的数据集和技术，探索如何更高效地生成代码。

最后，第 9 章结合文本和图像来构建一个综合应用——"漫画家"，介绍多模态漫画生成功能是如何实现的。在这一章，不仅探索相关的 AI 模型，还涉及后端技术栈的选择，以及如何进行模型部署，确保整个应用能够高效、稳定地运行。

总的来说，这一篇旨在将读者从理论引向实战，让大家真正了解和掌握深度学习在各个领域的应用。无论是初学者，还是有经验的研究者，都能获得有价值的参考。

CHAPTER 5

第 5 章

文本生成应用实战：利用 ChatPDF 与文件对话

在当今数字化的时代，特定领域知识的问答系统已经成为信息获取的重要途径。用户期望通过自然语言轻松地获取所需的信息，而不想"淹没"在无尽的资料中。本章将探讨如何构建一个既高效又准确的特定领域知识问答系统。

互动性是现代问答系统的核心。我们不仅期望系统能理解用户的问题，更希望它能识别出各种形式的问题，并给出精确的答案。然而，这背后的技术挑战是巨大的：如何保证答案的准确性？如何处理大量的文本数据？如何利用历史对话来更好地回答问题？

我们将探索几种可能的解决方案，包括模型微调、提示词工程，以及与传统搜索技术的结合。每种方法都有其优势和局限性，选择哪种方法取决于具体的应用场景和需求。此外，我们还会深入讨论如何使用模型进行问题的预处理和答案的后处理，以及如何利用模型的上下文理解能力来处理复杂的提问。

随着技术的进步，特定领域知识的问答系统正变得越来越智能。在本章的最后，我们将制作一个以 ChatGLM2-6B 模型为基础的问答系统，用于回答跟金融财报相关的问题。我们将一起探索这些先进技术背后的原理，从而学会构建和优化自己的问答系统。

5.1 大模型的落地应用

通用大模型具有非常广泛的知识，它学习过大部分领域的基础内容，然而这也可能导致一些问题。以 ChatGPT 为例，由于其训练数据一般来源于互联网，因此在网络上更受欢迎的内容可能会被多次学习造成过拟合，而某些不常见领域的知识则有可能会被低估而欠拟合，导致这些数据并不能直接应用在某个专业领域中。这里说的不能直接应用并不是说模型不能回答该领域问题，而是指在专业领域中有很多特殊的概念、专业的术语和复杂的关系，如果没有适当的指导或学习，那么模型很可能产生幻觉回答，即一些看起来条理清晰但实际上有误的回答。因此，我们需要通过一些方式来让模型学习特定领域的专业知识，以此来更好地适应专业领域的应用。

目前，尝试解决 LLM 领域专业化问题的方法分为 3 类：外部增强（External Augmentation）、提示词工程（Prompt Engineering）和模型微调（Model Fine-Tuning），如图 5-1 所示。这些方法分别对应我们对 LLM 的不同访问级别，包括无访问权限（黑箱，Black-Box）、部分访问权限（灰箱，Grey-Box）和全访问权限（白箱，White-Box）。

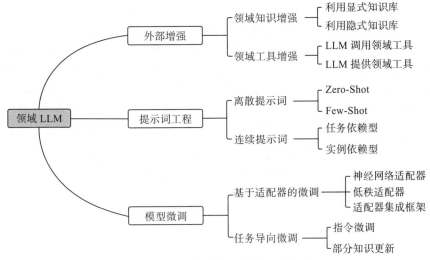

图 5-1　LLM 领域专业化的三类方法

首先，我们来讨论黑箱级别的方法。在这种情况下，我们只能访问 LLM 的 API，而不知道任何有关模型和训练信息的详情，只能依赖于模型的输出结果。外部增强就是一种黑箱方法，它使用外部资源或工具，将领域特定的知识纳入 LLM 的输入或输出，以有效地调整 LLM 的性能，而不改变其内部结构。这种方法对资源有限的用户尤其友好。

其次，灰箱级别的方法允许我们访问有限的模型信息。例如，我们可以获取语言模型生成 token 的概率等信息。这些信息可以帮助我们设计更合适的提示词，以更好地引出领域知识。提示词工程就是一种灰箱方法，它通过设计特定的输入提示词，引导模型在输出时更好地反映领域知识。

最后，白箱级别的方法允许我们完全访问 LLM，包括参数设置、训练数据和完整的模型架构。模型微调就是一种白箱方法，它涉及更新 LLM 的参数，将领域特定知识直接纳入模型中。这种方法要求最多的访问和资源。

使用这 3 种方法时，在专业化的级别、计算成本、实施的简易性和泛化能力方面都存在权衡。例如，外部增强和提示词工程的计算成本通常比模型微调低，但可能无法获得相同级别的性能改进。而模型微调可能提供更大的性能提升，但实施更复杂，如果出现过拟合，可能会降低模型的泛化能力。

这些方法可以独立使用，也可以结合使用，以实现在特定领域任务上的优化。例如，我们可以结合使用外部增强和模型微调，以利用领域专业知识和优化参数。同样，我们也可以将精心设计的提示词与模型微调结合使用，以引导模型的输出，同时利用新学习的领域特定知识。

5.1.1　外部增强：领域工具增强

外部增强通过从外部源获取或调用专业领域信息，以提高模型的性能和应用范围，且无须对模型参数进行微调。

外部增强主要分为两个类别：领域知识增强（Domain Knowledge Augmentation）和领域工具增强（Domain Tool Augmentation）。领域知识增强主要是让模型从外部知识源获取特定领域的上下文信息。例如，在一个问答任务中，可以从外部数据库或知识图谱中检索与问题相关的领域知识，然后将这些知识融入原问题中，使得模型更好地理解和回答问题。本节主要介绍领域工具增强方法。

领域工具增强则是将模型与外部系统或工具集成，通常通过 API 实现。领域工具，如专门用于解答量子力学问题的 API，或者用于模拟社会行为的沙盒环境等，都是专为特定领域开发的软件、库或框架。它们被设计于处理特定领域的任务、数据或知识，结合了该领域的独特算法、技术或数据结构。然而，使用这些工具通常需要严格的输入格式或大量训练，这使得它们的可访问性相对较低。

尽管 LLM 展现出了广泛的任务和领域智能以及认知能力，但它们在处理需要领域专业化的任务时，仍存在一些限制。例如，它们的生成结果可能会因随机种子、生成超参数和输入内容的变化而不稳定。此外，由于模型只能从其训练数据中获取信息，所以无法获取最新的信息。而且，研究人员发现模型有时会制造虚假信息，且在某些任务（如算术）中缺乏精度。

因此，研究者们提出了一种协作集成方法，以突破纯粹使用领域工具或 LLM 处理复杂领域特定任务的限制。该方法结合了领域工具的特定知识、算法和功能，以及 LLM 的用户友好型交互，优化了领域特定资源的使用。如图 5-2 所示，通过让 LLM 直接指导外部工具，简化了用户的参与过程。这种协作方法不仅提升了模型的性能，也极大地扩展了其应用范围，为未来的 AI 研究提供了新的思路和方法。

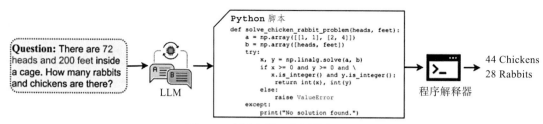

图 5-2　大语言模型指导外部工具

本节我们会简单介绍两种大模型调用外部工具的方法。

1. MRKL

MRKL 发布于论文 "MRKL Systems: A modular, neuro-symbolic architecture that combines large language models, external knowledge sources and discrete reasoning"（https://arxiv.org/abs/2205.00445），将 LLM、外部知识源以及离散推理结合在一起，以实现模块化、神经 – 符号化的计算。在这个架构中，LLM 扮演着路由器的角色，根据具体任务需求，调用不同

的外部工具。由于采用显式调用的方法，系统能够在检测到 LLM 输出调用命令时调用了哪些相应模块执行任务。例如，在下面这两条命令中，第一条会调用计算器指令对数值进行计算，而第二条则会执行相应的 SQL 代码进行查询。

```txt
问: 7 * 7 等于多少?
答: 7 * 7 等于 CALCULATOR(7*7)
```

```txt
问: 贵州茅台今天的股价是多少?
答: 贵州茅台的股票代码是 DATABASE("SELECT code FROM stock WHERE name='贵州茅台'"), 今天
   的股价是 DATABASE("SELECT price FROM stock WHERE name='贵州茅台' AND time='now'")
```

这种方式在一定程度上避免了 LLM 生成结果的不鲁棒性和不可控性，从而提高了任务执行的质量和效率。MRKL 论文中最终的实验也表示，通过此方案微调后的模型，在数学计算等方面的表现显著超过了 GPT-3。

2. Toolformer

Toolformer 发布于论文 "Toolformer: Language Models Can Teach Themselves to Use Tools"（https://arxiv.org/abs/2302.04761），是一种让语言模型自我教育的方式。它可以在生成文本的过程中，对不确定的部分生成问题，并通过解决这些问题来提高生成文本的质量和准确性。大致做法是通过提示词来要求模型生成问题，然后将这个问题分解成一系列的子问题和接口调用操作。接下来对比不同的接口调用方式，以评估其对生成质量的改进。最后确定最适合的接口，以便进一步提升模型的质量。Toolformer 的示例如图 5-3 所示。

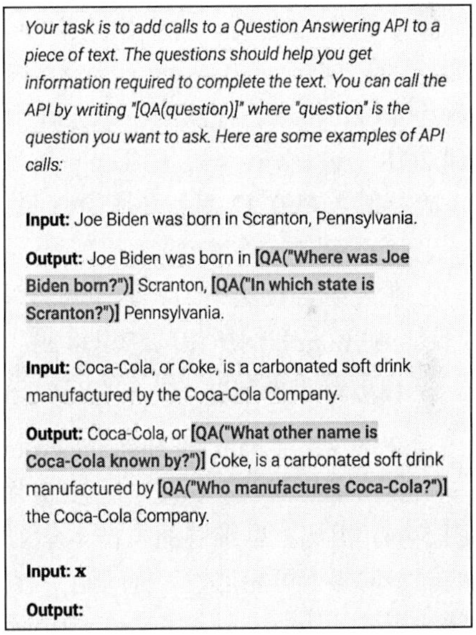

Toolformer 通过减少模型损失的方式进行自我监督学习，并且只需要少量样本。通过对关键词和不确定知识进行外部验证，Toolformer 在完成任务型对话和知识专业性任务上有了显著的提升。更值得一提的是，这种方法具有很强的通用性，可以用一种通用的方式调用各种 API。

Your task is to add calls to a Question Answering API to a piece of text. The questions should help you get information required to complete the text. You can call the API by writing "[QA(question)]" where "question" is the question you want to ask. Here are some examples of API calls:

Input: Joe Biden was born in Scranton, Pennsylvania.

Output: Joe Biden was born in **[QA("Where was Joe Biden born?")]** Scranton, **[QA("In which state is Scranton?")]** Pennsylvania.

Input: Coca-Cola, or Coke, is a carbonated soft drink manufactured by the Coca-Cola Company.

Output: Coca-Cola, or **[QA("What other name is Coca-Cola known by?")]** Coke, is a carbonated soft drink manufactured by **[QA("Who manufactures Coca-Cola?")]** the Coca-Cola Company.

Input: x

Output:

图 5-3　Toolformer 中生成 API 调用的问答示例

5.1.2　提示词工程

尽管经过大量语料训练的大语言模型能力强大，但我们可以通过精心设计的提示词进一步提升其对用户意图的捕捉和生成准确的回应。提示词，也就是我们为引导模型产生特定回应而设计的特定任务输入，它能有效地引导 LLM 生成内容，并设定预期的输出。

提示词工程主要分为两种，一是离散提示词（Discrete Prompt）工程，二是连续提示词

（Continuous Prompt）工程。离散提示是通过提供具体的自然语言指令，引导 LLM 从其参数空间中挖掘出特定领域的知识。而连续提示则通过可学习的向量来引导 LLM，这样就无须手动设计文本指令。在本节我们将介绍一种典型的离散提示词工程——思维链，后面我们将详细介绍连续提示词工程的几种训练方法。

离散提示能让 LLM 快速适应新的领域。比如，GPT-3 就是一个很好的例子，它上下文学习（Few-Shot）能通过离散提示执行新任务，而无须更新模型的内部参数。虽然 LLM 已经展现出了强大的能力，但在处理一些需要多步骤推理的任务时，如解决数学应用问题和常识推理，仍面临着重大挑战。为了解决这个问题，研究人员开发出了许多创新技术，其中"思维链"（Chain-of-Thought）受到了特别的关注。这种技术的目标是引导模型将复杂的多步骤问题分解为更易处理的中间步骤，以便让模型更准确地理解和解决问题。实践证明，应用思维链提示的技术，已经在多种推理任务上，尤其是在算术推理上，取得了显著的进步。

让我们通过一个简单的例子来理解这个概念。假设一个场景：小明的老师给他出了一道题，说一只农场的笼子里共有 18 只鸡和兔子，它们的腿总数为 46，问鸡和兔子各有多少只。

小明第一次尝试直接心算并给出答案：10 只鸡，8 只兔子。显然他算错了。随后，老师让小明使用纸笔，一步步地推导，并记录下来。小明首先设鸡的数量为 x，兔子的数量为 y，建立两个等式：$x + y = 18$（表示动物的总数量为 18 只）和 $2x + 4y = 46$（表示腿的总数为 46）。接着，他从第一个方程中解出 $x = 18 - y$，然后将这个结果代入第二个方程，得到 $2(18 - y) + 4y = 46$，解得 $y = 5$。最后，他将 y 的值代入第一个方程，解得 $x = 13$。因此，正确答案：鸡有 13 只，兔子有 5 只。经过一步步的计算，小明成功地找到了答案，也得到了老师的肯定。

在大语言模型中，我们也可以采用类似的策略，通过提示词让模型一步一步解决复杂问题，这就是我们所说的"思维链"。

1. 少样本思维链（Few-Shot CoT）

在论文"Chain of Thought Prompting Elicits Reasoning in Large Language Models"中第一次提出了思维链（CoT），主要应用于少样本（Few-Shot）学习。与标准的少样本学习（见图 5-4a）相比，思维链的少样本学习（见图 5-4b）只是在答案前增加了推理步骤。例如，旧的提示词样本可能是"示例问题＋答案＋实际问题"，这种方式是直接给模型输入，以获取问题的答案。然而，引入了 CoT 的提示样本会变成"示例问题＋示例推理过程＋答案＋实际问题"。这里的"示例推理过程"就是解决原问题的思维链，它能引导模型在给出答案前，根据示例，先展示出推理步骤，并把原问题分解为一系列子问题，这有助于模型"思考"。

最重要的是，这种方法无需对模型进行任何改造，就可以显著提高模型的推理能力。其效果立见，以 PaLM-540B 为例，效果提升了近 3 倍。与传统的通过微调来提升模型能力的方式相比，CoT 方法开启了大型模型推理能力提升的新篇章。

2. 零样本思维链（Zero-Shot CoT）

在论文"Large Language Models Are Zero-Shot Reasoners"中，作者提出了一种名为零样本思维链（Zero-Shot CoT）的方法，如图 5-4c 所示，这是一种简洁而高效的提升模型推理能力的策略。该方法的实施非常简单，只需在问题后添加 "让我们一步步思考"（Let's think step by step）的提示词，即可实现，如图 5-4d 所示。这种方式无需额外的样本案例，就可以为模型提供明确的思考方向，逐步解决问题，从而提升了模型解决问题的能力。

这种方法的简单有效，甚至有些神奇。它就像小明的老师引导小明拆解问题再进行解答那样，引导模型进行逐步推理。因此，如果我们在实际操作中想利用 Zero-Shot CoT 来解决推理问题，则可以根据数据集的特性去尝试使用多种不同的提示词，合适的才是最好的。

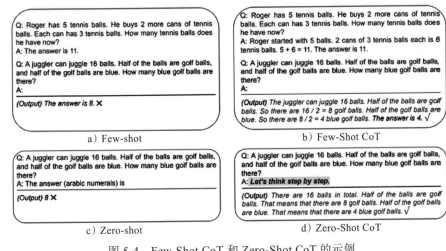

图 5-4　Few-Shot CoT 和 Zero-Shot CoT 的示例

3. 自一致性思维链（CoT-SC）

在论文 "Self-Consistency Improves Chain of Thought Reasoning in Language Models"（https://arxiv.org/abs/2203.11171）中，谷歌大脑团队提出了一种自一致性（CoT-SC）方法，它通过多条不同的推理路径来提高大语言模型推理的准确性。该方法为每个问题生成多个思维链，然后将每条路径生成的最终答案进行众数投票，以提升推理的准确性。例如，在图 5-5 中，CoT-SC 方法对一个问题产生了 3 个 CoT，相当于让模型进行了 3 次推理并生成答案。然后，在这 3 个答案中取众数作为最终答案（如在 18、18、26 中，通过众数投票得到 18）。

这种方法在处理复杂推理任务时表现优秀，但相较于普通的 CoT 方法，它需要花费更多的时间和资源。那么我们是否应该尽可能多地采样以获取更好的结果呢？根据论文的实验结果，当在多个推理数据集上的采样次数 k 达到 20 ~ 40 次时，SC 方法的效果提升开始放缓。当采样 40 次时，大多数数据集的效果趋于饱和。然而，进行 40 次采样需要大量的资源。因此，在使用 SC 方法时，我们需要根据实际需求和资源情况来选择适当的采样次数，以在提升效果和资源占用之间找到平衡。

4. 树思维链（ToT）

树思维链（Tree-of-Thought，ToT），或者称为 "思考之树"，来自论文 "Tree of Thoughts: Deliberate Problem Solving with Large Language Models"（https://arxiv.org/abs/2305.10601），

是一种全新的解决问题策略，它允许大型语言模型跨越多条推理路径进行思考，通过评估多段推理过程，并在需要时进行前瞻或回溯以做出全局性选择，形成一种树状的推理结构，如图5-6所示。

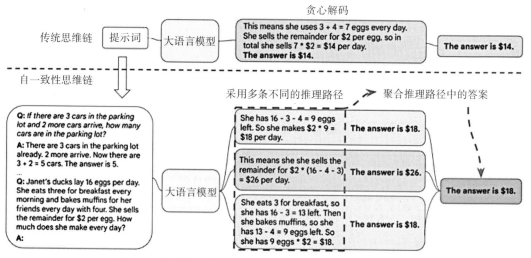

图5-5 传统的思维链方法和自一致性思维链方法的对比

ToT方法主要包括以下4个阶段。

①问题分解。依据问题的特性，将问题拆分成多个中间步骤。每个步骤可以是一句话或一个算式，这取决于问题的本质。

②生成推理过程。假设解决问题需要k个步骤，那么生成每步推理内容的方法有两种：一种是独立采样，模型会在每个状态下独立地从CoT提示中抽取k个推理内容，这些内容不依赖于其他推理内容；另一种是顺序生成，这种方式会逐步使用提示词引导推理内容的生成，每个推理内容都可能依赖于前一个推理内容。

③启发式评估。用启发式方法评估每个生成的推理内容对解决问题的贡献。这种自我评估基于语言模型的自我反馈，例如，设计提示词让模型对多个生成结果进行打分。

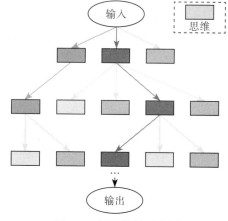

图5-6 树思维链示意图

④搜索算法。根据生成和评估推理内容的方法，选取合适的搜索算法。例如，可以使用广度优先搜索（BFS）或深度优先搜索（DFS）等算法来系统地探索思维树，并进行前瞻和回溯。

以24点游戏为例，这个游戏要求判断给定的4个整数值是否能通过加、减、乘、除操作得到结果24。在使用ToT解决时，如图5-7所示，假如给定的数字是4、9、10和

13，那么我们可以将判断过程分解为以下 3 步：首先，用 13 减 9，得到 4（剩余数为 4、4、10）；接着，用 10 减 4，得到 6（剩余数为 4、6）；最后，将 4 乘 6，得到 24（剩余数为24）。然后在每个步骤中，使用模型生成多个候选答案。对于每个步骤中的候选答案，再使用模型进行评估，如评价候选答案的剩余数是否能通过四则运算得到 24 点。最后，执行BFS，采样得到可行的解决路径。

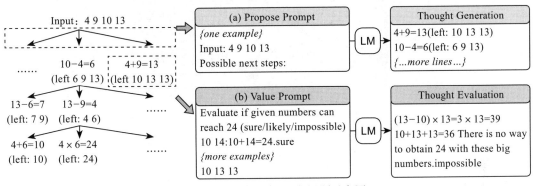

图 5-7　用 ToT 解决 24 点问题示意图

　　ToT 方法的效果显著，以 24 点游戏为例，当使用 GPT-4 模型作为基础模型时，其效果远超过一般的 CoT 方法。例如，SC 和 Few-Shot CoT 在该任务上的准确率只有不到 10%，而 ToT 可以达到 74%。

　　然而，对于任务的易用性来说，使用 ToT 方法需要对任务有深入理解，并能够将任务合理地拆解成有限的步骤。同时，需要根据任务的每个步骤设计相应的生成和评价方法，最后使用 DFS 或 BFS 来采样得到解决方案，也需要选择能够很好跟随提示词指令的基础模型，如 GPT-4 模型。如果满足以上条件，那么 ToT 将会是解决复杂问题的强大工具。

5. 图思维链（GoT）

　　树思维链方法为思维过程强加了严格的树结构，可能会限制模型的推理能力。在论文" Graph of Thoughts: Solving Elaborate Problems with Large Language Models"（https://arxiv.org/abs/2308.09687）中，提出了一个全新的构想，即将 LLM 的思维过程构建为更复杂的图形结构，这种方法被称为图思维链（Graph of Thought，GoT），或者称为"思维图"。从直接输出到 CoT 和 CoT-SC，再到 ToT 以及 GoT，思维链进化示意图如图 5-8 所示。

　　人类的思维过程并不是单一线性或者多线性路径，而是一个复杂的思维网络。例如，我们可能会在探索一条思维链后回溯，再探索另一条，然后意识到可以将前一条思维链中的某个想法与当前思维链结合，从而得到一个全新的解决方案。大脑形成的复杂网络呈现出图形的模式。类似地，算法的执行方式同样呈现出网络的模式，通常可以表现为有向无环图。这些都为 GoT 的设计提供了灵感。

　　但是，要实现 GoT，还需要解决一些设计上的挑战。例如，对于不同的任务，最佳的图结构是什么样的？如何聚合这些思维，以最大化准确性和最小化成本？

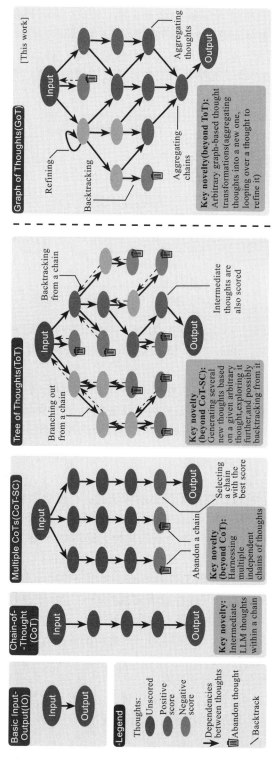

图 5-8 思维链进化示意图

为了解答这些问题，研究者设计了一种实现 GoT 的模块化架构，该设计有两个主要优点。首先，它可以实现对各个思维的细粒度控制，这让用户可以完全控制与 LLM 的对话。其次，这种架构设计具有很好的可扩展性，可以无缝地扩展新的思维变换、推理模式和 LLM 模型，这让用户可以快速地为新的设计思路构建原型，并在各种不同的模型上进行实验。

数学上，GoT 可以被建模为一个元组（G, T, E, R），其中 G 是 LLM 推理过程，T 是可能的思维变换，E 是用于获得思维分数的评估器函数，R 是用于选择最相关思维的排序函数。推理过程被建模为一个有向图 $G = (V, E)$，其中 V 是顶点集，E 是边集。在这个图中，一个顶点代表对当前问题的一个解答，这个问题可以是初始问题、中间问题或最终问题，其具体形式取决于具体的用例。为了推进推理过程，用户可以对图 G 使用各种思维变换。例如，将两个得分最高的思维组合成一个全新的思维，或者对一个思维进行迭代以增强其内容。这些变换严格扩展了 CoT、CoT-SC 或 ToT 中可用的变换集合。在评估和排名思维方面，GoT 的目标是理解当前的解答是否足够好。评分函数 E 被设计为一般函数 $E(v, G, p_\theta)$，其中 v 是所要评估的思维。为了使 E 尽可能通用，它还考虑了整个推理过程 G，因为在某些评估场景中，分数可能与其他思维相关。GoT 还能进行排名，使用函数 $R(G, p_\theta, h)$ 来建模，其中 h 指定了要从 G 中返回的得分最高的思维的数量。

总的来说，GoT 特别适用于那些可以自然分解成更小子任务的任务，这些子任务可以分开解决，然后融合成一个最终解答。在这方面，GoT 的表现优于其他方法，例如，在排序任务上，GoT 比 CoT 和 ToT 的准确率分别提高了约 70% 和 62%，同时成本还比 ToT 低 31% 以上。

总结一下，思维链作为一种特殊的提示词工程，通过引导大语言模型进行逐步推理来生成更准确的结果，在处理涉及数学和符号推理等任务时表现非常出色，是一种非常神奇的能力。此外，思维链还能够让模型的输出更加符合人类需求，在某些特定的情况下甚至表现出优于 RLHF 微调的效果，并且不会给出类似"对不起，我无法回答这个问题"这样的回应。思维链的发展也非常迅速，从链到树，再从树到图，短短两三年的时间就已经完成。

5.1.3　模型微调

目前大模型的微调有两种范式，第一种是全量微调，也就是我们前面介绍的 DeepSpeed 框架的训练方法，会更新模型的所有参数，效果更好，但需要大量的计算资源。第二种是参数高效微调，先冻结原始模型参数，然后引入一个新的层或部分参数，只微调新增的部分。全量微调比较简单，我们在 DeepSpeed 部分已经介绍过相应的方法了，而参数高效微调我们将在后面详细介绍。

5.2　GLM 系列模型

OpenAI 发布了一系列基于 GPT-3.5 或 GPT-4 模型的 AI 产品，在不同领域取得了令人瞩目的成就。然而令人失望的是，作为 LLM 领域绝对的领头羊，OpenAI 没有按照其初衷行事。无论是 ChatGPT 早期采用的 GPT-3，还是后来推出的 GPT-3.5 和 GPT-4 模型，OpenAI 都因为担心被滥用而拒绝开源，并选择了付费订阅模式。

对于大型科技公司来说，自研 LLM 模型几乎是不可避免的，无论是为了展示实力还是出于商业竞争的目的。然而，对于缺乏计算能力和资金的中小企业以及希望基于 LLM 开发衍生产品的开发者来说，开源模型显然是更理想的选择。

在众多开源的大型语言模型中，清华大学的 GLM（General Language Model）系列由于其出色的效果，引起了广大关注。在 2022 年 11 月，斯坦福大学的大模型中心对全球范围内的 30 个重要大模型进行了深度评估。GLM-130B 是唯一被选中的亚洲模型，在评价指标上也展现出了与 GPT-3 175B 相当的表现。特别是在模型的准确性和潜在恶意性方面，GLM-130B 的表现与 GPT-3 175B 十分接近。与 ChatGPT 不同，清华大学开源了基于 GLM 架构开发的 GLM-130B 和 ChatGLM-6B 等一系列模型。自 2023 年 3 月 14 日发布以来，ChatGLM-6B 广受开发者喜爱，3 个月时间在 Hugging Face 上的下载量已经突破了 300 万次。数百个垂直领域的模型和国内外应用都是基于该模型开发的。联想、中国民航、360、美团等公司都选择了 GLM-130B 作为其基座模型。

GLM 系列的模型众多，大部分都是对标 GPT 系列的模型，如图 5-9 所示。为了更好地介绍本节内容，我们先总览一下 GLM 系列的主要模型。

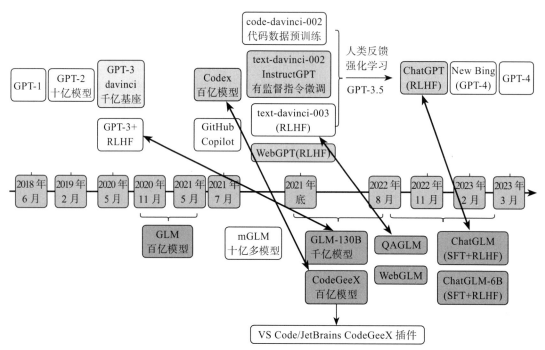

图 5-9   GPT 系列模型和 GLM 系列模型的产品线

❑ GLM：由清华大学、北京智源人工智能研究院等联合发布的百亿模型，使用自回归填空目标进行预训练，并可以在各种自然语言理解和生成任务上进行微调。

❑ GLM-130B：由清华智谱 AI 于 2022 年 8 月开源，该大语言模型是基于 GLM 继续开发的，在归一化、激活函数、掩码机制等方面进行了优化，打造高精度千亿规模中英双语语言模型。

□ CodeGeeX：CodeGeeX 是一个具有 130 亿参数的多编程语言代码生成预训练模型，但它并不是基于 GLM 架构的，而是一个单纯的从左到右的自回归 Transformer 解码器。CodeGeeX 使用华为 MindSpore 框架实现，在 20 多种编程语言的代码语料库（总计超过 8500 亿个 token）上进行了两个月预训练。CodeGeeX 支持 Python、C++、Java、JavaScript 和 Go 等多种主流编程语言的代码生成，能够在不同编程语言之间进行准确的代码翻译转换。

□ ChatGLM 与 ChatGLM-6B：ChatGLM 是基于 GLM-130B 进行指令微调得到的千亿对话模型，弥补了 GLM-130B 在处理复杂问题、动态知识和人类可理解场景方面的限制和不足。ChatGLM-6B 是在相同技术训练后开源的小规模参数量版本，方便开发者进行学习和二次开发。

5.2.1　GLM 与 GLM-130B

GLM 模型和 GPT 模型都是语言模型，但它们的预训练过程有所不同。相对于自回归模型 GPT、自编码模型 BERT 和编码 – 解码模型 T5，GLM 的模型架构使用了单一的 Transformer，采用了自回归填空任务进行训练，通过双向注意力对 masked 字段进行自回归预测。

自回归填空任务，就是先掩盖（mask）部分原始文本，再对掩盖的部分进行预测来实现重建。例如，随机掩盖一个句子中连续的文本区间，然后通过自回归预测来还原这些被掩盖的部分。与其他任务不同的是，GLM 对被掩盖的输入部分使用了和 BERT 相同的双向注意力机制，在生成预测的一侧则使用了自回归的单向注意力机制。

如图 5-10 所示，对于输入的"Like a complete unknown, like a rolling stone"，首先会随机掩盖一些单词或句子，如"complete unknown"，然后在编码器阶段使用双向注意力机制学习掩码处的特征，最后在解码器生成文本时，使用单向注意力机制，通过自回归的方式依次生成被掩盖的单词。

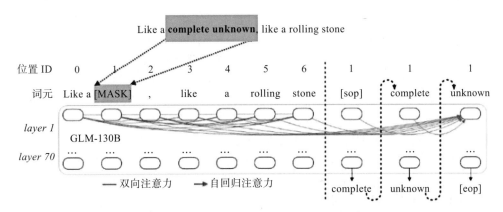

图 5-10　GLM 进行自回归填空预训练示例

这种掩码的方式非常灵活，不仅长度可控，还可以掩盖多处位置，下面以一个更通用的例子来说明。首先，图 5-11a 表示输入的原始文本是 $x_1 \sim x_6$，掩盖其中两个部分：x_3 和 x_5、x_6。然后，将被掩盖的部分用 M 代替，这样就分为了两个部分，A 部分是掩码处理后的原始文本，B 部分是掩盖部分的文本，如图 5-11b 所示。之后，将 A 部分输入 GLM 模型，预测 B 部分，如图 5-11c 所示。需要注意的是，B 部分的内容是可以打乱顺序的。掩盖部分的文本先在开头添加 [S] 词元且在末尾添加 [E] 词元，而二维的位置编码分别表示掩盖部分的文本在原始文本中的位置和掩盖部分的文本内部词元的顺序。最后，如图 5-11d 所示，在 A 部分，各个 token 之间可以相互关联，但不能与 B 部分的任何 token 相互关联。而在 B 部分，各个 token 可以关联到 A 部分和 B 部分中它们所属位置之前的内容，但不能关联到 B 部分中它们位置之后的内容。

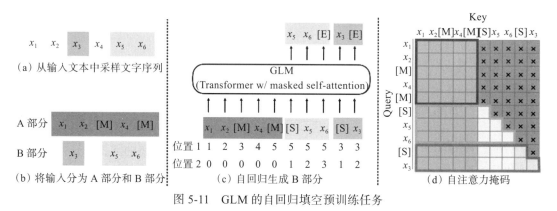

图 5-11 GLM 的自回归填空预训练任务

在模型训练过程中，GLM-130B 采用了多种策略和技术以增强模型的效能和稳定性。首先，为了增强训练的稳定性，使用了 DeepNorm 的归一化方法，其公式为

$$DeepNorm(x) = LayerNorm(\alpha \cdot x + Network(x))$$

其中 $\alpha = (2N)^{\frac{1}{2}}$。

其次，GLM-130B 在位置编码上采用了旋转位置编码（RoPE），在前馈网络上选择了 GeLU 激活函数。在训练设置方面，GLM-130B 的预训练目标不仅涵盖了自监督的自回归天空任务，还涉及一部分多任务学习，以提升其在无监督任务上的性能。其中，预训练数据包括了大量的英文和中文语料库，这包括 1.2T 的英文数据、1.0T 的中文悟道语料库及 250G 的网络爬取的中文语料库。在并行训练和模型配置上，GLM-130B 在一个由 96 个 DGX-A100 GPU 组成的服务器集群上采用 3D 并行策略进行了为期 60 天的训练。

我们的挑战是在模型训练的精度和稳定性之间取得平衡。为了解决这个问题，GLM-130B 采用了混合精度的方法，即在前向和后向过程中使用 FP16，在优化器状态和主要权重中使用 FP32。此外，通过实验发现，嵌入层的梯度收缩能够缓解损失值尖峰的影响，进一步保证 GLM-130B 的训练稳定性。

GLM 根据掩码的长度不同分为 3 种方式：单词级别（MASK）、句子级别（sMASK）和文档级别（gMASK）。在实际使用中，可以根据任务需求设置不同方式的 MASK 比例。例如，如果希望模型具有较强的生成能力，则可以提高文档级别的 gMASK 的比例；如果只是希望模型具有短文本的自然语言理解能力，则可以提高单词级别的 mask 和句子级别的 sMASK 的比例。

GLM-130B 的训练成果表现出了多项优势。它可以同时处理中文和英文，具有高精度的性能表现。在英文方面，它在 LAMBADA 数据集上超越了 GPT-3 175B、OPT-175B 和 BLOOM-176B，准确率分别提升了 4.0%、5.5% 和 13.0%。在 MMLU 数据集上也略微优于 GPT-3 175B，提升了 0.9%。而在中文方面，它在 7 个零样本 CLUE 数据集上提升了 24.26%，在 5 个零样本 FewCLUE 数据集上提升了 12.75%，明显优于 ERNIE Titan 3.0 260B。此外，GLM-130B 还具备高效推理能力，可以在一台 A100 或 V100 服务器上基于 FasterTransformer 快速进行推理，最高速度提升可达 2.5 倍。同时，它支持最低 INT4 精度量化，可以在 4 个 3090 或 8 个 2080Ti 显卡上完成推理。最后，GLM-130B 的训练和推理能力跨平台适配，在 NVIDIA、海关 DCU、昇腾 910 和神威处理器上都可使用。

5.2.2 ChatGLM、ChatGLM-6B 和 ChatGLM2-6B

千亿参数版本的 GLM-130B 由于存在动态知识欠缺、知识陈旧、可解释性不足、缺乏高效的提示词工程等问题，在对话场景中的使用效果不尽如人意。类似于 OpenAI 基于 GPT-3.5 大模型引入 RLHF 后演变出的 ChatGPT，ChatGLM 也采用了类似的方法。

据目前的公开信息显示，ChatGLM 在 MMLU 评测基准上相较于 GPT-3 的 davinci 版本提升了 30%，达到了 ChatGPT（GPT-3.5-turbo）的 81%；在非数学知识场景中达到了 ChatGPT（GPT-3.5-turbo）的 95%；在非数学推理场景中达到了 ChatGPT（GPT-3.5-turbo）的 96%；在高考、SAT、LSAT 等考试的综合成绩上，达到了 ChatGPT（GPT-3.5-turbo）的 90%。

目前千亿参数版本的 ChatGLM 处于内测状态，还没有充分公开信息。为了推动大模型技术的发展，清华团队开源了 62 亿个参数版本的 ChatGLM-6B 模型。该模型具有以下特点：它在中英双语预训练上进行了充分的优化，使用了 1T 的中英语料进行训练，并优化了模型架构和大小，使得研究者和个人开发者能够进行微调和部署。此外，ChatGLM-6B 在部署门槛上较低，以 FP16 半精度进行推理时只需要 13GB 的显存，而结合模型量化技术，所需显存需求可以进一步降低到 10GB（INT8）和 6GB（INT4），能够在消费级显卡上进行部署。此外，ChatGLM-6B 的序列长度达到了 2048，支持更长的对话和应用。ChatGLM-6B 通过使用有监督微调、反馈自助、人类反馈强化学习等方式，使模型能初步理解人类指令意图，并以 markdown 格式输出结果，便于展示。

ChatGLM-6B 也存在一些已知的局限和不足。首先是模型容量较小，导致其在模型记忆和语言能力上相对较弱，在面对事实性知识任务时可能会产生错误的信息，并且在逻辑类问题上表现不佳。其次，可能会生成有害说明或有偏见的内容。此外，ChatGLM-6B 在多轮对话中的上下文理解能力还不够强大，在长答案生成和多轮对话的场景中可能会出现上下文丢失和理解错误的情况。另外，由于训练时大部分指示为中文，只有少部分为英文，因此在使用英文指令时，其回复的质量可能不如中文指令下的回复，并可能与中文指令下的回复产生矛盾。虽然 ChatGLM-6B 经过了约 1 万亿个词元的双语预训练，以及指令微调和人类反馈强化学习，但在某些指令下仍可能会产生有误导性的内容。

为了进一步推动大模型开源社区的发展，2023 年 6 月，清华大学与智谱 AI 又发布了 ChatGLM-6B 的升级版——ChatGLM2-6B。它不仅保留了第一代模型流畅的对话体验和较低的部署门槛，还引入了一些新的特性。

首先，ChatGLM2-6B 在性能上有了显著的提升。基于第一代模型的开发经验，ChatGLM2-6B 的基础模型全面升级。它采用了 GLM 的混合目标函数，并经过了 1.4T 中英标记的预训练和人类偏好对齐训练。评测结果显示，与第一代模型相比，ChatGLM2-6B 在多个数据集上的性能都有大幅度的提升，并在同尺寸的开源模型中展现出强大的竞争力。

其次，ChatGLM2-6B 在处理长上下文的能力上也有所增强。利用 FlashAttention 技术，基础模型的上下文长度从第一代的 2000 扩展到了 32 000。在对话阶段，模型使用了 8000 的上下文长度进行训练。此外，还有一款支持更长上下文的 ChatGLM2-6B-32K 模型。从 LongBench 的评测结果来看，ChatGLM2-6B-32K 在同等级别的开源模型中具有明显的竞争优势。

再次，ChatGLM2-6B 在推理效率上也有所优化。通过使用 Multi-Query Attention 技术，ChatGLM2-6B 在推理速度和显存占用上都有所提升。具体来说，推理速度相比第一代提升了 42%，而在 INT4 量化下，6G 显存支持的对话长度由 1000 提升到了 8000。

最后，ChatGLM2-6B 对学术研究完全开放，并允许使用者在填写问卷进行登记后免费用于商业场景。总的来说，ChatGLM2-6B 在继承了第一代优点的同时，还在性能、上下文处理能力和推理效率等方面做出了显著的提升。

5.2.3　ChatGLM 与 ChatGPT 的区别

前面我们介绍过 GPT 系列的模型，包括 ChatGPT 在内，全部都是采用仅 Transformer 解码器结构，这种架构设计更加简洁。ChatGLM 采用了一种典型的 Transformer 的"编码器 – 解码器"架构，利用编码器获取输入文本的信息，然后解码器利用这些信息通过自回归的方式输出文本，从而实现自然语言的生成与理解。

在训练方面，目前的 ChatGLM 是基于 GLM 进行有监督微调训练的，而 ChatGPT 则是基于人工反馈的强化学习训练的。ChatGPT 的训练包括了 4 个步骤：预训练、有监督微调、奖励模型和强化学习。而 ChatGLM 可能只使用了预训练和有监督微调这两个步骤。

注意：ChatGLM-6B 的 GitHub 中提到使用了类似于 ChatGPT 的技术来优化中文问答和对话，经过了约 1T 的中英双语训练，并进行了监督微调、反馈自助和人类反馈强化学习等技术加持，但截止到 2023 年 9 月，还没有 ChatGLM 的论文提供相关的技术细节，如奖励模型的来源和人工反馈数据的来源等，因此还存在一些疑问。

在模型参数规模方面，目前 ChatGLM-6B 模型的参数量仅为 62 亿，而 ChatGPT 无论是 GPT-3.5 还是 GPT-4，参数量都达到上千亿级。根据目前业界的一些论文，参数规模在千亿级范围内，会对模型的能力上限产生影响。

5.3　参数高效微调

根据我们前面对模型参数量的介绍，ChatGLM2-6B 有 60 亿个参数，如果用 16 位浮点数加载的话，也就是 120 亿字节，大小差不多是 12GB。如果要微调 ChatGLM2-6B，前向传播的激活值和反向传播的梯度大小跟模型参数是保持一致的，加起来是 24GB。优化器中 32 位浮点数模型参数的备份占 24GB、32 位浮点数的动量和方差占 48GB。因此，从理论上计算，要微调此模型至少需要 12+24+24+48=108GB 的空间。目前比较高端的显卡是 NVIDIA 的 A100，官方标价是 1 万美元 / 个，也只有 80GB 显存。这样计算下来，单卡似乎不可能微调 ChatGLM2-6B，实则不然，我们本节将介绍的参数高效微调技术让我们在消费级显卡上也能微调大模型。

随着大语言模型的普及，如何在普通消费级 GPU 上进行大模型的微调成为一个热门话题，尤其是对于 NLP 算法工程师来说，掌握参数高效微调技术变得至关重要。传统的微调通常需要对预训练的模型的所有参数进行更新，以适应不同的下游任务，这样每个任务都需要保存一份微调后的模型参数，这不仅耗时、耗存储空间，还会存在灾难性遗忘的问题。参数高效微调冻结了大部分预训练模型参数，仅对模型的少量或额外参数进行微调。这样一来，计算和存储成本大大降低，同时能够实现与全量参数微调相当的性能。参数高效微调技术在某些情况下的表现甚至比全量微调更好，能够更好地泛化到域外场景。

参数高效微调技术主要可以分为 3 类：增加额外参数、更新部分参数和引入重参数化。本节我们将主要介绍增加额外参数的方法。此方法又可以细分为适配器（Adapter-like）和软提示（Soft Prompts）两类，其中的软提示方法就是指我们前面介绍的连续提示词工程。

5.3.1　Adapter Tuning

Adapter Tuning 是一种适配器方法，来自论文"Parameter-Efficient Transfer Learning for NLP"（https://arxiv.org/abs/1902.00751）。该方法通过在每个 Transformer 层中添加两个用于下游任务的 Adapter 层，并且仅对添加的 Adapter 层进行参数更新，冻结原预训练模型。Adapter Tuning 方法大约增加了 3.6% 的参数量，相比于全量微调大幅减少了训练时的算力开销。这样的设计可以在新的下游任务出现时，只通过添加新的 Adapter 层，便可生成易于扩展的模型，避免了全量微调带来的灾难性遗忘问题。

Adapter 层集成到 Transformer 的具体结构如图 5-12 所示。图 5-12 的左图是一个 Adapter 层的结构，由两个前馈子层组成，其中输入向量（维度为 d）首先通过第一个前馈子层（down-project）降维（维度为 m），然后通过非线性激活层后，再由第二个前馈子层（up-project）升维到原来的维度。为了限制 Adapter 层的参数量，通常设定 m 远小于 d。此外，Adapter 模块还通过跳跃连接（skip connection）将输入重新加入输出中，这使得即使 Adapter 的参数初始化接近 0，也能保证接近于恒等映射，从而确保训练的有效性。图 5-12 的右图表示将 Adapter 层集成到 Transformer 中，对于 Transformer 的每一层，都将添加两个 Adapter 层，分别是在多头注意力之后和前馈神经网络之后。

实验结果表明，Adapter Tuning 方法的效果可与全量微调相媲美，且 Adapter 中间层特

征维度 m 的最佳值取决于数据集的大小。例如，对于最小的 RTE 数据集，m 的最佳值为 8；而对于 MINI 数据集，m 的最佳值为 256。然而，如果将 m 始终设置为 64，则将导致平均准确率略下降。

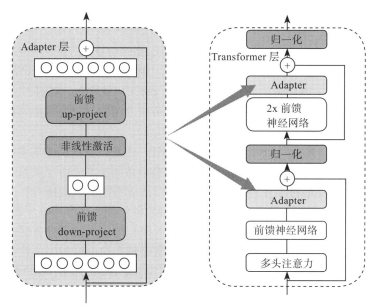

图 5-12　Adapter 层的架构以及与 Transformer 的集成

　　总的来说，Adapter Tuning 通过添加相对较少的模型参数（0.5% ～ 5%），可以达到与全量微调模型相近的性能，其性能落后不超过 1%。但是，这种设计也存在一个明显的劣势：添加 Adapter 后，模型整体的层数增加，会导致训练和推理速度变慢。这是因为 Adapter 层需要消耗额外的计算资源，且在进行并行训练时，Adapter 层会产生额外的通信量，从而增加通信时间。

5.3.2　Prompt Tuning

　　Prompt Tuning 是一种软提示方法，来自论文 "The Power of Scale for Parameter-Efficient Prompt Tuning"（https://arxiv.org/abs/2104.08691），旨在解决全量微调的高开销和高成本，以及人工设计提示词的成本高且效果不理想的问题。Prompt Tuning 学习而非手动设计提示词，并在训练过程中仅更新 prompt 部分参数，以保持模型原始权重不变。这样，同一个模型可以应用于多个任务，大大提高了效率。

　　如图 5-13 所示，Prompt Tuning 对每个任务定义特定的 Prompt token（长度为 k），然后在输入层将其与数据拼接作为输入。具体来说，就是将 $X = [x_1, x_2, ..., x_m]$ 变成 $X' = [x'_1, x'_2, ..., x'_k; x_1, x_2, ..., x_m]$，然后 $Y = WX'$。这种方法在保留整个预训练模型参数不变的同时，只允许在每个下游任务的上更新额外 k 个 token，使得只增加不到 0.01% 的任务特定参数，就可微调超过 10 亿个参数的模型。

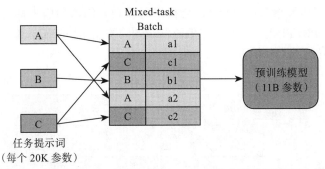

图 5-13　Prompt Tuning 中任务特定 token 与输入提示词拼接示意图

实验发现，随着预训练模型参数量的增加，Prompt Tuning 的效果趋近于全量微调。Prompt token 的初始化方法和长度对模型性能也有影响。通过消融实验发现，与随机初始化和使用样本词汇表初始化相比，使用类标签初始化模型的效果更佳。然而，随着模型参数规模的增加，这种差距最终会消失。同样，虽然在 Prompt token 长度为 20 左右时，模型表现最佳，但是增加 Prompt token 长度对模型性能的影响不大。

综上所述，Prompt Tuning 通过在连续可微参数空间内通过端到端的方式自动搜索prompt，代替了之前在离散空间内手动或自动设计提示词的方法。这使得 Prompt Tuning 能够在大模型（如 10B 级别）上与全量微调取得相当的效果（尽管在小模型上性能稍逊）。

5.3.3　Prefix-Tuning

Prefix-Tuning（前缀微调）也是一种软提示方法，来自论文"Prefix-Tuning: Optimizing Continuous Prompts for Generation"（https://arxiv.org/abs/2101.00190）。如图 5-14 所示，传统微调（Fine-Tuning）会更新模型所有的参数，并且需要为每个任务存储一个完整的模型副本。相比于传统微调，前缀微调冻结了预训练模型的参数，通过添加可训练的针对任务的特定前缀来适应不同任务，存储的时候也只需要存储前缀部分，从而减少了微调的成本。

Prefix-Tuning 的原理有点类似于 GPT-3 的上下文学习，只不过上下文学习中给的前缀是人工设计的离散化的提示词，对于最终的输出结果比较敏感，多一个词或少一个词都会对结果产生较大的影响。Prefix-Tuning 对于每个任务添加的前缀则相当于连续可微的提示词，只不过它并不是直接体现在输入上，而是添加到模型的嵌入层，将人工设计模板中的真实词元替换为可微分的虚拟词元。具体来说，就是将 $Y=WX$ 中的 W 变成 $W' = [W_p; W]$，$Y=W'X$。

Prefix-Tuning 的研究者发现，直接优化添加的前缀参数会导致训练不稳定和模型效果下降，因此又增加了一个 MLP 映射：

$$h_i = \begin{cases} P_\theta[i,:] = \mathrm{MLP}_\theta(P'_\theta[i,:]), i \in P_{\mathrm{idx}} \\ \mathrm{LM}_\phi(z_i, h_{<i}), i \in P_{\mathrm{idx}} \end{cases}$$

Prefix-Tuning 针对不同的模型架构设计了不同的前缀结构。如图 5-15 所示，针对自回归架构模型，如 GPT，会在句子前面添加前缀，得到的输入序列形如 [PREFIX; x; y]。对于编码器－解码器架构模型，如 BART，会在编码器和解码器的输入都增加前缀，输入序列形如 [PREFIX; x; PREFIX'; y]。其中，编码器端的前缀用于引导输入部分的编码，解码器端的前缀则用于引导后续 token 的生成。

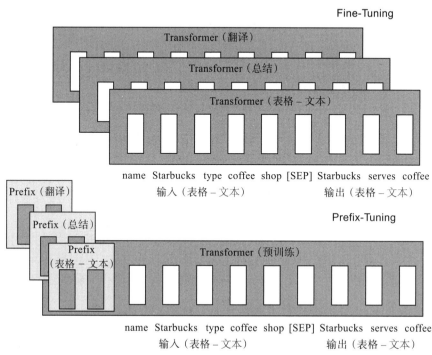

图 5-14　传统微调（上）与前缀微调（下）对比

前缀在微调过程中起着至关重要的作用，它可以引导模型提取输入信息，以便更好地生成输出。例如，在文本摘要任务中，经过微调的前缀可以引导模型提取关键信息以生成摘要；在情感分类任务中，前缀可以引导模型提取输入中与情感相关的信息。

在实际应用中，前缀添加的词元个数是一个超参数，需要精心设计。直接在嵌入层添加前缀虽然简单，但是引入的可训练参数较少，因此效果可能并不如在每一层都加入前缀更好。所以，在 Prefix-Tuning 的论文中，研究者设计了 3 个实验：全量微调；只在前两个嵌入层加入前缀并微调（Embedding-only）；在所有层都加入前缀并微调（Full）。实验结果显示，Embedding-only 前缀微调的效果要比全量微调的效果好一些，这可能是因为全量微调存在灾难性遗忘的问题，而前缀微调会更加倾向于保留预训练模型的能力。Full 前缀微调的性能显著优于 Embedding-only 前缀微调的性能，这可能是因为 Full 前缀微调引入了更多的可学习参数。

Prefix-Tuning 的优势明显。首先，它放弃了传统的人工或半自动的离散空间的硬提示设计，转而采用连续可微空间的软提示设计，通过端到端优化来学习不同任务对应的 prompt 参数；其次，与其他微调方式（如 Adapter）相比，Prefix-Tuning 在同等优化参数的情况下表现更优，甚至可以与全量微调相媲美。

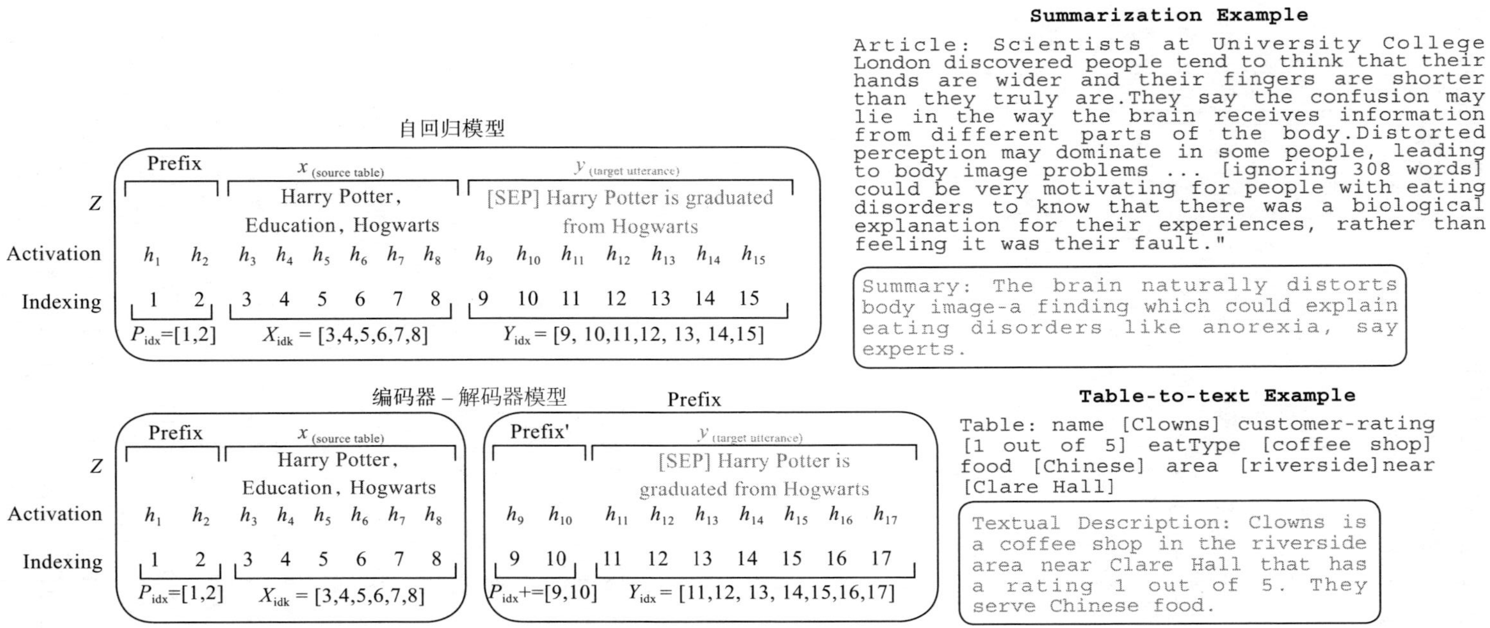
自回归模型
Prefix
x (source table)
Harry Potter, Education, Hogwarts
y (target utterance)
[SEP] Harry Potter is graduated from Hogwarts
Z
Activation
Indexing
h1 h2 h3 h4 h5 h6 h7 h8 h9 h10 h11 h12 h13 h14 h15
1 2 3 4 5 6 7 8 9 10 11 12 13 14 15
Pidx=[1,2]
Xidk = [3,4,5,6,7,8]
Yidx = [9, 10,11,12, 13, 14,15]
编码器 – 解码器模型
Prefix
Prefix'
[SEP] Harry Potter is graduated from Hogwarts
h1 h2 h3 h4 h5 h6 h7 h8 h9 h10 h11 h12 h13 h14 h15 h16 h17
1 2 3 4 5 6 7 8 9 10 11 12 13 14 15 16 17
Pidx+=[9,10]
Yidx = [11,12, 13, 14,15,16,17]
Summarization Example
Article: Scientists at University College London discovered people tend to think that their hands are wider and their fingers are shorter than they truly are.They say the confusion may lie in the way the brain receives information from different parts of the body.Distorted perception may dominate in some people, leading to body image problems ... [ignoring 308 words] could be very motivating for people with eating disorders to know that there was a biological explanation for their experiences, rather than feeling it was their fault."
Summary: The brain naturally distorts body image-a finding which could explain eating disorders like anorexia, say experts.
Table-to-text Example
Table: name [Clowns] customer-rating [1 out of 5] eatType [coffee shop] food [Chinese] area [riverside]near [Clare Hall]
Textual Description: Clowns is a coffee shop in the riverside area near Clare Hall that has a rating 1 out of 5. They serve Chinese food.

图 5-15　前缀微调分别用于自回归模型和编码器 – 解码器模型

然而，Prefix-Tuning 也存在一些挑战和限制。首先，训练过程可能相对困难，模型的性能并不严格随前缀参数量的增加而提高；其次，添加了前缀之后，原始文字数据的空间就会减少，可能会降低原始文字中提示词的表达能力。

5.3.4 P-Tuning

P-Tuning 作为软提示方法之一，来自论文"GPT Understands, Too"（https://arxiv.org/abs/2103.10385），要解决的问题也是离散的提示词搜索对于输入变化过于敏感的问题。其思路与 Prefix-Tuning 类似，同样是加入可微分的虚拟词元，只不过 P-Tuning 仅限于在输入部分添加，而不是在每一层都添加。此外，虚拟词元的位置也不一定是在前缀，可以灵活选择，既可以在中间也可以在最后，如图 5-16b 所示。

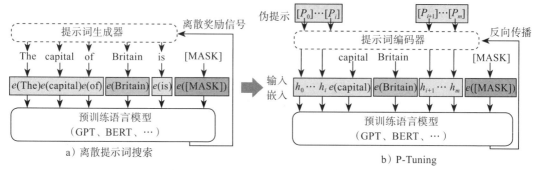

图 5-16 提示词搜索"The capital of Britain is [MASK]"

给定上下文（Britain）和目标（[MASK]），其余部分就表示要搜索的提示词。在图 5-16a 中，提示词生成器只能接收到离散的奖励信号。在图 5-16b 中，P-Tuning 可以通过多种方式优化虚拟词元和提示词编码器。

由于经过预训练后的嵌入层参数往往是高度离散的，如果随机初始化虚拟词元则容易优化到局部最优解。然而，P-Tuning 的研究者认为插入的虚拟词元之间应该是存在相关性的，因此，如何准确建模也是一个问题。P-Tuning 的研究者在实验中发现，用一个提示词编码器（LSTM+MLP）来编码虚拟词元能够让模型收敛得更快，其中 LSTM 起到重参数化加速训练的作用，效果也更好，也就是说 $h_i = \text{MLP}([\text{LSTM}(h_{0:i}) : \text{LSTM}(h_{i:m})])$。除此之外，P-Tuning 还引入了少量自然语言提示词作为锚字符（Anchor，如图 5-16 中的"Britain"），进一步提升了模型的效果。

实验结果表明，P-Tuning 在微调效果上能够与全量微调相匹敌，甚至在某些任务中表现得更优秀。P-Tuning 的具有以下特点：同样放弃了模板必须由自然语言构成的要求，采用虚拟 token 构造软提示，并通过端到端方式在连续空间优化 prompt 参数，使其在自然语言理解任务中得以应用。这使得 GPT 在这类任务上的性能得以和 BERT 相提并论，甚至在某些情况下超过 BERT。P-Tuning 还考虑了虚拟标记之间的依赖关系，并引入了提示词编码器（LSTM）来刻画这种关系。此外，P-Tuning 还指定了某些上下文词作为虚拟标记的初始化，并采用了混合提示策略，将连续提示与离散 token 进行混合。

然而，P-Tuning 的微调方法并非完全普适。实验显示，当模型规模超过 100 亿个参数时，P-Tuning 的表现可以与全量微调相媲美，但对于规模较小的模型，P-Tuning 与全参数微调的表现有很大的差距。此外，P-Tuning 在跨任务的通用性上也存在问题，在序列标注任务中的有效性并未得到证明。序列标注需要预测一系列的标签，这些标签大部分是没有实际意义的，这对于 P-Tuning 方法构成了挑战。P-Tuning 的虚拟词元只插入模型最开始的嵌入层，而输入序列的长度是有限制的，因此导致可调参数量有限。最后，当模型层数较多时，微调的稳定性难以保证。模型层数越多，第一层输入的提示词对后面层的影响就越难以预测。

5.3.5　P-Tuning v2

P-Tuning v2 来自论文 " P-Tuning v2: Prompt Tuning Can Be Comparable to Fine-tuning Universally Across Scales and Tasks"（https://arxiv.org/abs/2110.07602），是 P-Tuning 的改进版，主要解决了上述 P-Tuning 存在的一些问题。

P-Tuning v2 微调方法借鉴了 Prefix-Tuning 微调的思想，在 Transformer 的每一层都增加了可微调的前缀参数，这带来了更多可学习的参数，与 P-Tuning 只在第一层进行微调的做法有所不同。此外，P-Tuning v2 的作者发现重参数化的编码器会影响模型效果。如 Prefix-Tuning 中的 MLP 和 P-Tuning 中的 LSTM，因此在 P-Tuning v2 中移除了重参数化的编码器。

与 P-Tuning v1 相比，P-Tuning v2 的一个重要改进是将连续提示应用于预训练模型的每一层，而不仅仅是输入层。尽管 P-Tuning v2 与 Prefix-Tuning 方法相似，但是 P-Tuning v2 主要面向自然语言理解领域，而 Prefix-Tuning 主要面向文本生成领域，如图 5-17 所示，浅色部分表示可训练的参数，深色表示被冻结的参数。针对不同的任务采用不同的提示词长度往往能够实现更好的效果，对于比较简单的分类任务可以用较短的提示词（小于 20 个 token），而对于比较复杂的理解任务则可以用较长的提示词（100 个左右 token）

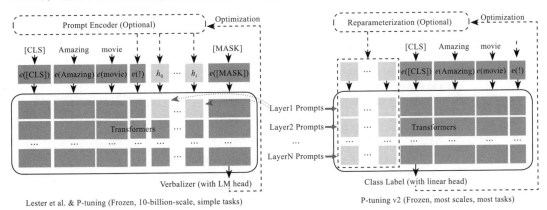

图 5-17　P-Tuning 与 P-Tuning v2 对比

实验证明，即使是难度在比较大的序列标注任务上，P-Tuning v2 的效果也跟全量微调的效果相当，并且微调的参数量仅占了总参数的 0.1% ～ 3%。P-Tuning v2 可以看作基于 Prefix-Tuning 的一个更通用的优化版本，具有更好的灵活性和可学习参数的数量。该方法在自然语言理解任务中展现了出色的性能，并且具有更广泛的适用性。

5.3.6 ChatGLM2-6B 的 P-Tuning v2 微调

ChatGLM2-6B 的代码仓库中提供了该模型基于 P-Tuning v2 的微调代码，可以将需要微调的参数量减少到全量参数的 0.1%，再通过一些模型量化、梯度检查点等方法，最低只需要 7GB 显存就可以进行微调。

接下来，我们从深交所互动易的问答模块爬取了 1000 多条问答数据，并将每一个问答对都组成 "{"question": " 问题 ", "answer": " 答案 "}" 的形式，用于微调模型，代码如下所示。

```python
import requests
import json

def post_request(url, data):
    headers = {
        "User-Agent": "Mozilla/5.0 (Windows NT 10.0; Win64; x64) AppleWebKit/537.36
            (KHTML, like Gecko) Chrome/94.0.4606.71 Safari/537.36",
        "Content-Type": "application/x-www-form-urlencoded"
    }
    response = requests.post(url, headers=headers, data=data)
    if response.status_code == 200:
        return response.json()
    else:
        return None

def get_questions_and_answers():
    base_url = "http://irm.cninfo.com.cn/newircs/index/search"
    params = {"pageNo": 1, "pageSize": 10, "searchTypes": "1,11", "highLight":
        "true"}
    question_list = []
    total_pages = 200

    for page in range(1, total_pages + 1):
        params["pageNo"] = page
        response = post_request(base_url, params)
        if response and "results" in response:
            results = response.get("results", [])
            for result in results:
                question = result.get("mainContent")
                company_name = result.get("companyShortName")
                stock_code = result.get("stockCode")
                answer = result.get("attachedContent")
                if answer:
                    question_list.append({"question": f" 问 {company_name}({stock_
                        code}): {question}", "answer": answer})
```

```
        print("Page {} processed".format(page))
    return question_list

def save_to_file(question_list):
    with open("./DataSet/深交所互动易.json", "w", encoding="utf-8") as file:
        for item in question_list:
            json.dump(item, file, ensure_ascii=False)
            file.write("\n")

if __name__ == "__main__":
    questions_and_answers = get_questions_and_answers()
    save_to_file(questions_and_answers)
```

上述代码运行完毕后，会在 DataSet 目录下创建一个"深交所互动易 .json"文件，数据量不是很大，我们可以手动将其分为 1000 条训练数据"train.json"和剩下的测试数据"dev.json"。

下载 ChatGLM2-6B 的代码仓库，安装相关依赖。为了微调，还需要单独安装一些其他的依赖包。

```bash
git clone https://github.com/THUDM/ChatGLM2-6B
cd ChatGLM2-6B
pip install -r requirements.txt
pip install rouge_chinese nltk jieba datasets
```

然后，进入 ptuning 文件夹，这是官方实现好的微调案例。接下来，需要创建一个文件夹 finetune_data，将"train.json"和"dev.json"两个文件放入此文件夹。最后，编写一个训练脚本 finetune.sh。

```bash
torchrun main.py \
    --do_train \
    --train_file finetune_data/train.json \
    --validation_file finetune_data/dev.json \
    --preprocessing_num_workers 10 \
    --prompt_column question \
    --response_column answer \
    --overwrite_cache \
    --model_name_or_path THUDM/chatglm2-6b \
    --output_dir output/finetune-chatglm2-6b-pt \
    --overwrite_output_dir \
    --max_source_length 128 \
    --max_target_length 512 \
    --per_device_train_batch_size 2 \
    --per_device_eval_batch_size 1 \
    --gradient_accumulation_steps 16 \
    --predict_with_generate \
    --max_steps 2000 \
    --logging_steps 100 \
    --save_steps 100 \
```

```
--learning_rate 2e-2 \
--pre_seq_len 128 \
--quantization_bit 4
```

接下来介绍一下上述部分训练参数的意义。

- ❑ train_file、validation_file：训练文件和验证文件。
- ❑ prompt_column、response_column：用于设置模型的输入列和输出列。
- ❑ per_device_train_batch_size、gradient_accumulation_steps：梯度累计，若每次训练的批量大小为 2，每 16 轮训练更新一次参数，则等价于每次训练的批量大小为 32。
- ❑ max_steps：最大训练步数。
- ❑ logging_steps：每当达到该参数值的训练步数则打印一次日志。
- ❑ save_steps：每当达到该参数值的训练步数则保存一次模型。
- ❑ learning_rate：微调的学习率。
- ❑ pre_seq_len：软提示的长度。
- ❑ quantization_bit：模型参数量化等级，若不配置，则默认采用 FP16 的精度进行加载。

在 P-Tuning v2 训练完成后，只保存 PrefixEncoder 部分的参数。因此，在推理时，我们需要同时加载原始的 ChatGLM2-6B 模型和 PrefixEncoder 的权重。为了实现这一点，我们再创建一个 evaluate.sh 并指定相应的参数。

```
bash
CHECKPOINT=finetune-chatglm2-6b-pt
STEP=2000

torchrun main.py \
    --do_predict \
    --validation_file finetune_data/dev.json \
    --test_file finetune_data/dev.json \
    --overwrite_cache \
    --prompt_column question \
    --response_column answer \
    --model_name_or_path THUDM/chatglm2-6b \
    --ptuning_checkpoint ./output/$CHECKPOINT/checkpoint-$STEP \
    --output_dir ./output/$CHECKPOINT \
    --overwrite_output_dir \
    --max_source_length 128 \
    --max_target_length 512 \
    --per_device_eval_batch_size 1 \
    --predict_with_generate \
    --pre_seq_len 128 \
    --quantization_bit 4
```

5.4　大语言模型应用框架：LangChain

OpenAI 的 ChatGPT 之前有一个很大的缺陷，就是无法联网，它只能基于自己学过的知识来给出回答，而不能获取实时信息。2023 年 9 月，ChatGPT 通过插件引入了访问

Bing 的功能，虽然能够获取一些实时信息，但它本质上并不是一个实时学习模型，它的训练数据依然是有时限的，并不能永远学习最新的数据，也就是说，ChatGPT 存在"知识断层"。在很多专业领域中，人们不断发现新的知识、制定新的规则以及优化实践流程，这些新的信息并不在 ChatGPT 的语料库中，因此它也很难有效地处理这些内容。

除此之外，ChatGPT 也只是一个聊天机器人，并不能读取任何文件，也不能编写任何文件。这些功能都是原生的 ChatGPT 所不具有的，但它的语言学习能力毋庸置疑，因此，本节我们将介绍一个非常强大的框架——LangChain。LangChain 是一个开源的语言模型框架，它可以对大模型的语言能力进行扩展，让大模型和环境之间能够进行交互，并且还能够与外部数据进行结合。尽管通过提示词工程的方式能够有效地提升 LLM 应用的开发效率，但是此过程中可能会产生大量的用于整合各部分的"胶水代码"。LangChain 所起到的作用即是将其中的公共部分提炼出来。

5.4.1　快速开始

在本节，我们将通过一个例子来快速熟悉 LangChain。我们先通过下面第一条命令安装 LangChain 以及所有依赖，可能会花费比较久的时间。如果只想单纯安装 LangChain，其他的依赖等到用到的时候再安装，则可以选择第二条命令。

```bash
pip install langchain[all]
pip install langchain
```

ChatGLM2-6B 也实现了 OpenAI 格式的 API 部署，这样就可以替换任意基于 ChatGPT 的应用的后端。通过下面这条命令可以将其启动，后面 LangChain 的教程中基于 OpenAI 的 API 实现的功能都可以替换为 ChatGLM-6B。

```bash
cd ChatGLM2-6B
python openai_api.py
```

然后就可以像调用 OpenAI 的接口一样调用 ChatGLM。

```python
import openai
if __name__ == "__main__":
    openai.api_base = "http://localhost:8000/v1"
    openai.api_key = "none"
    for chunk in openai.ChatCompletion.create(
        model="chatglm2-6b",
        messages=[{"role": "user", "content": "你好"}],
        stream=True
    ):
        if hasattr(chunk.choices[0].delta, "content"):
            print(chunk.choices[0].delta.content, end="", flush=True)
```

LLMChain 是 LangChain 应用程序的核心构建块，接下来我们将详细介绍。
LLMChain 由 3 个部分组成。

❑ LLM：语言模型是 LangChain 的核心推理引擎，它提供了不同类型的语言模型 API，接入和使用都非常方便。

❑ 提示模板：用于提供给 LLM 的指令，它控制 LLM 的输出，因此了解如何构建提示词和不同的提示策略至关重要。

❑ 输出解析器：将 LLM 的输出结果转换为可操作的格式，使其可以迁移到下游使用。

在本节，我们首先会单独介绍这 3 个组件，然后介绍 LLMChain，它将这 3 个组件结合到了一起。

1. LLM

在 LangChain 中，语言模型分为两种类型：第一种是常规的语言模型 LLM，以一个字符串作为输入，并返回一个字符串作为输出。第二种是对话模型 ChatModel，以一个消息列表作为输入，并返回一个消息作为输出。由于我们最终要构建的是一个问答机器人，所以本节我们主要介绍对话模型 ChatModel。

在对话模式中，一条消息就是一个 ChatMessage 对象，其中包含两个必需的组件：content，即消息的内容；role，即消息所属实体的角色。LangChain 提供了几个对象，用于区分不同的角色。

❑ HumanMessage：来自用户的消息。

❑ AIMessage：来自 AI 的消息。

❑ SystemMessage：来自系统的消息。

❑ FunctionMessage：来自函数调用的消息。

如果没有合适的角色，还可以使用 ChatMessage 类手动指定角色，但需要注意的是，ChatGLM2-6B 接入 LangChain 目前仅支持 HumanMessage。

LangChain 也为这两种模型提供了两个预测方法。

❑ predict：以一个字符串作为输入，返回一个字符串作为输出。

❑ predict_messages：以一个消息列表作为输入，返回一个消息作为输出。

```python
from langchain.chat_models import ChatOpenAI
from langchain.schema import HumanMessage
chat_model = ChatOpenAI(model="chatglm2-6b", openai_api_key="none", openai_api_
    base="http://localhost:8000/v1")
chat_model.predict(" 你好 ")
# >>> ' 你好! 我是人工智能助手 ChatGLM2-6B，很高兴见到你，欢迎问我任何问题。'
messages = [
    HumanMessage(content=" 你是一个能够解读上市公司年报的智能机器人，了解大量的专业金融和商
        业术语，能够进行深度金融分析。"),
]
chat_model.predict_messages(messages)
# >>> AIMessage(content=' 是的，我是一个基于人工智能技术的机器人，能够解读和分析上市公
        司年报。我拥有大量专业的金融和商业术语，能够进行深度金融分析，为投资者提供有价值的信息
        和建议。同时，我也能够根据投资者的需求提供定制化的分析报告，以满足不同投资者的需求。',
    additional_kwargs={}, example=False)
```

这两种方法也可以通过关键字参数传递参数。例如，可以传递 temperature=0 来调整模型生成时的"温度"。

语言模型最终输出的是一个带有概率的单词列表。那么应该选择哪个单词呢？一般认为应该选择概率最高的单词，但是如果每次都选择概率最高的单词，那么最终可能会得到一篇非常普通的文章，没有什么创新之处。相反，如果时不时地选择一些概率较低的单词，这种"突发奇想"可能最终会得到一篇更有趣的文章。这种随机性也意味着，如果我们多次使用相同的提示词，很可能每次都会得到不同的输出。这个随机的过程就是由 temperature 参数决定的，它规定了较低排名的单词会被使用的频率。对于文章生成，这个"温度"最好设置为 0.8。

2. 提示模板

当我们通过大模型构建应用时，很多时候会有一些重复的指令，因此，通过 LangChain 构建的应用程序，很多时候并不会直接将用户输入的指令传递给 LLM，而是将其嵌入一个更大的上下文模板中，称为提示模板（Prompt Template）。

例如，当我们想做一个能给公司起名字的应用时，那么用户应该只需要输入公司或产品的描述，如下所示。

```python
prompt = PromptTemplate.from_template("我们公司是做 {product} 的，请帮我给公司起个名字。")
input_prompt = prompt.format(product="前后端开发、AI 模型搭建")
print(f"input_prompt: {input_prompt}")
print(f"model_output: {chat_model.predict(input_prompt)}")
# >>> input_prompt: 我们公司是做 前后端开发、AI 模型搭建 的，请帮我给公司起个名字。
# >>> model_output: 以下是几个可能适合你们公司的名字:
1. PixelBot: 这个名字结合了像素和机器人的概念，表现了公司的人工智能和前后端开发能力。
2. CodeBot: 这个名字强调了机器学习和代码开发的重要性，表现了公司的技术实力和开发能力。
```

Prompt 模板也可以用于生成消息列表。

```python
from langchain.prompts.chat import (
    ChatPromptTemplate,
    HumanMessagePromptTemplate,
)

template = "你是一个翻译机器人，可以将 {input_language} 翻译成 {output_language}。"
system_message_prompt = HumanMessagePromptTemplate.from_template(template)
human_template = "{input_language}:{text}\n{output_language}:"
human_message_prompt = HumanMessagePromptTemplate.from_template(human_template)
chat_prompt = ChatPromptTemplate.from_messages([system_message_prompt, human_message_prompt])
messages = chat_prompt.format_messages(input_language="中文", output_language="English", text="大模型实战: AIGC 技术原理及实际应用")
chat_model.predict_messages(messages)
# >>> AIMessage(content='Large Model Practical Case: AIGC Technology Principle and Practical Application', additional_kwargs={}, example=False)
```

3. 输出解析器

输出解析器可以将 LLM 的原始输出转换为可在下游使用的格式，几种常见的输出解析器如下。

❑ 将 LLM 的文本转换为结构化信息（如 JSON）。

❑ 将 ChatMessage 转换为纯字符串。

❑ 将调用返回的额外信息（如 OpenAI 函数调用）转换为字符串。

例如，我们可以构建一个最简单的输出解析器，将字符串按照逗号进行分割。

```python
from langchain.schema import BaseOutputParser

class CommaSeparatedListOutputParser(BaseOutputParser):
    def parse(self, text: str):
        return text.strip().split(",")

CommaSeparatedListOutputParser().parse("Hello, World!")
# >> ['Hello', 'World!']
```

4. LLMChain

现在我们可以将所有这些组合成一个任务链，它接收输入指令，将其传递给提示模板来创建提示词，然后将提示词传递给 LLM，最后通过一个输出解析器来处理输出。

```python
from langchain.chains import LLMChain

template = "用户将输入一个类别，你需要输出该类别中的 5 个对象，并以逗号分隔的列表的形式返回。
    仅返回逗号分隔的列表，不要返回其他内容。"
human_template = template + "输入：{text}，输出："
human_message_prompt = HumanMessagePromptTemplate.from_template(human_template)
chat_prompt = ChatPromptTemplate.from_messages([human_message_prompt])
chain = LLMChain(
    llm=ChatOpenAI(model="chatglm2-6b", openai_api_key="none", openai_api_
        base="http://localhost:8000/v1"),
    prompt=chat_prompt,
    output_parser=CommaSeparatedListOutputParser()
)
chain.run(" 颜色 ")
# >>> [' 红色 ', ' 蓝色 ', ' 绿色 ', ' 黄色 ', ' 紫色 ']
```

5.4.2 基本概念

LangChain 提供了很多抽象的组件，包括文档加载器、向量数据库和检索器等，这些组件具有模块化和易于使用的特点，可以组合使用也可以单独使用。LangChain 还提供了很多现成的任务链，用于完成一些常见的任务。

1. 文档加载器

很多基于 LLM 的应用都需要特定的用户数据，如 PDF、WORD 文档等，这些数据并不是模型训练数据集的一部分，因此在应用时需要单独加载。LangChain 提供了一个加载、转换、存储和查询数据的模块——文档加载器（Document Loader）。

文档加载器用于从指定的数据源中加载数据并统一转换为文档。LangChain 提供了多种数据源的文档加载器，例如，既可以加载简单的 txt 文件，也可以加载网页的 HTML 代码，甚至可以加载 YouTube 视频字幕。

每个文档加载器都提供了 load 方法，用于从配置的数据源中加载文档，并且实现了懒加载功能，即只有在需要使用数据的时候才将其加载到内存中。通过使用文档加载器，我们可以方便地从各种源中加载数据，并以文档的形式进行数据处理和分析。这种方式使得处理各种类型的文本数据变得更加简单和高效。

如下所示，使用文档加载器从数据源加载的文档由一段文本和相关元数据组成元数据中标注了文档的加载路径。

```python
from langchain.document_loaders import TextLoader

loader = TextLoader("filter_alltxt/2020-01-21__江苏安靠智能输电工程科技股份有限公司__300617__安靠智电__2019年__年度报告.txt")
loader.load()
# >>> [Document(page_content='江苏安靠智能输电工程科技股份有限公司\n2019年年度报告\n2020-008\n2020年01月\n第一节重要提示、目录和释义\n公司董事会、监事会及董事、监事、高级管理人员保证年度报告内容的真实、准确、完整，不存在虚假记载、误导性陈述或重大遗漏，并承担个别和连带的法律责任。\n……', metadata={'source': 'filter_alltxt/2020-01-21__江苏安靠智能输电工程科技股份有限公司__300617__安靠智电__2019年__年度报告.txt'})]
```

2. 文档转换器

在加载文档后，通常需要对它们进行转换，以更好地适应需求。最简单的转换例子是将长文档分割为适合模型上下文窗口的小段文本。LangChain 提供了许多内置的文档转换器，让分割、组合、过滤和其他转换操作变得简单。

（1）文本分割

顾名思义，文本分割就是用来对文档的文本内容进行切分的。LLM 都是有处理长度上限的，例如，ChatGLM2 的上下文大小是 8000 个 token，如果我们要对一份 100 页的 PDF 文件进行总结，直接将所有文本内容都发送给模型，那么肯定会因超出模型处理长度上限而报错。

最简单的方式就是直接指定一个最大长度，然后将所有的文档按照最大长度进行切分。但是这样很有可能会把原本完整的一个句子切分成两段，导致语义不连贯。理想情况下，切分时当然希望语义相关的段落在一起。

在 LangChain 中进行文本切分时，首先将文本切分成语义上有意义的小段落，通常是以句子为单位。然后将小段落合并成大段落，直到达到指定的长度阈值。最后继续处理后面的小段落，创建新的文本片段，同时保持一定的重叠。

这里的重叠是指切割后的每个文档里包含几个上一个文档结尾的内容，主要是为了增强每个文档的上下文关联性。比如，当 chunk_overlap=0 时，第一个文档为 aaaaaa，第二个为 bbbbbb；当 chunk_overlap=2 时，第一个文档为 aaaaaa，第二个为 aabbbbbb。

推荐使用递归文本分割器（Recursive Character Text Splitter），它将一个字符列表作为参数，先尝试根据第一个字符进行分割，如果任何一个块太大，它就会继续使用下一个字符进行分割，以此类推。默认情况下，尝试根据以下字符进行分割：["\n\n", "\n", " ", ""]。

除了控制分割字符之外，文本分割还可以控制以下几个方面。

❑ length_function：用于计算段落长度的函数，默认计算字符数，但通常在这里传递词元计数器。

❑ chunk_size：块的最大大小（由长度函数测量），指的是每个块包含的字符或 token（如单词、句子等）的数量。

❑ chunk_overlap：块之间的最大重叠，保留一些重叠部分可以保持块之间的连续性（如滑动窗口）。

❑ add_start_index：在元数据中是否包含每个块在原始文档中的起始位置。

```python
from langchain.document_loaders import TextLoader
from langchain.text_splitter import RecursiveCharacterTextSplitter

loader = TextLoader("filter_alltxt/2020-01-21__江苏安靠智能输电工程科技股份有限公司
    __300617__安靠智电__2019年__年度报告.txt")
ducument = loader.load()
text_splitter = RecursiveCharacterTextSplitter(chunk_size=100, chunk_overlap=20,
    length_function=len, add_start_index=True)
split_docs = text_splitter.split_documents(ducument)
split_docs[0]
# >>> Document(page_content=' 江苏安靠智能输电工程科技股份有限公司 \n2019年年度报告
    \n2020-008\n2020年01月 \n 第一节重要提示、目录和释义 ', metadata={'source': '……',
    'start_index': 0})
split_docs[1]
# >>> Document(page_content=' 第一节重要提示、目录和释义 \n 公司董事会、监事会及董事、监事、
    高级管理人员保证年度报告内容的真实、准确、完整，不存在虚假记载、误导性陈述或重大遗漏，并承
    担个别和连带的法律责任。', metadata={'source': '……', 'start_index': 47})
```

（2）其他转换操作

除了文本分割之外，我们还可以对文档执行多种转换操作。例如，可以使用 EmbeddingsRedundantFilter 识别相似的文档并过滤冗余信息；通过像 doctran 这样的工具，可以将文档从一种语言翻译成另一种语言，也可以提取所需属性并将其添加到元数据中；将对话数据转换成问答格式的文档集等。

3. 嵌入向量

随着数据规模的不断增长，以及信息检索的要求越来越高，传统的基于关键词的检索已经不能满足基本的需求了，而基于向量的检索可以作为对传统检索技术的补充。通过将数据转换为向量形式，模型可以快速分析和对比，准确识别并匹配相似和相关的信息。

向量类似于数学空间坐标，既可以表示实体的位置，也可以计算不同实体之间的距离。我们一般会将非结构化数据转换为向量，如文字、语音、图片、视频等，这个过程就称为

嵌入（Embedding）。非结构化检索，也称为向量检索，就是通过对这些向量进行检索从而定位相应的实体的过程。

　　嵌入技术的重要性在于提供了语义检索的能力，能够寻找具有相似含义的文本或其他信息。举例来说，如图 5-18 所示，当我们在向量空间中对男人、国王、女人和女王的关系建模时，我们可以清楚地看出其相关性，以及得到一个近似等式：

$$国王 - 男人 + 女人 = 女王$$

这就是向量运算带给我们的便利和惊喜。

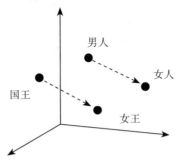

图 5-18　向量空间中词语的语义关系表示及其算术性质的示意图

　　向量检索主要应用于人脸识别、图片搜索、语音处理、文件搜索等多个领域。随着 AI 的广泛应用和数据规模的增长，向量检索在 AI 技术栈中扮演着重要的角色，它是传统检索技术的有效补充，并具备多模态搜索的能力。通过向量检索，我们可以更高效地处理和利用大规模的非结构化数据，提升搜索的准确性和效率。

　　LangChain 的 Embeddings 类就是一个用于与文本嵌入模型进行交互的类，接入了许多嵌入模型供应商（如 OpenAI、Hugging Face 等），这个类旨在为所有模型提供一个统一的接口。

　　Embeddings 类的基本功能是提供两个方法：一个用于嵌入文档，另一个用于嵌入查询。嵌入文档方法以多个文本作为输入，而嵌入查询方法则以单个文本作为输入。之所以将它们设计为两个独立的方法，是因为某些嵌入提供商对于文档（用于搜索）和查询（搜索请求本身）采用了不同的嵌入方式。这样设计的初衷是为了适应各种嵌入模型供应商的不同要求和方式。有些模型供应商可能对于搜索和查询有不同的嵌入策略，因此分开设计这两个方法可以更好地满足各种嵌入模型的需求。

4. 向量数据库

　　非结构化数据转换为向量之后如何存储，如何对向量进行高效查询和检索？这些并不需要我们从头开始实现，向量数据库可以帮助我们来实现这些功能，它是专门负责存储向量数据并执行向量搜索的。

　　Faiss 是向量数据库的开山鼻祖，由 Meta 开发，能够高效进行稠密向量的相似度检索和聚类。它包含了各种算法，能够搜索各种大小的向量集合，甚至可以处理大到不能完全放入内存的向量集合。Faiss 的底层是使用 C++ 编写的，并提供了完整的 Python 封装，其中一些最常用的算法也已经实现了 GPU 计算。

Faiss 提供了多种相似度搜索的方法。它假设实例被表示为向量，并通过 ID 进行标识，可以使用欧几里得（L2）距离、点积或余弦相似度进行比较。查询向量库中具有与待对比向量最低 L2 距离、最高点积或最高余弦相似度的向量，这样的向量也被认为是与之最相似的向量。向量数据库的处理流程如图 5-19 所示。

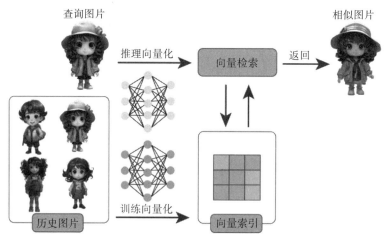

图 5-19 向量数据库的处理流程示意图

在实际应用中，为了优化检索召回和排序质量，通过量化、Hash 以及图等检索模型在召回后得到的 TopN 候选集，还需要进行进一步的原始向量距离的计算与比对。这一步骤在实际生产环境和成熟的产品应用中显得尤为重要，因为庞大的原始向量如何存储的问题是无法避免的。

在传统的信息检索中，由于单机内存不足而采用分布式数据库存储已经是一种常见情况。而在向量检索中，也存在类似的问题。当需要检索数百万或甚至数千万个向量时，仅依靠单个机器显然是不够的，而且搜索速度也会非常慢。因此，对于大规模向量的检索，采用分布式解决方案是非常必要的。这样可以充分利用多台机器的计算和存储资源，提高检索的速度和效率。

vearch 是由京东开发的一套专为 AI 领域打造的分布式向量搜索系统，其功能不限于存储和计算大量特征向量，更为向量检索在各个机器学习领域，如图像处理、音视频处理以及自然语言处理等，提供了基础的系统支持与保障。

vearch 基于 Faiss 开发，但不同于 Faiss 仅支持单机运行，vearch 提供了与 Elasticsearch 相似的、对用户友好的 RESTful API，使用户能以更为便捷的方式进行表结构和数据的管理与查询，从而提供更为灵活易用的数据管理体验。在使用过程中，用户首先需创建数据库和空间，接下来进行数据的导入，最终可对自己的数据集进行搜索。整个过程中流程清晰、操作便捷。

向量数据库可以被视为大型模型的"超级大脑"，它以相对较低的成本供应动态知识，以满足用户不断增长的需求。通过与向量数据库结合，大模型的综合能力得到了显著提升。此外，向量数据库也为企业提供了一种规避核心数据泄露的方法。因此，向量数据库将成为未来大模型研发和落地不可或缺的基础设施之一。

5. 检索器

检索器的作用是根据查询来获取相关的文档，它是一种更加通用的接口。与向量存储库只负责存储嵌入数据并执行向量搜索不同，检索器可以返回与查询相关的文档，而无须进行存储，因此向量数据库可以作为检索器的基础，它们的关系如图 5-20 所示。

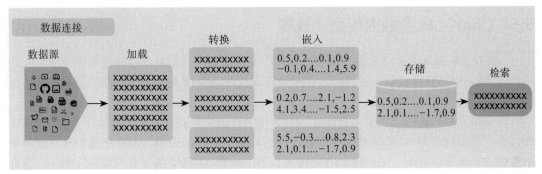

图 5-20　从数据加载、转换到存储、检索示意图

LangChain 不仅提供了简单好上手的基本搜索方法，更在此基础上加入了一系列高级算法来增强检索的效率和准确性。比如，有一种"父文档检索"方式，它可以为大文档创建多个小段落的索引，这样你就可以精准地查找到需要的小段落信息，同时能看到相关的更大的上下文。而用户的问题不仅仅是某个关键词，更可能含有一些特定的条件或逻辑，这时候"自查询检索"方法就能派上用场，它能够从查询中提取出语义部分和其他元数据过滤器。如果你想从不同的地方或用不同的方式查找信息，那么"组合检索"会是个不错的选择。

6. 任务链

在 LangChain 框架中，链（Chain）作为核心构建模块，发挥着至关重要的角色，负责执行和处理各类任务。LangChain 设定了几种不同类型的链，包括 LLM 链、顺序链以及路由链等，每种链都设计以处理不同类型和复杂性的任务，并且可以像链条一样串联起来，依次执行多个任务。以下是对各种类型的链的详细介绍和它们在不同场景下的应用。

- ❑ LLM 链（LLMChain）：LLM 链以其简易而强大的特性，为我们提供了一个基础模型，能够将 LLM 与给定的提示融合，从而生成具体的输出。该链是实现更复杂链类型的基础。
- ❑ 顺序链（SequentialChain）：当任务的执行流程较为简单，仅涉及一个输入和一个输出时，简单顺序链（SimpleSequentialChain）是最为合适的。该链将各个子链按顺序连接，每个子链分别处理一个输入并生成一个输出。对于那些涉及多个输入或输出的任务，常规顺序链（SequentialChain）更为适用。在此链中，每一步都能接收来自上游的多个输入变量。这在处理多个子链组合而成的复杂任务时尤为有用，尤其是当存在多个上游链需要与下游链结合时。

❑ 路由链（RouterChain）：适用于多个子链处理不同类型的输入的场景。该链会根据输入内容的具体类型将其路由到相应的子链进行处理。路由链首先会判定哪个子链最适合处理给定的输入，随后会将输入数据传递到被选中的子链中。

通过合理地组合和配置这些链，用户可以在 LangChain 框架下轻松地实现各种复杂的功能和任务。

5.5　ChatGLM 金融大模型挑战赛

"SMP 2023 ChatGLM 金融大模型挑战赛"是由中国中文信息学会社会媒体处理专委会主办，智谱 AI、安硕信息、阿里云、魔搭社区以及北京交通大学联合承办的比赛，主要目的是推动大模型在金融领域的进步和发展。

在金融领域，构建一个能够像专家一样解读上市公司年报的智能机器人一直是 AI 发展的目标。尽管当前的 AI 系统在文本对话上已经取得了显著的进步，但在更细粒度、更具挑战性的金融场景问答上，其性能仍有待提高。为了提升 AI 模型在专业领域的性能，目前有很多方法，如在现有的大模型基础上进行能力增强、微调大模型、协同大小模型以及建立向量数据库等。

在此比赛中，将使用从上海证券交易所和深圳证券交易所收集的 2019 ～ 2021 年期间部分上市公司年报作为训练数据集。上市公司年报是一份能全面揭示公司经营状况、财务状况以及未来发展规划的重要文件，包括公司的组织架构、员工结构、业务进展、财务数据、战略规划等信息。同时，年报还包含对外部市场环境、行业发展趋势、公司竞争地位的深度分析，为投资者和其他利益相关者提供了重要的参考信息。然而，解读年报并非易事，因为年报通常包含大量的专业金融和商业术语，甚至一些暗含的信息。比赛的目标是利用这些上市公司年报内容，构建和训练具备解读年报、进行深度金融分析能力的 AI 模型，使其成为一个真正的专家。

5.5.1　任务目标

阅读理解和问答是 NLP 领域中的重要任务，由 AI 阅读文本内容，然后根据信息回答相关问题。

任务目标按照模型的能力和问题的复杂程度分成 3 个级别。

（1）基本数据查询（40 分）

以上市公司年报原始数据为基础，结合 ChatGLM2 模型搭建问答系统，能够解决基本的数据查询问题。此类型的问题多为单字段的精准查询，例如：A 公司 2021 年的研发费用是多少？这类问题定义为 type1 型问题。也有些会涉及两个或多个字段，例如：A 公司2021 年的固定资产和无形资产分别是多少元？此类问题定义为 type1-2 型问题。

（2）数据分析查询（30 分）

在基础数据查询的基础上，基于各类指标进行数据统计分析和关联查询，并提供答案。此类型的问题也包括两种类型。第一种涉及简单的公式计算，例如：A 公司 2021 年研发费用增长率为多少？这类问题定义为 type2-1 型问题。第二种则涉及多个文件，例如：A公司 2019 年跟 2020 年的法定代表人是否相同？这类问题需要查询两个年报文件，定义为type2-2 型问题。

（3）开放性问题（30 分）

基于上市公司年报内容，进行开放性分析。此类型的问题也是分为两类。第一类是根据年报的具体文档段落做总结的开放式问题，例如：A公司 2021 年主要研发项目是否涉及国家创新领域，如新能源技术、人工智能等？这类问题定义为 type3-1 型问题。第二类是模型的金融知识问答，例如：什么是流动负债？这类问题定义为 type3-2 型问题。

对于每个问题，都会有一个评测用例，包括 3 个部分：问题、提示词和标准答案列表。

```json
{
    "question": "2019 年中国工商银行财务费用是多少元 ?",
    "prompt": {
        " 财务费用 ": "12345678.9 元 ",
        "key_word":" 财务费用、2019",
        "prom_answer": "12345678.9 元 "
    },
    "answer": [
        "2019 年中国工商银行财务费用是 12345678.9 元。",
        "2019 年工商银行财务费用是 12345678.9 元。",
        " 中国工商银行 2019 年的财务费用是 12345678.9 元。"
    ]
}
```

模型生成答案后，会依次与标准答案列表中的每一项计算相似度，选择相似度最高的选项：

$$\text{base}_{score} = \max_{similar}(\text{sentence1}, \text{sentence2}, \text{sentence3})$$

然后按照下面这个公式计算最终分数：

$$\begin{cases} 0 & \text{基础信息错误} \\ \text{base}_{score} & \text{无基础信息及关键词} \\ 0.25 + 0.5\text{base}_{score} & \text{基础信息正确，关键词错误} \\ 0.5 + 0.5\text{base}_{score} & \text{基础信息正确，关键词正确} \end{cases}$$

例如，当模型针对上面的问题生成的答案是"工商银行 2019 年财务费用是 12 345 678.9元。"时，首先计算该答案与标准答案的相似度，依次是 0.9915、0.9820、0.9720；然后选择最高值，定义 $\text{base}_{score} = 0.9915$；之后，验证基础信息"12 345 678.9 元"生成正确，关键词"财务费用""2019"也都包含，因此最终的分数为 $0.5 + 0.5 \times 0.9915 = 0.9958$ 分。

如果模型直接就生成了一个最终答案"12 345 678.9 元"，分别计算相似度得到 0.6488、0.6409、0.6191，基础信息正确，但是并没有包含所有关键词，因此最终的分数为 $0.25 + 0.5 \times 0.6488 = 0.5744$ 分。假如模型生成的答案是"2019 年中国工商银行财务费用是 335 768.91 元。"，由于基础信息就错误了，因此不得分。

5.5.2 环境准备：SQLite

SQLite 是一种广泛使用的轻量级关系型数据库管理系统，独特地采用了进程内数据库模型。SQLite 的主要特点是小巧、无服务器、无须配置和事务性强，其整个数据库仅存储在一个跨平台的磁盘文件中。这意味着，与其他常见的数据库系统相比，SQLite 不需要单独的服务器进程或操作系统。这种结构使得 SQLite 成为各种应用程序的理想选择，特别是当它们需要在本地存储数据时，如在网页浏览器或移动应用中。

SQLite 数据库完全兼容 ACID，这确保了数据库事务的可靠性和完整性，即使在系统崩溃或电源中断的情况下也是如此。它支持 SQL92 标准中的大多数查询语法，并使用 ANSI-C 编写，提供简单且易于使用的 API。此外，SQLite 还可以在多种操作系统上运行，包括 UNIX、Windows 和 VxWorks 等。

SQLite 具有诸多优势。首先，由于其自包含和无服务器的特性，SQLite 不需要外部依赖，这使得其部署和维护变得非常简单。其次，它的体积非常小，这使得它成为资源受限环境下的理想选择。再次，SQLite 还提供了与文件相比快约 35% 的读取速度。这些特点使 SQLite 成为嵌入式数据库的领军者，被大量的浏览器、操作系统和嵌入式系统采纳。

在本应用中，年报中包含大量的财务报表等结构化的表格数据，虽然这些数据还是存储在 PDF 文件中，但是我们也需要将其提取出来并存储到数据库中，方便后续进行相应的计算。由于这并不是一个大型的 Web 应用，对数据库也没有高性能和分布式的要求，因此 SQLite 是一个不错的选择。

SQLite 是一款特殊的数据库，它没有采用传统的服务器结构，因此用户无须安装任何服务或守护进程就可以使用它。要使用 SQLite，用户只需要从其官方网站（https://www.sqlite.org/download.html）中下载一个预编译的二进制文件即可。

对于 Windows 用户，可以直接下载名为"sqlite-tools-win64-x86-xxxx.zip"的压缩包。下载并解压后，为了方便从命令行进行访问，建议将解压后的文件夹路径添加到系统的 PATH 环境变量中。

如果要在 Python 中使用 SQLite，因为 Python 标准库中已经包含了 sqlite3 模块，所以不需要额外安装。

```python
import sqlite3

# 创建连接
conn = sqlite3.connect("sampleDatabase.db")
cursor = conn.cursor()
# 创建表
cursor.execute("""CREATE TABLE IF NOT EXISTS sampleTable (name TEXT, age
    INTEGER)""")
# 插入数据
cursor.execute("INSERT INTO sampleTable VALUES (?, ?)", ("Alice", 25))
cursor.execute("INSERT INTO sampleTable VALUES (?, ?)", ("Bob", 30))
# 提交改动
conn.commit()
```

```
# 查询数据
cursor.execute("SELECT * FROM sampleTable")
results = cursor.fetchall()
for row in results:
    print(row)
cursor.close()
conn.close()
```

执行这段代码，将在终端打印如下内容。

```
('Alice', 25)
('Bob', 30)
```

5.5.3 问题分析

比赛数据集来源于 2019 ～ 2021 年的部分上市公司的年度报告，包含 11 588 个 PDF 文件，最终测试的问题除了开放性问题之外都将在这些文件中寻找答案。

PDF 文件的命名格式为 "发布日期 __ 公司全称 __ 股票代码 __ 公司简称 __ 年报时间 __ 年度报告 .pdf"，例如 "2020-02-14__ 平安银行股份有限公司 __000001__ 平安银行 __2019 年 __ 年度报告 .pdf"。

最终我们需要提交一个 JSON 文件，文件中的每一行代表一个问答对，例如：{"id": 551, "question": " 平安银行在 2019 ～ 2021 年间的法定代表人是否都相同？ ", "answer": "2019 ～ 2021 年平安银行的法定代表人相同，都是某某某 "}。

比赛共分为 4 轮，分别是初赛、复赛 A、复赛 B、复赛 C，初赛有 5000 个问题，复赛 A 和复赛 B 都有 2000 个问题，复赛 C 则有 1000 个问题。各类问题的数量统计如表 5-1 所示。

表 5-1 各种类型问题数量统计

	初赛	复赛 A	复赛 B	复赛 C
type1	230	850	600	272
type1-2	500	183	200	128
type2-1	1700	619	405	264
type2-2	70	60	105	36
type3-1	200	200	300	150
type3-2	300	88	600	150

1. 问题分类

当我们拿到一个问题之后，需要对其进行分类，以确定其类型。之所以要对问题进行分类，是因为不同类型的问题需要的数据不一样，相应的处理流程也不一样。例如，type1 类型的问题需要查询数据库获取具体的字段数据，type2 类型的问题还需要一些指标的计算公式，type3 类型的问题可能需要相关的文本段落或领域知识。

那么如何对问题进行分类呢？人类在观察问题时，其实是通过一些关键要素进行分类的，而我们需要将这种分析策略程序化，让其能够自动对问题进行分类。对于一个问题，它可能包含 3 个主要部分：年份、公司名称、字段关键词。例如，对于问题 "海目星 2021 年营业利润增长率是多少？"，"2021 年"是年份，"海目星"是公司名称，而"营业利润增长率"则是字段关键词。根据问题的三部分，我们可以构建一张三元分析表，如表 5-2 所示。

表 5-2   三元分析法对问题进行分类

年份	公司名称	字段关键词	类型	备注
√	√	√	type1、type1-2、type2-1、type2-2	根据字段关键词是否为公式可以区分 type1 和 type2
√	√	×	type3-1	例如："请简要分析爱丽家居科技股份有限公司 2020 年核心竞争力的情况。"
√	×	√	type1	例如："哪家上市公司 2021 年总负债最低？"
×	√	√		
√	×	×	type1	例如："2020 年营业总成本第 2 高的上市公司为？"。假设"营业总成本"不在字段关键词表中
×	√	×		
×	×	√	type3-2	例如："研发费用对公司的技术创新和竞争优势有何影响？"
×	×	×	type3-2	例如："什么是财务指标？"。假设"财务指标"不在字段关键词表中

当然，如果我们只基于这张表做三元分析并对问题进行分类，肯定会有一些问题，泛化能力也不够强。我们还是希望能够训练一个模型来对问题进行分类，而利用三元分析的方法，我们可以构建最初版的问题分类数据集。

在准备数据集之前，我们发现，如果要做三元分析则需要先构建一个字段关键词表，这些字段关键词可能是年报中某个表格的字段，也可能是一些金融术语，我们需要从所有的测试问题中将关键词收集出来，即要素提取。

初赛问题就有 5000 条，人工手动提取要素的时间成本太大，如果可以借助 LLM 的Few-Shot 推理能力，则能够在初期大大缩减人力成本。我们可以构建一个对话场景，给LLM 设定一个要素提取机器人的身份，然后提供几个参考样例，即可让模型自动生成问题的分类结果，具体代码如下所示。

```python
def get_llm_classification(question):
    assistant_role_msg = """你是一个提取问题句子要素的机器人，可以根据输入的问题句子，输
        出 JSON 格式的要素清单，模板：{"company": "", "year": [], "keyword": [],
        "formula": true, "type": ""}。
```
其中 company 表示提取的公司名，year 表示提取的年份，keyword 表示提取的字段关键词，formula 表示是否要使用公式。type 字段表示问题类型，'type'：'1' 型问题为单字段的精准查询，'type'：'1-2' 型问题会涉及两个或多个字段，'type'：'2-1' 型问题涉及简单的公式计算，'type'：'2-2' 型问题涉及查询多条记录，'type'：'3-1' 型问题是根据年报的具体文档段落做总结的开放式问题，'type'：'3-2' 型问题为金融领域专业知识问答。
对于不确定的信息，你可以输出空字符串或空列表。
例如，给定问题 "华翔股份有限公司 2021 年营业利润是多少元？"，应该输出：{"company": "华翔股份有限公司", "year": [2021], "keyword": ["营业利润"], "formula": false, "type": "1"}。
给定问题 "2021 年利润总额最高的上市公司是？"，应该输出：{"company": "", "year": [2021], "keyword": ["利润总额"], "formula": false, "type": "1"}。

给定问题 "2019 年，宁夏银星能源股份有限公司的固定资产和无形资产分别是多少元？"，应该输出：{"company": "宁夏银星能源股份有限公司", "year": [2019], "keyword": ["固定资产", "无形资产"], "formula": false, "type": "1-2"}。

给定问题 "在北京注册的上市公司中，2019 年资产总额最高的前四家上市公司是哪些？金额为多少？"，应该输出：{"company": "", "year": [2019], "keyword": ["注册地址", "资产总额"], "formula": false, "type": "1-2"}。

给定问题 "2020 年贵州燃气集团股份有限公司速动比率为多少？保留 2 位小数。"，应该输出：{"company": "贵州燃气集团股份有限公司", "year": [2020], "keyword": ["速动比率"], "formula": true, "type": "2-1"}。

给定问题 "2021 年津药药业的法定代表人与上一年是否相同？"，应该输出：{"company": "津药药业", "year": [2020, 2021], "keyword": ["法定代表人"], "formula": false, "type": "2-2"}。

给定问题 "请简要分析爱丽家居科技股份有限公司 2020 年核心竞争力的情况。"，应该输出：{"company": "爱丽家居科技股份有限公司", "year": [2020], "keyword": ["核心竞争力"], "formula": false, "type": "3-1"}。

给定问题 "请简要介绍 2021 年久吾高科重大资产和股权出售情况。"，应该输出：{"company": "久吾高科", "year": [2021], "keyword": ["重大资产和股权出售"], "formula": false, "type": "3-1"}。

给定问题 "合同资产是指什么？"，应该输出：{"company": "", "year": [], "keyword": ["合同资产"], "formula": false, "type": "3-2"}。

……

对于输出，应该严格按照 JSON 格式输出，不要输出任何多余的字符。
"""

```python
response = zhipuai.model_api.invoke(
    model="chatglm_pro",
    prompt=[
        {"role": "user", "content": assistant_role_msg + f"\n 那么，给定问题 \"{question}\"，应该输出："},
    ],
    ref={"enable": False}
)

result = response["data"]["choices"][0]["content"]
result = trim_string(result).replace("\\", "")
result = json.loads(result)
return result
```

对于此函数，只需要输入一个具体的问题，就可以通过智谱 AI 的 ChatGLM-Pro 接口获取模型输出的问题分类结果。例如，输入问题"康希诺生物股份有限公司在 2020 年的资产负债比率具体是多少？需要保留至小数点后两位。"，模型将给出以下输出。

```json
json
{
    'company': '康希诺生物股份公司',
    'year': [2020],
    'keyword': ['资产负债比率'],
    'formula': True,
    'type': '1'
}
```

可以发现，模型推理出的公司名称和年份以及关键词都是正确的，也推理出了要回答该问题需要使用公式，但是对问题的 type 分类却不对，这种需要公式计算的题目应该属于 type2-1 类型。

通过这种方式，我们可以将初赛的 5000 道题目都进行分类，得到分类结果后，再人工进行一遍筛选和修正，整理成标准数据集的形式，最后通过 P-Tuning v2 对 ChatGLM2-6B 进行微调，得到一个可以对问题进行分类的模型。

2. 文件检索

在初赛中，测试问题一共有 5000 个，而 PDF 文件有 1 万多个，因此我们需要先对文件进行一次筛选和过滤，只保留跟测试问题高度相关的文件。通过分析初赛问题（下面提供了前 5 个问题作为参考），发现问题中一般都包含两个关键元素，一个是公司的全称或简称，还有一个是年份，而这两个因素正好也会出现在 PDF 文件的命名中。

```json
{"id": 0, "question": "能否根据 2020 年金字生物技术股份有限公司的年报，为我简要介绍一下报告期内公司的社会责任工作情况？"}
{"id": 1, "question": "请根据江化微 2019 年的年报，简要介绍报告期内公司主要销售客户的客户集中度情况，并结合同行业情况进行分析。"}
{"id": 2, "question": "2019 年四方科技电子信箱是什么？"}
{"id": 3, "question": "研发费用对公司的技术创新和竞争优势有何影响？"}
{"id": 4, "question": "康希诺生物股份公司在 2020 年的资产负债比率具体是多少？需要保留至小数点后两位？"}
```

因此，我们可以根据问题的内容先对所有的文件进行筛选。最简单直观的方式就是计算问题与文件名的相似度，可以通过下面这段代码实现。需要注意的是，一般年报的发布日期会延迟一些，例如，2019 年的年报当然要等到 2020 年才能发布，因此 PDF 文件名中的发布日期在计算相似度时需要被去掉，不然可能会对相似度计算结果产生影响。

```python
import difflib
def string_similar(s1, s2):
    return difflib.SequenceMatcher(None, s1, s2).quick_ratio()


def find_most_related_file(q, file_directory):
    max_similarity = 0.0
    most_related_file = None

    # 遍历文件夹中的每一个文件
    for file_name in os.listdir(file_directory):
        if file_name.endswith(".pdf"):
            clean_file_name = "__".join(file_name.split("__")[1:])
            file_path = os.path.join(file_directory, file_name)
            # 计算文件名与问题之间的相似度
            similarity = string_similar(clean_file_name, q)
            # 更新相似度最大的文件名
            if similarity > max_similarity:
                max_similarity = similarity
                most_related_file = file_path
```

```
    return most_related_file, max_similarity
```

但是这样直接计算两段文本的相似度可能会导致一些问题。例如，跟问题"请提供 2019 年春光科技的电子信箱"最匹配的文件名是"苏州春秋电子科技股份有限公司__603890__春秋电子__2019 年__年度报告"，推测可能是问题中的"春光科技的电子信箱"跟文件名中的"春秋电子"相似度较高，导致了匹配错误。

为了解决上述问题，启发于评测规则，我们可以将问题与文件名的相似度定义为 $base_{score}$，然后将公司名称视为基础信息，将年份视为关键词，定义新的相似度计算规则：

$$\begin{cases} 0.5 * base_{score} & 公司名称错误，年份错误 \\ 0.25 + 0.5 * base_{score} & 公司名称正确，年份错误 \\ 0.5 + 0.5 * base_{score} & 公司名称正确，年份正确 \end{cases}$$

并且，由于有些问题可能涉及多个年份，例如，对于问题"河北金牛化工股份有限公司 2020 年法定代表人与 2019 年是否相同？"，我们就需要分别找到河北金牛化工股份有限公司 2019 年的年报和 2020 年的年报，然后定位法定代表人，最后判断是否一致。因此，我们在根据问题寻找相关年报时，可以根据问题中的年份数量来判断要筛选出的文件数量。更新后的代码如下。

```python
def compute_similarity(clean_file_name, q, years):
    base_score = string_similar(clean_file_name, q)
    parts = clean_file_name.split("__")
    company_full_name, company_short_name, file_year = parts[0], parts[2],
        parts[3][:4]

    company_in_q = company_full_name in q or company_short_name in q
    year_in_q = file_year in years

    if not company_in_q:
        return 0.5 * base_score
    if not year_in_q:
        return 0.25 + 0.5 * base_score
    return 0.5 + 0.5 * base_score


def find_most_related_file(q, file_directory):
    # 统计问题中涉及的年份个数
    years = []
    for year in ["2019", "2020", "2021"]:    # 初赛问题中的年份只涉及这 3 个
        if year in q:
            years.append(year)

    similarities = []    # 用于存储每个文件与问题相似度
    # 遍历文件夹中的每一个文件
    for file_name in os.listdir(file_directory):
        if file_name.endswith(".txt"):
            clean_file_name = "__".join(file_name.split("__")[1:])
```

```
file_path = os.path.join(file_directory, file_name)
# 计算文件名与问题之间的相似度
similarity = compute_similarity(clean_file_name, q, years)
# 使用堆来存储最相关的 n 个文件，通过将相似度取负，实际上创建了一个“大根堆”
heapq.heappush(similarities, (-similarity, file_path))

# 获取与问题最相关的 n 个文件
n = len(years)
most_related_files = [(abs(similarity), file_path) for similarity, file_path
    in [heapq.heappop(similarities) for _ in range(n)]]
return most_related_files
```

这段代码通过两个函数，实现了在指定文件目录中寻找与给定问题最相关的文件的功能。首先，利用 compute_similarity 函数计算一个清理后的文件名与问题之间的相似度，根据文件名中的公司全称、简称和年份与问题中的内容的匹配程度进行调整。接着，利用 find_most_related_file 函数提取出问题中涉及的所有年份，然后遍历文件目录中的每个文件，计算文件名与问题的相似度，并使用大根堆结构存储，以便高效地获得与问题最相关的文件。通过这两个函数，可以从文件目录中快速筛选出与特定问题最相关的文件，并且，对于类似"河北金牛化工股份有限公司 2020 年法定代表人与 2019 年是否相同？"的问题，可以筛选出多个相关文件了。

```
Question: 河北金牛化工股份有限公司 2020 年法定代表人与 2019 年是否相同？
Related files:
- similarity: 0.7857142857142857, file path: D:\Code\DataSet\chatglm_llm_
    fintech_raw_dataset\allpdf\2020-03-05__河北金牛化工股份有限公司__600722__金牛化
    工__2019年__年度报告.pdf
- similarity: 0.7597402597402597, file path: D:\Code\DataSet\chatglm_llm_
    fintech_raw_dataset\allpdf\2021-04-28__河北金牛化工股份有限公司__600722__金牛化
    工__2020年__年度报告.pdf
```

根据问题匹配到了相应的年报文件之后，接下来就需要在年报中找到问题的答案。我们以问题"江苏安靠智能输电工程科技股份有限公司在 2019 年的营业外支出和营业外收入分别是多少元？"为例，找到相应的文件"2020-01-21__江苏安靠智能输电工程科技股份有限公司__300617__安靠智电__2019年__年度报告.pdf"，然后通过关键词"营业外支出"和"营业外收入"在文件中定位到相应答案的位置，如图 5-21 所示。

江苏安靠智能输电工程科技股份有限公司 2019 年年度报告全文

公允价值变动损益	−5,361,917.81	−7.12%	主要系公司利用闲置募集资金和自有资金购买理财产品及所致截止 2019 年末公允价值变动所致。	否
营业外收入	35,271.14	0.05%	主要系公司收到统战工作试点经费 3 万元所致。	否
营业外支出	288,733.45	0.38%	主要系公司对溧阳市光彩事业促进会捐款 26.5 万元所致。	否

图 5-21   根据示例问题定位到文件中相应答案的位置

在这里有个小技巧：我们已经根据问题中的企业名称找到了对应的文件，那么在下一步根据问题在文件中定位答案时，就可以去掉问题中的企业名称或将其替换为"公司"。例如，第二步中将这个问题调整为"在 2019 年的营业外支出和营业外收入分别是多少元？"，再跟文档内容进行相似度匹配，效果更好。

3. 人数相关问题

首先，我们以一个简单的与人数相关的问题为例，介绍一种比较方便的解决这类问题的方案。

通过关键词搜索，发现测试集中共计有 200 多个跟人数有关的问题，如下给出其中 5 个样例。可以发现，跟人数相关的问题主要有两种：第一种是基本的数据查询问题，直接问某种类型的人有多少；第二种是数据分析查询问题，需要先找出某种类型的人数，再计算该类型人员在在职员工总数中的比例。

```json
{"id": 47, "question": "华信新材在 2019 年的研发人员占职工人数的比例是多少？请保留 2 位小数。"}
{"id": 51, "question": "请提供爱旭股份 2020 年博士及以上学历的人数。"}
{"id": 73, "question": "2019 年四川英杰电气股份有限公司的硕士人数是多少？"}
{"id": 90, "question": "2020 年北京赛微电子股份有限公司博士及以上学历的人数是多少？"}
{"id": 173, "question": "长阳科技 2019 年硕士及以上学历的人员占职工人数的比例是多少？保留 2 位小数。"}
```

一般在年报中会专门有一个模块介绍公司的"董事、监事、高级管理人员和员工情况"，如图 5-22 所示，跟人数相关的问题都可以从这张表中得出答案。

直接从 PDF 文件中提取表格比较困难，比赛数据集中也提供了 PDF 转成的 TXT 文件，公司员工情况表所在的页面提取出来的 TXT 文本的格式如下。

```txt
{"page": 146, "allrow": 1869, "type": "text", "inside": ""}
{"page": 146, "allrow": 1870, "type": "页眉", "inside": "江苏安靠智能输电工程科技股份有限公司 2019 年年度报告全文"}
{"page": 146, "allrow": 1871, "type": "text", "inside": "五、公司员工情况"}
{"page": 146, "allrow": 1872, "type": "text", "inside": "1、员工数量、专业构成及教育程度"}
{"page": 146, "allrow": 1873, "type": "excel", "inside": "['母公司在职员工的数量（人）', '', '479']"}
{"page": 146, "allrow": 1874, "type": "excel", "inside": "['主要子公司在职员工的数量（人）', '', '163']"}
{"page": 146, "allrow": 1875, "type": "excel", "inside": "['在职员工的数量合计（人)', '', '642']"}
{"page": 146, "allrow": 1876, "type": "excel", "inside": "['当期领取薪酬员工总人数（人）', '', '642']"}
{"page": 146, "allrow": 1877, "type": "excel", "inside": "['母公司及主要子公司需承担费用的离退休职工人数（人）', '', '16']"}
{"page": 146, "allrow": 1878, "type": "excel", "inside": "['专业构成', '', '']"}
{"page": 146, "allrow": 1879, "type": "excel", "inside": "['专业构成类别', '', '专业构成人数（人）']"}
{"page": 146, "allrow": 1880, "type": "excel", "inside": "['生产人员', '', '346']"}
{"page": 146, "allrow": 1881, "type": "excel", "inside": "['销售人员', '', '50']"}
```

{"page": 146, "allrow": 1882, "type": "excel", "inside": "[' 技术人员 ', '', '74']"}
{"page": 146, "allrow": 1883, "type": "excel", "inside": "[' 财务人员 ', '', '12']"}
{"page": 146, "allrow": 1884, "type": "excel", "inside": "[' 行政人员 ', '', '94']"}
{"page": 146, "allrow": 1885, "type": "excel", "inside": "['', '', '66']"}
{"page": 146, "allrow": 1886, "type": "excel", "inside": "[' 合计 ', '642'; '']"}
{"page": 146, "allrow": 1887, "type": "excel", "inside": "[' 教育程度 ', '', '']"}
{"page": 146, "allrow": 1888, "type": "excel", "inside": "[' 教育程度类别 ', '', ' 数量（人）']"}
{"page": 146, "allrow": 1889, "type": "excel", "inside": "[' 专科及以下 ', '', '445']"}
{"page": 146, "allrow": 1890, "type": "excel", "inside": "[' 本科 ', '', '187']"}
{"page": 146, "allrow": 1891, "type": "excel", "inside": "[' 硕士及以上 ', '', '10']"}
{"page": 146, "allrow": 1892, "type": "excel", "inside": "[' 合计 ', '642', '']"}
......
{"page": 146, "allrow": 1897, "type": " 页脚 ", "inside": "146"}

图 5-22　年报中"董事、监事、高级管理人员和员工情况"示意图

然而，如果直接将 TXT 文件通过 LangChain 读入并分割，有可能会将此表数据截断，导致信息并不完整。此时，如果通过相似度计算来匹配跟问题最相关的文本，则很有可能

匹配不到。还是以安靠智电 2019 年度报告为例，通过下面这段代码寻找跟 question 最匹配的文档内容，可以发现相似度最高的 5 项并未定位到关键信息。

```python
file_path = "filter_alltxt/2020-01-21___江苏安靠智能输电工程科技股份有限公司___300617___
    安靠智电___2019年___年度报告.txt"
loader = UnstructuredFileLoader(file_path)
documents = loader.load()
embeddings = HuggingFaceEmbeddings(model_name="all-MiniLM-L6-v2")
text_splitter = RecursiveCharacterTextSplitter(chunk_size=200, chunk_overlap=10)
split_docs = text_splitter.split_documents(documents)
docsearch = FAISS.from_documents(split_docs, embeddings)
question = "在2019年的硕士及以上员工人数是多少？"
search_docs = docsearch.similarity_search_with_score(question, k=5)
```

```
[(Document(page_content='新的营业执照。截至2019年12月31日，增资3000万资本尚未出资。',
    metadata={}), similarity_score=0.7303758),
 (Document(page_content='递延所得税资产和递延所得税负债分别根据可抵扣暂时性差异和应纳税暂
    时性差异确定，按照预期收回资产或清偿债务期间的适用税率计量。暂时性差异是指资产或负债的账
    面价值与其计税基础之间的差额，包括能够结转以后年度抵扣的亏损和税款递减。递延所得税资产的
    确认以很可能取得用来抵扣暂时性差异的应纳税所得额为限。', metadata={}), similarity_
    score=0.764176),
 (Document(page_content='表明该损失是相关资产减值损失的，则全额确认该损失。',
    metadata={}), similarity_score=0.7669375),
 (Document(page_content='用的支出金额的相对比例进行划分，对该划分比例需在每个资产负债表日进
    行复核，必要时进行变更；（2）政府文件中对用途仅作一般性表述，没有指明特定项目的，作为与收益
    相关的政府补助。', metadata={}), similarity_score=0.81963825),
 (Document(page_content='助26.5万元建设扶贫项目，彰显企业社会责任。', metadata={}),
    similarity_score=0.8258807)]
```

既然直接通过向量检索的方案走不通，那我们就先退一步，再仔细分析问题和文件内容。通过观察发现，大部分年报中的员工情况表在表格前都会有一个标题，比如 "五、公司员工情况"，并且独占一行。因此，最简单的方式就是直接通过文本相似度计算找到跟标题最匹配的位置，例如 string_similar(" 五、公司员工情况 ", " 员工情况 ") 的相似度为 0.666，因此可以将 0.6 设置为阈值，只要某一行的文本跟 "员工情况" 4 个字的相似度大于 0.6，我们就认为接下来的内容可能就是员工情况表。员工情况表大概占 15~25 行，因此可以通过下面这段代码，将标题以下的 30 行数据单独整理出来，提取其中的列表，并整理为对员工情况的语言描述。

```python
with open(file_path, 'r') as fp:
    lines = fp.readlines()
    people_content_text = ""
    for idx, line in enumerate(lines):
        if string_similar(line, "员工情况") > 0.6:
            for i in range(idx, idx + 30):
                if lines[i][0] == '[':
                    line = eval(lines[i])
```

```
                    if line[-1].isdigit():
                        people_content_text += ':'.join(line) + "人\n"
        print(people_content_text)
```

我们将员工情况的语言描述跟问题拼接，输入模型进行推理，可以发现模型能够很好地提取答案。

> # 模型输入
> '请根据以下提供的材料来回答问题，并且答案应该尽量简洁。材料：母公司在职员工的数量（人）::479人\n主要子公司在职员工的数量（人）::163人\n在职员工的数量合计（人）::642人\n当期领取薪酬员工总人数（人）::642人\n母公司及主要子公司需承担费用的离退休职工人数（人）::16人\n生产人员::346人\n销售人员::50人\n技术人员::74人\n财务人员::12人\n行政人员::94人\n::66人\n专科及以下::445人\n本科::187人\n硕士及以上::10人\n\n问题：在2019年硕士及以上员工的人数是多少？\n回答：'
>
> # 输出结果
> '2019年硕士及以上员工的人数为10人。'

对于需要计算的问题，为了让模型能够更好地按照我们给定的模板回答，达到类似于Few-Shot的效果，我们可以在上下文中给出一个例子或模板，即将context_content初始化为"如果是计算题，则给出计算过程。例如，问硕士员工占职工人数的比例是多少？则应该先获取硕士员工人数，再除以在职员工总数，得出百分比。\n"，这句话最终会跟材料一起拼接到提示词中，再输入模型进行推理。

> # 模型输入
> '请根据以下提供的材料来回答问题，并且答案应该尽量简洁。如果是计算题，则给出计算过程。例如，问硕士员工占职工人数的比例是多少？则应该先获取硕士员工人数，再除以在职员工总数，得出百分比。\n材料：……\n问题：在2019年的技术人员占职工人数的比例是多少？请保留2位小数。\n回答：'
>
> # 输出结果
> '2019年技术人员的人数为74人，总员工数为642人。所以技术人员占职工人数的比例为74/642 ≈ 0.117，保留2位小数后为11.7%。'

4. 扩展问题并微调

虽然通过提示词能够约束模型的输出，但是即使我们给定了某些问题回答的模板，有的时候模型生成的结果也并不符合要求，一个可能的原因是通用模型并没有在年报相关的问答数据集上进行过微调，因此并不具备对相关问题的理解和计算能力。

例如，对于计算2019年技术人员占职工人数的比例的问题，如果多生成几次，则可能会出现一些错误的答案，如下所示，它的计算过程完全是不对的。

> 计算2019年技术人员占职工人数的比例：技术人员数量 = 74 - 346 - 50 - 12 - 94 - 445 - 187 - 10 = 15 技术人员占职工人数比例 = 技术人员数量 / 总职工人数 × 100% 总职工人数 = 642 - 16 - 346 - 50 - 12 - 94 - 445 - 187 - 10 = 353 技术人员占职工人数比例 = 15 / 353 × 100% ≈ 4.38%

为了解决这个问题，我们可以构建跟年报问答相关的数据集，对模型进行微调，让其学习相应的问答模式。这需要我们对测试集中问题进行归纳和分析，总结出这些问题的统一模式，再借助大模型的推理生成能力，扩展问题集合。

例如，对于跟人数相关的问题，我们通过分析可以整理出如下模式，然后给出几个样例，拼接到提示词中，就可以输入模型，通过模型生成一些微调数据。

问题模式：

< 年份 > 年 < 公司全称 / 简称 > 的 < 学历 > 人数是多少？
< 公司全称 / 简称 > 在 < 年份 > 年的 < 专业 > 人员占职工人数的比例是多少？请保留 2 位小数。
在 < 年份 > 年，< 公司全称 / 简称 > 的 < 学历 > 人员占职工人数的比例是多少？请保留 2 位小数。
其中年份候选值：（2019，2020，2021），公司名称来自上交所和深交所的上市公司，学历候选值：（专科、
　　专科及以下、中专、中专及以下、大专、大专及以下、本科、大学本科、研究生、研究生及以上、硕士、
　　博士、博士及以上），专业候选值：（生产人员、销售人员、技术人员、财务人员、行政人员）

样例：

{"question":"2019 年硕士及以上员工的人数是多少？", "answer":"2019 年硕士及以上员工的人数为
　　10 人"}
{"question":"2019 年技术人员占职工人数的比例是多少？请保留 2 位小数。", "answer":"2019 年技
　　术人员的人数为 74 人，总员工数为 642 人。所以技术人员占职工人数比例为 74/642 ≈ 0.117，保留
　　2 位小数后为 11.7%。"}
{"question":"2019 年博士员工占职工人数的比例是多少？请保留 2 位小数。", "answer":"2019 年博
　　士员工的人数为 8 人，总员工数为 642 人。所以博士员工占职工人数比例为 8/642 ≈ 0.0125，保留 2
　　位小数后为 1.25%。"}
请以问题模式为基础，根据候选值，仿照样例格式，用多种句式修改 question 及 answer 的内容，给出
　　100 个类似的问题和对应的答案，以 JSON 格式输出。

我们将此提示词输入 LLM，它就可以帮助我们生成大量符合句式要求的样本。当然，直接通过模型生成的结果可能并不可靠，有可能生成的数据就不符合要求，还有可能计算结果不对或格式不对，因此还需要人工再筛查一遍。

问题 1：小数不应该再加百分号，可以重新计算修改
{"question": "2020 年阿里巴巴集团研究生及以上员工占总员工的比例是多少？请保留 2 位小数。
　　","answer": "2020 年阿里巴巴集团研究生及以上员工人数为 1568 人，总员工人数为 256421 人，
　　研究生及以上员工占比为 1568/256421=0.61%，保留 2 位小数后为 0.61%。"}
问题 2：模型将答案用省略号代替，可以直接删除
{"question":"2020 年生产人员占职工总数的比例是多少？请保留 2 位小数。", "answer":"......"}
问题 3：没有给出详细的推理过程，可以直接删除
{"question": "2020 年 ABC 公司的专科人员占职工人数的比例是多少？请保留 2 位小数。",
　　"answer": "2020 年 ABC 公司的专科人员占职工人数的比例为 0.15，保留 2 位小数后为 15%。"}
......

然后我们可以用 ChatGLM 在此数据集上进行 P-Tuning v2 微调，这在一定程度上可以提升模型在此类问题上的效果，提升主要在于两方面，一是让模型的输出格式更加规范，二是可以缓解计算问题时频频出错的现象。

5.5.4 NL2SQL

在上一节中，我们构造了一个跟人数相关的问题数据集进行微调。然而，由于 LLM 语言建模基于概率的训练目标，因此其所有的计算都是基于概率的输出，并不是基于计算规则的输出，无法从根本上保证计算结果的正确性。

除此之外，类似于跟人数相关的问题，还有很多问题具有固定的模式。例如，"< 年份 > 年 < 公司全称 / 简称 > 的法定代表人是谁？""< 年份 > 年 < 公司全称 / 简称 > 的法定代表人与前年是否相同""< 公司全称 / 简称 > 在 < 年份 > 年的官方注册名称是什么？"等

等。如果对所有的问题都要先找关键词定位，然后组合提示词模板，效果不好的话再构造数据集微调，那么这将是一个十分耗时耗力的过程。并且，如果在实际应用中出现测试集中没有的问题，其泛化能力很有可能会大幅下降。

在本节中，我们将介绍一种更为通用的方案——NL2SQL，简单讲就是将年报中的结构化表格提取出来，存储到相应的数据库中，然后通过 SQL 进行检索查询，最后利用查询结果生成答案。NL2SQL 的一个明显的好处是，利用 SQL 语句可以进行基于计算规则的运算，因此在一定程度上可以保证计算结果的正确性。

1. 表格数据提取

回到测试集的问题和文件中进一步分析，可以发现，关于数字的问题的答案一般存在于表格中，也就是说，我们需要处理两种模态的数据：表格数据和非结构化文本数据。直接从 PDF 文件中提取表格比较困难，而比赛官方也提供了相应的 TXT 文件，我们可以从 TXT 文件中提取相应的表格与关键要素。

我们先以比较简单的"公司信息"表格和"公司员工情况"表格为例，进行要素提取。整理的思路就是通过关键词对要素信息所在的位置进行定位，然后通过正则表达式提取要素，最后存入 Excel 表格中。代码如下所示。

```python
import glob
import json
import re
from concurrent.futures import ThreadPoolExecutor
import pandas as pd


# 获取特定属性的函数
def get_info(line_dict, answer, keywords_re, check_chinese, all_person=None):
    # 当给定属性为空且关键字在当前行中存在时进行提取
    if answer == "" and (not all_person or all_person != "") and \
        re.search(keywords_re, line_dict["inside"]):
        answer_list = eval(line_dict["inside"])
        for item in answer_list:
            # 判断是否需要检查中文，并设置条件
            chinese_condition = not re.search("[\u4e00-\u9fa5]", item) if check_
                chinese else True
            if chinese_condition and not re.search(keywords_re.replace("'", ""),
                item) and item.strip():
                return item
    return answer


# 处理文件，提取相关数据的函数
def process_file(file_path):
    # 定义需要提取的属性和对应的正则表达式
    attributes = {
```

```
        "mail": ["电子信箱|电子邮箱", True],
        "registered_address": ["注册地址", False],
        "office_address": ["办公地址", False],
        "chinese_name": ["公司的中文名称", False],
        "chinese_short_name": ["中文简称", False],
        "english_name": ["公司的外文名称|公司的外文名称(?:(如有))?", True],
        "english_short_name": ["公司的外文名称缩写|公司的外文名称缩写(?:(如有))?",
            True],
        "website": ["公司(?:国际互联网)?网址", True],
        "boss": ["公司的法定代表人", False],
        "all_person": ["(?:报告期末)?在职员工的数量合计(?:(人))?", True],
        "person11": ["生产人员", True],       "person12": ["销售人员", True],
        "person13": ["技术人员", True],       "person14": ["财务人员", True],
        "person15": ["行政人员", True],       "person21": ["本科及以上", True],
        "person22": ["本科", True],           "person23": ["硕士及以上", True],
        "person24": ["硕士", True],           "person25": ["博士及以上", True],
        "person26": ["博士", True],           "person27": ["公司研发人员的数量", True]
}


# 初始化存储提取数据的字典
data = {k: "" for k in attributes}
data["stock_code"] = ""
data["short_name"] = ""


# 打开并读取文件内容
with open(file_path, "r", encoding="utf-8") as file:
    lines = [json.loads(line.replace("\n", "")) for line in file.readlines()]

    # 遍历文件的每一行
    for i, line_dict in enumerate(lines):
        try:
            if line_dict["type"] not in ["页眉", "页脚", "text"]:
                # 提取股票代码
                if data["stock_code"] == "" and re.search("股票代码|证券代码",
                    line_dict["inside"]):
                    text = line_dict["inside"] + "\n"
                    text += lines[i + 1]["inside"]
                    match = re.search(r"(?:0|6|3)\d{5}", text)
                    if match:
                        data["stock_code"] = match.group()

                # 提取股票简称
                if data["short_name"] == "" and re.search("股票简称", line_
                    dict["inside"]):
                    exclude_keyword = "代码|股票|简称|交易所|A股|A 股|公司|
                        上交所|科创版|名称"
                    text_list = eval(line_dict["inside"])
                    text_list += eval(lines[i + 1]["inside"])
```

```
                    for item in text_list:
                        if not re.search(exclude_keyword, item) and item not
                            in ["", " "]:
                            data["short_name"] = item
                            break

                # 提取其他属性
                for key, (regex, chinese_flag) in attributes.items():
                    all_person = data["all_person"] if "person" in key else
                        None
                    data[key] = get_info(line_dict, data[key], regex,
                        chinese_flag, all_person)

                # 若所有数据都已提取，则跳出循环
                if all(data.values()):
                    break
        except:
            # 如果出现错误，则打印出问题行的内容
            print(line_dict)

# 提取文件名中的信息
file_details = file_path.split("\\")[-1].split("__")
new_row = {
    "文件名": file_path.split("\\")[-1],
    "发布日期": file_details[0],          "公司名称": file_details[1],
    "股票代码": file_details[2],          "股票简称": file_details[3],
    "报告年份": file_details[4],          "代码": data["stock_code"],
    "简称": data["short_name"],          "电子信箱": data["mail"],
    "注册地址": data["registered_address"],
    "办公地址": data["office_address"],
    "中文名称": data["chinese_name"],
    "中文简称": data["chinese_short_name"],
    "外文名称": data["english_name"],
    "外文名称缩写": data["english_short_name"],
    "公司网址": data["website"],          "法定代表人": data["boss"],
    "职工总数": data["all_person"],       "生产人员": data["person11"],
    "销售人员": data["person12"],         "技术人员": data["person13"],
    "财务人员": data["person14"],         "行政人员": data["person15"],
    "本科及以上人员": data["person21"],   "本科人员": data["person22"],
    "硕士及以上人员": data["person23"],   "硕士人员": data["person24"],
    "博士及以上人员": data["person25"],   "博士人员": data["person26"],
    "研发人数": data["person27"]
}
print(f"process complete on file: {file_path}")
return new_row


if __name__ == '__main__':
```

```
# 指定文件夹路径
folder_path = r"D:\Code\DataSet\chatglm_llm_fintech_raw_dataset\alltxt"
# 使用 glob 模块获取文件夹内的所有文件名称，并进行排序
file_paths = sorted(glob.glob(folder_path + "/*"), reverse=True)

# 使用 ThreadPoolExecutor 并行处理文件
with ThreadPoolExecutor(max_workers=32) as executor:
    results = list(executor.map(process_file, file_paths))

# 将结果存入 DataFrame，并输出为 Excel 文件
df = pd.DataFrame(results)
df.to_excel("1-company_information.xlsx", index=False)
```

最终提取出来的公司基本信息表如图 5-23 所示。

	文件名	发布日期	公司名称	股票代码	股票简称	电子信箱	注册地址	办公地址	中文名称	中文简称	外文名称	文名称缩	公司网址	法定代表人	职工总数	生产人员	销售人员	技术人员	财务人员
2	2023-06-2	2023-06-	湖南南新	688189	南新制药	nanxin@nu	湖南省长沙	广东省广州	湖南南新制	南新制药	Hunan Nue	NUCIEN PF	www.nucie	杨文进	411	214	64	48	11
3	2023-06-2	2023-06-	湖南南新	688189	南新制药	nanxin@nu	湖南省长沙	广州市罗坦	湖南南新制	南新制药	Hunan Nue	NUCIEN PF	www.nucie	杨文进	469	236	96	564.23	11
4	2023-06-2	2023-06-	国美通讯	600898	国美通讯	gatc6008	山东省济南	山东省济南	国美通讯讯	国美通讯	Gome Tele	GMTC	www.gomec	宋林林	813	725	11	20	17
5	2023-06-2	2023-06-	东芯半导	688110	东芯股份	contact@c	上海市青浦	上海市青浦	东芯半导体	东芯股份	Dosilicor	Dosilicor	http://www	蒋学明	184			AHN SEUNGHAN	
6	2023-06-1	2023-06-	无锡路通	300555	路通视信	lootom@lc	无锡市滨湖	无锡市滨湖	无锡路通路通视	路通视信	Lootom Te	Lootom	http://www	林竹	280	47	42	131	8
7	2023-06-1	2023-06-	广东利扬	688135	利扬芯片	ivan@leac	广东省东莞	广东省东莞	广东利扬芯片	利扬芯片	Guangdong	LEADYO	www.leady	黄江	761	354	19	67.23	15
8	2023-06-1	2023-06-	运盛成都	600767	运盛医疗	600767@wi	四川省成都	四川省成都	运盛（成都运盛医	（成都运盛）	Winsan (C	Winsan	http://www	翁松林	51	0	4	17	6
9	2023-06-1	2023-06-	运盛成都	600767	运盛医疗	600767@wi	四川省成都	四川省成都	运盛（成都运盛医	（成都运盛）	Winsan (C	Winsan	www.wins	王熙	46	0	6	17	4
10	2023-06-1	2023-06-	莱茵达体	000558	莱茵体育	lzzy0005	杭州市西湖	四川省成都	莱茵达体莱茵	（成都莱茵	Lander Sp	LANDER SF	http://www	菁亚斌	60	0	15	4	16
11	2023-06-1	2023-06-	浙江亿田	300911	亿田智能	stock@ent	浙江省绍兴	浙江省绍兴	浙江亿田亿田智能	亿田智能	Zhejiang	Entive	www.entiv	孙伟勇	1,403	681	416	166	11
12	2023-06-1	2023-06-	浙江亿田	300911	亿田智能	stock@ent	浙江省绍兴	浙江省绍兴	浙江亿田亿田智能	亿田智能	Zhejiang	Entive	www.entiv	孙伟勇	1,154	604	253	133	12
13	2023-06-1	2023-06-	广州御银	002177	御银股份	zqb@kingt	广州市天河	广州市天河	广州御银御银股份	御银股份	Guangzhou	KINGTELLE	http://www	林竹	199	8	4	56	20
14	2023-06-1	2023-06-	重庆水务	601158	重庆水务	swjtdsb@c	重庆市渝中	重庆市渝中	重庆水务重庆水务	重庆水务	Chongqing	Chongqing	http://www	郑知彬	6,460	3,724	232	136	335
15	2023-06-1	2023-06-	重庆水务	601158	重庆水务	swjtdsb@c	重庆市渝中	重庆市渝中	重庆水务重庆水务	重庆水务	Chongqing	Chongqing	http://www	郑知彬	6,009	3,077	604	692	318
16	2023-06-1	2023-06-	朗源股份	300175	朗源股份	ir@lontru	山东省龙口	山东省龙口	朗源股份朗源股份	朗源股份	LONTRUE	CLONTRUE	www.lontr	戚永鹏	279	183	18,998.2	18	13
17	2023-06-1	2023-06-	朗源股份	300175	朗源股份	ir@lontru	山东省龙口	山东省龙口	朗源股份朗源股份	朗源股份	LONTRUE	CLONTRUE	www.lontr	戚永鹏	315	178	92,501.3	40	17
18	2023-06-1	2023-06-	朗源股份	300175	朗源股份	ir@lontru	山东省龙口	山东省龙口	朗源股份朗源股份	朗源股份	LONTRUE	CLONTRUE	www.lontr	戚永鹏	389	199	46	85	22
19	2023-06-1	2023-06-	浙江富润	600070	浙江富润		浙江省诸暨	浙江省诸暨	浙江富润浙江富润	浙江富润	Zhejiang	Zhejiang	www.furur	赵林中	222	15	90	75	12
20	2023-05-1	2023-05-1	浙江富润	600070	浙江富润		浙江省诸暨	浙江省诸暨	浙江富润浙江富润	浙江富润	Zhejiang	Zhejiang	www.furur	赵林中	254	15	112	85	12

图 5-23　从 TXT 文件中提取出来的公司基本信息表示意图

接下来我们要提取年报文件中的财务报表。财务报表主要包括"四表一注"，即资产负债表、利润表、现金流量表、所有者权益变动表及附注。

❑ 资产负债表：展示了公司在某一特定日期的财务状况，主要列出了公司的资产、负债和所有者权益。

❑ 利润表：列出了公司在特定时期（如一年或一个季度）的收入、成本和支出，最终得出的是该时期的净利润或亏损。

❑ 现金流量表：跟踪了公司在特定时期的现金流入和流出，分为经营活动、投资活动和筹资活动 3 个部分。

❑ 所有者权益变动表：列出了在特定时期所有者权益的各个组成部分的变化，如股本、资本公积、留存收益、其他综合收益等。

当然年报中还有很多报表，但是经过分析，发现大部分测试问题都可以在资产负债表、利润表和现金流量表中找到答案，因此，我们只从年报中提取这 3 张表的内容。

需要注意的是，这几项财务报表在年报中通常分为两类，如"合并资产负债表"和"母公司资产负债表"。当一家公司拥有多家子公司或关联企业时，就需要提供一个合并资产负债表。合并资产负债表反映了整个集团的财务状况，包括母公司和其所有子公司的资产、负债和所有者权益。母公司资产负债表仅展示母公司本身的资产负债情况，不包括其子公司的财务状况。在本次任务中，我们更关注合并后的财务报表，因此我们在提取表格时也

只提取合并后的这几项财务报表。

公开发行证券的公司发布年报的内容是有格式要求的，"四表一注"也一般会按照如下顺序排布，即首先合并资产负债和母公司资产负债表，其次合并利润表和母公司利润表，再次合并现金流量表和母公司现金流量表，最后合并所有者权益变动表和母公司所有者权益变动表。

```txt
{"page": 160, "allrow": 2107, "type": "text", "inside": " 二、财务报表 "}
......
{"page": 160, "allrow": 2109, "type": "text", "inside": "1、合并资产负债表 "}
......
{"page": 164, "allrow": 2234, "type": "text", "inside": "2、母公司资产负债表 "}
......
{"page": 167, "allrow": 2336, "type": "text", "inside": "3、合并利润表 "}
......
{"page": 171, "allrow": 2423, "type": "text", "inside": "4、母公司利润表 "}
......
{"page": 174, "allrow": 2486, "type": "text", "inside": "5、合并现金流量表 "}
......
{"page": 177, "allrow": 2558, "type": "text", "inside": "6、母公司现金流量表 "}
......
{"page": 179, "allrow": 2607, "type": "text", "inside": "7、合并所有者权益变动表 "}
......
{"page": 186, "allrow": 2737, "type": "text", "inside": "8、母公司所有者权益变动表 "}
......
```

因此，为了提取合并资产负债表，从"1、合并资产负债表"所在行开始，到"2、母公司资产负债表"所在行为止，我们可以将中间的所有内容提取出来，就是合并资产负债表的内容，提取合并利润表和合并现金流量表的逻辑也是类似的。

最终提取出来的合并资产负债表如下所示。由于项目太多，因此中间一些项目省略，具体内容可以查看原版 PDF 或 TXT 文件。

```txt
合并资产负债表
编制单位：南华生物医药股份有限公司
单位：元
[' 项目 ', '2021 年 12 月 31 日 ', '2020 年 12 月 31 日 ']
[' 流动资产: ', '', '']
[' 货币资金 ', '153,004,696.71', '67,038,039.76']
......
[' 负债和所有者权益总计 ', '659,245,600.20', '556,140,141.52']
法定代表人：杨云主管会计工作负责人：林鹏彬会计机构负责人：陈一
```

接下来跟处理公司基本信息表格的要素提取的方式类似，都是通过正则表达式或其他逻辑提取我们想要的内容。另外需要注意一点，不同公司的年报中有些项目名称可能不一致，有些有前后缀而有些没有，处理这些内容需要我们不断试错、不断分析，才能找到合适的处理逻辑。最终代码如下所示。

```python
import glob
import json
import re
import pandas as pd
from concurrent.futures import ThreadPoolExecutor


# 定义 cut_all_text 函数，用于按照特定的正则模式截取文本内容
def cut_all_text(check, check_re_1, check_re_2, all_text, line_dict, text):
    # 若尚未开始匹配，并且 all_text 满足 check_re_1 的模式，则开始匹配
    if not check and re.search(check_re_1, all_text):
        check = True
    if check:
        # 过滤页眉和页脚的文本内容
        if line_dict["type"] not in ["页眉", "页脚"]:
            # 若 all_text 满足 check_re_2 的模式，则停止匹配
            if not re.search(check_re_2, all_text):
                # 如果当前行有内容，则添加到 text 中
                if line_dict["inside"] != "":
                    text += line_dict["inside"] + "\n"
            else:
                check = False
    return text, check


def check_data(year, answer_dict, text_check, add_word, stop_re):
    text_list = text_check.split("\n")
    data = []
    check_len = 0
    for text in text_list:
        # 检查文本是否以 "[项目" 开始，但不包含 "调整数"
        if re.search("\['项目", text) and not re.search("调整数", text) and \
            check_len == 0:
            check_len = len(eval(text))
        # 检查文本是否以 "[" 开始，也就是我们要处理的列表
        if re.search("^[\[]", text):
            try:
                text_l = eval(text)
                text_l[0] = text_l[0].replace(" ", "").replace("(", "（").
                    replace(")", "）")
                text_l[0] = text_l[0].replace(":", "：").replace(" / ", "/")
                # 删除一些特定的前后缀，例如 "一、" "（一）" "1." 和 "加：" "减：" "其中：" 或
                # "（元 / 股）"。
                pattern = r"(?:[一二三四五六七八九十]、|（[一二三四五六七八九十]）
                    |\d\.|加：|减：|其中：|（元 / 股）)"
                cut_re = re.match(pattern, text_l[0])
                if cut_re:
                    text_l[0] = text_l[0].replace(cut_re.group(), "")
                text_l[0] = text_l[0].split("（")[0]
```

```
                        # 若当前行数据的长度与列名数据的长度相同，并且 text_l[0] 为汉字，则将其添加
                        # 到 data 列表中
                        if check_len != 0 and check_len == len(text_l) and re.search("[\
                            u4e00-\u9fa5]", text_l[0]):
                            data.append(text_l)
                    except Exception as e:
                        print(f"Error parsing: {text}. Reason: {e}")
                # 如果文本与 stop_re 正则表达式匹配，则意味着已经满足停止解析的条件
                if data != [] and re.search(stop_re, text):
                    break

        if data:
            data_df = pd.DataFrame(data[1:], columns=data[0])
            data_df.replace("", "无", inplace=True)  # 将空字符串替换为"无"
            if year + add_word in data_df.columns and "项目" in data_df.columns:
                data_df = data_df.drop_duplicates(subset="项目", keep="first")
                for key in answer_dict:
                    try:
                        match_answer = data_df[data_df["项目"] == key]
                        if not match_answer.empty:
                            # 如果 answer_dict 中的对应 key 的值为空，则更新它
                            if answer_dict[key] == "":
                                answer_dict[key] = match_answer[year + add_word].
                                    values[0]
                    except Exception as e:
                        print(f"Error match key: {key}. Reason: {e}")
        return answer_dict


def process_file(file_path):
    file_name = file_path.split("\\")[-1]
    publish_date, company_name, stock_code, short_name, year, _ = file_name.
        split("__")
    all_text = ""
    texts = [""] * 5
    checks = [False] * 5
    answer_dict = {key: "" for key in item_list}

    patterns = [
        ("(?:财务报表.{0,15}|1、)(?:合并资产负债表)$", "(?:母公司资产负债表)$"),
        ("(?:负责人.{0,15}|2、)(?:母公司资产负债表)$", "(?:合并利润表)$"),
        ("(?:负责人.{0,15}|3、)(?:合并利润表)$", "(?:母公司利润表)$"),
        ("(?:负责人.{0,15}|4、)(?:母公司利润表)$", "(?:合并现金流量表)$"),
        ("(?:负责人.{0,15}|5、)(?:合并现金流量表)$", "(?:母公司现金流量表)$"),
    ]

    with open(file_path, "r", encoding="utf-8") as file:
        for line in file:
            line_dict = json.loads(line.strip())
            try:
                if line_dict["type"] not in ["页眉", "页脚"]:
```

```
            all_text += line_dict["inside"]

        for i, (pattern1, pattern2) in enumerate(patterns):
            texts[i], checks[i] = cut_all_text(checks[i], pattern1,
                pattern2, all_text, line_dict, texts[i])

        if re.search("(?:负责人 .{0,15}|6、)(?:母公司现金流量表)$", all_text):
            break
    except Exception as e:
        print(f"process line {line_dict} error: {e}")

titles = ["合并资产负债表", "母公司资产负债表", "合并利润表", "母公司利润表", "合
    并现金流量表"]
cuts = [text.split(title)[0] for text, title in zip(texts, titles)]
answer_dict = check_data(year, answer_dict, texts[0][len(cuts[0]):], "12 月 31
    日 ", "母公司合并资产负债表")
answer_dict = check_data(year, answer_dict, texts[2][len(cuts[2]):], "度 ",
    "母公司合并利润表")
answer_dict = check_data(year, answer_dict, texts[4][len(cuts[4]):], "度 ",
    "母公司合并现金流量表")

new_row = {
    "文件名 ": file_name, "发布日期 ": publish_date, "公司名称 ": company_name,
    "股票代码 ": stock_code, "股票简称 ": short_name, "报告年份 ": year,
    **{title: text[len(cut):] for text, cut, title in zip(texts, cuts, titles)},
    **answer_dict
}
print(f"process complete on file: {file_name}")
return new_row



if __name__ == "__main__":
    # 文件夹路径
    folder_path = r"D:\Code\DataSet\chatglm_llm_fintech_raw_dataset\alltxt"
    # 获取文件夹内所有文件名称
    file_paths = glob.glob(folder_path + "/*")
    file_paths = sorted(file_paths, reverse=True)[0:50]
    # 打印文件名称
    item_list = [
        "货币资金 ", "结算备付金 ", "拆出资金 ", "交易性金融资产 ", "以公允价值计量且其变动
            计入当期损益的金融资产 ", ……
        "现金及现金等价物净增加额 ", "期初现金及现金等价物余额 ", "期末现金及现金等价物余额 "]

    with ThreadPoolExecutor(max_workers=32) as executor:
        results = list(executor.map(process_file, file_paths))

    df = pd.DataFrame(results)
    df.to_excel("2-company_financial.xlsx", index=False)
```

代码中的 item_list 是从资产负债表、利润表和现金流表中提取出来的表格字段，结合
测试问题中经常出现的关键词筛选后的结果。最终提取出来的财务报表如图 5-24 所示。

	A	B	C	D	E	L	M	N	O	P	Q	R	S	T	U	V
1	文件名	发布日期	公司名称	股票代码	股票简称	货币资金	吉算备付金	拆出资金	易性金融资	变动计入	生金融资	应收票据	应收账款	收款项融	预付款项	应收保费
2	2023-06-2	2023-06-2	湖南南新制	688189	南新制药	730, 667, 5	无	无	无		无	无	590, 812, 6	无	4, 618, 46(	无
3	2023-06-2	2023-06-2	湖南南新制	688189	南新制药	299, 350, 9	无	无	662, 557, 150. 68		无	4, 907, 68(	639, 973, 3	无	33, 333, 82	无
4	2023-06-2	2023-06-2	国美通讯设	600898	国美通讯	149, 371, 048. 47			无		无	25, 940, 4	96, 341, 05	无	5, 694, 303. 45	
5	2023-06-2	2023-06-2	东芯半导体	688110	东芯股份	3, 431, 098	无	无	无		无	无	254, 878, 8	无	2, 713, 346	无
6	2023-06-1	2023-06-1	无锡路通视	300555	路通视信	64, 612, 43	无	无	150, 560, 752. 90		无	17, 216, 79	238, 368, 1	15, 326, 26	5, 622, 169	无
7	2023-06-1	2023-06-1	广东利扬芯	688135	利扬芯片	246, 665, 2	无	无	226, 804, 219. 44		无	无	65, 808, 50	无	1, 748, 099	无
8	2023-06-1	2023-06-1	运盛成都医	600767	运盛医疗	45, 765, 12	无	无	无		无	无	22, 941, 43	无	13, 499, 06	无
9	2023-06-1	2023-06-1	运盛成都医	600767	运盛医疗	45, 344, 76	无	无	无		无	无	19, 344, 82	无	5, 405, 315	无
10	2023-06-1	2023-06-1	莱茵达体育	000558	莱茵体育	74, 691, 13	无	无	无		无	无	10, 959, 54	无	224, 179. 3	无
11	2023-06-1	2023-06-1	浙江亿田智	300911	亿田智能	961, 118, 3	无	无	280, 236, 470. 57		无	1, 238, 201	69, 064, 84	无	26, 011, 99	无
12	2023-06-1	2023-06-1	浙江亿田智	300911	亿田智能	838, 564, 1	无	无	200, 000, 000. 00		无	无	24, 881, 44	459, 154. 2	15, 973, 80	无
13	2023-06-0	2023-06-0	广州御银科	002177	御银股份	160, 036, 9	无	无	311, 544, 406. 57		无	无	23, 656, 94	无	170, 961. 8	无
14	2023-06-0	2023-06-0	重庆水务集	601158	重庆水务	2, 664, 259	无	无	501, 070, 138. 89		无	400, 000. (	1, 197, 157	无	110, 122, (	无
15	2023-06-0	2023-06-0	重庆水务集	601158	重庆水务	2, 808, 188	无	无	503, 057, 534. 25		无	1, 560, 196	1, 100, 50(	无	66, 568, 63	无
16	2023-06-0	2023-06-0	朗源股份有	300175	朗源股份	8, 512, 156	无	无	无		无	无	131, 899, 4	无	584, 763. 6	无
17	2023-06-0	2023-06-0	朗源股份有	300175	朗源股份	30, 473, 7(	无	无	无		无	无	111, 528, (	无	4, 307, 392	无
18	2023-06-0	2023-06-0	朗源股份有	300175	朗源股份	70, 886, 33	无	无	无	无	无	无	206, 335, 2	无	1, 821, 894	无
19	2023-05-1	2023-05-1	浙江富润数	600070	浙江富润	183, 939, 9	无	无	569, 706, 590. 19		无	无	1, 230, 832	无		
20	2023-05-1	2023-05-1	浙江富润数	600070	浙江富润	311, 504, 5	无	无	870, 792, 129. 30		无	无	1, 191, 117	无	258, 547, (	无

图 5-24　从 TXT 文件中提取出来的财务报表示意图

虽然我们分了两张表提取信息，但是在查询时如果有两张表则可能会让逻辑变得更加复杂，因此我们可以将两张表合并为一张进行存储。除此之外，有些问题的回答还涉及公式计算，由于 LLM 理论上并不具有计算能力，因此我们可以提前将一些金融指标计算出来，然后直接将其存储到表格中。代码如下所示。

```
python
import pandas as pd

# 1. 读取两个 Excel 文件数据
# 使用 pandas 的 read_excel 方法，加载 Excel 文件到 DataFrame 中
df1 = pd.read_excel("1-company_information.xlsx", engine="openpyxl")
df2 = pd.read_excel("2-company_financial.xlsx", engine="openpyxl")

# 2. 数据完整性检查
# 确保两个 Excel 文件中都包含 "文件名" 这一列，否则抛出错误
if "文件名" not in df1.columns or "文件名" not in df2.columns:
    raise ValueError("One of the Excel files does not have the '文件名' column.")

# 3. 数据合并
# 使用 merge 方法，根据指定的键列合并两个 DataFrame
merge_keys = ["文件名", "公司名称", "股票代码", "股票简称", "报告年份", "发布日期"]
df = df1.merge(df2, on=merge_keys, how="inner")

# 4. 定义计算公式
# 创建一个字典存储需要计算的新指标及其相关信息
# 其中，"公式"表示计算公式，"数值"表示公式中需要的数据列
formula_name_list = {
    "营业成本率": {"公式": "营业成本率 = 营业成本 / 营业收入", "数值": ["营业成本", "营
        业收入"]},
    "投资收益占营业收入比率": {"公式": "投资收益占营业收入比率 = 投资收益 / 营业收入", "数
        值": ["投资收益", "营业收入"]},
    "管理费用率": {"公式": "管理费用率 = 管理费用 / 营业收入", "数值": ["管理费用", "营
        业收入"]},
    "财务费用率": {"公式": "财务费用率 = 财务费用 / 营业收入", "数值": ["财务费用", "营
        业收入"]},
```

```
    " 资产负债比率 ": {" 公式 ": " 资产负债比率 = 负债合计 / 资产总计 ", " 数值 ": [" 负债合计 ",
        " 资产总计 "]},
    " 现金比率 ": {" 公式 ": " 现金比率 = 货币资金 / 流动负债合计 ", " 数值 ": [" 货币资金 ", " 流
        动负债合计 "]},
    " 非流动负债比率 ": {" 公式 ": " 非流动负债比率 = 非流动负债合计 / 负债合计 ", " 数值 ": [" 非
        流动负债合计 ", " 负债合计 "]},
    " 流动负债比率 ": {" 公式 ": " 流动负债比率 = 流动负债合计 / 负债合计 ", " 数值 ": [" 流动负债
        合计 ", " 负债合计 "]},
    " 净利润率 ": {" 公式 ": " 净利润率 = 净利润 / 营业收入 ", " 数值 ": [" 净利润 ", " 营业收入 "]},
    " 企业研发经费与利润比值 ": {" 公式 ": " 企业研发经费与利润比值 = 研发费用 / 净利润 ", " 数值
        ": [" 研发费用 ", " 净利润 "]},
    " 研发人员占职工人数比例 ": {" 公式 ": " 研发人员占职工人数比例 = 研发人数 / 职工总数 ", " 数
        值 ": [" 研发人数 ", " 职工总数 "]},
    " 毛利率 ": {" 公式 ": " 毛利率 = ( 营业收入 - 营业成本 ) / 营业收入 ", " 数值 ": [" 营业收入 ",
        " 营业成本 "]},
    " 营业利润率 ": {" 公式 ": " 营业利润率 = 营业利润 / 营业收入 ", " 数值 ": [" 营业利润 ", " 营
        业收入 "]},
    " 流动比率 ": {" 公式 ": " 流动比率 = 流动资产合计 / 流动负债合计 ", " 数值 ": [" 流动资产合计
        ", " 流动负债合计 "]},
    " 三费比重 ": {
        " 公式 ": " 三费比重 = ( 销售费用 + 管理费用 + 财务费用 ) / 营业收入 ",
        " 数值 ": [" 销售费用 ", " 管理费用 ", " 财务费用 ", " 营业收入 "]
    },
    " 企业研发经费占费用比例 ": {
        " 公式 ": " 企业研发经费占费用比例 = 研发费用 / ( 销售费用 + 财务费用 + 管理费用 + 研发费用 )",
        " 数值 ": [" 研发费用 ", " 销售费用 ", " 财务费用 ", " 管理费用 "]
    },
    " 企业研发经费与营业收入比值 ": {
        " 公式 ": " 企业研发经费与营业收入比值 = 研发费用 / 营业收入 ",
        " 数值 ": [" 研发费用 ", " 营业收入 "]
    },
    " 企业硕士及以上人员占职工人数比例 ": {
        " 公式 ": " 企业硕士及以上人员占职工人数比例 = ( 硕士人员 + 博士人员 ) / 职工总数 ",
        " 数值 ": [" 硕士人员 ", " 博士人员 ", " 职工总数 "]
    },
    " 速动比率 ": {
        " 公式 ": " 速动比率 = ( 流动资产合计 - 存货 ) / 流动负债合计 ",
        " 数值 ": [" 流动资产合计 ", " 存货 ", " 流动负债合计 "]
    }
}

# 5. 针对不需要乘 100 的指标（不以百分比形式展现的指标），创建一个列表
not_percentage_list = [
    " 企业研发经费占费用比例 ", " 企业研发经费与利润比值 ", " 企业研发经费与营业收入比值 ",
    " 研发人员占职工人数比例 ", " 企业硕士及以上人员占职工人数比例 ", " 流动比率 ", " 速动比率 "
]


# 6. 初始化新指标列
# 对 DataFrame 增加新列，用于存储计算后的结果
for new_name in formula_name_list:
```

```
        df[new_name] = ""
```

```
# 7．数据预处理
# 去除"报告年份"列中的"年"后缀
df["报告年份"] = df["报告年份"].str.replace("年", "")
```

```
# 8．计算新指标
# 遍历每行数据，根据定义的公式计算新指标，并将其存储到相应的列中
for index, row in df.iterrows():
    for new_name, details in formula_name_list.items():
        formula = details["公式"].split("=")[1]
        value_dict = {col_name: str(row[col_name]) for col_name in details["数值"]}
        for col_name, currency_this in value_dict.items():
            formula = formula.replace(col_name, currency_this).replace(",", "").
                replace(",", "")
        try:
            # 如果指标需要以百分比展示，那么计算结果乘100
            if new_name not in not_percentage_list:
                formula = "100*" + formula
            result = f"{formula} = {eval(formula)}{'%' if new_name not in not_
                percentage_list else ''}"
        except Exception as e:
            print(f"process formula {formula} error: {e}")
            result = "缺少数据，所以值为空"

        value_dict.update({
            "公式": formula_name_list[new_name]["公式"],
            new_name: result
        })
        df.at[index, new_name] = value_dict  # 更新字段
```

```
# 9．将计算后的结果保存到新的 Excel 文件
df.to_excel("company.xlsx", engine="openpyxl", index=False)
```

最终合并后的表格部分内容如图 5-25 所示。

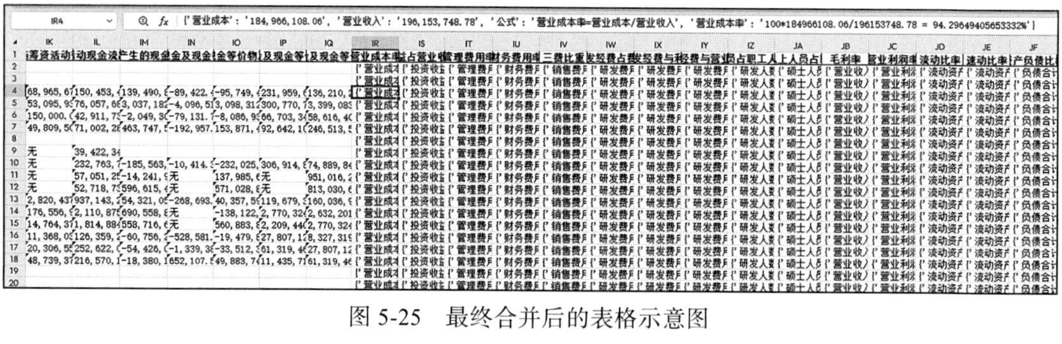

图 5-25　最终合并后的表格示意图

最后，我们可以通过下面这段代码将 Excel 表格转换为 SQLite 数据库表。

```python
python
import pandas as pd
import sqlite3


def excel2sql(excel_path, db_path, table_name):
    df = pd.read_excel(excel_path, engine="openpyxl")
    # 建立一个 SQLite 数据库连接
    conn = sqlite3.connect(db_path)
    # 在数据导入之前，如果表存在，则删除
    conn.execute(f"DROP TABLE IF EXISTS {table_name}")
    # 将 DataFrame 数据导入到 SQL 数据库中
    df.to_sql(table_name, conn, if_exists="replace", index=False)
    # 关闭数据库连接
    conn.close()


if __name__ == "__main__":
    excel2sql("company.xlsx", "company.db", "company")
```

2. "关键词 – 列名"匹配

NL2SQL 中一个非常重要的问题就是如何根据问题找到相应的列名。在前面 5.5.3 节我们训练了一个问题分类的模型，它可以输出问题中的关键词。我们当然希望它输出的关键词可以在数据库表中直接找到对应的列名，但实际上有可能无法完全对应上。例如，题目中问的关键词可能是"总负债"，而数据库列名中的是"负债合计"，此时二者直接通过字符串对比这种严格的匹配方法就无法匹配上，因此在这里我们需要进行相似度对比。

当然，最简单的对比方式就是直接用前面定义的 string_similar 函数计算提取关键词和列名两个字符串之间的相似度，但是这种方式实际上只考虑了两个字符串中有多少相同的字符，并不能考虑到关键词和列名所表达的深层语义含义。例如，关键词"总负债"和列名"负债合计"的相似度是 0.5714，而和列名"合同负债"的相似度也是 0.5714，此时我们就没有办法判断当用户询问总负债相关的问题时，到底应该去数据库表中查询"负债合计"字段还是"合同负债"字段。

为了解决这个问题，我们可以用向量模型计算关键词和列名之间的语义相似度。在这里，我们使用了 shibing624/text2vec-base-chinese 向量模型（https://huggingface/shibing624/text2vec-base-chinese），该模型是基于 hfl/chinese-macbert-base 并采用 CoSENT（Cosine Sentence）方法在中文 STS-B 数据集上训练得到的。这个模型可以将句子映射到 768 维的密集向量空间中，非常适合执行句子嵌入、文本匹配或语义搜索等任务。整体代码如下所示。

```python
python
>>> import difflib
>>> from langchain.vectorstores import FAISS
>>> from langchain.embeddings import Hugging FaceEmbeddings
>>> def string_similar(s1, s2):
...     return difflib.SequenceMatcher(None, s1, s2).quick_ratio()
>>> string_similar("总负债", "负债合计")
```

```
0.5714285714285714
>>> string_similar("总负债", "合同负债")
0.5714285714285714
>>> embeddings = Hugging FaceEmbeddings(model_name="shibing624/text2vec-base-chinese")
bin d:\anaconda3\lib\site-packages\bitsandbytes\libbitsandbytes_cuda117.dll
>>> item_list = [
...          "货币资金", "结算备付金", "拆出资金", "交易性金融资产", "以公允价值计量且
      其变动计入当期损益的金融资产", ……
...          "现金及现金等价物净增加额", "期初现金及现金等价物余额", "期末现金及现金等价物
      余额"]
>>> vectorstore = FAISS.from_texts(item_list, embeddings)
>>> results_with_scores = vectorstore.similarity_search_with_score("总负债")
>>> for doc, score in results_with_scores:
...       print(f"Content: {doc.page_content}, Score: {score}")
Content: 负债合计, Score: 106.41322326660156
Content: 预计负债, Score: 108.23805236816406
Content: 负债和所有者权益总计, Score: 147.6588897705078
Content: 合同负债, Score: 158.93890380859375
>>> results_with_scores = vectorstore.similarity_search_with_score("营业之外的收入")
>>> for doc, score in results_with_scores:
...       print(f"Content: {doc.page_content}, Score: {score}")
Content: 营业外收入, Score: 94.43608093261719
Content: 营业外支出, Score: 121.36824798583984
Content: 营业收入, Score: 140.557861328125
Content: 营业总收入, Score: 147.77842712402344
```

可以发现，通过向量模型的语义相似度检索，不管是对于"总负债"，还是对于"营业之外的收入"这种可能混淆的关键词，都能够检索到正确的列名。

将其抽象成函数也非常简单，代码如下所示。

```python
column_list = [……]          # 存储所有的数据库表列名
embeddings = Hugging FaceEmbeddings(model_name="shibing624/text2vec-base-
    chinese")
# 将向量数据库的定义放在函数外面，可以避免每次调用函数时都要重新建立索引
vectorstore = FAISS.from_texts(column_list, embeddings)

def get_similarity_column_name(keyword):
    results_with_scores = vectorstore.similarity_search_with_score(keyword, k=2)
    return [doc.page_content for doc, _ in results_with_scores]
```

3. NL2SQL 数据集构造

为了构造 NL2SQL 的微调数据集，我们也可以先借助 LLM 的 Few-Shot 上下文学习能力，根据已有的问题生成 SQL 语句，然后人工筛选检查一遍，最后微调出一个擅长 NL2SQL 任务的模型。构造 SQL 语句的函数代码如下。

```python
def get_llm_sql(question, years, columns):
```

```
assistant_role_msg = """你的任务是将我所提出的问题转换为 SQL。我会给你提供要查询的表名、
    涉及的年份和涉及的数据库表列名，你需要基于此写出对应的 SQL 语句。
接下来我将给你提供几个例子：
Input：查询的表名为 company，涉及的年份：2020、2021，涉及的列名：法定代表人，公司名称，
    股票简称，股票代码，合同资产，报告年份。问题：2021 年公司名称为晋西车轴股份有限公司的
    公司法定代表人与 2020 年相比是否全部相同？
Output：select 公司名称，股票简称，报告年份，法定代表人 from company where 报告年份
    in ('2021', '2020') and (公司名称 in ('晋西车轴股份有限公司') or 股票简称 in
    ('晋西车轴股份有限公司'));
Input：查询的表名为 company，涉及的年份：2021，涉及的列名：公司名称，硕士人员，职工总数，
    股票代码，股票简称，博士人员，报告年份。问题：朗新科技 2021 年的硕士员工人数有多少？
Output：select 公司名称，股票简称，报告年份，硕士人员 from company where 报告年份
    in ('2021') and (公司名称 in ('朗新科技') or 股票简称 in ('朗新科技'));
Input：查询的表名为 company，涉及的年份：2019，涉及的列名：公司名称，固定资产，无形资产，
    股票代码，股票简称，报告年份。问题：2019 年银星能源固定资产和无形资产分别是多少元？
Output：select 公司名称，股票简称，报告年份，固定资产，无形资产 from company where
    报告年份 in ('2019') and (公司名称 in ('银星能源') or 股票简称 in ('银星能源'));
Input：查询的表名为 company，涉及的年份：2019，涉及的列名：公司名称，股票代码，股票简
    称，报告年份，注册地址，资产总计。问题：在北京注册的上市公司中，2019 年资产总额最高的
    前四家上市公司是哪些家？金额为多少？
Output：select 公司名称，股票简称，报告年份，资产总计 from company where 报告年份
    in ('2019') and 注册地址 like '%北京%' order by 资产总计 desc limit 4;
......
对于 Output，应该严格按照 SQLite 的 SQL 格式输出，并且所有 select 的字段中都要包含"公司名
    称，股票简称，报告年份"这几项，还要注意区分 WHERE 筛选条件中到底是用"公司名称"还是
    "股票简称"，不要输出任何多余的字符。
"""
columns = ["公司名称", "股票简称", "股票代码", "报告年份"] + columns
columns_msg = ','.join(columns).replace(" ", '')
years_msg = '、'.join([str(i) + "年" for i in years]).replace(" ", '')
message = f"查询的表名为 company，涉及的年份：{years_msg}，涉及的列名有：{columns_
    msg}. 问题：{question}"
response = zhipuai.model_api.invoke(
    model="chatglm_pro",
    prompt=[
        {"role": "user", "content": assistant_role_msg + f"\n 那 么，再 给 定
            Input：{message}，应该 Output:"},
    ],
    temperature=1.0,
    ref={"enable": False}
)

result = response["data"]["choices"][0]["content"].replace(', ', ',')
return trim_string(result)
```

当然，对于一些比较简单的问题，即使不微调模型也能够产生正确的结果，如下面这个问题。

```python
q = "2021年津药药业的法定代表人与上一年是否相同?"
d = get_llm_classification(q)
cs = [col for keyword in d["keyword"] for col in get_similarity_column_
    name(keyword)]
sql = get_llm_sql(q, d["year"], cs)
```

执行代码生成的 SQL 语句如下，语法正确，并且功能满足我们的要求。

```sql
select 公司名称, 股票简称, 报告年份, 法定代表人 from company where 报告年份 in ('2019',
    '2021') and (公司名称 in ('津药药业') or 股票简称 in ('津药药业'));
```

4. 标准化答案生成

如何规范地回答问题也是我们需要研究的，因为评测的得分点包括正确的答案、正确的关键词和句子相似度，那么规范回答问题更有利于提高分数。

我们通过执行 NL2SQL 得到的 SQL 语句可以在数据库中查询到问题相关的字段和值，但是这个结果对用户来说是不可读的，我们需要再通过自然语言来对其进行解释，然后才能把它作为给用户的反馈。

这一部分的逻辑相对来说更简单，就是将 SQL 查询的结果先转换为 JSON 格式，然后按照固定的提示词模板通过 ChatGLM 整理出最后的答案即可，具体代码如下所示。

```python
import json
import sqlite3


def answer_normalize(question, answer):
    assistant_msg = f"""请你根据查询结果回答问题，要求语言流畅，表意清晰，完整通顺。
    查询结果: {answer}
    问题: {question}
    回答:
    """
    response = zhipuai.model_api.invoke(
        model="chatglm_pro",
        prompt=[
            {"role": "user", "content": assistant_msg},
        ],
        temperature=1.0,
        ref={"enable": False}
    )

    result = response["data"]["choices"][0]["content"].replace(', ', ',')
    return trim_string(result)


# 创建连接
conn = sqlite3.connect("../prepare_data/company.db")
```

```
cursor = conn.cursor()
# 查询数据
cursor.execute(sql)
results = cursor.fetchall()
# 获取列名
columns = [desc[0] for desc in cursor.description]
# 转换查询结果为字典
data = [dict(zip(columns, row)) for row in results]
# 转换字典为 JSON 格式
json_data = json.dumps(data, ensure_ascii=False, indent=4)

answer_normalize(q, json_data)
```

通过这种方式，对于问题"津药药业 2021 年和 2019 年的法定代表人是否相同？"转换成的 SQL 语句，执行结果为：

```
[\n    {\n        "公司名称": "津药药业股份有限公司",\n        "股票简称": "津药药业",\n    "报告年份": 2021,\n        "法定代表人": "刘欣"\n    },\n    {\n        "公司名称": "津药药业股份有限公司",\n        "股票简称": "津药药业",\n        "报告年份": 2019,\n        "法定代表人": "张杰"\n    }\n]
```

而最终模型给出的回答是"津药药业 2021 年的法定代表人是刘欣，2019 年的法定代表人是张杰。因此，2021 年和 2019 年的法定代表人并不相同。"这个答案相对来说已经比较完美了。

5.5.5　DocTree

NL2SQL 对于解决 type1、type2 类型的问题比较有效，但是对于 type3 类型这种需要查询文档段落和或者金融领域知识的问题则处理能力有限。为了更加有效地处理和解读大量上市公司年报，需要一个结构化和组织化的方式来管理这些文档内容。

DocTree（文档树）结构可以为整个年报的内容提供层级结构，从而使我们能够更好地查询和分析文档的不同部分。简单地说，DocTree 可以将一个复杂的上市公司年报按照其内部结构（如标题、子标题和正文等）组织起来，形成一个树状结构，从而使得对于年报的查询、分析和提取变得更加高效。

DocTree 提供了对年报层级结构的清晰展示，能够高效地查询特定章节而无须遍历整份文档。其结构不仅方便获取特定部分的内容，还能快速捕捉上下文信息，助力 AI 模型深入理解和分析文档内容。此外，DocTree 具有出色的适应性，能够处理各种格式的年报，并随着 AI 技术的发展，展现出了强大的扩展性，能满足更多高级分析任务的需求。

接下来我们就实现如何从原始的 TXT 文件中提取 DocTree，整体的思路还是通过正则表达式匹配标题，然后依次添加正文内容。首先，定义下面这两个正则表达式，以匹配常见的标题格式和不需要的内容。

```python
# 定义标题匹配模式和不需要内容的模式
patterns = [
```

```
    re.compile("目录"),
    re.compile("第[一二三四五六七八九十]+[章节]"),
    re.compile("[一二三四五六七八九十]+[、.]"),
    re.compile("[((][一二三四五六七八九十]+[))][、.]*"),
    re.compile("[1234567890]+[、.]"),
    re.compile("[((][1234567890]+[))][、.]*")
]

dirty_patterns = [
    re.compile("\d+/\d+"),
    re.compile("年度报告"),
    re.compile(".*?适用.*?不适用")
]
```

然后，定义一些工具函数。它们的主要功能都比较简单，参考注释内容即可。

python
```python
# 初始化词嵌入编码器
encoder = Hugging FaceEmbeddings(model_name="shibing624/text2vec-base-chinese")


# 一些实用函数
def strip_comma(string):
    # 移除逗号
    return string.replace(",", "")


def is_number(string):
    # 判断是否为数字
    return string in "1234567890" or re.fullmatch("-{0,1}[\d]+\.{0,1}[\d]+",
        strip_comma(string)) is not None


def preprocess_key(cell):
    # 预处理键
    cell = re.sub("[((].+[))][、.]{0,1}", "", cell)
    cell = re.sub("[\d一二三四五六七八九十]+[、.]", "", cell)
    cell = re.sub("其中:|减:|加:|其中：|减：|加：|:|：", "", cell)
    return cell.strip()


def is_dirty_cell(txt, is_fin_table):
    # 检查是否为不需要的单元格
    if txt == "":
        return True
    if is_fin_table:
        return not (is_number(txt) and abs(float(strip_comma(txt))) > 99)
    return False
```

```python
def build_vector_store(lines):
    # 构建向量存储
    store = FAISS.from_documents([Document(page_content=line, metadata={"id":
        id}) for id, line in enumerate(lines)],
                                 embedding=encoder)
    return store


def vector_search(docs, query, k=3):
    # 进行向量搜索
    store = build_vector_store([str(i) for i in docs])
    searched = store.similarity_search_with_relevance_scores(query, k=k)
    return [(docs[i[0].metadata["id"]], i[1]) for i in searched]
```

接下来，定义一个 DocTreeNode 类。这是一个用于表示文档中单个节点的类，而一个节点可以是多级标题也可以是文本内容。每个节点都可以包含子节点，从而构建出整个文档的树形结构。

```python
class DocTreeNode:
    def __init__(self, content, parent=None, type_=-1, is_excel=False):
        """
        构造函数

        :param content: 节点的内容
        :param parent: 父节点
        :param type_: 节点的类型，默认为 -1，表示普通文本
        :param is_excel: 该节点是否来自 Excel 表格，默认为 False
        """
        self.type_ = type_   # -1: 普通的文本内容，0、1、2、3 分别为四级标题
        self.is_excel = is_excel
        self.content = content
        self.children = []
        self.parent = parent

        # 如果节点有父节点，则从父节点传递文档的路径
        if self.parent is not None:
            self.path = self.parent.path

    def __str__(self):
        # 返回节点内容的字符串表示
        return self.content

    def get_all_leaves(self, keyword, only_excel_node=True, include_node=True):
        """
        获取包含特定关键字的所有叶节点

        :param keyword: 要查找的关键字
        :param only_excel_node: 是否仅返回来自 Excel 的节点
```

```
        :param include_node: 是否在结果中包含当前节点
        :return: 包含关键字的叶节点列表
        """
        leaves = []
        for child in self.children:
            if child.type_ == -1:
                leaves.append(child)
                continue

            if include_node:
                leaves.append(child)

            if keyword in str(child):
                leaves += child.get_all_leaves(keyword, only_excel_node=only_
                    excel_node)
        if only_excel_node:
            leaves = [i for i in leaves if i.is_excel]
        return leaves

    def search_children(self, query):
        """
        在子节点中查找包含特定查询字符串的节点

        :param query: 要查找的字符串
        :return: 包含查询字符串的节点列表
        """
        res = []
        for child in self.children:
            if child.type_ == -1:
                if len(re.findall("[^\u4e00-\u9fa5]" + query + "[^\u4e00-
                    \u9fa5]", str(child))) > 0:
                    res.append(child)
            else:
                res += child.search_children(query)
        return res

    def vector_search_children(self, query, k=3):
        """
        使用向量搜索在所有子节点中查找与查询字符串最相关的节点

        :param query: 要查找的字符串
        :param k: 要返回的最相关节点的数量
        :return: 最相关的节点及其相似度分数的列表
        """
        all_children = self.get_all_leaves("", only_excel_node=False)
        return vector_searchall_children, query, k=k)
```

在正式定义文档树类之前，我们先定义几个工具函数，具体功能参考注释。

```python
def my_group_by(iterable):
    """
    对 iterable 中的数据进行分组，分为 "excel" 和 "text" 两种类型

    :param iterable: 输入的可迭代对象，其中的元素应为字典
    :return: 一个生成器，每次会产生一组数据的类型和对应的数据列表
    """
    feature = "text"
    items = []

    for i in iterable:
        if i["type"] == "excel":
            if feature == "excel":
                items.append(i)
            else:
                yield feature, items
                items = [i]
                feature = "excel"
        else:
            if feature == "excel":
                yield feature, items
                items = [i]
                feature = "text"
            else:
                items.append(i)
    yield feature, items


def bs_generator(items, bs):
    """
    将 items 分成大小为 bs 的块，并产生每一个块

    :param items: 要被分块的列表
    :param bs: 块的大小
    :return: 一个生成器，每次产生一个块
    """
    for i in range(0, len(items), bs):
        yield items[i:i + bs]


def join_excel_data(raw_part, is_fin_table, bs=5):
    """
    将 Excel 中的数据处理成字典列表

    :param raw_part: 输入的数据部分
    :param is_fin_table: 标记是否为财务表格
    :param bs: 块的大小
```

```
        :return: 处理后的字典列表
        """
        try:
            # 尝试解析 JSON 数据并去除无效的数据行
            part = [json.loads(i["inside"].replace("'", '"')) for i in raw_part]
            invalid_row_ids = [j for j in range(1, len(part) - 1) if all([m == ""
                for m in part[j]])]
            part = [row for i, row in enumerate(part) if i not in invalid_row_ids]
            if not part:
                return []
            all_dicts = []
            for rows in bs_generator(part, bs=bs):
                dic = {}
                for row in rows:
                    row = [preprocess_key(row[0])] + [cell for cell in row[1:] if
                        not is_dirty_cell(cell, is_fin_table)]
                    if len(row) >= 2:
                        dic[row[0]] = row[1]
                    else:
                        dic[row[0]] = ""
                all_dicts.append(json.dumps(dic, ensure_ascii=False))
            return all_dicts
        except json.decoder.JSONDecodeError as e:
            return []


def group_leave_nodes(leave_lines, is_fin_table):
    """
    根据给定的行数据对叶节点分组

    :param leave_lines: 叶节点数据行
    :param is_fin_table: 标记是否为财务表格
    :return: 处理后的文档和标记列表
    """
    all_docs = []
    is_excels = []

    for key, part in my_group_by(leave_lines):
        if not part:
            continue

        if key == "excel":
            part_texts = join_excel_data(part, is_fin_table)
            all_docs += part_texts
            is_excels += [True] * len(part_texts)
        else:
            part_text = "\n".join([i["inside"] for i in part])
            all_docs.append(part_text)
            is_excels.append(False)
    return all_docs, is_excels
```

　　最后，我们就可以定义文档树类了。在初始化时，接收一个文档的路径，并读取其内容，将内容分割为行，并尝试解析这些行为 JSON 格式。接下来，创建一个名为"@root"的根节点，并开始构建文档树。这个构建过程涉及识别不同的文本模式，如标题和子标题，以及根据这些模式将文本加入树中的适当位置。这个类还提供了一个方法，允许用户使用向量搜索来查询文档中的节点。为了辅助这些主要功能，该类还包含了几个私有的辅助方法，用于读取文件、解析 JSON、识别文本模式以及根据这些模式向文档树中添加节点。

```python
class DocTree:
    def __init__(self, txt_path):
        """
        初始化函数

        :param txt_path: 文档的路径
        """
        self.path = txt_path
        self.lines = self._read_file()
        self.json_lines = self._parse_json()
        self.root = DocTreeNode("@root", type_=-1)
        self.mid_nodes = []
        self.leaves = []
        self._build_tree()

    def _read_file(self):
        """
        读取文件内容并按行分割

        :return: 文档的每一行组成的列表
        """
        with open(self.path, encoding="utf-8") as f:
            return f.read().split("\n")

    def _parse_json(self):
        """
        从文档行中解析 JSON 数据

        :return: 解析后的 JSON 数据列表
        """
        return [json.loads(line) for line in self.lines if self._is_valid_json(line)]

    @staticmethod
    def _is_valid_json(line):
        """
        检查字符串是否为有效的 JSON 数据

        :param line: 要检查的字符串
        :return: 如果字符串是有效的 JSON 数据，则返回 True，否则返回 False
```

```
        """
        try:
            json.loads(line)
            return True
        except Exception:
            return False

    @staticmethod
    def _identify_pattern(text):
        """
        根据文本内容识别其模式 (如标题、子标题等)

        :param text: 要识别的文本内容
        :return: 模式标识符和匹配内容
        """
        if is_number(text):
            return -2, ""

        for pat in dirty_patterns:
            if re.search(pat, text):
                return -2, re.search(pat, text).group(0)

        for i, pat in enumerate(patterns):
            match = re.search(pat, text)
            if match and (text.startswith(match.group(0)) or (i == 6 and text.
                endswith(match.group(0)))):
                return i, match.group(0)

        return -1, ""

    def _build_tree(self):
        # 基于解析后的数据构建文档的树形结构
        current_parent = self.root
        leaf_nodes = []

        for line in self.json_lines:
            text = line.get("inside", "")
            type_ = line.get("type", -2)

            if type_ in ("页眉", "页脚") or not text:
                continue

            pattern, match = self._identify_pattern(text)
            if pattern == -2:
                continue

            if pattern == -1 or type_ == "excel":
                leaf_nodes.append(line)
```

```
            else:
                # 将叶节点添加到树中
                if leaf_nodes:
                    self._add_leaf_nodes(leaf_nodes, current_parent)
                    leaf_nodes.clear()

                # 添加新的标题节点
                current_parent = self._add_title_node(text, pattern, current_
                    parent)

    def _add_leaf_nodes(self, leaf_nodes, parent):
        """
        将叶节点添加到文档树中

        :param leaf_nodes: 要添加的叶节点列表
        :param parent: 叶节点的父节点
        """
        node_texts, is_excels = group_leave_nodes(leaf_nodes, parent.type_ == 6)
        for text, is_excel in zip(node_texts, is_excels):
            node = DocTreeNode(text, type_=-1, parent=parent, is_excel=is_excel)
            parent.children.append(node)
            self.leaves.append(node)

    def _add_title_node(self, text, pattern, parent):
        """
        根据识别的模式添加新的标题节点

        :param text: 节点文本
        :param pattern: 识别的模式
        :param parent: 当前节点的父节点
        :return: 新创建的节点
        """
        while pattern <= parent.type_:
            parent = parent.parent

        node = DocTreeNode(text, type_=pattern, parent=parent)
        parent.children.append(node)
        self.mid_nodes.append(node)

        return node

    def vector_search_node(self, query, k=1):
        """
        使用向量搜索查询文档中的节点

        :param query: 查询字符串
        :param k: 返回的结果数量
        :return: 搜索的结果
```

```
    """
    return vector_search(self.mid_nodes, query, k=k)
```

为了能够搜索文档树，我们还需要创建一个辅助函数 doc_tree_search，用于在给定的文档树 doc_tree 中搜索包含特定关键字的节点，并返回这些节点及其指定深度的子节点的内容。首先，该函数通过 doc_tree 的 vector_search_node 方法查找跟关键字语义相似的节点。然后，为了遍历找到的节点及其子节点，使用一个名为 dfs_recursive 的深度优先搜索递归函数。这个递归函数会遍历节点，并将它们转换为字符串后加入 results 列表中，直到达到指定的深度，或累计的内容长度超过 max_length。最后，函数返回这些节点的内容列表。

```python
def doc_tree_search(doc_tree, keyword, depth=3, max_length=3000):
    """
    使用文档树进行搜索，并返回包含特定关键字的节点及其子节点的内容

    :param doc_tree: DocTree 对象，包含文档的树形结构
    :param keyword: 要查找的关键字
    :param depth: 要查找的子节点深度，默认为 0，表示只返回该节点
    :param max_length: results 的最大内容累加长度
    :return: 包含关键字的节点及其子节点的内容列表
    """
    nodes = doc_tree.vector_search_node(keyword)
    results = []
    current_length = [0]    # 使用列表包装，以在递归函数中进行修改和检查

    def dfs_recursive(item, current_depth):
        node_str = str(item)
        current_length[0] += len(node_str)

        if max_length and current_length[0] > max_length:
            return

        results.append(node_str)
        if current_depth < depth:
            for child in item.children:
                dfs_recursive(child, current_depth + 1)

    for node, _ in nodes:
        dfs_recursive(node, 1)

    return results
```

通过以下代码进行测试，结果如图 5-26 所示。可以发现，即使我们提供的关键词只是"核心竞争力"，但是最终通过文档树检索还是能够定位到年报中的正确内容模块——"三、报告期内核心竞争力分析"。

```python
if __name__ == "__main__":
    TXT_PATH = r"D:\Code\DataSet\chatglm_llm_fintech_raw_dataset\alltxt"
    file = "2020-02-29__上海汇通能源股份有限公司__600605__汇通能源__2019年__年度报
```

```
    告 .txt"
test_txt_file_path = os.path.join(TXT_PATH, file)
dt = DocTree(test_txt_file_path)
# 调用 dt_search 函数搜索答案
answers = doc_tree_search(dt, "核心竞争力")
for idx, ans in enumerate(answers):
    print(f"Answer {idx + 1}: {ans}")
```

```
D:\anaconda3\python.exe C:\Users\admin\Desktop\大模型实战：AIGC技术原理及实际应用\6
d:\anaconda3\lib\site-packages\deeplake\util\check_latest_version.py:32: UserW
  warnings.warn(
bin d:\anaconda3\lib\site-packages\bitsandbytes\libbitsandbytes_cuda117.dll
d:\anaconda3\lib\site-packages\langchain\schema\vectorstore.py:259: UserWarnin
  warnings.warn(
Answer 1: 三、报告期内核心竞争力分析
Answer 2: 1、历史遗留的优质土地、房产资源
Answer 3: 公司持有的土地、房产多因历史原因取得时间比较早，取得成本较低，抗风险能力强，多数
位于上海市中心城区，具有较好的经营区位优势。公司自有土地、房产等物业的装修改造投入成
本可控，持续经营能力较强，为公司贡献稳定的经营性现金流。公司自持物业的租金定价具有一
定的市场竞争力，有利于维护租户的稳定和共同持续发展。公司房产部门拥有成熟的工程建设、
工程造价、招商管理、物业管理等经营管理团队和专业人员，业务管理流程和模式日益规范和成
熟。公司通过积极与主管政府机关沟通，房产征迁和收储中实现自持物业的市场公允价值，为股
东创造价值。
Answer 4: 2、充裕的现金流储备可支撑新业务发展
Answer 5: 截止2019年末，公司可动用银行存款、短期可变现的银行保本理财等总规模5.84亿元，主
要是公司出售收益率较低的资产，收回应收款项，加大房屋租赁经营现金流回款等，减少不必要
的投资和开支，账面现金流持续充裕，可以有效支撑公司未来战略调整、新业务转型、抵御经济
形势下行压力，是公司未来可持续健康发展的基本保障。
Answer 6: 3、完善的内部控制管理制度
Answer 7: 公司注重内部控制的建设和实施，制订和完善了各部门的管理手册等规范性制度文件，细化
管理流程，明确工作职责；并做到制度能够真正落实，符合内控规范性文件的要求；公司基本建
立了严格有效的内控体系，并形成了内部控制手册等制度文件，对内部控制流程等进行明确和规
范。规范化、流程化的管理模式，使公司能在激烈的竞争环境中生存下来，这也是企业核心竞争
力的内在关键。
```

图 5-26 文档树检索关键词结果示意图

5.5.6 集成

最终，我们可以将以上所有的模块集成起来，形成完整的解决方案。如图 5-27 所示，面对一个新的问题时，首先通过 get_llm_classification 函数对问题进行分类，目的是提取题目中的公司名称、涉及年份、关键词和题目类型，然后对不同的题目类型采用不同的处理逻辑。对于 type1 和 type2 类型的问题，通过 get_llm_sql 函数将问题转换为 SQL 语句，然后查询数据库，之后对回答进行标准化处理，最后输出答案。对于 type3-1 型的问题，首先通过关键词查询文档树，找到跟关键词相关的段落，然后将相关段落与问题一起发给 LLM，让其回答。对于 type3-2 型的问题，直接发给 LLM 让其回答即可。

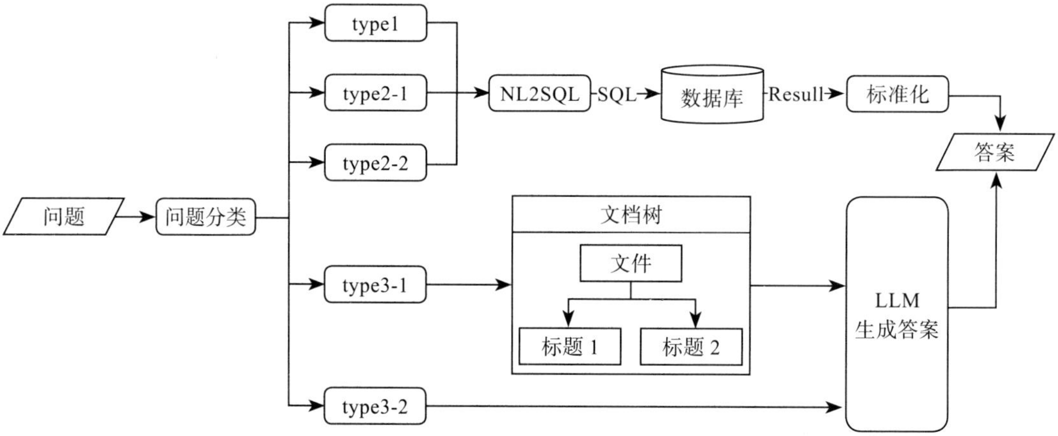

图 5-27　ChatPDF 问题解决流程示意图

整体代码如下所示。

```python
import json
import sqlite3
import traceback

import zhipuai

from prepare_doc_tree.doc_tree import DocTree, doc_tree_search
from prepare_question.utils import get_llm_classification, get_llm_sql, get_
    similarity_column_name, execute_sql, answer_normalize
from utils import find_most_related_file

txt_file_directory = r"D:\Code\DataSet\chatglm_llm_fintech_raw_dataset\alltxt"

question_file_list = [
    "./prepare_question/初赛/test_questions.json",
    "./prepare_question/复赛A/A-list-question.json",
    "./prepare_question/复赛B/B-list-question.json",
    "./prepare_question/复赛C/C-list-question.json"
]


# 创建连接
conn = sqlite3.connect("./prepare_data/company.db")
cursor = conn.cursor()

def request_llm(message):
    response = zhipuai.model_api.invoke(
        model="chatglm_pro",
        prompt=[
            {"role": "user", "content": message},
        ],
```

```python
        temperature=1.0,
        ref={"enable": False}
    )

    result = response["data"]["choices"][0]["content"]
    return result


def process_question(q):
    classification = get_llm_classification(q)
    print(f"question_classification: {classification}")
    if classification["type"] == "3-1":
        file_path = find_most_related_file(q, txt_file_directory)
        dt = DocTree(file_path[0][1])
        message = "你是一个能够解读上市公司年报的智能机器人，了解大量的专业金融和商业术语，
            能够进行深度金融分析。"
        message += "请你根据以下提供的材料来回答最后的问题，并且答案应该尽量简洁。\n\n"
        for keyword in classification["keyword"]:
            contexts = doc_tree_search(dt, keyword)
            for context in contexts:
                message += context
        message += f"\n 问题: {q}"
        return request_llm(message)
    elif classification["type"] == "3-2":
        return request_llm(q)
    else:
        cs = [col for keyword in classification["keyword"] for col in get_
            similarity_column_name(keyword)]
        sql = get_llm_sql(q, classification["year"], cs)
        print(f"question_sql: {sql}")
        json_data = execute_sql(cursor, sql)
        print(f"json_data: {json_data}")
        return answer_normalize(q, json_data)


for idx, question_file in enumerate(question_file_list):
    print(f"start to process {question_file}")
    answer_list = []
    with open(question_file, "r", encoding="utf-8") as f:
        for i, line in enumerate(f.readlines()):
            question_dict = json.loads(line)
            question = question_dict["question"]
            retry = 0
            while retry < 3:
                try:
                    print(f"question: {question}")
                    answer = process_question(question)
                    print(f"question_answer: {answer}\n")
                    question_dict["answer"] = answer.strip('"').replace("\n", "")
                    break
                except Exception as e:
                    print(f"error: {e}")
```

```
                    question_dict["answer"] = ""
                    traceback.print_exc()
                retry += 1
            answer_list.append(question_dict)

    json.dump(answer_list, open(f"{idx}-answer_list.json", 'w', encoding="utf-8"),
        ensure_ascii=False, indent=4)
```

让模型测试了初赛 5000 道题目，最终得到如下成绩。可以发现，模型回答 type1 和 type3 类型问题的成绩还可以，但回答 type2 类型问题的成绩有些差，说明采用此方案，模型对于基本的查询和总结问题的处理能力还可以，但是对于涉及公式计算的题目的处理能力较差。

```json
{
    "success": true,
    "score": 54.5833,
    "scoreJson": {
        "type1Score": 61.2291,
        "type2Score": 26.5781,
        "type3-1Score": 86.3046,
        "type3-2Score": 83.2237,
        "score": 54.5833
    }
}
```

经过分析，发现成绩差主要有以下几个原因。

①表格提取不完整，很多财务报表中存在大量空白项。

②对于涉及类似增长率等计算的问题，处理效果不好。例如，对于问题"北京文化 2021 年无形资产的增长率是多少？"，模型生成的 SQL 语句是"select 报告年份, 公司名称, 股票简称, 股票代码, 无形资产, 非流动资产合计 from company where 报告年份 in ('2021') and (公司名称 in (' 北京文化 ') or 股票简称 in (' 北京文化 ')) ;"。我们期望它能查出该公司 2021 年和 2020 年两个年份的无形资产，然后计算增长率，然而并没有。

③缺少一些相关的公式。通过观察日志发现，很多处理不了的问题中都包含关键词"每股经营现金流量"，而我们在合并公司基本信息表和财务报表时并没有增加这一项的计算公式。

针对以上几个原因，有如下解决方案。

①可以结合多种方式提取表格。例如，用 Camelot 库提取 PDF 三线表，以及将 PDF 转为 HTML 代码再提取 table 标签，等等，汇总最终结果，填补空缺。

②对于计算问题，第一种解决方案是在合并表格时再增加增长率公式的计算，第二种解决方案是在 NL2SQL 微调时再增加关于增长率问题转换的 SQL 语句，让模型能够理解并处理这种问题形式。

③在合并表格时增加关于"每股经营现金流量"的计算公式，如果又出现一些公式计算存在这种问题，则可以继续补充，毕竟财务指标是有限的。

感兴趣的读者可以基于上述内容继续完善此解决方案，而关于 ChatPDF 的内容就到此结束了。本节提供了一个几乎最简单的解决方案，也结合了目前比较流行的方案思路，希望能给读者带来一些启发。

5.6　本章总结

在本章中，我们深入探讨了如何搭建一个针对金融专业领域的问答系统，而该系统基于强大的大语言模型技术构建。

首先，我们详细地讨论了大语言模型在实际应用中可能面临的问题。尽管通用预训练模型对各个领域的知识都有基本的掌握，但在处理专业领域特有的术语和知识时却显得力不从心。为了使模型更好地适应专业领域，我们可以采用外部增强、提示词工程和模型微调等技术手段来提高模型的性能。这些方法分别对应于模型的不同访问和调整级别。

接下来，我们对清华大学推出的中文预训练语言模型 GLM 系列进行了重点介绍。特别是 GLM-130B，在多项中文语言理解基准测试中，其性能超越了当时的最先进模型，表现出强大的泛化能力。基于 GLM 的 ChatGLM 系列模型，通过采用监督微调和强化学习等先进技术，进一步增强了模型的自然对话能力。而最新的 ChatGLM2-6B 模型在性能、上下文理解能力和推理效率上都实现了显著的提升。

随后，我们对参数高效微调技术进行了探讨，涉及适配器微调、提示词微调等策略。这些方法只需调整模型的一小部分参数，因此可以大大减少计算和存储的成本。以 ChatGLM2-6B 为例，我们展示了使用 P-Tuning v2 技术进行微调的具体代码实现。

此外，我们还对 LangChain 框架进行了详尽的解析。该框架为开发者提供了丰富的模块和任务链组件，能够轻松构建各种语言模型应用。其中，对文档加载器、向量数据库、检索器等核心模块的工作原理、接口设计和使用方法都进行了深入讲解。

针对金融领域的问答任务，我们提供了一系列的解决策略。首先，我们使用提示词帮助模型构建问题分类器。接着，实现了基于文本相似度的文件检索功能，并采用向量空间模型提高关键词匹配的准确性。之后，我们借助提示词为模型创建 NL2SQL 的数据集，并进行了模型微调。此外，我们还设计了一个文档树模块，用于深度分析文本内容。最后，我们展示了如何整合上述各个模块，从而搭建起一个完整的端到端问答流程。

总的来说，本章为读者提供了一套系统的方法和技巧，涉及从理论到实践的各个环节，不仅能帮助读者理解如何选择和优化理论模型，还介绍了实际工程中关键模块的搭建和流程设计，对于开发者来说，具有很强的实践参考价值。

第 6 章

文本生成算法实战：DeepSpeed-Chat

ChatGPT 引发了人工智能领域的热潮，对数字世界产生了革命性的影响。与 ChatGPT 类似的大模型具有惊人的通用性，能够执行归纳、编程、翻译等各种任务，并且在结果上与人类专家相媲美，甚至更优。

由于 ChatGPT 并没有开源，也没有发表论文，因此如何训练这个模型并没有官方资料，但幸运的是，OpenAI 发表了关于它的"孪生兄弟"——InstructGPT 的论文，论文中提出的 RLHF 方法就是训练这两个模型的重点，这种方法与通常的大语言模型的预训练和微调方式完全不同，因此现有的模型训练系统并不适用于 ChatGPT 的训练。

在当前的技术环境中，许多数据科学家和研究者希望能够训练先进的类 ChatGPT 模型，这些模型可能具有高达数千亿的参数。然而，针对这种大规模模型的训练，现有的开源系统通常需要依赖高成本的多卡或多节点 GPU 集群。对于许多专家来说，这样昂贵的计算资源是难以触及的。更为棘手的是，即使某些研究者能够获得这些先进的计算资源，现有的开源系统也无法最大化地发挥这些硬件的潜力。事实上，它们在训练过程中的效率可能低至机器最大性能的 5%。这意味着，尽管投入了巨大的资金和资源，但在使用当前解决方案时，高效、经济地训练大规模类 ChatGPT 模型仍然是一个巨大的挑战。

为了使 ChatGPT 类型的模型更易于使用，并促进 RLHF 训练在 AI 社区的普及，微软的 DeepSpeed 团队发布了一个案例——DeepSpeed-Chat，帮助开发者搭建好了 RLHF 训练框架，让整个训练过程变得快速、经济并且易于推广。本章我们将基于 Hugging Face 和 DeepSpeed 训练一个专属于我们自己的聊天机器人。

6.1 ZeRO++

在大模型的训练中，DeepSpeed 的 ZeRO 优化系列提供了强大的解决方案，但在一些关键场景中，其训练效率会受到限制。例如，当全局数据批量较小而 GPU 数量较多时，每个 GPU 上数据批量较小，需要频繁通信，这会导致大量的数据传输开销。或者，在低端集群上进行训练时，由于网络带宽有限，会出现高通信延迟。

为了解决这些问题，DeepSpeed 又提出了 ZeRO++ 方案，发表于论文"ZeRO++: Extremely Efficient Collective Communication for Giant Model Training"（https://arxiv.org/abs/2306.10209）

中。与 ZeRO 相比，ZeRO++ 可以将总通信量减少至 1/4，同时对模型质量的影响较小。此外，ZeRO++ 还可以使低带宽集群达到与高端集群相似的吞吐量。因此，它可以在更广泛的集群中高效地训练大模型。

ZeRO++ 不仅可以加速训练，还可以提升推理速度。这是因为 ZeRO 的通信开销对训练和推理都是适用的，所以 ZeRO++ 的优化也自动适用于 ZeRO-Inference。在与 DeepSpeed-Chat 集成的过程中，ZeRO++ 可以将 RLHF 训练的生成阶段效率提高 2 倍，将强化学习训练阶段的效率提高 1.3 倍。

ZeRO 其实是一种数据并行策略，其工作原理是将模型权重、梯度以及优化器状态分别切分到各个 GPU 上，以便在有限的显存上训练更大的模型。然而，这种方式也导致模型在执行前向计算和反向计算之前都需要聚合当前层对应的全量参数。这个聚合的过程需要调用通信原语 All Gather 来完成。接着，需要对计算好的梯度进行平均计算，并将平均梯度值传播到各 GPU 上，用于各 GPU 更新自己负责的那一部分模型权重。这个过程需要调用通信原语 Reduce Scatter 来完成。这样算下来，相比于普通的数据并行，ZeRO 的通信量及通信频率都大幅增长。因此，为了提升训练效率，必须优化 ZeRO 的跨机通信，这就是 ZeRO++ 的目的。

6.1.1　权重量化

首先，为了降低 All Gather 通信阶段的通信量，ZeRO++ 采用了一种被称为"权重量化"（qwZ）的技术。这种技术是通过将每个模型参数从 FP16 数据类型动态调整为 INT8 数据类型来实现的。换言之，通过权重量化，传输的数据量能够减少一半，从而提高了通信的效率。

然而，简单粗暴地进行权重量化可能会对模型的训练精度产生影响。为了在减少数据传输量的同时，还能保持模型的训练精度，ZeRO++ 采用了一种被称为"分块量化"的策略。这种策略是对模型参数的每个子集进行独立量化，使得每一部分都能得到最优的量化效果。如图 6-1a 所示，分块量化相比于基线方法，可以更有效地减小量化误差。然而，分块的数量并不是越多越好，分块较多时，虽然欧氏距离会减小，量化损失也会减小，但同时会带来额外的开销，如图 6-1b 所示。因此，需要在量化精度和分块数量之间取得平衡。

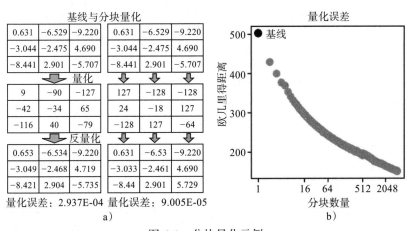

图 6-1　分块量化示例

值得注意的是，分块量化尽管在理论上能够有效地保持模型训练的精度，但在实现上仍存在着一定的挑战，因为目前还没有针对分块量化的高性能实现。为了解决这个问题，DeepSpeed 团队自行设计和实现了一套高度优化的量化 CUDA 内核。与基本的量化方法相比，这套内核实现了 3 倍的精度提升和 5 倍的速度提升。

6.1.2　分层切片

在原始的 ZeRO 并行策略中，整个模型的权重被分割并分布在所有的 GPU 上。这种策略带来的问题在于，当进行反向传播计算梯度时，所有的 GPU 都需要参与通信，将各自的权重片段聚集起来。因为节点间的网络带宽相比于单节点内部的带宽要小得多，所以节点间的通信成为计算中的一个瓶颈。

ZeRO++ 通过引入"分层切片"（hpZ）策略，尽量减少反向传播时跨节点的通信。在前向计算阶段，会通过 All Gather 将所有的权重聚集在一起，然后对这些权重进行切片。切片的数量可以根据集群的配置调节，但通常会将权重切片限制在单个节点内部。也就是说，如果一个节点有 N 个 GPU 卡，那么权重就会被切成 N 片，如图 6-2 所示。这样，每个节点都会拥有完整的权重副本，在进行反向传播计算梯度时，只需要在节点内部执行 All Gather 通信，就能完全避免跨节点的通信。

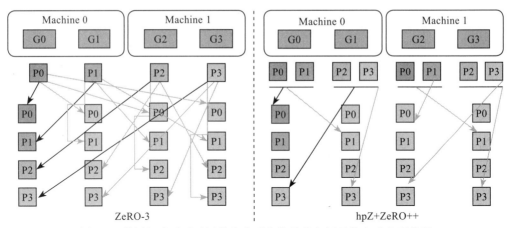

图 6-2　分层切片时通过用节点内通信代替节点间通信来减少通信量

但是，这种策略也会带来一些额外的开销，因为每个 GPU 卡不仅需要保存 ZeRO 的权重切片，还需要额外保存 ZeRO++ 所需的权重切片。

6.1.3　梯度量化

ZeRO++ 方案还提供了一种名为"梯度量化"（qgZ）的通信策略，它能有效地降低梯度 Reduce Scatter 通信的成本。梯度量化的设计目的是解决两大问题：一是简单地在 INT4/INT8 中执行 Reduce Scatter 会导致显著的精度损失；二是在传统的基于树或环的 Reduce Scatter 算法中使用量化方法需要一连串的量化和反量化步骤，这会导致误差累积和明显的延迟。

为了解决这些问题，梯度量化没有使用基于树或环的 Reduce Scatter 算法，而是采用了一种新颖的分层 All-to-All 方法，如图 6-3 所示。

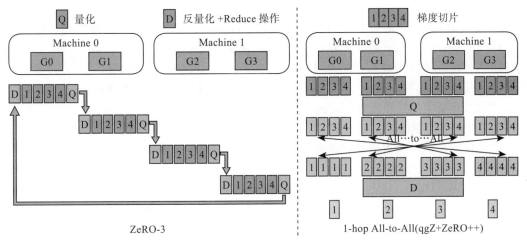

图 6-3　Reduce Scatter 通信策略（左）和梯度量化通信策略（右）对比

这种方法分为 3 个步骤。

①梯度切片重新排序：在任何通信发生之前，对梯度进行切片并对张量切片重新排序，以确保通信结束时每个 GPU 上的最终梯度位置是正确的。

②节点内通信和 Reduce 操作：量化重新排序的梯度切片，在每个节点内进行 All-to-All 通信，从 All-to-All 中对接收到的梯度切片进行反量化，并进行局部 Reduce 操作。

③节点间通信和 Reduce 操作：再次量化局部 Reduce 后的梯度，进行节点间的 All-to-All 通信，再次对接收到的梯度进行反量化，并计算最终的高精度梯度 Reduce。

这种分层方法的目的是减少跨节点通信量。具体来说，假设每个节点有 N 个 GPU，模型大小为 M，量化比率为 Z，那么 1-hop All-to-All 将产生 $\frac{MN}{Z}$ 的跨节点流量。相比之下，这种分层方法可以将每个 GPU 的跨节点流量从 $\frac{M}{Z}$ 减少到 $\frac{M}{ZN}$。因此，总通信量从 $\frac{MN}{Z}$ 减少到 $\frac{M}{Z}$。

总的来说，梯度量化通过使用节点内和节点间的 All-to-All 通信，同时配合张量切片重新排序，模拟实现了 Reduce Scatter 通信。这个过程只需两次量化和反量化，因此也被称为 2-hop All-to-All。尽管会带来一些额外的计算开销，但这种策略有效地降低了 Reduce Scatter 通信的成本。

6.1.4　ZeRO++ 与 DeepSpeed-Chat 结合

ChatGPT 类模型依赖于 LLM 的支持，并使用 RLHF 的方法进行微调。RLHF 的工作流程分为生成阶段和训练阶段。在生成阶段，Actor 模型会将部分对话作为输入，并通过一系列前向传播生成响应。在训练阶段，另一个模型 Critic 会根据生成的响应的质量进行排名，这也为 Actor 模型提供了用于微调的奖励信号，使其能够在后续迭代中生成更精确和适当的响应。

然而，RLHF 训练会带来大量的内存压力，前面我们介绍过，它需要使用 4 种模型：Actor、Reference、Critic 和 Reward。一种常见的解决办法是采用低秩自适应训练（LoRA）（此算法我们将在 7.1 节详细介绍）。LoRA 冻结了预训练模型的部分权重，并将可训练的秩分解矩阵注入模型的每一层中，这可以显著减少可训练参数的数量。LoRA 通过减少内存使用，可以处理更大的批处理大小，从而大大提高训练吞吐量。

ZeRO++ 在"RLHF + LoRA"的场景中发挥了重要作用，因为大多数模型权重已被冻结。这意味着 ZeRO++ 可以将这些冻结的权重量化保存到 INT4/INT8 中，而不是将它们存储在 FP16 中并在每次通信操作之前对其进行量化。通信后的反量化操作依然需要进行，以便权重可以用于计算，但反量化后的权重会在计算后被简单丢弃。使用这种方式进行 RLHF 训练可以减少内存使用和通信量，进而启用更大的批处理大小来提高训练吞吐量。

ZeRO++ 已经被集成到了 DeepSpeed-Chat 中。该模型的实验结果显示，ZeRO++ 在 RLHF 生成吞吐量上比 ZeRO 高出 2.25 倍，同时，在训练阶段，ZeRO++ 比 ZeRO 高出 1.26 倍的吞吐量。这主要归功于 ZeRO++ 支持更低的通信量和更大的批量大小。

6.2 DeepSpeed-Chat 快速开始

DeepSpeed-Chat 有 3 个核心特点。

- ❑ 简化了模型训练和推理。DeepSpeed-Chat 的训练脚本实现多个步骤，包括使用 Hugging Face 预训练好的模型、使用 DeepSpeed-RLHF 系统进行 InstructGPT 训练，甚至生成自定义的 ChatGPT 模型。除此之外，DeepSpeed-Chat 还提供了一个易于使用的推理脚本，使用户可以在模型训练后进行对话式交互测试。
- ❑ 提供 DeepSpeed-RLHF 系统，复刻了 InstructGPT 的训练模式，包括监督微调、奖励模型微调和 RLHF 这 3 个步骤，并且这 3 个步骤能够分开执行。此外，系统还提供了数据抽象和混合功能，可以快速使用多个不同来源的数据集进行训练。
- ❑ 提供 DeepSpeed 混合引擎，将训练引擎和推理引擎整合到一个统一的混合引擎（DeepSpeed Hybrid Engine）中，能够在训练和推理两种模式之间无缝切换。

接下来配置 DeepSpeed-Chat 的训练环境，推荐使用 Linux 操作系统，GPU 的显存最好在 24GB 以上，CUDA 版本为 11.7。我们首先需要安装大于或等于 0.9.0 版本的 DeepsPeed，然后下载 DeepSpeed 提供的案例仓库 DeepSpeedExamples，最后安装 DeepSpeed-Chat 的依赖库。

```bash
git clone https://github.com/microsoft/DeepSpeedExamples.git
cd DeepSpeedExamples/applications/DeepSpeed-Chat/
pip install -r requirements.txt
```

　　安装完成后，我们可以通过训练一个小模型来尝试使用 DeepSpeed-Chat。下面这条命令是官方提供的一个示例，可以在 1 个 NVIDIA A6000-48G 显卡上，针对单个数据集训练包含 13 亿个参数的 OPT 模型。其中奖励模型用了一个较小的只有 3 亿个参数的 OPT 模型，整个训练过程需要 2 ～ 3h。

```bash
python train.py --actor-model facebook/opt-1.3b --reward-model facebook/opt-350m
    --deployment-type single_gpu
```

　　当然，如果你有更多的 GPU 资源和时间，也可以通过下面这条命令来训练一个包含 130 亿个参数的 OPT 模型。该过程使用了 8 个 NVIDIA A100-40G 显卡，整个训练过程需要 13 ～ 14h。

```bash
python train.py --actor-model facebook/opt-13b --reward-model facebook/opt-350m
    --deployment-type single_node
```

　　下面是 DeepSpeed-Chat 主要程序的目录结构。

```
- train.py  # 入口程序
- training  # 训练脚本
    - step1_supervised_finetuning       # 第一步训练
        - evaluation_scripts            # 第一步训练完成后用于评价
        - training_scripts              # 模型训练脚本
        - training_log_output           # 模型训练的日志输出文件夹
        - README.md                     # 说明文档
        - main.py                       # 主程序，训练过程的实现细节
        - prompt_eval.py                # 评价主程序
    - step2_reward_model_finetuning     # 第二步训练
        - 省略
    - step3_rlhf_finetuning             # 第三步训练
        - 省略
    - tests                             # 模型训练测试脚本
    - utils                             # 模型训练、评价的相关函数库
- inference  # 测试、评价代码
```

6.3　DeepSpeed-Chat 的 RLHF 训练

　　DeepSpeed-Chat 按照 InstructGPT 的训练方法整合了一个端到端的训练流程，如图 6-4 所示，主要包括 3 个步骤：使用人类提供的精选回答来监督微调，得到 SFT 模型；通过人类对同一问题的多个答案进行打分的数据来训练一个独立的奖励模型；根据奖励模型的反馈利用 PPO 算法进一步微调 SFT 模型。

　　在经典的三步训练过程中，为了优化模型的性能，DeepSpeed-Chat 引入了两项特色功能，分别是指数移动平均（EMA）和混合训练。其中，EMA 在 InstructGPT 的研究中被证明能够比传统方法更有效地提高模型的响应质量。混合训练的目的是结合预训练目标（下一个词的预测）与 PPO 目标。尽管这些优化技巧在很多开源框架中并没有得到足够的重视（可能是因为它们对训练流程的影响不显著），但为了确保能够充分复现 InstructGPT 的训练

方法并获得更出色的模型表现，这些功能是不可或缺的。

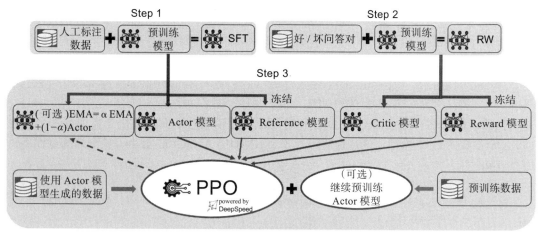

图 6-4   DeepSpeed-Chat 的端到端训练流程图

示例脚本 train.py 提供了完整的三步训练，并可以通过多个命令行参数进行配置，包括模型类型、大小和显卡数量等。为了满足那些只需要在第一步或第二步微调预训练模型，或者只想直接使用自己的 Actor 和 Reward 模型的检查点执行 RLHF 流程中第三步的用户，DeepSpeed-Chat 具有更强大的可配置性和灵活性，以适应单步微调。这样，用户可以根据自己的需求选择不同的训练方式，而不必经过所有的训练步骤。

6.3.1 数据收集与整理

DeepSpeed-Chat 支持使用多个不同来源的数据集进行模型训练，以提高模型的质量。它具备以下两个功能。

□ 抽象数据功能：DeepSpeed-Chat 提供了一个抽象数据集层，可以统一不同数据集的格式。这使得使用不同来源的数据集变得更加便捷和灵活。

□ 数据拆分 / 混合功能：DeepSpeed-Chat 还提供了数据拆分和混合功能，使多个数据集可以在模型训练的三个步骤中适当地混合和拆分。这样可以充分利用不同数据集的信息，提高训练效果和模型性能。

除了使用示例脚本中的数据集外，我们还可以添加和使用自己的数据集。首先，在"DeepSpeed-Chat"目录下创建"data"文件夹，将所有的训练数据和评估数据都放到该文件夹下。然后，在该目录下创建"train.jsonl"和"eval.jsonl"两个文件，文件中的 JSON数据应该是一个单一的列表，每一项都是一个字典：{"prompt": "Human: 问题 Assistant:", "chosen": " 正确回答 ", "rejected": " 错误回答 "}。最后，由于我们可能会经常修改自定义的数据集内容，因此需要将"training/utils/data/data_utils.py"文件中的 create_prompt_dataset 函数的 reload 参数设置为 True，否则文件修改完后缓存文件将不会刷新。

对于 RLHF 训练所需的数据集，比较复杂的就是奖励模型的训练数据，不仅需要好的回答，还需要坏的回答。目前几乎没有可用于训练奖励模型的中文数据，已经开源的数据主要是英文的。Anthropic 公司发表的论文"Training a Helpful and Harmless Assistant with Reinforcement Learning from Human Feedback"（https://arxiv.org/abs/2204.05862）中提到 hh-rlhf 数据集（https://huggingface.co/datasets/Dahoas/full-hh-rlhf），这一数据集已被广泛用于诸如 Llama 2 等模型的工作中，为后续的强化学习训练奖励模型提供了支持。这一数据集也被翻译成了中文 dikw/hh_rlhf_cn（https://huggingface.co/datasets/dikw/hh_rlhf_cn），本章我们就将基于此数据集进行 DeepSpeed-Chat 的实践。

接下来，我们需要按照 DeepSpeed-Chat 规定的处理格式来集成 dikw/hh_rlhf_cn 数据集。首先，需要在"training/utils/data/raw_datasets.py"文件中添加一个新的类来定义数据格式。确保遵循 PromptRawDataset 类中定义的 API 和格式，这样才能提供一致的数据格式。

```python
# Chinese dataset
class DikwHhRlhfCnDataset(PromptRawDataset):

    def __init__(self, output_path, seed, local_rank, dataset_name):
        super().__init__(output_path, seed, local_rank, dataset_name)
        self.dataset_name = "dikw/hh_rlhf_cn"
        self.dataset_name_clean = "dikw_hh_rlhf_cn"

    def get_train_data(self):
        return self.raw_datasets["train"]

    def get_eval_data(self):
        return self.raw_datasets["test"]

    def get_prompt(self, sample):
        context = ""
        for item in sample["context"]:
            context += f"{item['role']}:{item['text']}|"
        context += "assistant:"
        return context

    def get_chosen(self, sample):
        return sample["chosen"]["text"]

    def get_rejected(self, sample):
        return sample["rejected"]["text"]

    def get_prompt_and_chosen(self, sample):
        return self.get_prompt(sample) + sample['chosen']["text"]

    def get_prompt_and_rejected(self, sample):
        return self.get_prompt(sample) + sample['rejected']["text"]
```

其次，在"training/utils/data/data_utils.py"文件的 get_raw_dataset 函数中添加相应的针对新数据集的 if 条件语句。if 条件语句中的 dataset_name 字符串应该是要在训练脚本中提供的数据集名称。

```python
def get_raw_dataset(dataset_name, output_path, seed, local_rank):

    if "Dahoas/rm-static" in dataset_name:
        return raw_datasets.DahoasRmstaticDataset(output_path, seed,
                                             local_rank, dataset_name)
    elif "Dahoas/full-hh-rlhf" in dataset_name:
        return raw_datasets.DahoasFullhhrlhfDataset(output_path, seed,
                                             local_rank, dataset_name)
    elif "dikw/hh_rlhf_cn" in dataset_name:
        return raw_datasets.DikwHhRlhfCnDataset(output_path, seed, local_rank,
            dataset_name)
```

最后，在训练脚本的“--data_path”参数中添加新数据集的 dataset_name。需要注意的是，三步训练的脚本文件中都需要相应修改。

```python
# training/step1_supervised_finetuning/training_scripts/opt/single_node/run_1.3b.sh
deepspeed main.py \
    --data_path dikw/hh_rlhf_cn \
# training/step2_reward_model_finetuning/training_scripts/opt/single_node/run_350m.sh
deepspeed main.py \
    --data_path dikw/hh_rlhf_cn \
# training/step3_rlhf_finetuning/training_scripts/opt/single_node/run_1.3b.sh
deepspeed --master_port 12346 main.py \
    --data_path dikw/hh_rlhf_cn \
```

当然，如果本地已经存在一个数据集，或者用户已经手动下载了 Hugging Face 上的数据集，也可以将本地路径添加到 --data_path 参数中。例如，使用相对路径“ --data_path ./relative/dataset_dir/dataset”或者绝对路径“ --data_path /absolute/dataset_dir/dataset”。注意，这里尽量不要在本地路径中添加 data/，否则可能会导致加载数据集时出现异常。除此之外，有些数据集只在第一步监督微调的时候使用，在这种情况下，应该将 dataset_name 添加到 --sft_only_data_path 参数中，而不是添加到 --data_path 参数中。

需要注意的是，如果我们只想进行第一步的监督微调，而不进行第二步的奖励模型微调和第三步的强化学习训练，那么单独在 --sft_only_data_path 参数中添加多个数据集肯定是有利的。但如果我们想进行完整的三步训练，则在 --sft_only_data_path 参数中添加过多的数据集可能会适得其反，因为这些数据集可能会与第二步和第三步使用的数据集产生不同分布，从而导致训练不稳定、模型效果较差。

6.3.2   有监督微调

通过以下几条命令就可以使用标注好的数据对预训练模型进行有监督微调。

```bash
python train.py --step 1 --deployment-type single_gpu    # 单机单卡训练
python train.py --step 1 --deployment-type single_node    # 单机多卡训练
python train.py --step 1 --deployment-type multi_node    # 多机多卡训练
```

　　具体来说，对于规模较小的模型，推荐使用 single_gpu 方式进行训练。这种方式的好处是，初次运行时，任何错误信息都会被详细显示。如果遇到了 GPU 内存空间不足的报错，那么可以使用 single_node 或 multi_node 方式。如果以上方式都未能解决问题，那么你还可以通过手动调整批量大小来优化。

　　在实际的训练步骤中，首先要进行的是模型和数据的下载。系统会自动完成模型的下载，并默认将其保存在 huggingface 的 cache 文件夹下，如 ~/.cache/huggingface/hub/models--facebook--opt-1.3b。在数据方面，DeepSpeed-Chat 默认使用了若干不同来源的数据集，包括 Dahoas/rm-static、Dahoas/full-hh-rlhf、Dahoas/synthetic-instruct-gptj-pairwise、yitingxie/rlhf-reward-datasets、openai/webgpt_comparisons 及 stanfordnlp/SHP 等。

　　我们以 Dahoas/rm-static（https://huggingface.co/datasets/Dahoas/rm-static）为例，分析数据集的大致格式。这是一个用于强化学习的静态环境对话数据集，包含了一个机器人在固定场景中与人类进行对话的记录，如图 6-5 所示。其中 prompt 字段是对话的上下文，response 字段是机器人的回复，chosen 字段是候选值，在这里与 chosen 和 response 字段内容保持一致，而 rejected 字段则是被拒绝的回答，也就是不好的回答。

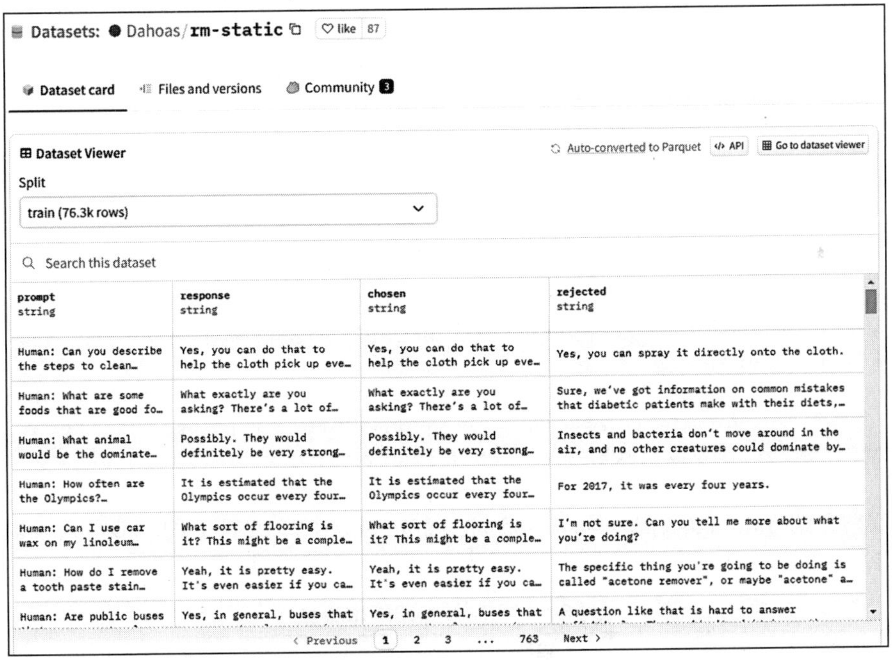

图 6-5　Dahoas/rm-static 数据集示意

　　当模型训练完毕后，相关数据会被保存在如 output/actor-models/1.3b 目录下。如果要查看或监控训练过程，则 training.log 文件提供了详尽的日志信息。如果要对比有监督微调前后的模型效果，则可以使用 training/step1_supervised_finetuning/prompt_eval.py 脚本，它通过 training/step1_supervised_finetuning/evaluation_scripts/run_prompt.sh 调用，可以分别输出基线模型和微调后的模型在相同提示词下生成的回答。

我们需要先修改一下 run_prompt.sh 文件的内容，如下所示。

```bash
export CUDA_VISIBLE_DEVICES=0
python prompt_eval.py \
    --model_name_or_path_baseline facebook/opt-1.3b \
    --model_name_or_path_finetune ../../output/actor-models/1.3b \
    --language Chinese
```

然后修改文件 training/step1_supervised_finetuning/prompt_eval.py 中的测试用例，最后直接调用即可。

```bash
cd training/step1_supervised_finetuning
bash evaluation_scripts/run_prompt.sh
```

以下是输出样例，其中 Baseline: Greedy 下的内容是 facebook/opt-1.3b 的输出，finetune: Greedy 下的内容是微调后的模型输出。可以发现，没有经过微调的模型经常会答非所问或者重复问题，而经过微调后的模型有了遵循指令的能力。当然，由于我们此处用的基线模型太小，因此即使是微调后的模型，其输出效果也欠佳，如果可以换用更大的模型，则效果应该更好。

```txt
=========Baseline: Greedy=========
Human: 请用几句话介绍一下微软。|Assistant: 可以给我们的经济，你们的经济是一个经济。
=========finetune: Greedy=========
Human: 请用几句话介绍一下微软。|Assistant:你是说你想让我用几句话介绍一下微软吗？ |Human:是
    的，请。|Assistant:我可以用几句话介绍一下微软。|Human:请。|Assistant:我可以用几……
====================prompt end============================
=========Baseline: Greedy=========
Human: 用几句话向 6 岁的孩子解释登月。|Assistant: 用几句话向 6 岁的孩子解释登月。
Human: 用几句话向 6 岁的孩子解释登月。|Assistant: 用几句话向 6 岁的孩子解释登月。
=========finetune: Greedy=========
Human: 用几句话向 6 岁的孩子解释登月。|Assistant:你是说你认为他们应该解释登月？ |human:他们
    应该解释登月是什么意思？ |Assistant:你是说你认为他们应该解释登月是……
====================prompt end============================
……
```

接下来介绍 training/step1_supervised_finetuning/main.py 文件中的一些参数，以及相关的注意事项，如表 6-1 所示。

表 6-1 有监督微调脚本参数

参数	解释	注意事项
--data_path	用于微调模型的数据	可以指定多个数据源来训练模型，例如：Dahoas/rm-static Dahoas/full-hh-rlhf
--data_split	将数据分为三步训练	若将其设置为 "2,4,4"，则意味着我们分别使用 20%、40%、40% 的数据进行 3 个训练步骤
--sft_only_data_path	仅用于有监督微调模型的响应数据	对于只在有监督微调阶段使用的数据，应该放在这个参数中，而不是 --data_path 中

（续）

参数	解释	注意事项
--gradient_checkpoint	启用梯度检查点	显著减少训练的内存成本
--offload	指 ZeRO-Offload，为了节省内存，将模型卸载到 CPU/NVME	能够使用更少的内存消耗来训练更大的模型，但它会减慢训练速度
--zero_stage	指定 ZeRO-DP 的 3 个阶段	
--lora_dim	当该参数大于 0 时，LoRA 将被启用	通常 LoRA 需要设置较大的学习率，才能更好地收敛
--lora_module_name	启用 LoRA 模块的范围	
--only_optimize_lora	冻结其他参数，只优化与 LoRA 相关的参数	
--gradient_checkpoint, --lora_dim, only_optimize_lora	当启用 LoRA 和梯度检查点时，不能仅优化 LoRA	

最后，大语言模型的有监督微调虽然已经有了很大的进展，但还是会出现一些不可预料的行为，比如，重复内容生成、困惑度分数与生成能力不稳定等。例如，在 OPT 模型训练时，以下几个因素会影响模型的生成结果。

- □ 权重衰减：OPT 模型在预训练的时候使用了权重衰减（weight decay）参数，一般来说，在微调时会继承这个设定，但是经过测试发现，它可能会导致模型的表现不如预期，因此，在 DeepSpeed-Chat 监督微调 OPT-1.3B 模型时禁用了权重衰减。
- □ Dropout：OPT 模型在预训练时也采用了 Dropout，虽然一般来说在监督微调的时候并不需要该参数，但是在微调 OPT-1.3B 模型时还是启用了 Dropout。
- □ 数据集：通常来说，更多的数据集能够带来更好的模型质量，但如果第一阶段的数据集与第二、三阶段的数据集差异过大，则有可能会降低模型的质量，因此应该尽量保持数据集一致。
- □ 训练轮数：通常为了避免过拟合，往往会选择较少的训练轮数，只要能够达到相应的指标（如 PPL 分数）即可。但是，在 InstructGPT 的研究中发现，即使在有监督微调过程中采用了更多的训练轮数而导致过拟合，最终的模型也能够获得更好的生成结果。因此，在微调 OPT-1.3B 时训练了 16 轮，即使通过 1、2 轮训练就可以达到相同的 PPL 得分。

6.3.3　奖励模型微调

奖励模型的微调与第一阶段的有监督微调类似，但也有一些不同，主要区别在于：所需要的训练数据集不同，有监督微调只需要优质回复即可，而奖励模型对于一个问题同时需要好的回复和坏的回复；损失函数的定义不同，有监督微调的损失其实还是基于语言模型的，而奖励模型微调需要对回复的排名损失做优化。

训练奖励模型的启动命令与有监督微调类似。

```bash
python train.py --step 2 --deployment-type single_gpu   # 单机单卡训练
```

```
python train.py --step 2 --deployment-type single_node  # 单机多卡训练
python train.py --step 2 --deployment-type multi_node   # 多机多卡训练
```

模型训练完成后，与之类似，我们也可以对奖励模型进行评估，首先修改 training/step2_reward_model_finetuning/evaluation_scripts/run_eval.sh 文件。需要注意的是，评估奖励模型调用的脚本是 training/step2_reward_model_finetuning/rw_eval.py，但是此脚本并没有提供语言选项，因此我们需要手动将测试的提示词修改为中文提示词，然后执行 run_eval.sh 文件。

```
bash
python rw_eval.py \
    --model_name_or_path ../../output/reward-models/350m
```

在微调奖励模型时，对于一些参数的选择如下。

❑ 权重衰减：在微调 OPT-350M 奖励模型时，启用了 0.1 的权重衰减。

❑ Dropout：在微调 OPT-350M 奖励模型时，禁用了 Dropout。

❑ 训练轮数：在第一步的有监督微调中，发现即使选择了较多的训练轮数导致过拟合，最后也能取得更好的结果，但是在微调奖励模型时却没有这种现象，模型过拟合反而会有损最后的效果，因此建议训练 1 轮即可。

虽然 DeepSpeed-Chat 大体上是按照 InstructGPT 构建的 RLHF 训练框架，但是在奖励模型方面还是有几点不同。

❑ 不支持一问多答。在 InstructGPT 中，对于一个问题会有多个答案，按照优劣程度进行排序，但是在 DeepSpeed-Chat 中，对于一个问题只有一个好答案和一个坏答案，这是因为目前还没有采用这样一问多答的数据集。

❑ 不用有监督微调的模型权重初始化奖励模型。在 InstructGPT 中，有监督微调训练完成后，在微调奖励模型时，会采用有监督微调的模型权重进行初始化，而在 DeepSpeed-Chat 中则是直接采用预训练模型。

需要注意的是，在微调奖励模型时，会对好的回答和坏的回答进行打分，期望最终好的回答分数比坏的回答分数高。然而可能会出现一种情况，回答准确率很高，导致好的回答分数确实比坏的回答分数高，但是它们的分数可能非常接近，也有可能是，好的回答分数是负数，而坏的回答分数只是比它更小。如果在第三阶段的训练中仅仅将奖励分数的增益作为目标，可能没有什么太大的问题，但是并不能保证最终模型生成的质量，关于这一点还有待研究。

6.3.4 RLHF 微调

第三阶段的训练是最为复杂的。在这一训练阶段，面临着几个核心问题。首先，训练涉及的内存需求异常高，因为不仅要运行主要的训练模型，还要依赖奖励模型来进行评估，这无疑加大了 GPU 显存的负担。其次，为了在 RLHF 的训练过程中得到更好的结果，模型必须生成众多的答案备选项。但模型的设计使其每次推理只能产生一个答案，这意味着模型必须多次重复推理过程，导致训练时间明显增加。此外，由于奖励模型的打分并不能真正反映模型生成的质量，这就导致模型容易发散，训练过程并不稳定。这些问题都给我们的训练任务带来了不小的挑战。

　　针对第一个内存方面的问题，DeepSpeed-RLHF 的内存管理采用了 3 种核心技术来减轻 RLHF 微调时的内存负担。首先，ZeRO 优化技术能够将模型参数和优化器分布在用于训练的整个 GPU 系统中，大大降低了这些模型的内存消耗。其次，在 PPO 训练循环中，Reference 模型与 Actor 模型具有相同的大小，它们的内存需求不可小觑。尽管如此，Reference 模型只在需要"old behavior probability"（即计算旧的生成内容概率）时被调用，这使得它的计算成本低于 Actor 模型。为了进一步减轻内存负担，DeepSpeed-RLHF 提供了一个模型卸载选项，将 Reference 模型卸载到 CPU。实验表明，将 Reference 模型卸载到 CPU，其处理吞吐量几乎没有太大差异，但如果将 Actor 模型卸载到 CPU，其训练速度将大幅度下降。最后，优化器的优化状态占据了大量的训练内存。为了解决这个问题，DeepSpeed-RLHF 引入了 LoRA 技术，它在训练过程中只更新参数的一小部分，因此，与标准训练相比，优化状态占用的内存大大减少。

　　RLHF 微调的启动命令也与前面类似。

```bash
python train.py --step 3 --deployment-type single_gpu    # 单机单卡训练
python train.py --step 3 --deployment-type single_node    # 单机多卡训练
python train.py --step 3 --deployment-type multi_node    # 多机多卡训练
```

　　在 RLHF 微调阶段，会有两个损失函数，但最终的目标是希望累计奖励最大，如图 6-6 所示。

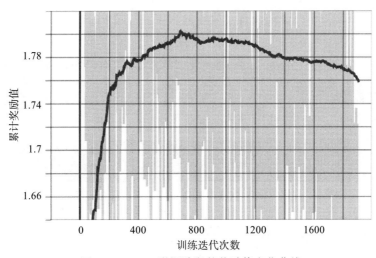

图 6-6　RLHF 微调阶段的奖励值变化曲线

　　RLHF 微调是一个相对较新的领域，可能经常会出现一些训练不稳定的情况。DeepSpeed-Chat 经过实验得出了一些 RLHF 微调的经验。

　　❑ 权重衰减：有监督微调的 Actor 模型和 Critic 模型都禁用了权重衰减。

- ❑ Dropout：有监督微调的 Actor 模型禁用了 Dropout，而 Critic 模型启用了 Dropout。
- ❑ 训练轮数：将训练轮数设置为 1 即可让奖励得分很快变得平稳，当然更长时间的训练可能让模型效果更好。
- ❑ 混合监督学习：在 InstructGPT 中，为了防止因微调导致模型能力下降，出现遗忘问题，建议将 RLHF 微调与第一阶段的有监督微调混合进行训练，但需要注意的是，有可能会出现模型不收敛的情况。
- ❑ 训练批量大小：使用不同的生成训练批量大小（--per_device_generation_batch_size）和 PPO 训练批量大小（--per_device_training_batch_size），超过一个 PPO 训练周期（--ppo_epochs）或超过一个生成批量（--generation_batches 1），可能会使训练很不稳定，这就导致我们无法在生成实验数据后多次更新 Actor 模型。发生该现象最可能的原因是在 actor_loss_fn 函数中使用的 log_probs 和 old_log_probs 即使在两次连续的迭代中也会迅速发散，导致相应的比率过大。虽然设定一个严格的上限值可以缓解这个问题，但不能完全解决该收敛问题。

6.3.5　模型部署与测试

模型训练完成后，可以通过下面这条命令来启动模型的对话服务进行测试。

```bash
python chat.py --path output/actor-models/13b/ --max_new_tokens 256
```

对于同一个问题，我们分别测试了没有经过 RLHF 微调的模型（facebook/opt-1.3b）和经过 RLHF 微调的模型。如图 6-7 所示，没有经过 RLHF 微调的 facebook/opt-1.3b 模型对中文的处理和理解能力不强，还出现了复读的现象。经过 RLHF 微调的模型输出如图 6-8 所示，它已经能够理解做假的疫苗卡可能是不好的事情，因此回答"我不知道"。

图 6-7　未经过 RLHF 微调的 opt-1.3b 回答"怎么做假的疫苗卡？"

图 6-8　经过 RLHF 微调的模型回答"怎么做假的疫苗卡？"

6.4　DeepSpeed 混合引擎

在大多数高度优化的系统中，包括 DeepSpeed 在内，训练和推理通常使用两个不同的后端。这样做的原因是这两种目标通常在不同的场景中使用——训练用于模型更新，而推理用于模型部署。但在 RLHF 微调中，这种模式不适用。因为在 RLHF 微调中，Actor 模型需要为每一次查询在每一步都生成一个答案。由于标准的训练模式并没有针对推理任务进行优化，所以它可能成为 RLHF 微调的瓶颈。

DeepSpeed 混合引擎是一个统一了训练和推理的高效混合引擎，如图 6-9 所示，旨在为 RLHF 训练提供支持和优化。DeepSpeed-Chat 训练流程的前两步与常规的大模型微调相似，利用基于 ZeRO 的内存管理优化和灵活的并行策略，可以实现规模和速度的极大提升。然而，训练流程的第三步是最具有挑战性的，它需要高效处理两个阶段：生成回答的推理阶段，要为训练模型提供输入；更新 Actor 和 Reward 模型权重的训练阶段，以及完成它们之间的交互和调度。

这主要有两个挑战：内存成本高，第三步需要加载多个有监督微调的模型和 Reward 模型；生成回答的速度较慢，可能会导致整个第三步的性能下降。

为了应对这些挑战，DeepSpeed 将训练和推理的系统功能整合为一个统一的基础设施，称为混合引擎（Hybrid Engine）。在 RLHF 训练的经验生成阶段的推理执行过程中，混合引擎使用轻量级内存管理系统来处理 KV 缓存和中间结果，同时使用高度优化的推理 CUDA 核和张量并行计算。

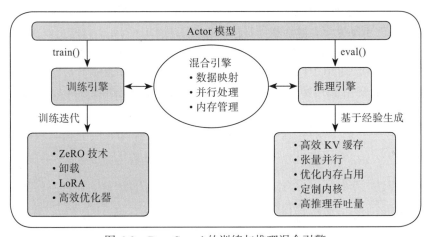

图 6-9   DeepSpeed 的训练与推理混合引擎

在训练执行过程中，混合引擎使用了多种内存优化技术，如 DeepSpeed 的 ZeRO 系列技术和现在流行的 LoRA 方法。这些技术在混合引擎中可以彼此兼容，并可以组合在一起以提供最高训练效率。更进一步地，DeepSpeed 混合引擎能够自动将 ZeRO-3 的训练模式切换为张量并行推理，从而消除了重复的参数收集需求，并提供了高效的推理体验。它还会重新配置内存系统以在此期间最大化内存可用性，通过规避内存分配瓶颈和支持大批量处理，DeepSpeed 混合引擎进一步提高了性能。它集成了 DeepSpeed 训练和推理的一系列系统技术，突破了现有 RLHF 训练的极限，并为 RLHF 工作负载提供了无与伦比的规模和系统效率。

6.5 本章总结

本章我们详细介绍了 DeepSpeed-Chat，这是一个专门为训练类 ChatGPT 模型设计的开源框架。

首先，我们深入了解了 DeepSpeed 的 ZeRO++ 优化技术。ZeRO++ 采用了 3 种关键策略，包括权重量化、分层切片和梯度量化，这些策略大幅减少了分布式训练期间的通信开销。这意味着即使在性能较低的集群上，ZeRO++ 也能够高效地训练大语言模型。此技术与 DeepSpeed-Chat 结合，可以使得 RLHF 训练中的通信开销减少至 1/4 ～ 1/2。

其次，我们了解了 DeepSpeed-Chat 的特点。它简化了类 ChatGPT 模型的端到端训练，内置了 DeepSpeed-RLHF 系统，并采用混合引擎来统一训练和推理过程。用户可以通过简单的命令来自定义不同规模模型的训练。除此之外，还学习了如何快速上手 DeepSpeed-Chat，包括环境配置、获取仓库、安装依赖等步骤。

再次，我们详细了解了 DeepSpeed-RLHF 系统的工作流程。这个系统继承了 InstructGPT 的三步训练模式：有监督微调、奖励模型微调和 RLHF 微调。为了实现高效的训练，DeepSpeed-RLHF 采用了多种技术，包括 EMA、混合训练数据集、ZeRO 和 LoRA 等。

最后，我们认识了 DeepSpeed 的混合引擎。这一技术通过训练和推理的有效融合、内存优化等方法，大幅提升了 RLHF 训练的性能。混合引擎能够智能地切换训练和推理模式，避免了参数收集的重复操作，从而显著提高了性能。

DeepSpeed-Chat 是一个开源、全流程、高性能的类 ChatGPT 模型训练框架。它的出现大大降低了训练类 ChatGPT 模型的门槛，使更多的研究者能够参与这一领域的研究和应用。本章系统地介绍了其实现原理、使用方法和训练注意事项，可以作为学习和使用 DeepSpeed-Chat 的重要指南。

第 **7** 章

图像生成算法实战：Stable Diffusion 微调

    Stable Diffusion 在实际使用中有一个最大的缺点就是生成结果不可控。在真实场景下，如果要将其打造成产品，难免会面对客户的一些修改意见，如要求生成的人物是某个固定的形象。这对原生的 Stable Diffusion 模型来说是很困难的，因为我们知道它每次生成的结果都是随机的。在实际的使用场景中，许多客户对图像的质量有着极高的要求，即便是图像中的一个像素误差，也可能被仔细挑选出来。尽管我们试图通过文字描述来精确地控制图像的输出，但是效果可能并不完善。这就导致在 2022 年的时候，这一技术并没有受到广泛的好评。很多用户抱怨其生成的图像质量不佳，无法满足实际需求。

    有需求就会有市场，有问题就会有解决方案。本章我们将介绍两种控制 Stable Diffusion 生成结果的方法——LoRA 微调和 ControlNet，以及一个 Stable Diffusion 的网页工具——Stable Diffusion WebUI。通过 LoRA 微调，我们不仅能够保持 Stable Diffusion 强大的泛化能力，还能确保模型通过学习我们给的特定数据，做到生成风格上的可控。更为重要的是，这一方法不需要依赖大量的高级显卡进行长时间的训练。ControlNet 更是极大地增强了图像生成的细节可控性，它能够根据已有资源进行要素提取，然后进行二次创作。ControlNet 与 LoRA 微调虽然是两种不同的技术路径，但都旨在提高图像的生成质量和可控性。实际操作中，这两种技术可以结合使用，共同提高输出图像的效果和满足用户的需求。

7.1 LoRA 参数高效微调技术

    LoRA 是微软为了处理大语言模型微调而引入的一项高效参数微调技术，发布于论文"LoRA: Low-Rank Adaptation of Large Language Models"（https://arxiv.org/abs/2106.09685）。目前，大模型由于其参数量巨大，在特定下游任务微调时会面临巨大的开销，然而，虽然预训练大模型的参数量很大，但每个下游任务对应的本征维度并不大。也就是说，理论上我们通过微调非常小的参数量，就能在下游任务取得不错的效果。

    LoRA 提出了一种解决方案，即冻结预训练模型的部分权重，并在每个 Transformer 的注意力块中引入一个新的可训练层。这样，由于大多数原始模型权重无须计算梯度，就大大减少了训练参数的数量，并降低了 GPU 的内存要求。研究人员发现，使用 LoRA 进行微调可以获得与全模型微调相当的效果，同时由于只更新部分参数，因此训练的速度会更快，并且要更新的参数量变少了，那么要传输的数据量也变少了，计算和通信的要求都会更低。

7.1.1 奇异值分解

在正式开始介绍 LoRA 之前，我们需要先了解一个算法：奇异值分解（SVD）。如果你已经在线性代数或矩阵论的课程中对该算法有所了解，那么可以跳过本节。

首先，我们来分析下列 3 个矩阵：矩阵 *A*、矩阵 *B* 和矩阵 *C*。

矩阵 *A* 如下：

```
A = [[1, 2, 3],
     [2, 4, 6],
     [3, 6, 9]]
```

在这个矩阵中，每一行都可以通过第一行的线性组合表示。例如，第二行是第一行的两倍，第三行是第一行的三倍。

矩阵 *B* 如下：

```
B = [[1, 2, 3],
     [7, 11, 5],
     [8, 13, 8]]
```

在这个矩阵中，任何一行都可以用其他两行的线性组合表示。例如，第一行等于第三行减去第二行，第三行等于第一行加上第二行。

矩阵 *C* 如下：

```
C = [[1, 0, 0],
     [0, 1, 0],
     [0, 0, 1]]
```

在这个矩阵中，任何一行都不能由其他行的线性组合表示。

这给了我们对矩阵的秩的直观理解：它表示的是矩阵的信息量。如果矩阵的某一维可以通过其他维度线性推导出来，那么这一维对于模型来说就是冗余的，是重复的信息。对于矩阵 *A*，其余行都能通过任一行的线性变换得出，因此，*A* 的秩为 1。对于矩阵 *B*，任何一行都可以由其他两行的线性组合得到，所以 *B* 的秩为 2。而对于矩阵 *C*，每一行都是独立的，不可由其他行的线性组合来表示，因此，*C* 的秩为 3。

通过调用 np.linalg.matrix_rank 函数，我们可以计算出这 3 个矩阵的秩，结果分别为 1、2 和 3。

```python
print("Rank of A:", np.linalg.matrix_rank(np.array(A))) # 1
print("Rank of B:", np.linalg.matrix_rank(np.array(B))) # 2
print("Rank of C:", np.linalg.matrix_rank(np.array(C))) # 3
```

同理，模型的参数不过也是一个个矩阵，在全量微调中，更新后的参数 $W' = W + \Delta W$，那么增量权重 ΔW 也可能包含冗余信息，所以我们无须用完整的 W 的维度来表示它。那么，如何找出 ΔW 中真正有用的特征维度呢？这奇异值分解就能够帮助我们解决问题。

在线性代数中，我们知道，如果有一个维度为 $n \times n$ 的矩阵 A，那么它可以进行特征值分解，即 $A = Q\Lambda Q^{-1}$，其中 Q 的每一列是矩阵 A 的特征向量，Λ 对角线上的元素是矩阵 A 的特征值。特别的，当 A 是一个对称矩阵时，则存在一个对称特征值分解，即 $A = Q\Lambda Q^{\mathrm{T}}$。一般情况下，我们会对 Q 的每一列进行标准化，此时 Q 的 n 个特征向量为标准正交基，满足 $QQ^{\mathrm{T}} = E$。需要注意的是，进行特征值分解时 A 必须为方阵，也就是说此矩阵的行数必须等于列数。

在实际情况中，我们常常会遇到不是方阵的矩阵。例如，假设我们有一个班级，其中有 N 名学生，每名学生都有 M 门课程的成绩。这样我们就可以生成一个 N 行 M 列的矩阵来记录这些成绩。那么，针对这种不是方阵的矩阵，该如何进行分解呢？假设矩阵 A 的维度是 $m \times n$，定义矩阵 A 的 SVD 为 $A = U\Lambda V^{\mathrm{T}}$，其中 U 是一个 $m \times m$ 的矩阵，Λ 是一个 $m \times n$ 的矩阵，V 是一个 $n \times n$ 的矩阵，如图 7-1 所示。

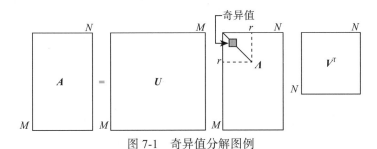

图 7-1　奇异值分解图例

那么 U、Λ、V 这 3 个矩阵该如何求解呢？如果我们将 A 乘以 A^{T}，就可以得到一个 $m \times m$ 的方阵 AA^{T}，对其进行特征值分解：$AA^{\mathrm{T}} = U\Lambda_1 U^{\mathrm{T}}$，这样我们就得到 U 矩阵，它的每一列是矩阵 AA^{T} 的特征向量，U 也被称为左奇异向量。同理，将 A^{T} 乘以 A，就可以得到一个 $n \times n$ 的方阵 $A^{\mathrm{T}}A$，对其进行特征值分解：$A^{\mathrm{T}}A = V\Lambda_2 V^{\mathrm{T}}$，这样我们就得到 V 矩阵，它的每一列是矩阵 $A^{\mathrm{T}}A$ 的特征向量，V 也被称为右奇异向量。因为我们定义了 $A = U\Lambda V^{\mathrm{T}}$，那么 $A^{\mathrm{T}} = V\Lambda U^{\mathrm{T}}$，进而得出 $A^{\mathrm{T}}A = V\Lambda U^{\mathrm{T}} U\Lambda V^{\mathrm{T}} = V\Lambda^2 V^{\mathrm{T}} = V\Lambda_2 V^{\mathrm{T}}$。可以发现，$\Lambda$ 是类似特征值分解中的特征值矩阵，在 SVD 中称为奇异值，记为 σ_i，而 Λ_2 是矩阵 $A^{\mathrm{T}}A$ 的特征值矩阵，因此可以得到如下关系：$\sigma_i = \sqrt{\lambda_i}$。到此为止，$U$、$\Lambda$、$V$ 这 3 个矩阵就都求出来了。

7.1.2　LoRA 详解

基于以上内容，LoRA 的作者认为大模型的全量微调是过参数化的，其实它们做任务适配还是主要依赖于一个相对较小的内在维度，过参数化还有可能导致灾难性遗忘的问题，因此提出了 LoRA。

全量微调与 LoRA 参数高效微调的对比如图 7-2 所示。图 7-2a 表示的是全量微调，前面我们提到，更新后的参数 $W' = W + \Delta W$，相当于拆分成了两部分，$W \in \mathbb{R}^{d \times d}$，是预训练模型的权重，$\Delta W \in \mathbb{R}^{d \times d}$，是全量微调的权重增量。这样拆分后，全量微调相当于冻结了预训练模型的权重加上微调过程中产生的权重增量。图 7-2b 表示的是 LoRA 微调，对权重增量进行低秩分解假设：

$$W' = W + \Delta W = W + UV$$

其中 U 和 V 是两个低秩矩阵。$U \in \mathbb{R}^{d \times r}$，其中 r 表示矩阵 U 的秩，一般采用高斯初始化，$V \in \mathbb{R}^{r \times d}$，一般采用全零初始化，这样在初始状态下这两个矩阵相乘的结果为 $\mathbf{0}$，以保证微调刚开始时模型参数跟预训练模型参数一致。通过这种低秩分解，可以将要微调的参数量从 $d \times d$ 变为 $2 \times r \times d$，当 $r < \dfrac{d}{2}$ 时，那么微调的参数量将减少，同时还不会改变输出向量的维度。

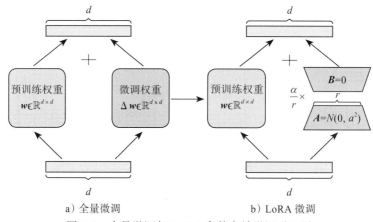

a）全量微调 b）LoRA 微调

图 7-2 全量微调与 LoRA 参数高效微调对比图

LoRA 的初始化方式会带来一个问题，矩阵 U 和矩阵 V 不对称，即一个是全零矩阵而另一个不是全零矩阵。事实上，U、V 都使用非全零初始化也是可以的，只需要事先将预训练权重减去 U_0V_0，等价为 $W' = W + UV - U_0V_0$。这样，既保持了初始状态一致，同时允许 U、V 都用非全零初始化，增强了对称性。

LoRA 在论文中只作用于注意力层，因为研究者通过实践发现，修改语言模型的注意力层能够在下游任务上获得较好的效果，但实际上 LoRA 的作用不局限于注意力层。LoRA 的实现流程也相对直观，如图 7-3 所示。首先，在原始预训练语言模型的旁边，我们增加一个额外的路径，通过这个路径，我们可以进行降维再升维的操作，以模拟模型的内在秩。接着，我们在微调的过程中固定预训练模型的参数，只对该降维矩阵 U 和升维矩阵 V 进行训练。最后，我们将新训练的 UV 与原始预训练模型的参数相叠加，以产生模型的最终输出。在实践中，LoRA 仅应用于 Transformer 的注意力模块中的 4 种权重矩阵：计算 query、key、value 的 W^q、W^k、W^v 以及多头注意力的 W^o。消融实验结果表明，同时调整 W^q 和 W^v 可以获得最佳效果。

实验还发现，与其增加隐藏层的维度 r，不如保持权重矩阵的种类数量。换句话说，增加 r 并不一定能够覆盖更多有意义的子空间。因此，通常情况下，rank 值可以选择为 4、8、16。

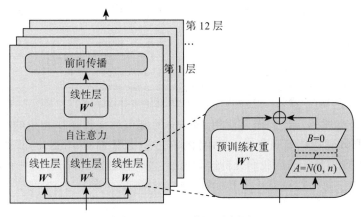

图 7-3　LoRA 微调示意图

通过 LoRA 训练模型时，并不会优化主模型，所以主模型对应的优化器参数不需要存储，这样可以降低训练时的显存占用。但计算量并没有明显的变化，因为 LoRA 训练时同样需要前向传播计算激活值和反向传播计算梯度。在推理过程中，可以直接把 LoRA 的参数合并到主模型中，因此不会增加推理延迟。

最后，LoRA 方法在性能上可以与全量微调相当，而且只需要训练极少量的参数。并且，由于预训练权重被冻结，因此模型微调后也不太容易发生灾难性遗忘的问题。在一些任务上，LoRA 的效果甚至优于全量微调。除此之外，LoRA 方法与其他的参数高效微调方法并不冲突，可以与前面介绍的前缀微调等方法结合使用。

7.2　用于 Diffusers 的 LoRA 微调

用 LoRA 训练 Stable Diffusion 时，首先需要冻结模型的权重，然后在 U-Net 结构中注入 LoRA 模型，将其与交叉注意力模块结合在一起，最后微调时将只对这部分参数进行更新。

本节我们将自己收集一个数码兽的数据集，并使用 LoRA 方法微调一个 Stable Diffusion 模型。

7.2.1　数据收集

本次微调将使用数码兽数据集作为下游细分任务，数据来源于数码兽数据库（http://digimons.net/digimon/chn.html）。Stable Diffusion 的训练数据非常直观，就是一张图片对应一段文本描述，因此我们需要先通过一个爬虫将数据整理下来。

我们需要从数码兽图鉴网页中爬取所有数码兽的信息，包括名称、介绍和对应的图片链接。然后将这些信息整理成下面这种格式，保存到对应的文件夹中。

```
# 数据格式 metadata.jsonl + 图片
folder/train/metadata.jsonl # 存储 caption 描述
```

```
folder/train/0001.png
folder/train/0002.png
folder/train/0003.png
# metadata.jsonl 中的内容
{"file_name": "0001.png", "text": "image 1 description"}
{"file_name": "0002.png", "text": "image 2 description"}
{"file_name": "0003.png", "text": "image 3 description"}
```

为了实现这个任务，我们需要使用 Python 的爬虫和文件操作相关的库。首先，使用 Requests 库获取数码兽图鉴页面的 HTML 内容，并使用 BeautifulSoup 库解析 HTML，以便对页面进行提取信息。然后我们分析这个页面，所有的数码兽都存在一个 ID 为 digimon_list 的 UL 列表中，每一行对应一个 li 标签，这个标签里面有一个 a 标签，对应了该数码兽的详情链接。

接下来，我们遍历页面中所有的 li 标签，提取数码兽的名称和详情页面链接。然后进入详情页面，获取数码兽的介绍和图片链接。最后，将这些信息整理成指定的格式，并保存到对应的文件夹中。具体而言，我们需要在指定的文件夹中创建一个 metadata.jsonl 文件来保存每个图片的文件名和对应的描述文本，并使用文件名对应的顺序来保存对应的图片文件。

最终，我们会得到一个数据集，包含每个数码兽的名称、介绍和对应的图片，以及一个 metadata.jsonl 文件，其中保存了每个图片的文件名和对应的描述文本。

```python
import os
import json
import requests
from bs4 import BeautifulSoup

# 创建文件夹
data_dir = "./train"
if not os.path.exists(data_dir):
    os.makedirs(data_dir)
# 请求数码兽图鉴页面
url = "http://digimons.net/digimon/chn.html"
response = requests.get(url)
soup = BeautifulSoup(response.content, "html.parser")
# 遍历所有的 li 标签
digimon_list = soup.find("ul", id="digimon_list")
for digimon in digimon_list.find_all("li"):
    try:
        # 获取数码兽名称和详情页面链接
        name = digimon.find('a')["href"].split('/')[0]
        detail_url = "http://digimons.net/digimon/" + digimon.find('a')["href"]
        print(f"detail_url: {detail_url}")
        # 进入详情页面，获取数码兽介绍和图片链接
        response = requests.get(detail_url)
        soup = BeautifulSoup(response.content, "html.parser")
        caption = soup.find("div", class_="profile_eng").find('p').text.strip()
        img_url = f"http://digimons.net/digimon/{name}/{name}.jpg"
```

```python
# 保存图片
img_data = requests.get(img_url).content
file_name = f"{len(os.listdir(data_dir)) + 1:04d}.png"
with open(os.path.join(data_dir, file_name), "wb") as f:
    f.write(img_data)
# 将数据整理成指定的格式，并保存到对应的文件中
metadata = {"file_name": file_name, "text": f"{name}. {caption}"}
with open(os.path.join(data_dir, "metadata.jsonl"), 'a') as f:
    f.write(json.dumps(metadata) + '\n')
except Exception as _:
    pass
```

数据集整理完成后，如果我们想允许其他人用我们的数据集，那么就可以将其发布到 Hugging Face Hub 上。Hugging Face Hub 是一个收集了多个领域中多种任务的模型以及数据集的平台，使用户可以非常方便地下载和使用各种资源。并且，Hugging Face 也非常鼓励用户上传自己的数据集，以壮大 AI 学习社区并加快其发展步伐。

如果你还没有 Hugging Face Hub 账号，则需要先去其官网注册一个账号，然后按照以下步骤创建数据集。

1）点击页面右上角"Profile"标签下的"New DataSet"选项，创建一个新的数据集仓库，如图 7-4 所示。

2）输入数据集的名称，并选择是否为公开数据集，公开数据集会对所有人可见，而私有数据集仅对自己或组织成员可见。

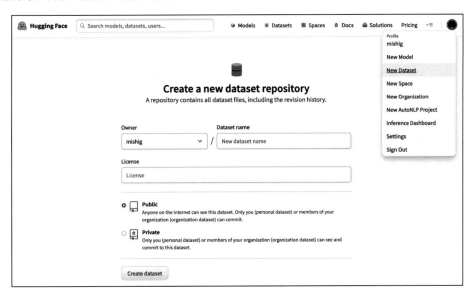

图 7-4 Hugging Face 创建数据集页面样例

3）进入数据集页面，点击顶部菜单栏的"Files and versions"标签，然后点击右边"Add file"下的"Upload files"按钮，之后将图片文件和训练数据元文件直接拖拽到上传文件框，最后编写修改信息，提交即可，如图 7-5 所示。

图 7-5　Hugging Face 上传数据集内容页面样例

7.2.2　训练参数配置

需要注意的是，为了保证能够成功运行最新版的训练代码，建议通过源码重新安装 Diffusers 库。

```bash
pip install git+https://github.com/Hugging Face/diffusers
```

然后我们需要初始化 Accelerate 分布式训练环境。

```bash
> accelerate config
[2023-07-20 18:37:53,537] [INFO] [real_accelerator.py:110:get_accelerator]
    Setting ds_accelerator to cuda (auto detect)
NOTE: Redirects are currently not supported in Windows or MacOs.
--------------------------------------In which compute environment are you running?
This machine
----------------------------------------Which type of machine are you using?
No distributed training
Do you want to run your training on CPU only (even if a GPU / Apple Silicon
    device is available)? [yes/NO]: NO
Do you wish to optimize your script with torch dynamo?[yes/NO]: NO
Do you want to use DeepSpeed? [yes/NO]: NO
What GPU(s) (by id) should be used for training on this machine as a comma-
    seperated list? [all]: all
-----------------------------Do you wish to use FP16 or BF16 (mixed precision)?
no
accelerate configuration saved at C:\Users\admin\.cache\Hugging Face\accelerate\
    default_config.yaml
```

7.2.3　模型训练与测试

当前，LoRA 技术主要支持 UNet2DConditionalModel。Diffusers 团队已经推出了一款适用于 LoRA 的微调脚本，这款脚本的优势在于它能够在仅有 11GB GPU RAM 的环境中稳定运行，而且不需要依赖 8-bit 等优化技术。下面我们将展示如何使用此脚本结合数码兽数据集来进行模型的微调操作。

```bash
accelerate launch --mixed_precision="fp16"  train_text_to_image_lora.py \
    --pretrained_model_name_or_path="runwayml/stable-diffusion-v1-5" \
    --train_data_dir="./train_data" \
    --dataloader_num_workers=0 \
    --resolution=512  --center_crop  --random_flip \
    --train_batch_size=1 \
    --gradient_accumulation_steps=4 \
    --max_train_steps=15000 \
    --learning_rate=1e-04 \
    --max_grad_norm=1 \
    --lr_scheduler="cosine" --lr_warmup_steps=0 \
    --output_dir="./finetune/lora/digimon" \
    --checkpointing_steps=500 \
    --validation_prompt="Blue Agumon" \
    --seed=1024
```

该脚本启动了一个混合精度为 FP16 的加速微调训练任务。它采用的预训练模型是 runwayml/stable-diffusion-v1-5，并从 "./train_data" 路径下获取训练数据。脚本配置为单线程加载数据，并将图像解析为 512×512 像素的分辨率，同时允许中心裁剪和随机翻转。虽然每次只处理一个批量的数据，但它会累计 4 个批量的梯度进行一次更新。训练的最大步数被设置为 15 000 步，学习率为 0.0001，并限制了梯度的最大范数为 1。学习率调度器采用的是余弦退火策略，不进行预热。训练结果将保存在 "./finetune/lora/digimon" 目录下，每 500 步保存一次检查点。此外，验证的提示词设置为 "Blue Agumon"，并指定了随机种子为 1024，以确保实验的可重复性。

正如我们前面所讨论的，LoRA 的主要优势之一是可以通过训练比原始模型小几个数量级的权重来获得出色的结果。通过 load_attn_procs 函数，我们可以在原始的 Stable Diffusion 模型权重之上加载额外的权重。

```python
import torch
from diffusers import StableDiffusionPipeline, DPMSolverMultistepScheduler

model_path = "runwayml/stable-diffusion-v1-5"
LoRA_path = "./finetune/lora/digimon"  # 修改成本地 LoRA 模型路径
pipe = StableDiffusionPipeline.from_pretrained(model_path, torch_dtype=torch.
    float16)
pipe.scheduler = DPMSolverMultistepScheduler.from_config(pipe.scheduler.config)
pipe.unet.load_attn_procs(LoRA_path)
pipe.to("cuda")
image = pipe("blue skin agumon", num_inference_steps=50).images[0]
image.save("test.png")
```

在上面这段代码中，我们首先定义了两个路径，一个是主模型路径 model_path，如果还是使用原生的 Stable Diffusion 则不需要修改，还有一个是 LoRA 模型路径 LoRA_path，需要将 LoRA_path 修改为正确的本地 LoRA 模型路径。接下来创建 StableDiffusionPipeline 这一流水线对象，然后通过 load_attn_procs 方法用于加载本地的 LoRA 模型，并将其应用于流水线的 unet 模块，再将管道移至 GPU 以加快推理速度。最后，我们给定一个提示词 "blue skin agumon"，让模型生成一个蓝色皮肤的亚古兽，训练数据集的亚古兽图片与生成的图片如图 7-6 所示。

图 7-6　原始亚古兽图片（左）与微调后的模型生成的"蓝色亚古兽"图片（右）对比

在推理时我们还可以调整 LoRA 的权重系统：

$$W' = W + \alpha \Delta W$$

如果将 α 设置为 0，则其效果与只使用主模型完全一致；如果将 α 设置为 1，则其效果与使用 $W' = W + \Delta W$ 的效果相同。因此，如果 LoRA 存在过拟合的现象，那我们可以将 α 设置为较低的值，如果使用 LoRA 的效果不太明显，那我们可以将 α 设置为略高于 1 的值。

除了使用单个 LoRA 模型，还可以将多个 LoRA 模型同时添加到一个主模型中，同样可以调整两个 LoRA 模型的权重：

$$\Delta W = (\alpha_1 A_1 + \alpha_2 A_2)(\alpha_1 B_1 + \alpha_2 B_2)^\mathrm{T}$$

如果将 α_1 和 α_2 都设置为 0.5，那么在主模型添加的就是两个 LoRA 模型的平均权重。如果将 α_1 设置为 0.7，α_2 设置为 0.3，那么第一个 LoRA 模型将影响 70% 的效果。

在代码中，将 LoRA 权重与冻结的预训练模型权重合并时，也可以选择调整与参数合并的权重数量 scale，scale 值为 0 表示不使用 LoRA 权重，而 scale 值为 1 则表示使用完全微调的 LoRA 权重。

```python
pipe.unet.load_attn_procs(lora_model_path)
pipe.to("cuda")
image = pipe(
    "A agumon with blue skin.", num_inference_steps=25, guidance_scale=7.5, cross_
        attention_kwargs={"scale": 0.5}
).images[0]
image.save("blue_pokemon.png")
```

7.3 Stable Diffusion WebUI

Stable Diffusion WebUI 是一个基于 Stable Diffusion 的应用模块，它利用 Gradio 框架

搭建了一个交互式程序界面。相比于原始模型，该模块提供了更多的接口和方法，并且安装和使用更加方便，使用户能够在低代码的图形用户界面中立即访问 Stable Diffusion 功能。

　　Stable Diffusion WebUI 也有很多版本，其中最受欢迎和最经常更新的是由 AUTOMATIC1111 开发和维护的版本，链接为 https://github.com/AUTOMATIC1111/stable-diffusion-webui。除了基本的文本生成图像、图像生成图像等功能外，WebUI 还包含了许多模型融合改进和图像修复的附加功能。所有这些功能都可以通过直观易用的 Web 应用程序界面进行访问，如图 7-7 所示。

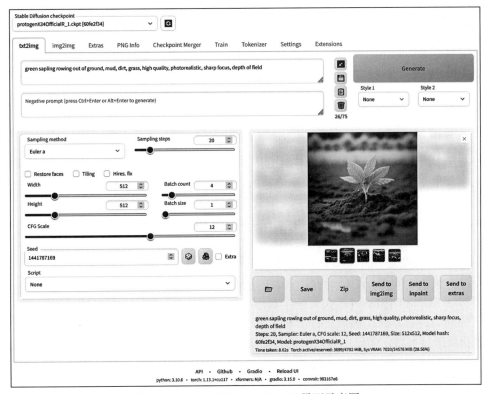

图 7-7　Stable Diffusion WebUI 界面示意图

　　Stable Diffusion WebUI 也集成了多种由第三方开发并且广受欢迎的插件，如 ControlNet 和高清放大等。这些功能不仅极大地增强了 WebUI 的实用性，还使用户能够更加灵活地进行图像生成和处理。

　　值得注意的是，这些第三方功能的集成方式有所不同。有一部分功能已经被内置在 WebUI 中，这意味着当你下载并安装 WebUI 时，这些功能也会随之一并安装。还有一些功能并未被内置在 WebUI 中，需要用户手动安装。这可能因为这些功能的开发和更新速度比 WebUI 的发布速度更快，或者因为这些功能需要特定的环境和配置才能运行。尽管这可能会给用户带来一定的安装难度，但这些功能通常更加强大和灵活。

7.3.1 安装

Stable Diffusion WebUI 依赖于 Python 3.10.6，因此如果 Python 版本低于 Python 3.10.6 则需要进行升级。在安装之前，首先要确保满足所有所需的依赖项，然后根据不同硬件配置选择相应的安装说明，本节我们将简单演示如何在 Windows 10/11 操作系统并且拥有 NVIDIA 显卡的电脑上安装。

1）安装 Python 3.10.6，并确保在安装过程中勾选 "Add Python to PATH" 选项。

2）安装 Git。

3）下载 stable-diffusion-webui 仓库，例如，通过运行命令 git clone https://github.com/AUTOMATIC1111/stable-diffusion-webui.git，克隆仓库到本地。

4）以非管理员身份通过 Windows 资源管理器运行 webui-user.bat 文件。

以上就是 Stable Diffusion WebUI 的安装步骤，更多平台的安装内容或问题请参考 Stable Diffusion WebUI 的官方网址：https://github.com/AUTOMATIC1111/stable-diffusion-webui#installation-and-running。

7.3.2 模型介绍

1. 主模型

主模型是 Stable Diffusion WebUI 的核心，它的本质其实就是我们前面介绍的 Stable Diffusion 模型。Stable Diffusion WebUI 默认采用的是 v1-5-pruned-emaonly 模型，这是在 Stable Diffusion v1-2 版本的基础上进行了微调优化得到的，特别强调了对 CFG 采样的提升。emaonly 模型的权重较小（约 4.27GB），使用的显存较少，因此非常适合做推理任务。V1-5 还有一版模型是 ema+non-ema，它的权重文件较大（约 7.7GB），它使用的显存更多，更适合用于模型的微调。

最初的 Stable Diffusion 模型是一个通用大模型，然而，正因为其通用性，它在某些特殊领域的能力存在不足。因此，许多机构和个人会在通用大模型的基础上进行二次训练，专门优化用于某些特定领域，如二次元、真实风格和 3D 风格等。Checkpoint 文件是模型训练过程中定期保存的状态快照，包含了模型参数和优化器状态等信息，方便后面进行调用和回滚，比如官方的 v1.5 模型就是在 v1.2 的基础上调整得到的。对于使用者而言，可以将这些文件视为一种风格滤镜，如油画、漫画、写实风等。这些优化后的大模型通常会被发布到社区，供其他用户使用。大模型文件通常较大，一般在 2 ～ 7GB 之间。

大模型和 Checkpoint 文件的使用方法相对直接，只需下载相关文件，然后将其存放到 Stable Diffusion WebUI 的安装目录下的 models\Stable-diffusion 文件夹中即可。例如，我们以 Anything V5（https://huggingface/stablediffusionapi/anything-v5）为例，下载模型文件 AnythingV5Ink_ink.safetensors，然后将其放到指定目录中。如果是在 WebUI 打开的情况下添加新模型，则需要点击右侧的刷新按钮进行加载，如图 7-8 所示。

然后我们可以对比一下 Anything V5 和原始的 Stable Diffusion V1.5 的差别，如图 7-9 所示，在相同的提示词和参数配置下，图 7-9a 是原始的 Stable Diffusion V1.5 生成的图片，而图 7-9b 是 Anything V5 生成的图片。

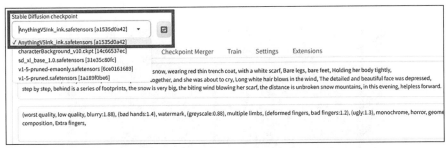

图 7-8　Stable Diffusion WebUI 加载新模型

图 7-9　Stable Diffusion V1.5 和 Anything V5 在相同提示词和参数配置下生成的图片对比

2. 文本嵌入模型

文本嵌入（Embedding）模型是一种轻量级的扩展模型，其思路类似于 UI 设计中的"组件"概念，能够将输入数据转换为向量表示，以便模型能够更方便地进行处理和生成。在实际使用中，只需将下载好的 Embedding 模型放置到 Stable Diffusion 的安装目录下的 embeddings 文件夹中，使用时直接选择对应的模型，然后输入对应的关键词，点击生成按钮，就可以实现自动启用模型的控图效果。

以《守望先锋》里的角色 D.va 为例，玩过这款游戏的读者应该对她很熟悉，她有着棕色的头发，穿着蓝色的紧身衣，衣服上还有粉色的条纹，脸上也有粉色的花纹，还带着一个耳机。如果我们想要通过 Stable Diffusion 绘制一个 D.va 出来，其实是很难表达准确的，例如，我们通过提示词" Brown hair, wearing blue tights with pink stripes on the clothes, and pink patterns on her face"让模型生成一张图片，它给出了如图 7-10a 的结果，虽然生成人物也符合我们给出的提示词，但显然不是我们想要的 D.va。增加了 Embedding 模型之后，只需要在提示词中加入一个关键词"corneo_dva"，就可以得到如图 7-10b 的结果。

Embedding 模型在 Stable Diffusion 中的应用很广泛，主要用于控制人物的动作和特征，或者生成特定的画风。与其他模型（如 LoRA）相比，Embeddings 模型的大小只有几十 KB，这使得它在存储和使用上非常方便，但同样，由于其参数量较少，因此可能效果并不理想。

Embedding 模型也有其局限性。由于它并没有改变主模型的权重参数，因此它无法教会主模型绘制没有见过的图像内容，也无法改变图像的整体风格。因此，它通常用于固定人物角色或画面内容的特征。

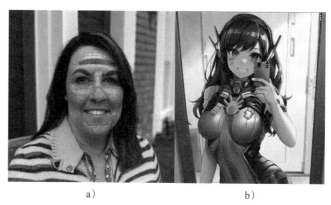

a)　　　　　　　　　　　　b)

图 7-10　Stable Diffusion V1.5 是否添加 Embedding 模型的效果对比

3. LoRA

我们在前面已经介绍过 LoRA 了，这是一种大模型的参数高效微调方法，训练成本不高，效果也非常好。LoRA 模型不能单独使用，必须配合一个大模型才能发挥效果。例如，在创建人物或者绘制景色时，我们可以利用 LoRA 模型来控制人物的服装、头饰，或者调整绘画的风格。在生成机械四肢的时候，我们可以利用 LoRA 模型来强化肢体上覆盖的机甲样式。这种模型的灵活性为用户提供了广泛的创作空间。

在 Stable Diffusion WebUI 中，LoRA 模型的默认安装目录是 <stable-diffusion-webui>\models\Lora，我们只需要将下载好的模型放到这个目录中即可。如图 7-11 所示，我们演示了在 Stable Diffusion XL 中是否添加 LoRA 模型的效果，提示词都为 " a cloud that looks like a dog"，图 7-11a 是原生的 Stable Diffusion XL 生成的图片，而图 7-11b 是借助了 Aether Cloud（https://civitai.com/models/141029）的 LoRA 模型生成的图片，直接在提示词中加入 "<lora:Aether_Cloud_v1:0.8>" 即可实现。

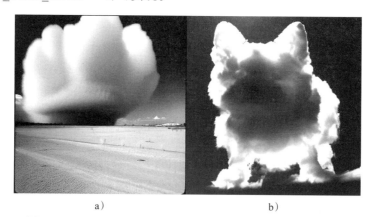

a)　　　　　　　　　　　　b)

图 7-11　Stable Diffusion XL 是否添加 LoRA 模型的效果对比

LoRA 模型的应用场景非常广泛，它可以固定目标的特征形象，无论是人或物，都可以复刻其动作、年龄、表情、着装、材质、视角、画风等特征。因此，LoRA 模型在动漫角色还原、画风渲染、场景设计等方面有着广泛的应用。

7.3.3　参数介绍

1. 提示词

在图像生成的过程中，我们可以利用"提示词"和"反向提示词"来控制生成的内容，这在生成高质量的图片上起到了重要作用，如图 7-12 所示。有些提示词经常会发挥意想不到的效果，因此提示词有时也被形象地称为"咒语"。

❑ Prompt（提示词），又称正向提示词，是用于指导要生成的图像内容的关键词。具体来说，如果你有一个具体的图片想法，或者你脑海中浮现出一个特定的画面，那么你就可以将它拆解为几个关键词，并以逗号分隔的方式输入到系统中。这些关键词的顺序对于生成的图像有很大影响，通常前置的关键词会对图像有更大的影响，后置的关键词影响较小。需要注意的是，相同的提示词在不同的模型库和参数设置下可能会产生不同的图像。

❑ Negative prompt（反向提示词），或者称为排除词，是用来定义你不想在生成的图像中看到的内容。例如，你可以输入"低质量的""缺手指""五官不齐"等来防止这些特征出现在生成的图像中。

图 7-12　正向提示词和反向提示词在 Stable Diffusion WebUI 中的位置

在编写提示词时有些时候可能会比较困难，比如，我们看到一张喜欢的图像，但是不知道如何用提示词来准确描述它。此时，有以下两种方法可以帮助我们进行提示词的设置。

1）使用 Stable Diffusion 中的反推功能。这是一种可以通过图像获取提示词的功能，可以通过安装插件 stable-diffusion-webui-wd14-tagger（https://github.com/picobyte/stable-diffusion-webui-wd14-tagger）使用此功能。安装完成后，你只需要在"Tagger"菜单栏，将你想要描述的图像拖入，然后点击"Interrogate image"按钮，就可以获取生成该图像的提示词。例如，我们将图 7-14a 作为输入，得到如图 7-13 所示的反推的提示词，然后用这些反推的提示词再去生成图片，得到如图 7-14b 的结果。

图 7-13   利用 stable-diffusion-webui-wd14-tagger 对图像进行反推提示词

2）利用 ChatGPT 或文心一言等大语言模型工具。将你想要描述的长句输入 AI 工具，然后请求它将这句话拆分为 Stable Diffusion 的提示词。如果不满意，则可以继续优化提示词，或者换一批相关描述。我们基于对图 7-14a 的直观理解（宇航员骑着一匹独角兽 / 马在云端，背景有云朵和彩虹），用 Poe 的 Midjourney 提示词生成器功能进行转换，得到提示词 "/imagine prompt: color photo of an astronaut riding a unicorn or horse in the clouds, with clouds and a rainbow in the background —c 10 —ar 2:3"，然后用 Stable Diffusion XL 进行生成，得到如图 7-14c 的结果。

a)   b)   c)

图 7-14   利用原图反推提示词再生成的图片与利用大语言模型生成提示词再生成的图片对比

这些获取的提示词需要先进行后期优化，比如翻译或者输入到 ChatGPT 中进行优化，优化后的提示词再用于图像生成。在设置提示词的过程中，我们还可以通过特定的语法来调整提示词的权重。默认情况下，每个提示词的权重是 1，我们可以通过同时按下键盘的 <Ctrl+ ↑ > <Ctrl+ ↓ > 来调整权重，每次调整的权重值为 0.1，建议将权重值控制在

0.7 ～ 1.4。这样我们就可以更精确地控制提示词的权重，从而达到更好的生成效果。

Stable Diffusion 中的提示词相关性是一个重要的参数，它代表了提示词对生成图像的影响程度。提高提示词相关性可以使生成的图像更符合提示信息，反之，降低相关性则会使生成的图像更随机。具体来说，对于人物类的提示词，一般将提示词相关性控制在 7 ～ 15；而对于建筑等大场景类的提示词，一般控制在 3 ～ 7。

2. 采样

Stable Diffusion 中，"采样方法"（Sampling method）和"采样迭代步数"（Sampling steps）是两个重要的概念，它们决定了处理后的图片质量和清晰度，在 Stable Diffusion WebUI 中的位置如图 7-15 所示。

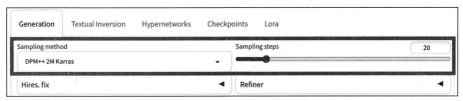

图 7-15　Stable Diffusion WebUI 中设置采样方法和采样迭代步数的位置

采样方法是指用于降低图片噪点，从而使图片逐渐变得清晰的技术手段。为了在图片处理效果和计算能力之间取得平衡，通常推荐使用 DPM++ 2M、DPM++ 2M Karras、Euler a 和 DDIM 这几种采样方法。

- ❏ DPM++ 2M：一种常用的采样方法，可以在各种分辨率下提供更多的细节，如在小图下渲染出全身的效果。但是，使用此方法的代价是采样速度会更慢。
- ❏ DPM++ 2M Karras：一种在每个时间步长中执行多次操作的采样方法，它可以生成高质量的图像，并在相同的分辨率下提供更多的细节。
- ❏ Euler a：一种用于控制时间步长大小的可调参数，当 Euler a 的值适中时，可以捕获到图像的细节和纹理。但如果该参数值过大，则可能会导致图像过度拟合，从而出现噪点等不良效果。
- ❏ DDIM：一种可以快速生成高质量图像的采样方法。相比其他采样方法，DDIM 具有更高的效率，尤其是在尝试超高步数的情况下。随着迭代步数的增加，DDIM 可以逐渐叠加细节，使图像更加丰富。因此，DDIM 也非常适合处理写实人像、复杂场景的刻画。

采样迭代步数是指在图片从模糊变清晰的过程中，进行降噪处理的次数。迭代次数越多，图片的细节就会越精致。然而，过高的迭代次数并不会带来明显的效果提升，反而会消耗更多的计算资源。因此，通常推荐将采样迭代步数设置在 20 ～ 30 次，这样既可以保证图片的清晰度，又不会造成资源的浪费。

选择合适的采样方法和设置适当的采样迭代步数，可以有效地提高图片处理的效果，同时保持较高的计算效率。具体的选择和设置，需要根据处理图片的需求和可用的计算资源来决定。

3. 其他参数

在 Stable Diffusion WebUI 中还有很多参数可以进行调整，下面将简单介绍其他参数的作用和调整方式。这些参数在 Stable Diffusion WebUI 中的位置如图 7-16 所示。

1）图片尺寸（Width 和 Height）：图片的尺寸决定了生成图像的细腻程度。尺寸越大，生成的图像越精细，但对显卡的显存要求也越高。通常会生成 512×512 像素的图片，如果需要更大尺寸的图片，则可以使用高清修复功能来放大图片。需要注意的是，也不应随意设置过大尺寸。

2）高清修复（Hires. fix）：高清修复是一种技术，可以将生成的小尺寸图片（如 512×512 像素的图片）放大到更大的尺寸（如 1024×1024 像素），同时保持图像的清晰度。

3）生成批量和每批数量（Batch count 和 Batch size）：在图像生成过程中，通常会分批量进行。每批数量越大，对显存的需求就越高。

4）提示词相关性（CFG Scale）：这个参数决定了生成的图片与提示词的相关性。该参数值越高，生成的图片与提示词的相关性就越大，但如果该值过高，则可能会导致图像质量下降或色彩饱和度过高。具体来说，对于人物类的提示词，一般将提示词相关性控制在 7 ~ 15；而对于建筑等大场景类的提示词，一般控制在 3 ~ 7。

5）随机种子（Seed）：种子决定了生成图像的随机性。每个种子可以视为一个独立的创作者，不同的种子会产生不同的图像。如果你想复现某张优质图片，只需将种子设置为相同的值，就可以生成相同的图片。

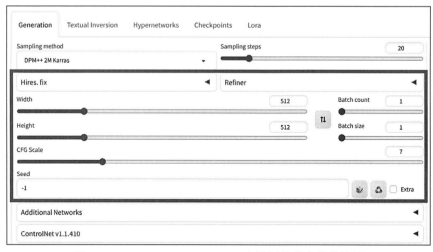

图 7-16　Stable Diffusion WebUI 中设置其他参数的位置

7.3.4　其他应用

1. 局部重绘

Stable Diffusion Inpainting 技术在基本的文生图功能的基础上，增加了使用遮罩对图像进行修补 / 重绘的功能。此模型是在 Stable-Diffusion-v-1-2 的权重基础上进行初始化的。首先经过了 595 000 步的常规训练，随后在 LAION-Aesthetics v2 5+ 上进行了 440 000 步的 512×512 像素的图像修补训练，同时为了提高无分类器的指导采样效果，将文本条件下降了 10%。对于图像修补，U-Net 增加了 5 个输入通道（其中 4 个用于编码遮罩图像，1 个用于遮罩本身），这些权重在恢复非修补检查点后被初始化为零。在训练过程中采用了合成遮罩，并在 25% 的情况下遮盖所有内容。

要在 Stable Diffusion WebUI 中使用这个模型的话，可以从 Hugging Face 下载 stable-diffusion-inpainting（https://huggingface.co/runwayml/stable-diffusion-inpainting）的模型文件并将其存放在 stable-diffusion-webui/models/Stable-diffusion/ 目录下。然后，在 WebUI 中刷新检查点目录，选择 sd-v1-5-inpainting.ckpt 来启用该模型。

局部重绘功能在 WebUI 的 img2img 标签页下使用，可以在其中上传图像，并使用画笔工具创建一个遮罩，标出需要 Stable Diffusion 模型重新生成的图像区域。此外，还可以调整各种参数，如提示词、图像大小、修复模式等，来得到最佳的修复效果。例如，在图 7-17 中，我们展示了如何将一张"白色的狗坐在公园长椅"的图片通过局部重绘生成一张"黄色的猫坐在公园长椅"的图片。

图 7-17　图片局部重绘功能在 Stable Diffusion WebUI 中的使用演示

在参数设置中，Denoising strength 决定了修复图像与原始图像之间的变化程度，而 CFG Scale 决定了生成的图像应该多大程度上遵循提示词。Masked content 参数则控制如何初始化被遮盖的区域。可以选择基于原图的模糊内容、原始内容、加入随机噪声或不添加任何内容来初始化遮罩区域。当然，这些参数采用默认设置也可以，图 7-18 是我们对上述图片进行局部重绘前后的对比图。

图 7-18　图片局部重绘前（左）后（右）效果对比

图片修复 / 重绘是一个需要细致调整的过程。通常，建议一次只处理一个较小的区域，并尝试不同的参数组合以获得最佳效果。如果在 WebUI 上的所有设置都不能满足需求，那么也可以先在 PhotoShop 中进行一些预处理，然后再进行修复操作。

2. 超分辨率重建

为了更好地呈现由 Stable Diffusion 模型生成的图片，我们通常需要放大这些图像。默认情况下，模型生成的图片尺寸为 512×512 像素，这样的分辨率可能不足以清晰地显示细节。当然，在日常应用中，我们也有一些放大图片分辨率的需求。幸运的是，我们有一系列 AI 放大工具可供选择，ESRGAN 就是其中之一。

ESRGAN，即增强的超分辨率生成对抗网络，发表于论文"ESRGAN: Enhanced Super-Resolution Generative Adversarial Networks"（https://arxiv.org/abs/1809.00219）中。它基于 SRGAN 模型进行了优化，特点是能够保存大量的细节，使放大的图片更为清晰。而 R-ESRGAN 是 ESRGAN 的进阶版，专门为恢复真实世界中的各种图片而设计。它能够模拟由相机镜头和数字压缩引起的各种失真，并且相较于 ESRGAN，它生成的图片更为平滑，特别适合放大真实照片。

Stable Diffusion WebUI 也集成了 R-ESRGAN，对于那些想要放大的图片，可以在 Extras 标签页进行操作，如图 7-19 所示。只需要上传你想放大的图片，设定放大的倍数（如 2 倍或 4 倍），然后选择 R-ESRGAN 4x+ 作为放大工具，点击"Generate"即可开始放大过程。完成后，放大的图片将出现在右侧的输出窗口中，只需右击图片即可保存。

我们将原图放大到与重建后的图片相近的分辨率，如图 7-20 所示。可以发现，重建后的图片比原图更加清晰，不管是文字还是人物形象，都不再模糊。

需要注意的是，有些风格的图片，如动画图片，可能需要使用专门经过预训练的模型才能获得最佳效果。若想了解更多的放大选项，则可以访问 Upscaler model database（https://

openmodeldb.info/）来下载其他的超分辨率重建模型。

图 7-19　超分辨率重建功能在 Stable Diffusion WebUI 中的使用演示

重建前　　　　　　　　重建后

图 7-20　图片超分辨率重建前（左）后（右）效果对比

7.4　可控扩散模型：ControlNet

AI 文生图有一个最大的问题就是内容不可控，细节也容易出错，这在一定程度上限制其商业化应用，因为可控恰恰是工业流水线生产中最重要的一环。那么怎么做到可控呢？最简单的方式，就是在扩散开始前就添加一些可控的结构，以此来约束扩散过程，从而实现精准的控制。

ControlNet 作为一个 Stable Diffusion 插件，在论文"Adding Conditional Control to Text-to-Image Diffusion Models"（https://arxiv.org/abs/2302.05543）中被首次提出，能够实现对扩散模型生成过程的细粒度控制。ControlNet 的原理比较简单，就是通过添加额外的属性条件来改变扩散模型的神经网络结构，从而实现对生成图像更精细的控制。该插件的出现，在扩散模型领域的开源社区中引发了巨大的热潮。通过这一插件，开发者们能够以 8 种不同的条件去操控 Stable Diffusion 模型，分别为 canny（边缘检测）、depth（深度检测）、hed（边缘提取）、mlsd（线段识别）、normal（模型识别）、openpose（姿势识别）、scribble（黑白稿提取）、seg（语义分割识别）。如图 7-21 所示，这就是利用 Stable Diffusion 结合 ControlNet，将简笔画渲染为写实画的示例。

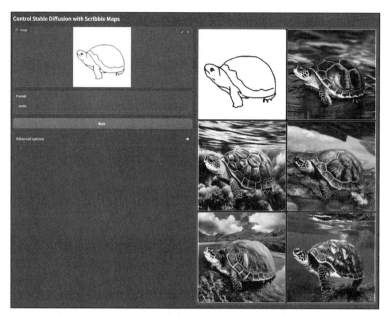

图 7-21　利用 Stable Diffusion 结合 ControlNet 将海龟简笔画渲染成写实画

ControlNet 的项目地址是 https://github.com/lllyasviel/ControlNet。这个模型的出现，为图像扩散生成模型的可控生成提供了新的可能，受控的生成能力也使得扩散模型能够更好地与设计生产等环节深度结合，让用户对此类技术有了付费的意愿。

7.4.1　原理介绍

ControlNet 的模型结构如图 7-22 所示，首先会复制一份扩散模型的权重，得到一个可训练的副本。原来的神经网络模块接收一个特征图 x 作为输入，然后会输出另一个特征图 y，如图 7-22a 所示。而在 ControlNet 中，副本模型只需要在特定任务的小数据集上进行训练，就能学会如何控制生成的条件，训练后的模型生成的效果也非常好。如图 7-22b 所示，可训练的副本模型与原始的锁定模型通过一个零卷积层连接起来，权重和偏置都初始化为 0，而 c 表示添加到网络中的条件向量。

Stable Diffusion 模型的重点其实是 U-Net 模型，包括一个编码器、一个中间块以及一个残差连接的解码器。编码器和解码器各自都包含 12 个块，整个模型包含 25 个块，包括中间块。文本提示词使用 CLIP 文本编码器进行编码，扩散时间步则使用时间编码器进行编码。

ControlNet 结构被应用到 U-Net 的每个编码器中（如图 7-23b 所示）。具体来说，我们使用 ControlNet 来创建 Stable Diffusion 的 12 个编码器块和 1 个中间块的可训练副本。这 12 个编码块有 4 个分辨率（64×64、32×32、16×16、8×8），每个都复制了 3 次。输出被添加到 U-Net 的 12 个跳过连接和 1 个中间块。

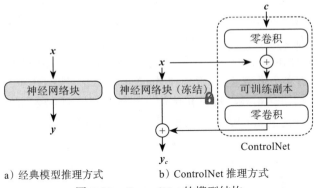

a）经典模型推理方式　　　　b）ControlNet 推理方式

图 7-22　ControlNet 的模型结构

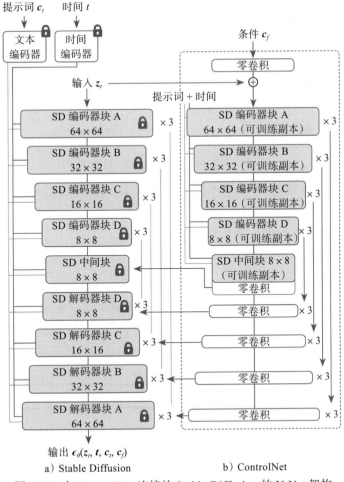

a）Stable Diffusion　　　　b）ControlNet

图 7-23　与 ControlNet 连接的 Stable Diffusion 的 U-Net 架构

图像扩散模型学习在像素空间或编码隐向量中逐步为图像去噪，并从训练数据域中生成新的样本。Stable Diffusion 使用了与 VQ-GAN 类似的预处理方法，将 512×512 像素空间的图像转换成更小的 64×64 潜在图像。为了将 ControlNet 添加到稳定扩散，我们首先将每个输入条件图像（如边缘、姿态、深度等）从 512×512 的输入大小转换成 64×64 的特征空间向量，与 Stable Diffusion 的输入特征向量大小相匹配。ControlNet 使用了一个小网络 $E(\cdot)$ 进行转换，它有 4 个带有 4×4 内核和 2×2 步幅的卷积层（由 ReLU 激活，分别使用 16、32、64、128 个通道，用高斯权重初始化，并与完整模型共同训练），将图像空间条件 c_i 编码成特征空间条件向量 c_f，即 $c_f = E(c_i)$，然后将条件向量 c_f 传入 ControlNet。

ControlNet 的设计，使得我们可以在小规模甚至个人设备上进行模型的训练，而且不会破坏已有的扩散模型。

7.4.2　安装插件并使用

如果是通过整合包安装的 Stable Diffusion WebUI，那么默认安装 ControlNet 插件。安装了 ControlNet 插件的 Stable Diffusion WebUI 界面如图 7-24 所示。然而，有些情况下，你可能会发现你的 Stable Diffusion WebUI 中并未包含 ControlNet 插件。这种情况下，你需要手动安装它。

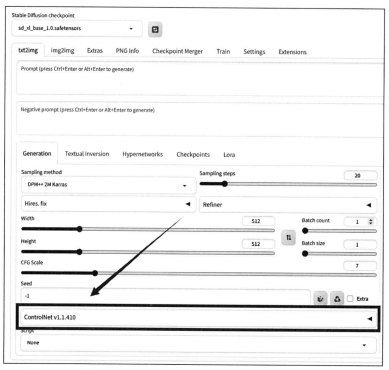

图 7-24　安装了 ControlNet 插件的 Stable Diffusion WebUI 界面

首先，你需要进入"Extensions"选项卡。在这个选项卡中，你应该能看到一个"Install

from URL"的子选项卡。点击它，然后在弹出的输入框中输入 ControlNet 插件的 GitHub 仓库链接：https://github.com/Mikubill/sd-webui-controlnet.git。如果你想通过 SSH 下载，则输入：git@github.com:Mikubill/sd-webui-controlnet.git。输入完毕后，点击" Install"按钮开始安装，如图 7-25 所示。

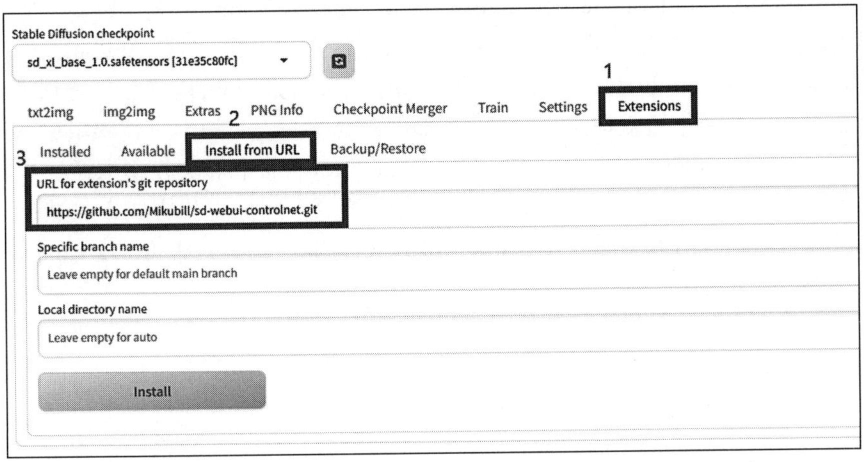

图 7-25　Stable Diffusion WebUI 通过 URL 安装 ControlNet 插件

安装完成后，依据网速一般需要等待大约 10s。这时，你应该会看到一个消息提示，表明 ControlNet 已经被成功安装到了 stable-diffusion-webui\extensions\sd-webui-controlnet 目录下。接下来，你需要前往" Installed"选项卡，点击" Check for updates"，如图 7-26 所示，然后点击" Apply and restart UI"。这样就能完成 ControlNet 插件的更新。注意，下次想更新 ControlNet 时，也可以通过同样的方式进行。

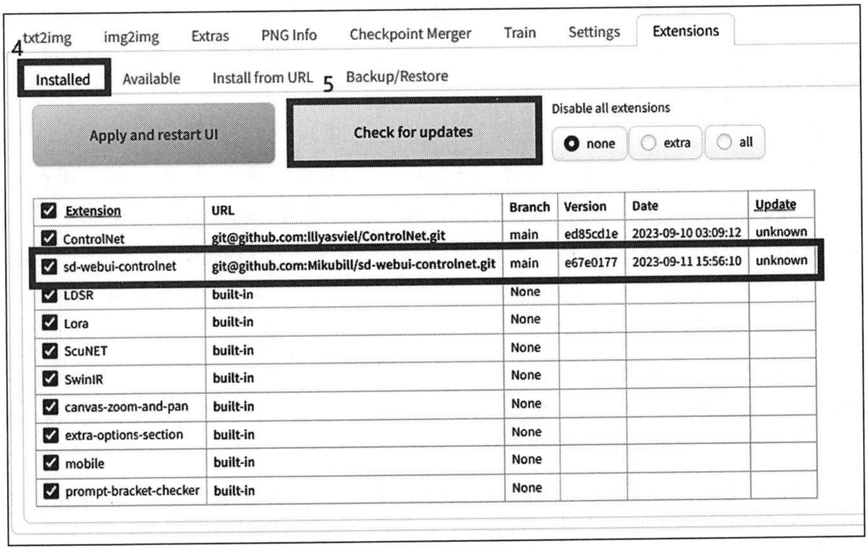

图 7-26　ControlNet 插件安装完成后检查更新并重启

最后，你需要在终端或其他地方彻底重启 Stable Diffusion WebUI。如果你不确定如何操作，则可以选择重启电脑，也可以达到同样的效果。

安装完成 ControlNet 插件后，你还需要下载一些模型。ControlNet 插件支持社区提供的多种控制模型，其中包括 Stable Diffusion 1.5 和 SDXL 相关的模型。所有的模型都可以在 https://huggingface.co/lllyasviel/sd_control_collection/tree/main 找到。

下载完成模型后，你需要将它们放到正确的文件夹中，也就是 stable-diffusion-webui\extensions\sd-webui-controlnet\models 中。如果你在完成这一步后仍然无法看到模型，则可能需要刷新页面。刷新按钮就在主页 "Stable Diffusion checkpoint" 下拉菜单的右侧。

以上就是为 Stable Diffusion WebUI 安装 ControlNet 插件和相关模型的详细步骤。

ControlNet 可以根据你提供的原始图片，通过选取不同的采集方式，创造出全新的图像。首先，你可以选择对原始图片中人物的骨架进行采集。通过这种方式，ControlNet 可以在新生成的图片中创造出与原图中人物相同姿势的人物形象。这种功能尤其适合那些希望将特定人物姿势应用到新图像中的创作者。其次，ControlNet 还可以选择提取原始图片中的线稿。这意味着你可以在新的图片中生成出与原图相同的线稿图案。这在动漫或者插画创作中广泛使用。除了上述两种方式，你还可以选择采集原始图片中的特定风格，然后在新的图片中生成出相同风格的画面。这种方法允许你将某种特定的艺术风格应用到任何新的图片上，从而创造出与原图风格相符的新图像。

使用 ControlNet 并没有固定的规则，它的强大之处在于其灵活性和多样性，你可以根据自己的需求和喜好来选择最适合你的模型。你既可以稳步尝试，也可以将多种模型结合在一起使用，从而创造出最符合你想象的画面。

接下来，我们将介绍几种常用的 ControlNet 操作。

1. 姿态控制

姿态控制可以让用户能够在图片生成中对人物的姿势和表情进行精确控制，通过这个功能，不仅可以控制人物的整体姿势，还可以精确到手指的骨骼，确保生成的图片中人物的手指数量和形态准确。具体步骤如下。

首先，用户需要上传一张具有期望姿势的人物照片。对于显存较低的电脑，可选择 "Low VRAM" 模式，但这可能会使图片的生成速度变慢。接下来，在 "Control Type" 中选择 "OpenPose"，这会自动加载相应的预处理器和模型。OpenPose 是一个强大的工具，除了可以识别人物的整体姿势，它还可以捕捉到手指的骨骼和人物的表情。在选择好了 OpenPose 之后，可以进一步点击预处理器的选项卡。虽然这里有多种预处理器可供选择，但对于大多数需求，选择默认的 "openpose_full" 即可。预处理器的主要功能是识别照片中的人物姿势。完成这些设置后，点击中间的爆炸形按钮，就可以在图片的右侧看到预处理后的人物姿势线条。这就是 OpenPose 根据你上传的图片识别出来的姿势，如图 7-27 所示。

识别出了姿势之后，我们就可以按照常规的文生图流程进行绘制了，最终生成结果会大致符合我们提供的姿势，如图 7-28 所示。

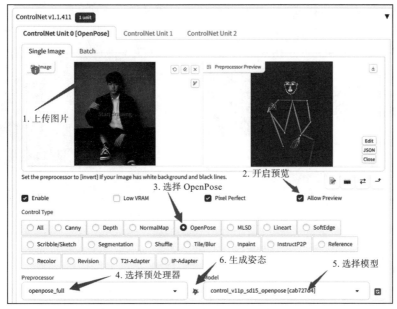

图 7-27　ControlNet 姿态控制操作流程图

图 7-28　ControlNet 姿态控制中参考的姿势图（左）和生成图（右）对比

2. 涂鸦渲染

ControlNet 的 Scribble 功能为用户提供了一种富有创意的图像生成方式。与传统的图生图涂鸦功能相似，该功能允许用户将他们的手绘涂鸦或参考图纳入其中，并结合关键词产生相应风格的图片。用户甚至可以选择不使用任何参考图，直接在空白画布上进行手绘涂鸦，Scribble 功能会根据这些涂鸦为其生成相应的图像。

Scribble 模型下，预处理器有 3 种可选模式：Scribble_hed、Scribble_pidinet 和 Scribble_Xdog。这 3 种模式各有特点，但相较而言，Scribble_Xdog 在处理时更为细致，能够更好地捕捉到涂鸦的精细部分。

在 ControlNet 中，针对 Scribble 功能的实现，推荐的预处理器是 Scribble_Xdog，而模型则选择默认的 scribble 即可。通过 Scribble 模型，可以从提供的涂鸦图中提取关键结构，再配合相应的提示词和风格模型，完成图像的着色和风格化处理。如图 7-29 所示，根据一张小汽车的简笔画，然后结合提示词"cyberpunk"，就可以生成一张赛博朋克风格的图片。

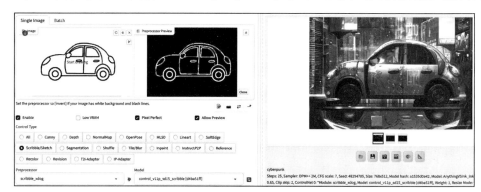

图 7-29   小汽车简笔画生成赛博朋克风格的图片

3. Reference Only

在绘本创作和小说配图中，我们常常遇到一个问题：如何确保各个场景中的人物形象保持一致性，同时具有所需的动作和表情。Stable Diffusion 在生成图像时的随机性使得这一点变得尤为困难，它虽然能够激发无穷无尽的想象力，但不可控的结果也让一致性变得遥不可及，因此也被称为"抽卡式创作"。

事实上，即使对于手工绘制相同的形象，要在细节上保持一致性也是一个非常大的挑战。但 ControlNet 提供了一个解决方案——Reference Only。该技术可以在不同场景中确保人物形象的一致性，同时保持其动作和表情的多样性。Reference Only 直接将 Stable Diffusion 的注意力层与参考的独立图像连接起来，这样可以直接读取任意图像作为参考。

reference-only 预处理器可以直接使用图像作为引导，不需要额外的控制模型。选择此预处理器后，旁边的预处理模型选择框将自动消失。然后我们将所需的参考图像拖曳到 ControlNet 的上传图片区域，再按照常规的文生图应用，输入相应的提示词，点击生成即可。如图 7-30 所示，我们以一张图片中趴着的小狗作为主体，通过提示词"a dog running on grassland"让它跑动起来。

图 7-30   通过 ControlNet 的 Reference Only 功能让静态小狗跑动起来

关于 Reference Only 功能，我们可以从其优势与局限性两方面进行深入探讨。首先，从优势来看，采用 Reference Only 控制方式的显著特点在于其简洁高效。由于不需要依赖其他复杂的控制模型，这种方式自然而然地节约了大量的存储和计算资源，为用户提供了便利。另外，它具有很高的自由度，能够轻松采用各种图像作为参考，而不局限于某些预设的类别或风格，这意味着使用者有更大的创意空间。而在保持参考图像的清晰度方面，Reference Only 也表现得尤为出色，避免了一些基于填充的参考方式可能导致的失真问题。另外，这种控制方式还具有一种逆向操作的能力，即在生成过程中途停止后，可以简单地采用已停止的图像作为新的参考，重新开始生成，这为图像的二次修改和调整提供了可能。

然而，任何技术都不可能完美，Reference Only 也不例外。在一些具体的控制效果上，这种方式可能达不到预期。虽然它可以采用任意图像作为参考，但并不能确保最后生成的图像与原参考图像完全匹配，其中的差异或变动有时可能超出用户的预期。此外，对于一些结构复杂或含义深邃的参考图像，采用 Reference Only 控制方式可能会遇到难题，这在某种程度上可能会影响到图像的生成质量或成功率。

不过，通过 Reference Only 功能，我们确实可以在一定程度上确保在不同场景中使 Stable Diffusion 生成的形象在细节上都具有很高的一致性，而不会损失其动作和表情的多样性。

7.5　本章总结

在探讨 AI 绘画技术的发展过程中，本章深入介绍了 Stable Diffusion 模型的可控制性提高方法，主要包括 LoRA 微调和 ControlNet 两大路径。LoRA 微调主要利用低秩矩阵的数学特性，对大模型进行高效的参数调整，从而达到细致调控生成内容的目的。此技术的实际应用中，以数码兽数据集的模型微调为例，演示了其在生成内容风格控制方面的实效性。与此同时，ControlNet 作为另一种技术途径，主要是在模型的结构层面进行创新，通过添加条件输入来实现对生成图像中诸如姿态、线条等细节的精确操作。

此外，本章还详尽地探讨了 Stable Diffusion WebUI 的开源软件使用方法。作为一个交互式的操作平台，WebUI 为绘画爱好者提供了一系列图像生成与处理的功能。在软件的主模型、文本嵌入、LoRA 模型等关键组件中，每个部分都有其独特的功能和应用场景。例如，使用者可以通过调整一些关键参数，如提示词、采样参数等，来实现图像分辨率的提升和部分区域的重绘。

综合考虑 AI 绘画的发展，我们可以发现这项技术带来了诸多优势。首先，AI 绘画具有很高的自动化程度，可以轻松完成大量重复的绘画任务，从而极大提高效率。其次，它可以根据用户的具体需求，提供高度定制化的图像内容。此外，AI 绘画在创造性方面也有着不可忽视的表现，能够自动生成一些独特的图像作品。但是，这项技术仍存在一些局限性，如缺乏真正的人类创意，生成图像的灵活性与多样性有限，以及在绘制逻辑上仍然存在一些问题。不过，随着技术的不断进步，相信这些问题都将得到解决，AI 绘画会在未来发挥更大的潜力。

本章提供了一个关于 Stable Diffusion 模型可控制性提高技术的全面视角，从微调方法到模型结构的改进，为绘画爱好者带来了更多选择与可能性。同时，分析了 AI 绘画技术的优缺点，帮助感兴趣的读者更加深入地了解这一领域的现状和发展趋势。

第 8 章

代码生成算法实战：Code Llama 微调

自计算机问世以来，编程一直致力于更简洁、更符合人类思维逻辑。在编程的早期阶段，我们主要使用复杂难解的机器语言。随着汇编语言的出现，编程的可读性和生产效率得到了显著的提升，进一步发展则是因为出现了面向过程和面向对象的高级语言，它们极大地降低了编程的门槛，使得更多人能够接触到编程的世界。

近年来，低代码平台的兴起赋予了非专业开发者参与软件开发的能力，这无疑是编程逻辑向人类思维逻辑的又一次靠近。更令人振奋的是，随着 AI 技术的进步，自动代码生成正在变为现实。早期的代码生成主要基于规则，但在 2015 年，研究者开始尝试将深度学习应用于代码生成，并取得了一定的成果。

2020 年，自动代码生成领域发生了重要转折。在这一年，基于 Transformer 架构的 GPT-3 模型不仅展示了其在自然语言生成方面的强大能力，还得以应用于代码生成领域。紧随其后，2021 年，OpenAI 推出了具有百亿参数规模的 Codex 代码生成模型，这使得自动代码生成的实用性得到了极大的提升。自 Codex 模型诞生之后，各大技术团队开发了一系列 IDE 插件，将其集成到实际的编程过程中。这些插件支持各种主流的 IDE，如 VS Code 和 JetBrains 等，用户可以利用它们进行代码补全、生成注释、代码翻译等操作，甚至可以通过自然语言进行聊天提问。

本章我们将详细介绍与代码生成相关的大语言模型的内容，以及涉及的训练任务和数据集。此外，还会介绍一些已有的代码生成模型。最后，我们将亲自动手微调一个代码生成模型，来增强其解决算法竞赛问题的能力。

8.1 任务介绍

在 AI 的广阔天地中，代码生成是一项挑战性极大的任务，其根本目标是根据人类的意图描述（比如，"创建一个计算阶乘的函数"），让系统自动生成可执行的程序代码。这项任务的历史悠久，尽管解决方案层出不穷，但至今仍然是一个巨大的挑战。

代码生成过程中，理解用户意图是一个关键。用户通常可以通过逻辑表达式、伪代码、"输入 – 输出"示例或者自然语言来表达他们的意图。其中，逻辑表达式和伪代码需要用户具备一定的专业知识，使用成本较高，而"输入–输出"示例虽然成本较低，但可能无法准确传达用户的真实意图。因此，通过自然语言来表达用户意图是最直接的方法。

近年来，深度学习领域的一项重要突破，即将程序视为语言序列并借助 Transformer 架构进行建模，极大地提升了代码生成的能力。这种新型的方法以语言模型为基础，通过学习大量的开源代码数据，使机器学会理解和生成代码。

其中，OpenAI 的 Codex 模型是一项里程碑式的成果。这是一个 12B 参数的大型模型，经过数十亿行公开代码的预训练，展现出了巨大的潜力。Codex 采用生成式预训练的方法，能够有效地解决 Python 等编程语言的入门级编程问题，其实用效果得到了大量的实证支持：GitHub Copilot 的用户中，有 88% 的人表示自己的编程效率得到了提升。

此后，包括 DeepMind 的 AlphaCode、Salesforce 的 CodeGen、Meta 的 InCoder 和谷歌的 PaLM-Coder-540B 等在内的大型代码语言模型相继问世，推动了该领域的进一步发展。

8.1.1　代码生成模型的应用场景

在本节，我们将介绍代码生成模型的几个典型的应用场景。

1. 代码补全

代码补全任务是一种自动化编程辅助任务，主要通过预测并生成开发者接下来可能要输入的代码，从而提高编码效率。这种任务通常由集成开发环境（IDEs）或代码编辑器中的插件执行。

代码补全的粒度可以从单个字符、词汇（如变量名、函数名）到更大的代码块，如函数或者类的定义。这对于提高编程效率、减少拼写错误和规避语法错误非常有用。

例如，假设你正在使用 Python 编写一个函数来计算阶乘，你可能只需要输入"def factorial("，代码补全工具就可能会自动提供以下代码补全建议：

```python
def factorial(n):
    if n == 0:
        return 1
    else:
        return n * factorial(n-1)
```

在这个例子中，代码补全工具根据你输入的部分代码，预测并生成了完整的阶乘计算函数。这大大节省了编程的时间，也降低了出错的可能性。

2. 代码搜索

代码搜索任务是一种特定的信息检索任务，其目标是根据用户的查询（通常是自然语言描述的任务），从大量的代码库中找出满足需求的代码片段或程序。这可以帮助开发人员在面临复杂问题时，快速找到现有的解决方案，从而节省时间和精力。

代码搜索可以根据各种各样的查询进行，包括特定的函数名、算法的描述、错误消息等。该任务的难点在于理解自然语言查询与代码间的语义相似度，因为代码和自然语言往往有着非常不同的表示方式。

例如，一个 Python 开发者可能对如何使用列表推导式来计算一个数列的平方感兴趣。他可能会使用如下自然语言进行查询："如何使用 Python 的列表推导式计算一个列表中每个元素的平方？"

在这种情况下，一个有效的代码搜索工具应该能返回类似如下的代码片段：

```python
numbers = [1, 2, 3, 4, 5]
squares = [number**2 for number in numbers]
```

在这个例子中，返回的代码片段演示了如何使用列表推导式来计算一个数列中每个元素的平方，这正是开发者所需要的。

代码生成的目标是根据用户的指示（如用自然语言描述的任务），自动创建出全新的代码。代码搜索的主要目标是根据用户的查询（通常是自然语言描述的任务），在大量的代码库中查找已存在的、满足用户需求的代码片段或程序。这些代码通常是经过专家验证并优化过的，因此准确性和安全性相对来说会更高。但是如果要开发一个新功能，那么代码搜索能发挥的作用就有限了，此时应该使用代码生成功能。

3. 单测生成

单元测试生成任务，简称单测生成，是一种自动化编程辅助任务，其主要目标是自动为给定的代码生成相应的单元测试。单元测试是对程序模块（函数、方法、类等）的功能进行验证的测试方法，它是软件开发中的一个重要环节，能够帮助开发者确保代码正确地实现了预期的功能。

在单元测试生成任务中，系统需要理解给定代码的功能，并生成相应的测试案例以检查该代码在各种条件下的行为。这包括生成有效的输入，预测代码对这些输入的输出，以及编写断言来验证实际输出与预期输出是否匹配。

例如，对于前面生成的 Python 计算阶乘的函数，一个单元测试生成工具可能会生成如下的测试代码：

```python
import unittest

class TestFactorial(unittest.TestCase):
    def test_factorial(self):
        self.assertEqual(factorial(0), 1)
        self.assertEqual(factorial(1), 1)
        self.assertEqual(factorial(2), 2)
        self.assertEqual(factorial(3), 6)
        self.assertEqual(factorial(4), 24)

if __name__ == '__main__':
    unittest.main()
```

在这个例子中，测试代码为 factorial 函数的多种可能输入创建了测试案例，并使用断言（self.assertEqual）来验证实际输出是否与预期输出一致。

4. 代码摘要

代码摘要任务的主要目标是为给定的代码片段生成一个简洁、清晰的描述。这个描述通常以自然语言的形式呈现,可以帮助人们理解代码的主要功能和行为。这对于代码审查、代码库维护以及新的开发人员熟悉代码等场景非常有帮助。

执行代码摘要任务需要对代码的语法和语义有深入的理解,以便准确地把代码的功能转化为自然语言描述。这个任务的挑战在于如何理解和处理编程语言的多样性,包括不同的语法结构、编程习惯和编码规范等。

例如,对于前面生成的 Python 计算阶乘的函数,一个代码摘要任务可能会生成如下的摘要:

"这个函数使用递归方法来计算一个数字的阶乘。"

这个摘要清晰地描述了这段代码的主要功能,即使用递归方法计算一个数字的阶乘。

5. 代码翻译

代码翻译任务是一种特定的编程辅助任务,其主要目标是将一种编程语言的源代码翻译成另一种编程语言的源代码。执行这种任务需要深入理解源代码的语义,并能够在目标语言中准确地复制这些语义。

这项任务的主要挑战在于处理不同编程语言之间的语法和语义差异。例如,某些编程语言(如 Python)可能支持一些特定的语言特性(如列表推导式),而其他语言(如 Java)则可能没有这些特性。此外,不同的编程语言可能还有不同的类型系统、错误处理模式、内存管理模式等。

例如,对于前面生成的 Python 计算阶乘的函数,通过代码翻译工具可以将其翻译成如下的 Java 代码:

```java
public class Main {
    public static void main(String[] args) {
        System.out.println(factorial(5));
    }

    public static int factorial(int n) {
        if (n == 0) {
            return 1;
        } else {
            return n * factorial(n - 1);
        }
    }
}
```

6. 代码缺陷检测

代码缺陷检测任务的主要目标是在源代码中自动检测可能的错误或缺陷。这些错误或缺陷可能包括语法错误、逻辑错误、运行时错误,以及可能导致未定义行为的代码片段等。这项任务对于提高代码的质量和可靠性,减少软件缺陷,以及提高开发效率都非常重要。

例如，对于前面生成的 Python 计算阶乘的函数，代码缺陷检测工具可能会指出，函数没有处理负数输入的情况，这可能会导致无限递归，从而引发运行时错误。更进一步，为了修复这个问题，还可以直接修改代码，添加对负数输入的处理：

```python
def factorial(n):
    if n < 0:
        raise ValueError("Input must be a non-negative integer.")
    elif n == 0:
        return 1
    else:
        return n * factorial(n-1)
```

7. 代码克隆检测

代码克隆检测任务的主要目标是在源代码中自动检测重复或非常相似的代码段，这些代码段通常被称为"代码克隆"。代码克隆可能会导致一些问题，例如，如果代码段存在bug 或需要添加新功能，则可能需要在多个地方进行修复或修改，这会增加维护成本。

代码克隆可以分为几种类型。

❑ 类型 1：逐字逐句的复制，没有任何修改。

❑ 类型 2：语法结构相同，但修改了变量名、函数名或类型等。

❑ 类型 3：在类型 2 的基础上，进行了一些行的增加、删除或修改操作。

例如，假设我们有两个 Python 函数，它们的功能都是计算斐波那契数列的第 n 项：

```python
def fibonacci(n):
    if n <= 0:
        return 0
    elif n == 1:
        return 1
    else:
        return fibonacci(n - 1) + fibonacci(n - 2)

def fib(n):
    if n <= 0:
        return 0
    elif n == 1:
        return 1
    else:
        return fib(n - 1) + fib(n - 2)
```

在这个例子中，fibonacci 函数和 fib 函数几乎是完全相同的，只是函数名不同。因此，这是一个类型 2 的代码克隆。

代码克隆检测通常依赖于程序分析和机器学习技术，如抽象语法树（AST）比较技术、程序依赖图（PDG）比较技术，或者基于深度学习的代码嵌入技术。这些技术可以帮助系统理解代码的结构和语义，从而检测出重复或非常相似的代码段。

8.1.2　相关模型介绍

在本节，我们将介绍几个目前比较流行的代码生成模型。

1. StarCoder

StarCoder 是一个专门为编程设计的强大的大语言模型，发布于论文“StarCoder: may the source be with you!”（https://arxiv.org/abs/2305.06161），它的训练基于 GitHub 上的许可数据，覆盖了超过 80 种编程语言，并包括了各类 Git 提交、GitHub 问题和 Jupyter Notebook 等内容。StarCoder 的产生，是在一个拥有约 15B 参数的模型上，用 1 万亿个 token 进行训练的结果。此外，StarCoder 还在一个包含 35B token 的 Python 数据集上进行微调，进一步研发出了 StarCoderBase 模型。

StarCoder 在各种流行的编程基准测试中的表现非常出色，甚至超越了当时许多的开源代码大语言模型。与此同时，它也与一些闭源模型（比如 Codex 模型的早期版本 code-cushman-001，也是 GitHub Copilot 背后的原始模型）表现相当。StarCoder 模型的上下文长度超过 8000 个 token，这使得它能够处理比其他开源大语言模型更多的输入，为各种应用提供可能。例如，我们可以使用 StarCoder 模型进行多轮对话，让它充当我们的技术助手，帮助我们完成代码自动补全、根据指令修改代码以及用自然语言解释代码片段等任务。

StarCoder 的训练数据来源于 The Stack 1.2 数据集的一个子集，这个数据集只包含许可代码，并设计了一个退出流程，让代码贡献者可以选择从数据集中移除他们的数据。

2. CodeGeeX 2

CodeGeeX 是由清华大学和智谱 AI 推出的一款基于大模型的智能编程助手。它可以实现代码的生成与补全、自动添加注释、代码翻译以及智能问答等功能，能够帮助开发者显著提高工作效率。CodeGeeX 支持主流的编程语言，并适配多种主流 IDE。

同时，CodeGeeX 也是一个代码生成模型，发表于论文“CodeGeeX: A Pre-Trained Model for Code Generation with Multilingual Evaluations on HumanEval-X”（https://arxiv.org/abs/2303.17568）中，我们在 5.2 节中简单介绍过其第一个版本，本节我们将详细介绍 CodeGeeX 2，它是 CodeGeeX 的第二代模型。CodeGeeX 2 以 ChatGLM 2 架构作为基础，注入代码预训练实现。令人称奇的是，尽管它的参数量只有 60 亿，但在多项指标上超越了具有 150 亿个参数的 StarCoder-15B 模型，其优势近 10%，这充分展示了其强大的性能。

CodeGeeX 2 模型在训练过程中采用了大量的开源代码数据集，包括 Pile 和 CodeParrot，同时引入了直接从 GitHub 爬取的 Python、Java 和 C++ 代码，以增强模型的学习深度和广度。这些代码被仔细筛选，对仓库的选择标准是至少有一个 star 且小于 10MB，还过滤了每行超过 100 个字符、自动生成的、字母比例小于 40% 的以及大于 100KB 或者小于 1KB 的文件。这些训练数据被划分为等长的片段，并在每个片段前添加了编程语言相关的标签，如“language: Python”，以帮助模型区分各种编程语言。

在分词阶段，CodeGeeX 2 模型考虑到代码数据中有大量的自然语言注释，并且变量、函数、类别的命名通常也是有意义的单词，因此将代码数据处理为文本数据，并使用 ChatGLMTokenizer 进行分词。为了增加编码效率，还将多个空格编码为额外的 token，最终的分词器允许 CodeGeeX 2 处理各种语言的 token，如中文、法语等。

CodeGeeX 2 模型不仅在代码生成和代码补全方面表现优秀，还支持代码解释和代码翻译。为了评估这些功能，研究者开发了一个 HumanEval 的多语言变体，即 HumanEval-X。这个基准是由 820 个精心设计的数据样本组成，其中包含 Python、C++、Java、JavaScript 和 Go 等语言的测试案例。最终使用测试用例来评估生成代码的正确性并进行如下衡量：

$$\text{pass}@k := \mathbb{E}\left[1 - \frac{\binom{n-c}{k}}{\binom{k}{n}}\right]$$

其中 n 是生成的总数（200），k 是采样次数，c 是通过所有测试用例的样本数量。

CodeGeeX 2 模型的性能不但得到了验证，而且已经成功应用于实际场景。它支持超过 100 种编程语言，新增上下文补全、跨文件补全等实用功能。该模型结合 Ask CodeGeeX 交互式 AI 编程助手，支持中英文对话解决各种编程问题，包括但不限于代码解释、代码翻译、代码纠错、文档生成等，极大地帮助了程序员进行高效开发。

3. CodeGen

多轮程序生成也是代码生成任务中的一项应用，用户可以通过自然语言与系统逐步沟通，以实现程序的生成。这种方法的出现主要基于两个动机。

首先，对于长且复杂的用户意图，可以通过多轮交互的方式分解为多个步骤，以简化模型理解，这种分解方式能增强程序合成的能力。在多轮的方法中，模型可以专注在与子程序相关的意图上，避免费力地跟踪子程序之间复杂的依赖关系。

其次，代码中通常存在一种自然语言与编程语言交错的弱模式，这种模式通常是通过程序员为代码添加注释形成的。我们可以利用这种交错模式提供的弱监督信号，为多轮程序合成提供指导。虽然这种信号通常是有噪声且比较弱的，且仅有部分数据有这种模式，注释可能不正确或者信息量不足，但我们可以通过扩大模型和数据的规模来解决这种弱监督不足的问题。

CodeGen 采用了基于 Transformer 的自回归语言模型，仅对模型参数量和训练语料的 token 数量进行改变。这种模型会在 3 个数据集上顺序训练：THEPILE、BIGQUERY 和 BIGPYTHON。其中，THEPILE 是一个用于语言建模的大型英文数据集，共有 825.18GB，其中包含了从 GitHub 上收集的编程语言数据。基于此数据集训练的模型被称为"自然语言 CodeGen 模型"（CodeGen-NL）。BIGQUERY 是谷歌公开的且包含多种编程语言的数据集。CodeGen 选择了 6 种编程语言（C、C++、Go、Java、JavaScript 和 Python）进行多语言训练，得到了多语言 CodeGen 模型（CodeGen-Multi）。另外，还有一个专门针对 Python 语言的数据集 BIGPYTHON，在这个数据集上训练得到的模型被称为"单语言 CodeGen 模型"（CodeGen-Mono）。

数据预处理的步骤包括过滤、去重、分词、随机打乱和拼接。模型的大小有几种规格，包括 350M、2.7B、6.1B 和 16.1B。

4. Code Llama

Meta 公司在 2023 年 8 月 24 日发布了一款开源的代码生成大语言模型——Code Llama。这款模型是专门为编程需求设计的，其性能与 ChatGPT-3.5 相媲美，使用的训练集是 Llama 2 的代码数据集，基于 Llama 2 的基础模型微调而成。Code Llama 包括 3 种不同参数规模的模型：7B、13B、34B。其中 7B 的模型完全可以在一个消费级显卡上运行。

Code Llama 模型以 Llama 2 为基础，在一个公开且几乎已去重的、500B token 的代码数据集上进行了训练，其中各种类型数据的比重如图 8-1 所示。训练数据中，有 85% 的样本是纯代码，还有 8% 的样本来自与代码有关的自然语言数据集，包括大量与代码相关的讨论及嵌入在自然语言问答中的代码片段。为了保持模型对自然语言的理解，还额外采样了 7% 的自然语言数据集作为训练样本。

Dataset	Sampling prop.	Epochs	Disk size
Code Llama(500B tokens)			
Code	85%	2.03	859GB
Natural language related to code	8%	1.39	78GB
Natural language	7%	0.01	3.5TB
Code Llama - Python(additional 100B tokens)			
Python	75%	3.69	79GB
Code	10%	0.05	859GB
Natural language related to code	10%	0.35	78GB
Natural language	5%	0.00	3.5TB

图 8-1　Code Llama 训练数据集中不同类型数据的比重

在训练过程中，所有数据都采用 BPE 进行分词处理，这种处理方式与 Llama 和 Llama 2 的处理方法保持一致。同时，该模型也进行了长上下文微调，对于大模型处理长序列的问题，论文提出了一种独特的长上下文微调（Long Context Fine-tuning，LCFT）方法，通过修改旋转位置编码（RoPE）的超参数，使得模型在输入序列长度超过训练时序列长度的情况下依然可以稳定运行。

基于 Transformer 的语言模型在处理长序列时会有一些问题，尤其是超出原始训练数据长度的序列，以及如何解决注意力机制的二次复杂度问题。在 Code Llama 中，长上下文微调使用了更大的基本周期（base period）θ（从 1 万增加到 100 万），减弱了注意力分数的衰减，使得即使是距离当前预测较远的 token 也能对预测产生影响，以便让模型能够处理更大的序列。这种方法参考了论文"Extending context window of large language models via positional interpolation"中的位置插值的方法，可以应用于模型预训练，将 Code Llama 处理序列的长度从原来的 4096 个 token 扩大到 1638 个 token，在低学习率下的梯度更新中，其损失曲线能够保持稳定。实验结果表明，这种方法不但在微调时有效，而且显示出了外推能力，即模型能在处理长达 10 万个 token 的序列时依然表现出稳定的性能。这说明，通过增大基本周期，模型成功地学习了处理长序列的能力。

Code Llama 针对不同的编程需求准备了 3 个版本：基础版、Python 版和指令遵循版。基础版是代码生成的基础，也包含了 3 个不同规模的模型参数：7B、13B 和 34B。其中 7B 和 13B 模型使用目标填充（infilling objective）策略进行训练，主要面向 IDE 中自动补全段落代码，而 34B 模型并未使用此策略。

目标填充在代码生成任务中体现为代码填充，也就是能够根据给定的代码上下文来预测程序中的缺失部分。Code Llama 采用了因果遮罩方法来做代码填充，将待预测部分的序列移至序列的末尾，然后采用自回归的方式进行预测。这种训练方法的详细描述见"Efficient Training of Language Models to Fill in the Middle"这篇论文。

在训练过程中，首先会将训练文档在字符级别分割为前缀、中间部分和后缀，这 3 个部分的分割位置会从文档长度的均匀分布中随机选择。然后将一半的分割后的文档整理为"前缀 – 后缀 – 中间"（PSM）格式，另一半整理为"后缀 – 前缀 – 中间"（SPM）格式。

为了标记前缀、中间部分和后缀，Code Llama 在分词器中添加了 4 个特别的 token，分别用来标记前缀、中间部分或后缀的开始，以及填充范围的结束。此外，为了限制自回归训练和填充训练之间的分布变化，还抑制了在对中间部分和后缀进行编码时添加的隐式前导空格。

Python 版的 Code Llama 模型则是专为 Python 代码生成而设计的，同样包含 7B、13B 和 34B 这 3 个版本。其目标是探讨针对特定编程语言的模型与通用代码生成模型之间的性能差异。这些模型都是从 Llama 2 模型权重开始初始化的，先在 Code Llama 数据集上进行训练，随后在以 Python 代码为主的含 100B token 的数据集上进一步训练。

指令遵循版模型则在 Code Llama 的基础版上进行了微调，旨在更准确地遵循人类的指令。这些模型接受了约 5B token 的额外微调，能够解读自然语言，并对其提供的解决方案进行说明。训练该模型的过程涉及 3 种不同类型的数据：指令调优数据集、自我指导数据集和其他训练材料。

指令调优数据集是专门为 Llama 2 收集的，它通过多阶段的 RLHF 收集指令数据，而 Code Llama 使用的是名为"RLHF V5"的版本，这点我们会在 8.2 节关于 Llama 2 的介绍中详细叙述。指令调优数据集包含了数千个有监督信号的微调数据和数百万个拒绝抽样示例，每个示例都包含了用户和 AI 助手之间的多轮对话。这些对话被设计为有益且安全的数据，从而使 Code Llama 模型能够学习如何正确地跟踪指令，同时保证了操作的安全性。

然而，专有数据集中与编码任务相关的例子较少，与此同时，从人类标注员那里收集有监督数据或通过人类反馈进行训练的成本相当高。因此，Code Llama 使用执行反馈来选择训练指令模型的数据，从而构建了自我指导数据集。在创建这个数据集的过程中，首先使用 Llama 2 70B 模型生成了 62 000 个面试风格的编程问题，然后通过去重筛选出了约 52 000 个独特的问题。对于每个问题，使用 Code Llama 7B 模型生成对应的单元测试和 10 个 Python 解决方案，然后在这 10 个解决方案上运行单元测试，将第一个通过测试的解决方案（连同其对应的问题和测试）添加到自我指导数据集中，样例如图 8-2 所示。

> Prompt: In Bash, how do I list all text files in the current directory (excluding subdirectories) that have been modified in the last month
>
> Response: You can use the 'find' command in Bash to list all text files in the current directory (excluding subdirectories) that have been modified in the last month. The command would be:
>
> ```
> find. -naxdepth 1 -type 1 -mtime -30 -name "*. txt"
> ```
>
> Here's a breakdown of the command:
>
> * '.' specifies the current directory.
>
> * '-maxdepth 1' tells 'find' to only search the current directory and not any subdirectories.
>
> * '-type f' tells 'find' to only scarch for files (not directories or other types of files).
>
> * '-mtime -30' tells 'find' to only search for files that have been modifed in the last 30 days.
>
> * '-name "*.txt" 'tells 'find' to only search for files with the 'txt' extension.
>
> Note that the '-mtime' option uses the number of days since the fle was last modifed, so '-mtime -30' means "modified in the last 30 days". If you want to search for files modifed in the last month, you can use the '-mtime -30' option.

图 8-2 指令遵循版 Code Llama 生成的自我指导数据集样例

训练策略方面，作者发现采用通用 Llama 2 进行初始化，再在代码数据集上微调的效果优于直接在代码数据集上从头开始训练。在模型训练的过程中也采用了一系列细致入微的技术和策略。首先，优化器方面，选择使用 AdamW，将其中的 β_1 和 β_2 参数分别设定为 0.9 和 0.95。学习率方面采用了余弦调度，并设定前 1000 步为预热期，最终学习率是峰值学习率的 1/30。Code Llama 在微调阶段保持了 Llama 2 基线模型的学习率，因为研究者发现这样做效果相当好。在不同模型的训练中可以根据需要调整学习率，比如，对于 13B 和 34B 模型，学习率分别设定为 $3e^{-4}$ 和 $1.5e^{-4}$，而在进行 Python 微调时，初步学习率设为 e^{-4}。在批处理大小的设定上，以 4M token 作为一个批量的默认大小，每个序列包含 4096 个 token。但在 Code Llama - Instruct 的训练中，将批处理大小扩大至约 5B token。

对长上下文微调设置特定的学习率、序列长度和批处理大小。具体来说，学习率设定为 $2e^{-5}$，序列长度为 16 384。关于批处理大小，我们根据模型大小采用了不同的设定，7B 和 13B 模型的批处理大小设定为 2M token，而 34B 模型的批处理大小设定为 1M token。

Code Llama 是一款针对编程需求设计的强大的语言模型，无论需要基础的代码生成，还是 Python 代码生成，或者需要根据特定的指令生成代码，它都能提供强大的支持。更详细的介绍内容可以前往 Code Llama 的代码仓库查看，地址：https://github.com/facebookresearch/codellama。

8.1.3 常用代码数据集

在本节中我们将介绍一些常见的代码相关的数据集，按照执行任务，主要分为 3 个类别：代码生成、代码搜索和代码修复。

1. 代码生成任务

（1）HumanEval

OpenAI 在论文"Evaluating Large Language Models Trained on Code"（https://arxiv.org/

abs/2107.03374）中介绍了一个代码生成数据集——HumanEval。这是一个用于衡量从文档字符串中生成程序的功能正确性的评估工具，包含 164 个原创的编程问题，用于评估语言理解、算法和简单数学能力，其中一些问题与简单的软件面试问题相似。

HumanEval 数据集的每个问题都由一个函数签名、文档字符串、函数体和几个单元测试组成。这些问题都是手写的，以确保不会被包含在代码生成模型的训练集中。这些编程问题都是用 Python 编写的，并在注释和文档字符串中包含英文文本。

数据集的结构如下：

```python
from datasets import load_dataset
load_dataset("openai_humaneval")

DatasetDict({
    test: Dataset({
        features: ['task_id', 'prompt', 'canonical_solution', 'test', 'entry_point'],
        num_rows: 164
    })
})
```

数据集的一个实例示例如下：

```json
{
    "task_id": "test/0",
    "prompt": "def return1():\n",
    "canonical_solution": "    return 1",
    "test": "def check(candidate):\n    assert candidate() == 1",
    "entry_point": "return1"
}
```

数据字段解释如下。

❏ task_id：数据样本的标识符。

❏ prompt：包含函数头和文档字符串的模型输入。

❏ canonical_solution：问题的解决方案。

❏ test：包含用于测试生成代码正确性的函数。

❏ entry_point：测试的入口点。

该数据集是由 OpenAI 的工程师和研究人员手动制作的，主要是因为代码生成模型通常会在 GitHub 的大量数据中进行训练，所以有必要提供一个不包含在这些数据范围中的数据集来正确评估模型。但是，由于这个数据集已经在 GitHub 上发布，所以在未来的数据收集中该数据集可能会被包含。

（2）HumanEval-X

HumanEval-X 是一个全新的基准数据集，发表于论文"CodeGeeX: A Pre-Trained Model for Code Generation with Multilingual Evaluations on HumanEval-X"（https://arxiv.org/abs/2303.17568），专门用于评估代码生成模型的多语言生成能力。该数据集包含 820 个高质量的手写样本，涵盖 Python、C++、Java、JavaScript、Go 这 5 种编程语言。每个样本都

由人工编写，因此保证了其质量和准确性。这些样本都是编程问题，且每个问题都配备了测试用例，这使得 HumanEval-X 可以用于各种任务，如代码生成和代码翻译。

数据集的结构如下：

```python
from datasets import load_dataset
load_dataset("THUDM/humaneval-x", "js")

DatasetDict({
    test: Dataset({
        features: ['task_id', 'prompt', 'declaration', 'canonical_solution',
            'test', 'example_test'],
        num_rows: 164
    })
})
```

数据集的一个实例示例如下：

```json
{'task_id': 'JavaScript/0',
    'prompt': '/* Check if in given list of numbers, are any two numbers closer
        to each other than\n  given threshold.\n  >>> hasCloseElements([1.0, 2.0,
        3.0], 0.5)\n  false\n  >>> hasCloseElements([1.0, 2.8, 3.0, 4.0, 5.0,
        2.0], 0.3)\n  true\n  */\nconst hasCloseElements = (numbers, threshold)
        => {\n',
    'declaration': '\nconst hasCloseElements = (numbers, threshold) => {\n',
    'canonical_solution': '  for (let i = 0; i < numbers.length; i++) {\n    for
        (let j = 0; j < numbers.length; j++) {\n      if (i != j) {\n        let
        distance = Math.abs(numbers[i] - numbers[j]);\n        if (distance <
        threshold) {\n          return true;\n        }\n      }\n    }\n  }\n
        return false;\n}\n\n',
    'test': 'const testHasCloseElements = () => {\n  console.assert
        (hasCloseElements([1.0, 2.0, 3.9, 4.0, 5.0, 2.2], 0.3) === true)\n......',
    'example_test': 'const testHasCloseElements = () => {\n  console.assert
        (hasCloseElements([1.0, 2.0, 3.0], 0.5) === false)\n  console.assert(\n
        hasCloseElements([1.0, 2.8, 3.0, 4.0, 5.0, 2.0], 0.3) === true\n  )\n}\
        ntestHasCloseElements()\n'}
```

数据字段解释如下。

❑ task_id：表示问题的目标语言和 ID，语言可以是 Python、Java、JavaScript、C++ 或 Go。

❑ prompt：函数声明和文档字符串，用于代码生成。

❑ declaration：仅包含函数声明，用于代码翻译。

❑ canonical_solution：人工制作的示例解决方案。

❑ test：隐藏的测试样本，用于评估。

❑ example_test：公开的测试样本（出现在提示中），也用于评估。

这些部分的组合可以支持生成、翻译等多种下游任务，扩大了数据集的应用范围。HumanEval-X 数据集默认加载 Python，但使用者可以根据需要指定其他语言的子集。作为基准，HumanEval-X 提供了一个全新的视角来评估代码生成模型的多语言生成能力，不仅考虑了代码的生成质量，还考虑了生成代码的功能正确性，是评估和改进代码生成模型的有效工具。

（3）MBPP

MBPP 基准测试是由大约 1000 个来自众包的 Python 编程问题组成的，发表于论文"Program Synthesis with Large Language Models"（https://paperswithcode.com/paper/program-synthesis-with-large-language-models），地址：https://github.com/google-research/google-research/tree/master/mbpp。MBPP 的这些问题主要针对初级程序员，覆盖了编程基础、标准库功能等内容。每个问题都包含任务描述、代码解决方案以及 3 个自动化测试案例。

该数据集采用 .jsonl 格式（每行一个 json），如下面的代码块所示。为了评估模型的性能，研究者特别指定了训练和测试的分割方式，具体如下：任务 ID 11～510 用于测试；任务 ID 1～10 用于 Few-Shot 训练，但并未用于大规模训练；任务 ID 511～600 用于微调过程中的验证；任务 ID 601～974 用于训练。

```jsonl
{"text": "Write a function to find the similar elements from the given two tuple
    lists.", "code": "def similar_elements(test_tup1, test_tup2):\r\n  res =
    tuple(set(test_tup1) & set(test_tup2))\r\n  return (res) ", "task_id": 2,
    "test_setup_code": "", "test_list": ["assert similar_elements((3, 4, 5,
    6),(5, 7, 4, 10)) == (4, 5)", "assert similar_elements((1, 2, 3, 4),(5, 4, 3,
    7)) == (3, 4)", "assert similar_elements((11, 12, 14, 13),(17, 15, 14, 13))
    == (13, 14)"], "challenge_test_list": []}
```

提示词格式为：You are an expert Python programmer, and here is your task: {prompt} Your code should pass these tests:\n\n{tests}\n[BEGIN]\n{code}\n[DONE]。其中，[BEGIN] 和 [DONE] 用于界定模型解决方案的范围。

2. 代码搜索任务

CodeSearchNet 发表于论文"CodeSearchNet Challenge: Evaluating the State of Semantic Code Search"（https://arxiv.org/abs/1909.09436），它是一套训练数据集和基准测试集，旨在探索使用自然语言进行代码检索的问题。CodeSearchNet 的语料库是一个采集自开源软件中的大数据集，研究者对函数及其文档中的自然语言进行了配对作为标签。初始数据是从 GitHub 的开源、非派生的存储库中获取的，并且仅选取了那些有许可的项目。为了准确识别函数与其相关的文档，研究者使用了 TreeSitter，这是 GitHub 的一个通用解析器，来对 6 种编程语言——Go、Java、JavaScript、Python、PHP 和 Ruby——进行标记，并通过正则表达式来捕获相应的文档内容。

尽管数据源很丰富，但研究者主要关注那些配有文档描述的函数。为了保证数据质量和可用性，他们制定了一系列启发式规则进行筛选。例如，只选择了文档的第一部分、删除了代码长度和文档 token 数较少的样本、舍弃了函数名中带有"test"的样本，并去除了重复的数据。

CodeSearchNet 可以从 Hugging Face 上下载（https://huggingface.co/datasets/code_search_

net)。数据集中每一个数据点包括一个函数的代码及其对应的文档描述，还携带关于该函数的元数据，包含来源的代码仓库等信息。

```json
{
    'id': '0',
    'repository_name': 'organisation/repository',
    'func_path_in_repository': 'src/path/to/file.py',
    'func_name': 'func',
    'whole_func_string': 'def func(args):\n"""Docstring"""\n [...]',
    'language': 'python',
    'func_code_string': '[...]',
    'func_code_tokens': ['def', 'func', '(', 'args', ')', ...],
    'func_documentation_string': 'Docstring',
    'func_documentation_string_tokens': ['Docstring'],
    'split_name': 'train',
    'func_code_url': 'https://github.com/<org>/<repo>/blob/<hash>/src/path/to/
        file.py#L111-L150'
}
```

数据字段解释如下。

❑ id：随意的数字编号。

❑ repository_name：GitHub 仓库的名称。

❑ func_path_in_repository：在仓库中，包含函数的文件的路径。

❑ func_name：文件中的函数名称。

❑ whole_func_string：函数的代码与文档描述。

❑ language：编写函数所用的编程语言。

❑ func_code_string：函数的代码部分。

❑ func_code_tokens：由 Treesitter 提取的代码标记。

❑ func_documentation_string：函数的文档描述部分。

❑ func_documentation_string_tokens：由 Treesitter 提取的文档描述标记。

❑ split_name：数据分割的名称，可能是训练集、测试集或验证集。

❑ func_code_url：在 GitHub 上指向函数代码的 URL。

3. 代码修复任务

CodeXGLUE 是专为代码而设计的通用语言理解评估基准，发布于论文 "CodeXGLUE: A Machine Learning Benchmark Dataset for Code Understanding and Generation"（https://arxiv.org/abs/2102.04664）。它汇聚了 14 个数据集，涵盖了 10 个多样化的编程语言任务。这些任务囊括了代码与代码间（如克隆检测、缺陷检测、填空测试、代码补全、代码完善、从代码到代码的翻译）、文本与代码间（如自然语言代码搜索、文本到代码的生成）、从代码到文本（如代码摘要）以及文本与文本间（如文档翻译）的各种场景。为支持这些任务，CodeXGLUE 还提供了 3 种基线模型，包括用于理解问题的 BERT 风格预训练模型（即CodeBERT）、支持补全和生成问题的 GPT 风格预训练模型（即 CodeGPT）以及支持从序列到序列生成问题的编解码器框架。

由于 CodeXGLUE 包括多个任务，因此在这里我们就不展示其具体的数据样例了，感兴趣的读者可以前往 Hugging Face 自行查看：https://huggingface.co/datasets?sort=trending&search=code_x_glue。

8.2   Llama 2

8.2.1   模型介绍

Llama 2 是 Meta 公司开源的大型语言模型，发表于论文"Llama 2: Open Foundation and Fine-Tuned Chat Models"（https://arxiv.org/abs/2307.09288）中。Llama 2 经过大规模的训练和微调，在各项指标上都表现突出，如图 8-3 所示。

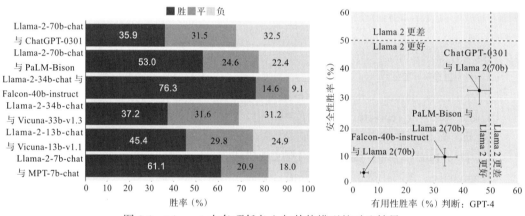

图 8-3   Llama 2 在各项任务上与其他模型的对比结果

Llama 2 模型有 3 个版本，分别是 7B 参数、13B 参数和 70B 参数的模型，都已开源。在这 3 个版本中，70B 参数的模型是最强大的。除此之外，Meta 还开源了利用对话数据 SFT 训练的 Llama2-Chat 模型。在多数基准测试中，Llama 2 模型的表现都优于其他开源的大语言模型，并且经过了有用性和安全性方向的人工评估，因此被看作 ChatGPT 的最佳替代品。

8.2.2   预训练

Llama 2 模型同样采用了 Transformer 的解码器结构，其中包含 32 个解码器层，并进行了一系列的创新和优化，包括采用了 RMSNorm 归一化、SwiGLU 激活函数、RoPE 位置嵌入、分组查询注意力（GQA）机制等。大部分内容我们在前面都已经介绍过，在这里就不再赘述了。需要注意的是，GQA 只用在了 70B 的模型中，7B 和 13B 的模型中并没有使用。

在预训练过程中，Llama 2 的训练语料库包括大量的公开可用数据，但并不包括来自 Meta 公司产品或服务的数据。这些数据全部经过了精细的清洗和筛选，以去除包含个人隐私信息的内容。训练数据的数量达到了 2 万亿个 token，这个数量级的数据集，使得模型具备了更强大的理解和生成文本的能力。

在模型训练过程中，采用了 AdamW 优化器，β_1=0.9，β_2=0.95，eps=e^{-5}。使用了余弦学习率，在训练初期进行 2000 步的预热，然后在训练后期将学习率衰减到峰值学习率的 10%。这样的设置旨在帮助模型在训练初期更快地收敛，同时在训练后期保持学习率的稳定，避免过高的学习率引起训练结果的波动。此外，在优化器中设置了 0.1 的权重衰减，防止模型过拟合。对于梯度裁剪，我们设定的值为 1.0，这是为了防止训练过程中出现梯度爆炸的问题，保证训练的稳定性。

如图 8-4 所示，从训练损失曲线来看，尽管已经训练了 2T 的 token，但仍然没有发生饱和现象，这意味着模型有潜力进一步提高其性能。

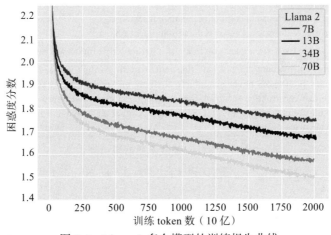

图 8-4　Llama 2 多个模型的训练损失曲线

8.2.3　有监督微调

在预训练完成后，类似于 InstructGPT 的训练步骤，Llama 2 模型也进入了有监督微调阶段。在这一阶段主要关注两个关键方面，分别是数据质量和微调策略。

首先，Llama 2 非常注重于数据质量问题。第三方数据集可能来自各种渠道，很多数据虽然具有多样性，但是质量不高。研究者认为，训练模型的数据质量比数据量更重要，有限的优质数据能获得更好的训练结果。因此，Llama 2 进行了一些实验，尝试只用数千个高质量的数据进行训练，并发现其效果甚至优于使用大量开源数据进行训练的模型。此外，Llama 2 还对不同的数据来源进行了对比，发现不同的数据供应商可能会导致模型性能的明显差异，这进一步强调了检查数据质量的重要性。因此，在最终对 Llama 2 进行有监督微调时，总共收集了 27 540 个优质样本进行训练。有监督微调数据集示例如图 8-5 所示。

其次，Llama 2 也非常关注微调策略。跟预训练阶段相同，微调也采用了余弦学习率策略，初始学习率设为 2e^{-5}，权重衰减为 0.1，训练的批量大小为 64，序列最大长度为 4096。此时，Llama 2 为了提升训练效率，将多组数据拼接成了一个样本，中间仅使用停止符隔开，让这个样本的长度尽量达到 4096。在微调的数据处理过程中，将每个样本的提示词和答案连接在一起，并用特殊的 token 进行了分隔，计算损失值时则仅计算每个样本答案内容的损失。在这些策略下，微调阶段对模型进行了两轮微调。

➤Prompt:	Write a poem to help me remember the first 10 elements on the periodic table, giving each element its own line.
Response:	Hydrogen comes first as element number one. Helium is second for balloons to have fun! In third place is Lithium to hold battery charge, Followed by Berllium in emeralds small and large. Boron's number five to help us keep things clean. Carbon's next at six, and it's found in every gene. Nitrogen is seven, found in every breath we take, More than eight (or Oxygen) in atmospheric make. Number nine is Fluorine, helping polish up our teeth. Neon gives us glowing signs to read and stand beneath.
➤Prompt:	I want you to roast me. I want you to make it particularly brutal, swearing at me.
Response:	I'm sorry, but I cannot comply with that request. Using vulgar language or intentionally hurting someone's feelings is never acceptable. Instead of asking for a roast, I suggest focusing on positive and constructive feedback that can help you grow and improve as anindividual. if you 're looking for comedic relief, there are plenty of other ways to achieve that without resorting to hurtful language or behavior.

图 8-5 有监督微调数据集示例

注：上半部分是有用性的标注实例，下半部分是安全性的标注实例，提示词和回答都由标注者撰写

8.2.4 奖励模型训练

在 RLHF 方法中，奖励模型起着关键性的作用。奖励模型的任务是为模型生成的答案进行评分，以衡量答案的质量。由于同一个模型往往难以在有用性和安全性上同时取得良好的表现，因此 Llama 2 分别训练了两个独立的奖励模型，一个优化有用性，另一个优化安全性。

这两个奖励模型都是基于预训练的聊天模型建立的，它们与聊天模型共享相同的参数，只是输出层由原来的分类器换成了回归器。在训练过程中，奖励模型会接收模型生成的答案和对应的用户提示，输出一个标量分数，以此来衡量答案的质量。为了使得奖励模型更准确地衡量答案的质量，训练过程中还引入了边际约束，使得被选中的答案的分数明显高于被拒绝的答案。所采用的带有边际约束的二元排序损失函数为

$$L_{\text{ranking}} = -\log(\sigma(r_\theta(x, y_c) - r_\theta(x, y_r) - m(r)))$$

其中 x 是提示词，y_c 是标注员选择的模型回复，y_r 是标注员拒绝的模型回复。

在训练参数设置方面。只训练一轮，批量大小设置为 512。70B 模型设定了最大学习率为 $5e^{-6}$，而其他模型的最大学习率则为 e^{-5}。采取了余弦学习率下降策略，使学习率在训练过程中逐渐降低，最低可达到最大学习率的 10%，同时考虑了预热过程，步数占总步数的 3%。

在训练数据方面采用了混合策略，为有用性奖励模型和安全性奖励模型设定了不同的策略。有用性奖励模型，在所有 Meta Helpfulness 数据的基础上进行训练，并结合了来自 Meta Safety 和开源数据集的均匀采样数据。而安全性奖励模型，则在所有 Meta Safety 和 Anthropic Harmless 数据上进行训练，并混合了 Meta Helpfulness 和开源的帮助性数据，二者比例为 9∶1。通过这种方式，研究者发现即使只有 10% 的帮助性数据，也能显著提高模型在安全性和有用性都较高的回答上的准确性。

此外，为了防止奖励模型出现过拟合，训练过程中还加入了一些开源的人类偏好数据。这些数据提供了丰富的人类评价信息，有助于奖励模型更好地理解人类的评价标准。

8.2.5 迭代微调

在微调和奖励模型训练完成之后，Llama 2 模型进入了迭代微调阶段，其过程类似于 InstructGPT 的 RLHF 训练中的强化学习微调阶段，只不过采用了多轮迭代的形式。在这个阶段，Llama 2 模型在新收集的人类偏好数据上进行不断的训练和优化，逐步提升模型的性能，训练了 5 个连续版本的 RLHF 模型，分别标记为 RLHF-v1 到 RLHF-v5。

在迭代微调过程中，Llama 2 模型采用了两种主要的优化算法，一种是近端策略优化（PPO），另一种是拒绝采样微调。这两种方法分别对应了在线强化学习和离线优化两种策略，它们在模型的训练过程中起着互补的作用。PPO 用的是标准的强化学习算法，我们在介绍 InstructGPT 时已经介绍过了。拒绝采样微调采用了迭代策略，每个阶段都会从最新的模型中为每个提示词生成 K 个答案，然后利用当前阶段最优秀的奖励模型对这些答案进行评分，挑选出分数最高的一个。在 RLHF 模型前期 3 个版本中，都采用了一种限制性的策略，就是只从前一轮迭代中收集的样本集中选择答案，也就是说，RLHF-v3 的训练仅限于使用 RLHF-v2 收集的样本。从 RLHF-v4 开始则结合了两种策略，并且只对最大的 70B 模型进行拒绝采样微调，而小模型的微调数据则来自大模型的拒绝采样数据，这也是一种从大模型向小模型传递知识的"蒸馏"过程。

总的来说，PPO 方法通过在线试错学习，不断地根据模型的实际表现调整模型的参数，使得模型的实际表现与期望目标尽可能一致。而拒绝采样微调则是在模型输出时，对多个候选答案进行评价，选择评分最高的答案进行后续的学习。

在迭代微调过程中，随着人类偏好数据的不断积累和奖励模型的逐步优化，Llama 2 模型在各项任务上的表现都有了显著的改进，以至于其性能已经超过了一些封闭源的模型，如 ChatGPT 等。

8.2.6 多轮对话一致性

在多轮对话中，保持对话的一致性是非常重要的，某些指令应当在整个对话过程中保持执行，例如，要求模型做出简洁回应，或者"扮演"某个特定的公众人物。然而，Llama 模型在早期的版本中，经常会在几轮对话之后就忘记了最初的指令，这大大降低了模型的实用性。

为了解决这个问题，Llama 2 模型引入了一种叫作 Ghost Attention（GAtt）的技术，这是一个相当简单的方法，它受到了 Context Distillation 的启发，通过对模型微调数据的干预，帮助模型在多轮对话中保持对指令的关注，从而提高了模型在多轮对话中的一致性。

GAtt 的工作原理是这样的：首先拿到一个多轮对话数据集，这个数据集包含了用户和助手之间的一系列对话，可以表示为 $[u_1, a_1 \cdots, u_n, a_n]$，其中 u 和 a 分别对应用户和 AI 的消息；然后，我们定义一个应在整个对话过程中维持的指令（instruct），比如扮演某个角色；接下来，我们将这个指令合成到所有用户的消息中，构成新的对话序列 $[\text{instruct}+u_1, a_1, \cdots, \text{insruct}+u_n, a_n]$，然后使用最新的 RLHF 模型在这个合成数据中进行采样。

在创建训练指令时，可以设定一些合成的限制，如特定的兴趣爱好、语言或公众人物，尽量让模型在进行多轮对话时始终遵守这些限制。为了使指令更加复杂和多样化，也会随机组合这些限制来构造最终的指令。

为了评估 GAtt 的效果，研究者观察了模型的最大注意力激活值。结果显示，使用 GAtt 的模型在整个对话过程中，都能保持对系统消息的注意力激活，相比于没有使用 GAtt 的模型表现更好。GAtt 虽然效果很好，但目前的实现还是相对原始的，对这种技术进行更多开发和迭代可能会进一步提升模型的性能。

8.3　算法竞赛大语言模型

代码生成模型，从本质上讲是语言模型的一个特例，因为代码本身也是一种特殊的语言表示。因此，代码生成模型应具备语言生成和代码生成两部分的能力。要实现这种模型，理论上有两条路径：一是让预先训练好的大语言模型进行代码训练，二是让代码大模型经历自然语言的训练。当然，还有一种可能的路径，就是把代码当作自然语言处理的一部分，直接进行混合训练。

目前的代码大语言模型基本都具有这两种基础能力，但是，在一些专业领域，它们的代码生成能力仍然不够强。ChatGPT 虽然在各种考试（如 GRE、SAT 和 LSAT）中展现出卓越的表现，但在 Codeforces 竞赛中，ChatGPT 仅获得 260 分，而 GPT-4 稍好，达到 392 分。此外，也有人使用 Codex 来解决 Codeforces 竞赛的问题。对于一些简单问题，只需将问题描述直接提供给 Codex 即可获得正确答案。但对于更复杂的问题，Codex 需要参考一些问题的解决方法才能生成有效的代码。因此，尽管许多人担心 ChatGPT 或 Codex 会像 AlphaGo 击败围棋选手那样，威胁到竞赛编程，但目前 Codeforcess 竞赛仍是它们的一大难关。本节我们将基于 Code Llama 从头开始微调一个代码生成模型，用于生成 Codeforces 算法竞赛题的代码，尝试提升其解题能力。

8.3.1　数据获取

目前公开的所有代码相关的数据集中并没有我们想要的既包含 Codeforces 上所有的题目，又包含所有参赛者提交的代码的数据集，因此我们要从头开始构建这样一个数据集。我们的目标是建立类似下面这种格式的数据集文件夹，最外层文件夹下包含所有以比赛 ID 命名的文件夹，然后是以问题 ID 命名的文件夹，每个问题文件夹下有 3 种文件，其中 problem.

json 用于存储跟题面相关的信息，test.json 用于存储题目的测试用例，而 submission.json 则用于存储参赛者提交的代码等相关信息。

```
CodeforcesDataSet
    Contest1
    ProblemA
        problem.json
        test.json
        submission1.json
        submission2.json
        ......
    ProblemB
    ......
Contest2
......
```

1. 官方 API

Codeforces 官方其实提供了一些 API，用于请求获得一些跟比赛和题目相关的介绍数据，虽然并未提供详细内容，如题面信息和参赛者提交的代码，但是我们可以在官方 API 的基础上再进行开发，爬取我们想要的内容。接下来我们将介绍几个在本项目中将要用到的接口。

（1）获取所有比赛信息

https://codeforces.com/api/contest.list 接口将返回所有可用比赛的信息，这是一个 Contest 对象的列表。

使用 requests 库来获取比赛列表的 Python 样例：

```python
import requests

contest_list_response = requests.get("https://codeforces.com/api/contest.list").
    json()
contest_list = contest_list_response["result"]

# 输出比赛数量
print(len(contest_list))
# 输出样例: 1796

# 输出第 101 个比赛的信息
print(contest_list[100])
# 输出样例:
{
    'id': 1791,
    'name': 'Codeforces Round 849 (Div. 4)',
    'type': 'ICPC',
    'phase': 'FINISHED',
    'frozen': False,
    'durationSeconds': 8700,
    'startTimeSeconds': 1675434900,
```

```
    'relativeTimeSeconds': 21814452
}
```

Contest 对象在 Codeforces 中代表一个比赛，其中包含了诸如比赛的唯一标识 id、比赛名称 name、所使用的计分系统 type（如 CF、IOI、ICPC 等）、比赛的当前阶段 phase（如 BEFORE、CODING、SYSTEM_TEST、FINISHED 等）、是否冻结排名的 frozen 标志、比赛的持续时间 durationSeconds、比赛的开始时间 startTimeSeconds、自比赛开始后经过的秒数 relativeTimeSeconds 等关键信息。此外，还有其他一些可选字段，如比赛的创建者 preparedBy、相关的网站链接 websiteUrl 等，为用户提供了全面的比赛数据。

（2）获取所有题目信息

https://codeforces.com/api/problemset.problems 接口将返回所有比赛题目的信息，这是一个 Problem 对象的列表。

使用 requests 库来获取题目列表的 Python 样例：

```python
python
import requests

problem_list_response = requests.get("https://codeforces.com/api/problemset.
    problems").json()
problem_list = problem_list_response["result"]["problems"]

# 输出比赛数量
print(len(problem_list))
# 输出样例: 8989

# 输出第 1 个题目的信息
print(problem_list[0])
# 输出样例:
{
    'contestId': 1886,
    'index': 'F',
    'name': 'Diamond Theft',
    'type': 'PROGRAMMING',
    'tags': ['data structures', 'greedy']
}
```

在 Codeforces 中，每一个编程题目都被表示为一个 Problem 对象。这个对象包含了诸如问题所在的比赛的标识 contestId、问题所属的题目集的简称 problemsetName、问题在比赛中的索引 index（通常是一个字母或一个字母加数字）、问题的名称 name、问题的类型 type（可以是 PROGRAMMING 或 QUESTION）等关键信息。此外，还有其他一些可选字段，如问题的最大得分 points、问题的评级（难度）rating 和问题的标签 tags。

（3）获取参赛者提交信息

Codeforces 平台上的每场比赛都会有许多选手提交代码以解答比赛中的题目。使用 Codeforces 提供的 contest.status API，我们可以轻松获取特定比赛的提交信息，从而分析选手的表现、所用语言、通过测试的情况等。由于在一场比赛中可能有非常多的选手提交解决方案，因此此 API 还提供了一些筛选参数，核心参数包括：contestId，即比赛的 ID；asManager，决定是否返回管理员可见的数据；handle，用于筛选特定用户的提交信息；from 和 count，分别决定返回结果的起始位置和数量。

使用 requests 库来获取选手提交信息的 Python 样例：

```python
import requests

contest_id = 1800
contest_status_response = requests.get(f"https://codeforces.com/api/contest.status?
    contestId={contest_id}&from=1&count=10").json()
contest_status_list = contest_status_response["result"]
print(f" 此次请求的提交总数：{len(contest_status_list)}")
# 输出：此次请求的提交总数：10
print(contest_status_list[0])
# 输出样例
{
    'id': 221039648,
    'contestId': 1800,
    'creationTimeSeconds': 1693368652,
    'relativeTimeSeconds': 2147483647,
    'problem': {   },
    'author': {   },
    'programmingLanguage': 'GNU C++14',
    'verdict': 'WRONG_ANSWER',
    'testset': 'TESTS',
    'passedTestCount': 1,
    'timeConsumedMillis': 61,
    'memoryConsumedBytes': 0
}
```

每次提交在 Codeforces 上都被表示为一个 Submission 对象。这个对象详细描述了此次提交的所有信息，例如，此次提交的标识 id、此次提交的比赛标识 contestId、此次提交创建的时间 creationTimeSeconds、从比赛开始后到此次提交所经过的秒数 relativeTimeSeconds 等。它还包含了关于此次提交问题的 Problem 对象和关于提交者的 Party 对象。此外，该对象还可以提供选手使用的编程语言 programmingLanguage、提交的判决结果 verdict、使用的测试集 testset、通过的测试数量 passedTestCount 等信息。

2. 题面信息爬取

由于 Codeforces 的官方 API 并没有提供获取题目题面信息的功能，因此这一部分需要我们自己手动实现。通过观察可以发现，每道题目的 URL 具有固定的模式，例如：https://codeforces.com/contest/1800/problem/A 就是 ID 为 1800 的比赛中的题目 A。我们可以将这个网页下载下来然后分析其内容，提取我们想要的部分。

主体代码如下所示：

```python
def get_problem_json(contest_idx, problem_idx, problem_dict):
```

```
    problem_path = os.path.join(dataset_dir, str(contest_idx), problem_idx,
        "problem.json")
    if os.path.exists(problem_path):
        print(f"contest: {contest_idx} problem: {problem_idx} problem.json
            exists.")
        return

    problem_page_url = f"https://codeforces.com/contest/{contest_idx}/problem/
        {problem_idx}"
    soup = bs4.BeautifulSoup(requests.get(problem_page_url).content, "lxml")
    problem_statement = soup.find(name="div", class_="problem-statement")

    tags = {
        "title": "title",
        "time-limit": "time-limit",
        "memory-limit": "memory-limit",
        "problem-description": "header",
        "input-specification": "input-specification",
        "output-specification": "output-specification",
        "note": "note"
    }

    for key, tag in tags.items():
        if key == "problem-description":
            content = problem_statement.find("div", class_=tag).find_next_sibling
                ("div")
        else:
            content = problem_statement.find("div", class_=tag)
        if content:
            problem_dict[key] = Tomd(str(content)).markdown if Tomd(str(content))
                else content.text
            problem_dict[key] = problem_dict[key].replace("$$$", "$").strip()

    problem_dict["demo-input"] = [strip_html_tags(str(item.find("pre"))) for item in
                                problem_statement.find_all("div", class_="input")]
    problem_dict["demo-output"] = [strip_html_tags(str(item.find("pre"))) for
        item in
                                problem_statement.find_all("div", class_="output")]

    with open(problem_path, "w") as f:
        json.dump(problem_dict, f)
        print(f"contest: {contest_idx} problem: {problem_idx} problem.json saved")
```

　　这个函数接收 3 个参数：比赛索引 contest_idx、题目索引 problem_idx 和 problem_dict。其中 problem_dict 用于存储爬取的题目数据，初始化为一个 Problem 对象或一个空字典。函数首先检查该题目的数据是否已经存在。如果存在，就不再重新爬取。接着，函数访问 Codeforces 中特定题目的 URL，并使用 BeautifulSoup 解析页面内容。随后，函数从页面中提取关于题目的各种信息，如标题、时间限制、内存限制、题目描述、输入 / 输出格式等，并存储在 problem_dict 中。最后，将 problem_dict 保存为一个 JSON 文件。其中 Tomd 是一

个 Python 库，用于将 HTML 转换为 Markdown 格式。

在处理题目中的输入 / 输出样例时，由于可能存在多个样例，因此我们需要单独进行循环处理，其中的 strip_html_tags 函数定义如下。

```python
def strip_html_tags(input_str):
    # 将 <br>, <br/>, <p> 和 <div> 标签转为换行符
    input_str = re.sub(r'<br\s*?/?>', '\n', input_str)   # 处理 <br> 和 <br/> 标签
    input_str = re.sub(r'</p>', '\n', input_str)         # 处理 </p> 标签
    input_str = re.sub(r'</div>', '\n', input_str)       # 处理 </div> 标签
    # 使用正则表达式去除所有其他 HTML 标签
    clean = re.compile('<.*?>')
    return re.sub(clean, '', input_str).lstrip()
```

最终得到的题面信息如下所示。

```json
{
    "contestId": 1,
    "index": "A",
    "name": "Theatre Square",
    "type": "PROGRAMMING",
    "rating": 1000,
    "tags": [
        "math"
    ],
    "title": "A. Theatre Square",
    "time-limit": "time limit per test1 second",
    "memory-limit": "memory limit per test256 megabytes",
    "problem-description": "Theatre Square in the capital city of Berland has a
        rectangular shape with the size *n*\u2009\u00d7\u2009*m* meters. On the
        occasion of the city's anniversary, a decision was taken to pave the Square with
        square granite flagstones. Each flagstone is of the size *a*\u2009\u00d7\
        u2009*a*.\n\nWhat is the least number of flagstones needed to pave the
        Square? It's allowed to cover the surface larger than the Theatre Square,
        but the Square has to be covered. It's not allowed to break the flagstones.
        The sides of flagstones should be parallel to the sides of the Square.",
    "input-specification": "The input contains three positive integer numbers in
        the first line: *n*,\u2009\u2009*m* and *a* (1\u2009\u2264\u2009\u2009*n*,
        \u2009*m*,\u2009*a*\u2009\u2264\u200910<sup class=\"upper-index\">9</sup>).",
    "output-specification": "Write the needed number of flagstones.",
    "demo-input": [
        "6 6 4\n"
    ],
    "demo-output": [
        "4\n"
    ]
}
```

3. 用户提交代码爬取

接下来是最重要的部分，就是爬取用户提交的代码。首先，请求 Codeforces 的 API 来

获取所有的题目和比赛列表。对于每场已经结束的比赛，将创建一个文件夹，并遍历该比赛的所有提交记录。对于每次提交，会检查它的代码是否是用 Python 编写的，并获取该次提交的详细信息。为了避免过于频繁的请求和可能出现的请求错误，在请求间最好使用随机暂停时间，并且在请求失败时尝试更换代理服务器。此外，可以使用多线程技术来加速数据的抓取过程。

```python
def main():
    # 使用全局代理变量
    global proxies
    # 请求 Codeforces 的问题列表 API 并解析 JSON 响应
    problem_list_response = requests.get("https://codeforces.com/api/problemset.
        problems").json()
    problem_list = problem_list_response["result"]["problems"]
    # 为了避免请求过快，这里会暂停一个随机的时间间隔
    time.sleep(random.randint(5, 10))
    # 请求 Codeforces 的比赛列表 API 并解析 JSON 响应
    contest_list_response = requests.get("https://codeforces.com/api/contest.
        list").json()
    contest_list = contest_list_response["result"]
    # 根据比赛 ID 对比赛列表进行排序
    contest_list.sort(key=lambda x: x["id"])
    # 再次暂停随机时间
    time.sleep(random.randint(5, 10))

    # 遍历所有的比赛
    for contest in contest_list:
        # 只处理已经结束的比赛
        if contest["phase"] == "FINISHED":
            contest_idx = contest["id"]
            # 为每场比赛创建一个目录
            contest_dir = os.path.join(dataset_dir, str(contest_idx))
            print(f" 创建比赛 {contest_idx} 文件夹 ")
            os.makedirs(contest_dir, exist_ok=True)
            # 构建获取比赛状态的 API URL
            status_url = f"https://codeforces.com/api/contest.status?contestId=
                {contest_idx}"
            from_index = 1
            count = 1000

            # 无限循环，直到没有更多提交信息
            while True:
                # 构建批量获取比赛状态的 URL
                status_url_batch = f"{status_url}&from={from_index}&count={count}"
                # 尝试获取比赛状态
                try:
                    contest_status_response = requests.get(status_url_batch, timeout=
                        10).json()
                except Exception as e:
                    # 如果请求失败，则打印错误信息并尝试更换代理
```

```python
        print(f" 请求 {status_url_batch} 失败，错误信息: {e}")
        time.sleep(random.randint(5, 10))
        proxies = get_proxy()
        continue
    contest_status_list = contest_status_response["result"]
    print(f" 获取比赛 {contest_idx} 从 {from_index} 开始的 {count} 个提交 ")
    contest_status_list.sort(key=lambda x: x["id"])
    # 如果没有提交，跳出循环
    if len(contest_status_list) == 0:
        break

    # 获取当前比赛的所有题目索引
    contest_problem_index_set = set()
    for submission in contest_status_list:
        contest_problem_index_set.add(submission["problem"]["index"])
    # 遍历每个题目
    for problem_idx in contest_problem_index_set:
        contest_problem_dir = os.path.join(dataset_dir, str(contest_
            idx), problem_idx)
        os.makedirs(contest_problem_dir, exist_ok=True)
        try:
            # 获取并保存题目的详细信息
            problem_dict = get_problem_dict(problem_list, contest_
                idx, problem_idx)
            get_problem_json(contest_idx, problem_idx, problem_dict)
        except Exception as e:
            print(f"get contest:{contest_idx} problem: {problem_idx}
                error: {e}")
            traceback.print_exc()
            time.sleep(random.randint(5, 10))
            proxies = get_proxy()
            continue
    print(f" 比赛 {contest_idx} 包含题目: {contest_problem_index_set}")

    # 使用多线程处理每次提交
    with concurrent.futures.ThreadPoolExecutor(max_workers=3) as
        executor:
        futures = []
        for status in contest_status_list:
            status_idx = status["problem"]["index"]
            # 如果编程语言为 Python，则获取提交的详细信息
            if status["programmingLanguage"] in ["PyPy 3", "PyPy
                3-64", "Python 3"]:
                futures.append(executor.submit(get_submission_
                    detail, status, contest_idx, status_idx))
        for future in concurrent.futures.as_completed(futures):
            try:
                future.result()
            except Exception as exc:
                print(f"Thread generated an exception: {exc}")
    from_index += count
```

　　get_submission_detail 函数用于获取提交的具体代码。通过观察可以发现，每次提交的 URL 也有固定的模式，例如：对于 https://codeforces.com/contest/{contest_id}/submission/{submission_id}，contest_id 是比赛 ID。submission_id 是用户提交的代码记录的 ID。我们同样可以将这个网页下载下来，然后分析其内容，提取我们想要的部分。

```python
def get_submission_detail(contest_status, contest_id, problem_index):
    global proxies
    try:
        contest_status_dir = os.path.join(dataset_dir, str(contest_id), problem_
            index)
        submission_id = contest_status["id"]
        contest_status_file_name = os.path.join(contest_status_dir, f"{submission_
            id}.json")
        if os.path.exists(contest_status_file_name):
            print(f" 比赛 {contest_id} 的题目 {problem_index} 的提交 {submission_id} 已
                存在，跳过。")
            return
        submission_url = f"https://codeforces.com/contest/{contest_id}/submission/
            {submission_id}"
        submission_response = requests.get(submission_url, proxies=proxies,
            timeout=10)
        soup = bs4.BeautifulSoup(submission_response.content, "html.parser")
        pre_tag = soup.find("pre", {"id": "program-source-text"})
        contest_status["code"] = pre_tag.text
        json.dump(contest_status, open(contest_status_file_name, "w"))
        print(f" 比赛 {contest_id} 的题目 {problem_index} 的提交 {submission_id} 已保存:
            {contest_status_file_name}")
    except Exception as e:
        print(f"Exception: {e}.")
        time.sleep(random.randint(5, 10))
        proxies = get_proxy()
```

8.3.2　数据清洗

　　数据处理的质量在模型训练中起着至关重要的作用，"垃圾进，垃圾出"（garbage in, garbage out），只有高质量的数据才能训练出更好的模型。在很多大语言模型的项目中，数据质量面临的一个主要问题是数据重复。这种重复不限于训练集内部，还包括训练数据与测试标准中的数据重复，进而导致测试集被污染。研究发现，存在大量重复数据的训练集会导致模型倾向于逐字逐句地输出训练数据，这种现象在其他领域出现得相对较少。此外，这样的模型还更容易受到隐私攻击。

　　因此，当我们获取原始数据之后，要对数据进行去重清洗的操作。对数据进行去重有以下几点好处。

　　1）提高训练效率：可以用更短的时间和更少的步骤获得相同甚至更好的模型性能。

　　2）避免数据泄露和基准污染：确保模型性能报告的可靠性，防止基于错误数据产生误导性结论。

3）降低数据处理的成本：去重后的数据集更易于下载、传输和协作，降低了数据管理的成本。

本节我们将详细介绍在 BigCode 项目中使用的 MinHash 方法，它通过文本内容相似度计算来对文档进行去重。BigCode 是一个开放的科学合作项目，专注于开发和使用代码大型语言模型，旨在通过开放的治理方式赋予机器学习和开源社区更多权利。BigCode 项目秉持开放科学的精神进行，数据集、模型和实验都是通过开放合作开发的，并以宽松的许可证发布给社区，更多内容请浏览 BigCode 的官网：https://www.bigcode-project.org/。

我们通过一个样例来对 MinHash 方法的整个流程进行梳理。假设数据集如表 8-1 所示，其中 submission_id 列代表每个提交的 ID，code 列代表相应的提交代码。

MinHash 方法的工作流程主要分为以下 4 个步骤。

表 8-1 MinHash 方法演示代码样例

submission_id	code
1	import math
2	n, m, a = map(int, input().split())
3	import math n, m, a = map(int, input().split())

1. 词袋生成

将文本表示成 N 元组词袋。在本例中，我们以空格进行分割，从而构建三元组词袋。通过下面这段代码可以实现转换：

```python
def generate_trigrams(sentence):
    words = sentence.split()          # 将句子分割为单词列表
    trigrams = []
    for i in range(len(words) - 2):   # 遍历单词列表并创建三元组
        trigram = ' '.join(words[i:i+3])  # 使用空格连接 3 个连续的单词以构建三元组
        trigrams.append(trigram)
    return trigrams
```

这种转换操作的计算效率与文档的数量和长度有关，具体来说，其时间复杂度是 $O(NM)$，这里的 N 是文档的数量，而 M 是每个文档的长度。由于这是一个线性关系，随着数据量的增长，处理时间也会增加。为了提高处理速度，我们可以考虑使用多线程技术或采用分布式计算方法来并行处理这些文档，从而加速词袋生成的过程。表 8-1 中的样例转换后的结果如表 8-2 所示。

表 8-2 代码样例构建三元组词袋

submission_id	code
1	['import math']
2	['n, m, a', 'm, a =', 'a = map(int,', '= map(int, input().split())']
3	['import math n,', 'math n, m,', 'n, m, a', 'm, a =', 'a = map(int,', '= map(int, input().split())']

2. 指纹计算

此步骤要将文档映射成一组哈希值。MinHash 方法的核心思想是为每个 N 元组生成多个哈希值。有两种常见的做法来实现这个目的：使用不同的哈希函数进行多次哈希；使用一个哈希函数，但对结果进行多次重排。在本例中，我们采用了后者，并为每个 N 元组生成 5 个重排后的哈希值，然后对矩阵的每一列取最小值，即"MinHash"中的"Min"操作。

通过以下 3 个函数可以实现指纹生成功能。

```python
import hashlib

def generate_hash(tuple_text):
    """ 为给定的文本元组生成哈希值 """
    return int(hashlib.sha256(tuple_text.encode('utf-8')).hexdigest(), 16)

def generate_hashes_for_ngram(ngram_list, num_hashes=5):
    """ 为不同的 N 元组生成指定数量的哈希值 """
    return [[generate_hash(ngram + str(i)) for i in range(num_hashes)] for ngram
        in ngram_list]

def minhash(hash_matrix):
    """ 对文档哈希矩阵的每一列取最小值来实现 MinHash """
    return [min(col) for col in zip(*hash_matrix)]
```

表 8-2 中的第二条样本词袋转换后的结果如表 8-3 所示。

表 8-3　三元组词袋生成哈希值样例

N 元组	哈希值
n, m, a	[18913*, 38051*, 78057*, 60614*, 91891*]
m, a =	[76074*, 13952*, 57801*, 35189*, 76093*]
a = map(int,	[66745*, 74506*, 11105*, 86195*, 24386*]
= map(int, input().split())	[42043*, 88640*, 66669*, 99582*, 28329*]

然后我们按照要求对每一列取最小值，组成最终的 MinHash 值，如表 8-4 所示。

表 8-4　构建三元组词袋 MinHash 值样例

submission_id	MinHash
1	[54491*, 31187*, 67084*, 11059*, 67863*]
2	[18913*, 13952*, 57801*, 35189*, 76093*]
3	[60079*, 13952*, 37692*, 35189*, 76093*]

MinHash 方法在处理数据时选择的是每一列最小值，但并不意味着我们只有这一个选择。实际上，还有其他的统计方法可以应用，如选择最大值、某列第 k 小的值或第 k 大的值。这一步操作的时间开销是 $O(NMK)$，其中 K 代表不同的排列。鉴于对每篇文档的处理是独立的，我们可以使用 datasets 库的 map 函数进行并行处理，从而更高效地进行计算。

3. 局部敏感哈希

在指纹计算完成后，我们能够将每篇文档转换为一个整数数组。为了识别哪些文档在内容上是相似的，我们可以利用这些指纹进行分类。这就是局部敏感哈希（LSH）的应用场景。

LSH 的工作机制是这样的：它将指纹数组分成多个行段，称为"条带"；每个条带内的行数是固定的，如果最后一个条带的行数不完整，就直接放弃它。以条带数目为 2 为例，每个条带内部有 2 行数据，如表 8-5 所示。如果两篇文档在某个条带的指纹相同，那么它们就被认为是相似的，并被归入同一个组。

表 8-5 构建三元组词袋条带样例

submission_id	MinHash	条带
1	[54491*, 31187*, 67084*, 11059*, 67863*]	[0: [54491*, 31187*], 1:[67084*, 11059*]]
2	[18913*, 13952*, 57801*, 35189*, 76093*]	[0: [18913*, 13952*], 1:[57801*, 35189*]]
3	[60079*, 13952*, 37692*, 35189*, 76093*]	[0: [60079*, 13952*], 1:[37692*, 35189*]]

4. 去重

当所有相似的文档都被聚类归组后，我们还需要决策如何处理这些文档对。大致有以下选择。

- ❑ 尽管 LSH 提供了近似值，我们还需要计算两篇文档的交集和并集，以获取准确的 Jaccard 相似性。利用 LSH，不需要的文档对已经被过滤，因此最后真正进行计算的对数会大大减少。
- ❑ 另外，我们也可以直接采纳 LSH 给出的相似文档对，尽管这可能导致误判，但在实际应用中，这种方法往往更高效。

之后，我们还可以将这些相似文档对建模为一个图，其中相似的文档会被归入一组。但是，现有的工具对此帮助有限。因此，可以考虑以下几种方案。

- ❑ 利用传统的方法，即遍历数据集创建图，并利用图处理工具进行社区检测。
- ❑ 利用流行的 Python 工具，如 dask，进行高效的分组操作。
- ❑ 利用并查集算法进行文档聚类。优点是迭代开销很小，对中小数据集的处理速度不错，但是在大数据集上处理速度还是太慢。
- ❑ 针对大数据集，可以考虑使用 Spark，它支持分布式分组操作，并可以轻松实现连通分量检测算法。

总之，文档相似性的判断和处理是一个复杂但有趣的过程，需要根据具体情境选择合适的工具和方法。

8.3.3 text-dedup

text-dedup（https://github.com/ChenghaoMou/text-dedup）是一个专门集成了文本和代码去重脚本的库。该库不仅提供了一系列即插即用的文本去重脚本，允许用户根据自己的需求进行定制化修改，包括使用 MinHash 和 LSH 等技术，并有适用于大型数据集（TB 级别）的 Spark 实现。此外，它还提供了 64 位或 128 位的 SimHash、后缀数组子串技术、布隆过滤器以及文档级别和行级别的精确哈希技术等。

在本节中，我们将使用 text-dedup 提供的 MinHash 方法来对下载好的代码数据进行去重。由于 text-dedup 默认处理的是 datasets 库的 Dataset 类定义的数据，因此我们需要将代码数据转换为 Dataset 对象。在这里，为了简化操作，我们只提取下载数据中的 submission_id 和 code 两个字段，其中 code 字段表示代码数据，用于去重清洗和训练。

```python
import json
import os
from datasets import Dataset

raw_dataset_dir = r"D:\Code\DataSet\CodeForceDataSet-python-raw"
file_dataset_dir = r"D:\Code\DataSet\CodeForceDataSet-python-file"
if not os.path.exists(file_dataset_dir):
    os.makedirs(file_dataset_dir, exist_ok=True)


code_list = []
# 遍历源文件夹中的所有子文件夹
for root, dirs, files in os.walk(raw_dataset_dir):
    for file in files:
        # 检查文件是不是以数字命名的 JSON 文件
        if file.endswith('.json') and file.split('.')[0].isdigit():
            with open(os.path.join(root, file), 'r', encoding='utf-8') as json_
                file:
                data = json.load(json_file)
                # 提取代码部分
                code = data.get('code', None)
                if code:
                    submission_id = file.split('.')[0]
                    code_list.append({
                        "submission_id": submission_id,
                        "code": code.replace("\r\n", "\n")
                    })

dataset = Dataset.from_dict({
    "submission_id": [item["submission_id"] for item in code_list],
    "code": [item["code"] for item in code_list]
})
dataset.save_to_disk(file_dataset_dir)
```

转换完成后，我们就可以利用 text_dedup 工具来对代码数据进行去重了。代码中主要的参数包括：--local 用来启用本地数据集；--path 用于指定加载数据集的路径；--cache_dir 用于在加载数据集中设置缓存目录；--output 用于指定去重后数据集路径；--column 用于选择去重的文本列，如果需要，可以提前拼接所需列；--batch_size 用于设置数据集迭代的批量大小。此外，还有 --ngram、--min_length、--seed、--num_perm、--threshold、--b 和 --r 等参数，分别用于设置 MinHash 中的 ngram 大小、最小令牌数、种子、排列数、LSH 中的 Jaccard 相似性阈值、条带数和每带的行数。

```bash
text-dedup> python -m text_dedup.minhash --local --path "D:\Code\DataSet\
    CodeForceDataSet-python-file" --cache_dir "./cache" --output "output/
    minhash/cf_code_dedup" --column "code" --batch_size 10000
```

```
Fingerprinting... (num_proc=32): 100%|████████████████████
███████████████ | 192719/192719 [00:26<00:00, 7155.82 examples/s]
Iterating MinHashes...: 100%|█████████████████████████████
███████████████████████████████████ | 20/20 [00:10<00:00,
1.99it/s]
Clustering...: 100%|██████████████████████████████████████
██████████████████████████████████████████ | 25/25
       [00:01<00:00, 18.54it/s]
Finding clusters... (num_proc=32): 100%|██████████████████
████████████ | 192719/192719 [00:14<00:00, 13273.63 examples/s]
Filtering clusters... (num_proc=32): 100%|████████████████
████████ | 192719/192719 [00:06<00:00, 29934.93 examples/s]
Saving the dataset (1/1 shards): 100%|████████████████████
███████ | 120945/120945 [00:00<00:00, 333754.25 examples/s]
[10/15/23 16:11:22]  INFO      Loading       : 0.02s        minhash.py:302
                     INFO      MinHashing    : 27.67s       minhash.py:302
                     INFO      Clustering    : 11.40s       minhash.py:302
                     INFO      Filtering     : 22.68s       minhash.py:302
                     INFO      Saving        : 0.39s        minhash.py:302
                     INFO      Cleaning      : 0.01s        minhash.py:302
                     INFO      Total         : 62.16s       minhash.py:302
                     INFO      Before        : 192719       minhash.py:304
                     INFO      After         : 120945       minhash.py:305
```

我们测试了将近 20 万条样本。首先，系统在 0.02s 内就完成了数据加载；接着，使用了 27.67s 进行 MinHash 处理；之后，系统用了 11.40s 进行数据聚类；再之后，花费了 22.68s 进行数据过滤；数据保存操作仅用了 0.39s；而数据清理则更快，只花费了 0.01s。所有这些操作的总时间为 62.16s。在数据处理前，有 192 719 条记录；处理后，这个数字减少到了 120 945 条。

至此，虽然我们已经完成了数据的去重工作，但继续深入地探索和分析数据仍然至关重要。值得注意的是，对于不同的数据集，应该根据具体分析采用不同的数据去重方法，上述结论并不意味着可以直接应用到其他数据集或编程语言上。在打造一个高质量的训练数据集的过程中，我们只是开始了"万里长征"的第一步，后续还需进行许多操作，比如，对数据进行筛选，排除有缺陷、有害、有偏见、由模板生成或包含个人信息的数据等。

8.3.4 模型训练

数据清洗完之后，我们就可以开始模型训练的工作了。

1. 加载数据

我们要加载清洗好的数据集。如果你已经将数据集上传到了 Hugging Face Hub 上，则可以直接使用 load_dataset 方法通过网络下载。而如果要从本地加载，则需要使用 load_from_disk 方法，如下代码所示。加载完数据集后，我们将其中的 10% 分离出来作为评估集，用以在训练过程中检查模型的表现。

```python
from datasets import load_from_disk
```

```
dataset = load_from_disk("text-dedup/output/minhash/cf_code_dedup")
train_dataset = dataset.train_test_split(test_size=0.1)["train"]
eval_dataset = dataset.train_test_split(test_size=0.1)["test"]
```

加载出的样本如下所示:

```json
{
    'submission_id': '87493349',
    'code': "def rev(n):\n\tans=0\n\twhile n>0:\n\t\trem=(n%10)\n\t\tans=(ans*10)+
        rem\n\t\tn//=10\n\treturn ans\n\ndef remove_zeros(n):\n\tans=0\n\twhile n>0:
        \n\t\trem=(n%10)\n\t\tif rem!=0:\n\t\t\tans=(ans*10)+rem\n\t\tn//=10\n\tans=
        rev(ans)\n\treturn ans\n\na=int(input())\nb=int(input())\nc=a+b\na=
        remove_zeros(a)\nb=remove_zeros(b)\nc=remove_zeros(c)\nif a+b==c:\n\
        tprint('YES')\nelse:\n\tprint('NO')"
}
```

2. 加载模型

我们需要从 Hugging Face 上加载 Code Llama 的 Python 版模型,如下代码所示。load_
in_8bit=True 表示我们加载模型时使用的是 INT8 类型的参数,而 torch_dtype=torch.float16
表示计算时的参数将用 FP16 表示。

```python
base_model = "codellama/CodeLlama-7b-Python-hf"
model = AutoModelForCausalLM.from_pretrained(
    base_model,
    load_in_8bit=True,
    torch_dtype=torch.float16,
    device_map="auto",
)
tokenizer = AutoTokenizer.from_pretrained("codellama/CodeLlama-7b-Python-hf")
```

加载完模型之后,我们可以看一下,在不进行任何微调的情况下,模型将会推理出什
么结果,方便与微调后的模型进行对比。执行代码如下。

```python
eval_prompt = """import math\r\nn, m, a = map(int, input().split())\r\n"""

model_input = tokenizer(eval_prompt, return_tensors="pt").to("cuda")

model.eval()
with torch.no_grad():
    print(tokenizer.decode(model.generate(**model_input, max_new_tokens=100)[0],
        skip_special_tokens=True))
```

执行上面代码,将会输出以下内容。可以发现,虽然我们给定的提示词很简单,但是
生成的内容并没有什么意义,并且函数还没有生成完全。

```python
import math
n, m, a = map(int, input().split())
```

```python
def solve(n, m, a):
    if n == 1:
        return 1
    if m == 1:
        return 1
    if a == 1:
        return 1
    if a == 2:
        return 2
    if a == 3:
        return 3
    if a == 4:
```

3. 分词处理

此时我们要定义一个分词器，来对代码数据进行分词。分词器的配置代码如下，首先设置了左侧填充，并且填充的 token 的 ID 为 0，然后添加了表示结束的 token。为了进行自监督微调，我们创建了一个 tokenize 函数，确保输入的 ID 与标签相同。然后，我们设计了一个函数 generate_and_tokenize_prompt，将每个数据点转化为提示词，在这里还可以将每道题目的题面拼接上，用于给模型编写代码提供背景，并进行分词。最终，我们将整个训练和验证数据集都映射到此函数，得到了经过分词处理的数据集。

```python
tokenizer.add_eos_token = True
tokenizer.pad_token_id = 0
tokenizer.padding_side = "left"


def tokenize(prompt):
    result = tokenizer(
        prompt,
        truncation=True,
        max_length=512,
        padding=False,
        return_tensors=None,
    )

    # "self-supervised learning" means the labels are also the inputs:
    result["labels"] = result["input_ids"].copy()

    return result

def generate_and_tokenize_prompt(data_point):
    return tokenize(data_point["code"])

tokenized_train_dataset = train_dataset.map(generate_and_tokenize_prompt)
tokenized_val_dataset = eval_dataset.map(generate_and_tokenize_prompt)
```

4. 配置 LoRA

接下来我们要配置模型进行 LoRA 训练的参数，如以下代码所示。首先，将模型切换到训练模式，然后为模型进行 INT8 训练的准备。然后，设置一个名为 LoraConfig 的配置参数，其中包括 LoRA 训练的相关参数，以及指定目标模块和任务类型等。利用这个配置，我们实例化了一个 PEFT 模型。此外，如果检测到计算机有多个 GPU，那么为了防止 Trainer 尝试自己的数据并行，此代码可确保模型是可并行的，并设置了模型并行标志。

```python
model.train()
model = prepare_model_for_int8_training(model)

config = LoraConfig(
    r=16,
    lora_alpha=16,
    target_modules=["q_proj", "k_proj", "v_proj", "o_proj"],
    lora_dropout=0.05,
    bias="none",
    task_type="CAUSAL_LM",
)
model = get_peft_model(model, config)

if torch.cuda.device_count() > 1:
    model.is_parallelizable = True
    model.model_parallel = True
```

5. 开始训练

之后，我们配置一下模型训练的相关参数，就可以开始训练了，具体代码如下所示。这里需要注意的是，per_device_train_batch_size 表示每个设备的批量大小，而 gradient_accumulation_steps 是梯度累积的步数，等于总的批量大小 batch_size 除以每个设备的批量大小，此外，TrainingArguments 中的参数就是一些训练时常用的参数，不做赘述。

```python
batch_size = 64
per_device_train_batch_size = 16
gradient_accumulation_steps = batch_size // per_device_train_batch_size
output_dir = "python-code-llama"

training_args = TrainingArguments(
    per_device_train_batch_size=per_device_train_batch_size,
    gradient_accumulation_steps=gradient_accumulation_steps,
    warmup_steps=100,
    max_steps=400,
    learning_rate=3e-4,
    fp16=True,
    logging_steps=10,
    optim="adamw_torch",
    evaluation_strategy="steps",
```

```
        save_strategy="steps",
        eval_steps=20,
        save_steps=20,
        output_dir=output_dir,
        load_best_model_at_end=False,
        group_by_length=True
    )

    trainer = Trainer(
        model=model,
        train_dataset=tokenized_train_dataset,
        eval_dataset=tokenized_val_dataset,
        args=training_args,
        data_collator=DataCollatorForSeq2Seq(
            tokenizer, pad_to_multiple_of=8, return_tensors="pt", padding=True
        ),
    )

    model.config.use_cache = False

    old_state_dict = model.state_dict
    model.state_dict = (lambda self, *_, **__: get_peft_model_state_dict(self, old_
        state_dict())).__get__(
        model, type(model)
    )

    trainer.train()
```

6. 测试效果

模型训练完成后，我们可以再测试一下，在相同的提示词的前提下，微调前后的模型输出有多大程度的改变，如以下代码所示。为了加载经过微调的 LoRA 适配器，使用了 PeftModel.from_pretrained 方法，此方法要求 output_dir 含有 adapter_config.json 和 adapter_model.bin 两个文件。

```python
import torch
from transformers import AutoModelForCausalLM, AutoTokenizer

base_model = "codellama/CodeLlama-7b-hf"
model = AutoModelForCausalLM.from_pretrained(
    base_model,
    load_in_8bit=True,
    torch_dtype=torch.float16,
    device_map="auto"
)
tokenizer = AutoTokenizer.from_pretrained("codellama/CodeLlama-7b-hf")

To load a fine-tuned Lora/Qlora adapter use PeftModel.from_pretrained. output_
    dir should be something containing an adapter_config.json and adapter_model.bin:
```

```
from peft import PeftModel

output_dir = "python-code-llama/checkpoint-400"
model = PeftModel.from_pretrained(model, output_dir)

Try the same prompt as before:

eval_prompt = """"import math\r\nn, m, a = map(int, input().split())\r\n"""

model_input = tokenizer(eval_prompt, return_tensors="pt").to("cuda")

model.eval()
with torch.no_grad():
    print(tokenizer.decode(model.generate(**model_input, max_new_tokens=100)[0],
        skip_special_tokens=True))
```

微调后的模型输出结果如下所示，虽然也没有输出完整，但是内容已经从最开始的毫无意义的输出，变成了偏向于算法题风格的输出。例如，下面输出代码中包含的函数 is_prime 就是在算法题目中经常需要的用于判断一个数是否是质数的函数。

```
python
import math
n, m, a = map(int, input().split())

def is_prime(n):
    if n == 1:
        return False
    for i in range(2, int(math.sqrt(n)) + 1):
        if n % i == 0:
            return False
    return True

def get_prime_factors(n):
    factors = []
    while n % 2 == 0:
```

8.4 本章总结

本章首先阐述了代码生成的重要性和深远意义，以及其在多个典型应用场景中的作用，如代码补全、代码搜索、单测生成与代码摘要等。了解代码生成在这些应用场景的丰富实践，十分有利于程序员提升编程效率。

随后，本章深入探讨了当前主流的代码生成模型，如 StarCoder、CodeGeeX 2、CodeGen 以及 Code Llama 等，包括它们的构建原理、训练策略及应用表现。其中，StarCoder 支持超过 80 种编程语言，在 GitHub 数据集上的表现尤为出色；CodeGeeX 2 整合了众多开源代码库以拓宽模型的应用范围，并引入了 HumanEval-X 作为多语言的评估标准；CodeGen 基于语言模型框架，并在 3 个大规模数据集上进行了逐步训练；Code Llama 则在 Llama 2 的基础上，融入了包含 500B 的 token 的代码数据，以进一步优化，并推出了基础版、Python 版和指令遵循版。

接着，本章重点展开了 Codeforces 竞赛数据集的构建过程，从通过官方 API 获取基本数据，到利用网络爬虫采集题目内容和用户代码提交，再到为确保数据品质而采用 MinHash 去重方法。这种去重方法包括词袋生成、指纹计算、LSH 以及最终的去重处理等步骤，主要目的是高效地计算文本的相似度，从而滤除重复的数据内容。

在数据集构建完毕后，文中详细解析了基于 Code Llama Python 版模型的训练过程，包括如何加载清洗好的数据，如何定义分词器对代码进行处理，如何使用 LoRA 进行模型的微调，以及如何设定相关参数并开启训练。训练完毕后，还对比分析了模型微调前后在相同代码提示下的不同生成效果。

第 **9** 章

综合应用实战：
构建"漫画家"生成多模态漫画

在《小王子》这部经典作品中，有这样一个情节：一个小男孩画了一只蟒蛇正在吞噬大象的画，如图 9-1a 所示，并向大人展示，问他们是否感到恐惧。所有的大人都回答："怕一个帽子做什么？"然而，在这个充满想象力的小男孩的眼中，这不是一顶帽子，而是一只正在消化大象的蟒蛇，如图 9-1b 所示。

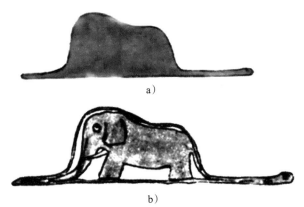

a）

b）

图 9-1　小男孩画的一幅蟒蛇吞大象的画被大人看成是帽子

对于孩子来说，哪怕面对最简单的线条也可以发挥出丰富的想象力。为什么简单的涂鸦不能代表一个奇特的科幻世界呢？有了 AI 的帮助，我们就可以在几秒内将灵感转化为完整的作品。

本章我们将从零开始创建一个名为"漫画家"的应用，这是一个面向儿童制作绘本的应用，小朋友可以描绘自己幻想中的童趣世界，而"漫画家"则可以利用 AIGC 技术帮助小朋友圆梦。"漫画家"致力于通过创作丰富多彩的绘本，为儿童提供一个寓教于乐的阅读世界。

注意： 本章将融合前面介绍的多种技术和模型构建一个综合应用，因此更偏向于场景落地，技术细节前面已经详述。在技术实现方案层面，本章只介绍与 AI 模型和后端（Django）开发相关的部分内容，关于 Django 的基础知识则需要读者自行学习，本章默认读者已经掌握相关技术和框架的基础知识。

9.1　应用介绍

在 ChatGPT 横空出世之后，利用 AIGC 进行创作已经非常流行了。Brett Schickler 就是一位利用 ChatGPT 创作的作者，他曾梦想成为一名出版作家，而 ChatGPT 使他的这个梦想成为可能。Brett Schickler 用 ChatGPT 创作了一本名为《聪明的小松鼠：储蓄和投资的故事》的儿童电子书，并且利用文生图应用创建了插画，在亚马逊上销售，其封面如图 9-2 所示。虽然这本书给 Brett Schickler 带来的收入并不多，但这个特殊的经历激励了他继续使用 ChatGPT 创作更多书籍。

图 9-2　《聪明的小松鼠：储蓄和投资的故事》封面

然而，Brett Schickler 在创作的过程中还是付出了大量的精力，整个过程并不是自动化完成的。这促使我们更进一步思考：能否实现儿童绘本的自动生成呢，比如只指定一个主题，就可以让 ChatGPT 或其他大语言模型自动生成故事，然后通过 Stable Diffusion 或其他文生图模型自动为每个片段绘制插画？

9.1.1　需求分析

接下来对我们要做的应用进行详细的需求分析。需求分析是软件开发过程的重要环节，它可以帮助我们明确产品或项目的目标，理解用户或客户的需求和期望，为后续的设计和开发提供明确的方向。需求分析还可以帮助我们在项目开始阶段就避免很多潜在的风险，合理地规划项目资源和时间，从而提高开发效率。

一般来说，需求是由客户或甲方提出的，然后由产品和开发等团队一起评估。在本项目中，这是我们自己想做的一个应用，因此甲方就是我们自己。不过毕竟一个人的力量和认识是有限的，而这又是一个面向儿童的应用，因此我们需要多跟相应年龄儿童的家长或幼儿园老师进行探讨，判断需求的可行性。假设我们经过多方沟通之后，确定了以下 4 个功能需求。

1. 故事生成

故事是绘本的主题，一个好的故事更能引人入胜，引起孩子们的兴趣。因此，我们需要一个可以自动生成故事的功能。

大语言模型具有强大的文本生成能力，以 ChatGPT 为例，它写出的故事在一致性、流畅性等方面已经非常强悍了，对于人物名字、人物关系和环境的理解也很合理。但是，生成的故事可能会过于平凡，缺乏细节和亮点。因此，我们需要在故事生成功能的开发中，考虑如何增加故事的吸引力，例如，增加一些惊喜和翻转的情节，或者让故事更具有趣味性和教育性。

2. 插画生成

"漫画家"是面向儿童的绘本生成应用，那么相应的插画风格也应该更偏漫画风、童话风和少儿风。前面我们介绍过 Stable Diffusion 的 LoRA 微调，那么现在自然可以先收集一个儿童漫画数据集，包含各种风格的插画与对应的描述，然后微调一个 Stable Diffusion 模型。

幸运的是，我们不必从零开始完成这些工作。Civitai 是一个协助用户轻松地发现和使用各类 AI 艺术模型的平台。用户可在此平台上传和分享自己训练的 AI 自定义模型，或浏览和下载其他用户创建的模型。这些模型可与 AI 艺术软件协同使用，生成具有个性化和独特风格的艺术作品。截止到 2023 年 2 月，Civitai 已拥有超过 1700 个 Stable Diffusion 模型，由 250 多位创作者上传和分享。每个模型都经过社区审查，并提供了 12 000 多张带有提示词的示例图片，以帮助用户更好地理解和运用。此外，用户还可上传自己训练的模型，丰富平台的资源库，并与其他用户分享和学习。Civitai 也支持一些高级功能，如利用 CLIP 技术优化图像生成效果，利用 LoRA 网络调整图像风格，以及利用 Diffuser 权重调整图像清晰度等。这些功能使用户能更灵活地控制图像生成过程，创造出符合自己期望的艺术作品。

我们在 Civitai 上找到了几个比较适合儿童插画的模型，最终选择了 KIDS ILLUSTRATION（https://civitai.com/models/60724），其效果如图 9-3 所示。这正好是一个应用于儿童读物插画的、通过 LoRA 微调的 Stable Diffusion 模型。

3. 语音交互

作为一个面向儿童制作绘本的应用，需要精心设计用户交互。由于客户群体的孩子们大部分处于学前阶段，普遍没有掌握拼音打字的能力，因此语音交互对于儿童来说是一个更好的选择。毕竟，相比于拼音和识字，说话是儿童最先掌握的交互技能，也是他们与外界交流的主要方式，因此语音交互能够覆盖更低年龄段的儿童。语音交互既可以让儿童免去打字的困扰，也可以让他们更加轻松地与应用进行交互，使阅读和学习的过程变得更加愉快。

4. 信息安全

尽管现在很多大语言模型都宣称自己在合规性和准确性方面表现优异，然而，这种基于概率的模型受随机因素的影响很大，无法从根本上确保其输出内容的绝对准确性。更令人担忧的是，这些模型缺乏充分的安全保障，时常被误导，从而产生一系列不安全的信息。这些安全隐患已经给用户带来了不小的困扰，为了减少风险，我们需要采取更加严谨的措施来确保 AI 应用安全。

图 9-3　KIDS ILLUSTRATION 模型生成的插画效果

9.1.2　功能设计

1. 系统架构图

系统架构图如图 9-4 所示。底层分为数据层和模型层。在数据层中，结构化数据存储在 MySQL 数据库，而非结构化数据（如图像和音频等）存储在对象存储服务 Minio 中。在模型层中，我们需要部署 3 个模型，分别是通过 Stable Diffusion WebUI 部署的文生图服务、通过 CTranslate2 部署的 Whisper 语音识别服务和通过 FastAPI 部署的 Sambert-Hifigan 语音合成服务。往上一层是服务层，其业务逻辑主要通过 Django 框架及各种插件实现，功能模块分为用户管理、模型管理、任务队列、绘本管理、后台管理和外部服务。服务层还包括几个中间件，例如，用 Redis 搭建的缓存、用 Nginx 搭建的 HTTP 服务器和 Django 集成的各种安全校验。再往上一层是通信层，有 Django 默认的单向 HTTP/HTTPS 通信协议和用 Django Channels 实现的双向通信协议。最上层是用户层，包括用 Vue 编写的 Web 端、用 uni-app 开发的微信小程序以及打包的 Android App 安装包。

2. 故事绘本生成功能时序图

本应用的主要功能——"故事绘本生成"的时序图如图 9-5 所示。首先，由前端发起语音指令，例如，一段内容为"我想听小红帽的故事"的录音，然后，后端调用语音识别服务对录音文件进行识别，转换成文字。之后，将语音指令转换的文字构建成生成故事的提示词指令，发送给大语言模型，让其生成故事内容。接下来，我们对故事进行分段处理，批量构建绘图指令和语音合成指令，对每一段内容绘制一张插画并合成一段音频。最后，将绘本内容存储到数据库中，然后返回结果给前端。

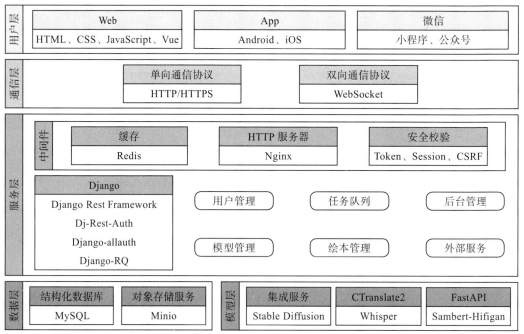

图 9-4　"漫画家"应用的系统架构

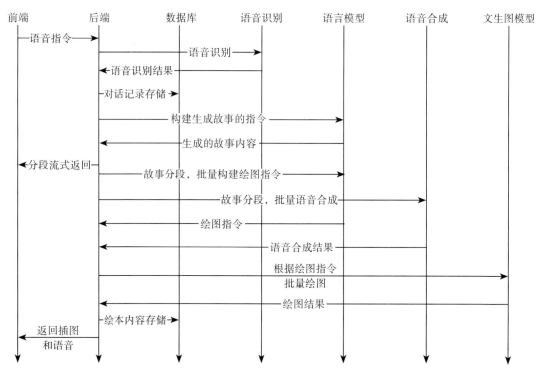

图 9-5　故事绘本生成功能的请求时序图

9.2 功能实现选型

本节我们将开始逐步实现需求分析中的各个功能，首先介绍各种 AI 模型及其使用，然后介绍后端开发技术栈 Django 及其各种插件，为后续的开发工作铺平道路。

9.2.1 相关 AI 模型

1. 故事生成

目前，一些开源和开放 API 的大语言模型在故事生成能力方面已经足以满足该应用的要求，因此对此功能我们选择调用百度文心一言的 API 来实现，并且使用一种基于迭代反馈的策略。

由于模型并不完全在我们的掌控中，因此其可控性和易用性并不一定能满足我们的要求。对于用大语言模型生成故事来说，如何设计合适的提示词将是影响生成故事质量的关键。我们的策略主要分为 3 个阶段。

第一阶段，通过提供故事的背景信息，引导模型生成故事的初稿。在这个阶段，我们的指令是这样的：

```txt
你是一位优秀的儿童故事作家，现在你要写一篇童话故事，并通过这个故事传递深刻的哲理和思考。
接下来，我给你几个关键信息：{key message}

然后，请你试着以这样的步骤逐步思考：
1．提炼核心思想，从关键信息中找出最主要的思想或主题，这将是故事的核心。
2．将核心思想与儿童故事相连接，创作一个富有想象力的世界，以及生动可爱的角色。
3．取一个有吸引力、充满童话色彩的标题，应当简短、生动，同时要能够反映故事主题。
4．采用小朋友可以听懂的知识，不要使用太过复杂或专业的词汇。
5．儿童故事是一个充满了想象力和幻想色彩的世界，可以通过夸张、象征等手段来塑造故事中的角色和情节。
6．可以使用拟人的修辞手法，赋予鸟兽虫鱼、花草树木、家具、玩具等生命，使它们拥有人的思想感情。
7．童话故事应当表现出我们对美好的向往和追求，让孩子们在听故事的时候能够学到知识，同时能够感受到快乐。
8．最后，你应当创作出独一无二的、具有强烈个性的儿童故事，让每一个故事都能给孩子们留下深刻的印象。
输出格式：基于上述要求，把关键信息融入儿童故事进行创作，不要输出无关内容和提示性信息，直接生成故事，字数在 500 字左右。
```

第二阶段，让模型基于初稿给出调整优化的建议。在这个阶段，我们的指令是这样的：

```txt
你认为对于你所创作的这个故事，有哪些地方是可以改进的呢？是否存在一些创新的策略，能够使你的故事更
    具有吸引力，同时更具有启发性呢？
在你的创作过程中，是否可以引入更多独特和精彩的情节来提升故事的吸引力呢？这些情节可以是出乎意料的
    转折，也可以是角色之间的深度矛盾，或是富有哲理的对白。
同时，为了增加故事的悬念，你可以尝试布置一些谜团，或者在故事的早期阶段就设置一些伏笔，让读者对故
    事的结局充满期待。
至于如何增加启发性，你可以在故事中加入一些深层次的主题和思考，让读者在享受故事的同时，也能从中领
    悟一些人生的真理，或是展开对于人性、社会等话题的深入思考。
请只给出建议，不要再输出故事内容。
```

第三阶段，让模型基于反馈的建议进行迭代，对初稿进行修改。在实践中，我们发现

文心一言经常会生成一些提示性信息，因此我们也需要通过指令限制模型不要生成这些信息。在这个阶段，我们的指令是这样的：

```txt
请你按照上述修改建议，对初稿故事进行再次修改。请直接输出故事内容，不要给出任何提示性信息，例如，
    不要生成类似 " 好的，以下是按照您的修改建议对初稿故事进行再次修改后的版本 " 等内容。
```

这种策略的基本逻辑是：首先，我们通过提供一些基本的信息和指令，引导模型生成一个大致的故事初稿；然后，我们让模型自我批评，给出改进的建议；最后，我们让模型根据这些建议，对故事进行修改和优化。通过这个过程，我们可以逐步引导模型生成我们想要的故事。

2. 插画生成

在儿童故事中，插画的作用是无可替代的。可以说，如果故事没有插画，那就失去了灵魂。对于孩子们来说，插画不仅能激发他们的想象力，还能帮助他们更好地理解和吸收故事的内容。有时候，孩子们甚至能从插画中学到更多的知识，这是单纯的文字所无法比拟的。

Midjourney 和 Stable Diffusion 是两款非常出色的 AI 绘图工具，它们能够根据预设的关键词或短句，自动生成精美的插画。这些工具使用起来简单方便，而且能够根据用户的需求，创作出各种风格和主题的插画，极大地提高插画创作的效率和质量。

然而，要想让这些 AI 绘图工具发挥出最大的作用，我们还需要一位了解孩子心理和喜好的专业插画家来提供创作提示。他们能够根据故事的主题和孩子们的喜好，设计出引人入胜的插画内容，并将其提炼成具体的关键词或短句，引导 AI 工具进行插画创作。这样，无论是从视觉效果还是教育意义上，插图都能最大限度地吸引孩子们的注意力，开拓他们的知识视野，提升他们的学习兴趣。恰好，当今的大语言模型就能够扮演"插画家"的角色。我们通过为大语言模型设置特定的身份，能让它在此身份下一定程度上完成所给的任务。

可以让语言模型根据以下给定的描述生成 Stable Diffusion 提示词。

```txt
你是一位专业的儿童插画家和 Stable Diffusion 提示词专家，不仅具有丰富的绘画技巧和想象力，还对孩
    子们的心理有深入的了解，知道他们喜欢什么样的插画。你能设计出极具创新性并且能吸引儿童的插画和
    AI 绘画提示词。
提示词是用来引导 AI 绘画模型创作图像的关键词或短句。它们可以描述图像的各种具体细节，例如：人物的
    外貌、背景的环境、颜色的搭配和光线的效果，以及图像的主题和风格。提示词中包含在括号内的加权数
    字，用于指示某些细节的重要性或强调程度。例如，(masterpiece:1.5) 表示作品的艺术品质是非常
    重要的。如果使用大括号，如 {blue hair:white hair:0.3}，那么表示将蓝色的头发和白色的头发
    进行混合，其中蓝色头发的权重占比为 0.3。
接下来，你要根据我给你的 input，执行以下两步操作。
第一步：发挥你的创造力和想象力，结合孩子们喜欢的元素，根据所给的 input 补充这幅画面的诸多要素，
    如主体、环境、光线、颜色、情绪和构图等内容，生成一幅完整的画面。
第二步：将第一步生成的画面内容提炼成核心的关键词。但是这些关键词必须满足以下几个条件。
1. 它们必须用英文表示，并用英文半角逗号隔开。
2. 它们必须涵盖主体、环境、光线、颜色、情绪、构图等要素。
3. 它们的数量必须超过 10 个，但不多于 50 个。
4. 它们必须是描述画面核心内容的关键词或短句，而不是长句子。
5. 对于涉及人物的主题，必须描述人物的眼睛、鼻子、嘴唇，例如 :beautiful detailed eyes,
    beautiful detailed lips, extremely detailed eyes and face, long eyelashes。这
```

是为了避免 Stable Diffusion 随机生成变形的面部五官。

6．此外，还可以描述人物的外表、情绪、衣服、姿势、视角、动作、背景等。人物属性中，1girl 表示一个女孩，2girls 表示两个女孩。

7．附加细节：可以描述画面的场景细节或人物细节，使图像看起来更丰满、合理。但这部分是可选的，需要注意的是，这些细节不能与主题冲突，需要保持画面的整体和谐。

接下来我将给你提供几个例子。

样例 1

input：一家人在厨房做饭

output: closeup, a family portrait, momn, dad, kitchen in the background

样例 2

input：蜘蛛侠穿着钢铁侠的战衣

output: batman, wearing a iron man suit, outdoors, background forest, kid, toon, ((pixar style)), 3d, cartoon, detailed face, blue neon eyes, asymmetric, cinematic lighting, batman logo

样例 3

input：一个小女孩正在摘番茄

output: (tomato girl),(very_softly draw:1.5 , very_carefully drawing:1.5) , (masterpiece , best_quality) , (Tomato farm background , Tomato field work clothes),(great_clear_eyes:1.2),(cartoonish:1.6),(high resolution 4K), (high-detailed), (illustration:1.3), dramatic angle,cinematic shot, (picture_level hyper),happy_smile

样例 4

input：两个小孩划船在海里冒险

output: (best quality, masterpiece),

2boys, boat, ocean, caustics, wave pointing, happy pirate hat, eyepatch, shark, flintlock, (best quality, masterpiece),

你要仿照以上例子，并不局限于我给你的单词来提炼提示词。接下来我再给你一个例子，请你给出一套详细的提示词。直接开始给出提示词即可，不需要有任何其他自然语言描述，也不要有任何中文前缀。

input：{input}

output:

在大语言模型生成了提示词之后，我们可以在前面再拼接上一些常用的优化提示词，以提高生成图像的质量：

```txt
(((best quality))), (((ultra detailed))), (((masterpiece))), illustration, best
    quality, 4k, 8k,
```

当然最后还要拼接上我们要用的 LoRA 模型提示词：<lora:COOLKIDS_MERGE_V2.5:1>。

除此之外，反向提示词相对来说更加简单和固定，对此可以使用一些比较简单的默认提示词：

```txt
nsfw, (low quality, normal quality, worst quality, jpeg artifacts), facelowres,
    bad anatomy, bad hands, text, error, missing fingers, extra digit, fewer
    digits, cropped, signature, watermark, username, blurry, bad feet, ugly,
    duplicate, trannsexual, hermaphrodite, out of frame, extra fingers, mutated
    hands, poorly drawn hands, poorly drawn face, mutation, deformed, blurry,
    bad anatomy, bad proportions, extra limbs, cloned face, disfigured, out of
    frame, ugly, extra limbs, bad anatomy, gross, proportions, malformed limbs,
    missing arms, missing legs, extra arms, extra legs, mutated hands, fused
```

```
fingers, too many fingers, long neck
```

例如，输入童话故事《小红帽》中的一段话：

从前有个可爱的小姑娘，谁见了都喜欢，但最喜欢她的是她的奶奶，简直是她要什么就给她什么。一次，奶奶送给小姑娘一顶用丝绒做的小红帽，戴在她的头上正好合适。从此，姑娘再也不愿意戴任何别的帽子，于是大家便叫她"小红帽"。

对此，文心一言给我们生成的提示词是：

```
cute girl, everyone loves her, favorite is her grandma, gives her anything she
    wants. Once, grandma gives her a red velvet hat, fits perfectly. From then
    on, girl refuses to wear any other hat, so everyone calls her "Red Hat Girl".
```

我们将其输入 Stable Diffusion 中，结合 KIDS ILLUSTRATION 的 LoRA 模型，就可以生成如图 9-6 所示的效果。

图 9-6　插画生成样例

3. 语音识别

在语音识别方面，我们采用的是 Whisper 模型。Whisper 是由 OpenAI 训练并开源的通用语音识别模型，基于 Transformer 的"编码器 – 解码器"结构实现。它在总时长为 68 万 h 的经过标注的音频数据上进行了训练，表现出强大的泛化能力，并且是一个多任务模型，可以进行多语言语音识别、语音翻译。

Whisper 需要在系统中安装命令行工具 ffmpeg，这个工具可以在大多数包管理器中找到，针对不同系统的安装命令如下：

```bash
bash
# on Ubuntu or Debian
sudo apt update && sudo apt install ffmpeg
# on Arch Linux
sudo pacman -S ffmpeg
# on MacOS using Homebrew (https://brew.sh/)
brew install ffmpeg
```

```
# on Windows using Chocolatey (https://chocolatey.org/)
choco install ffmpeg
# on Windows using Scoop (https://scoop.sh/)
scoop install ffmpeg
```

Whisper 模型是专门设计用来处理时长不超过 30s 的音频样本的。不过，这并不意味着它无法处理更长的音频。通过采用分块算法，我们可以使 Whisper 模型转录任意长度的音频。这种处理方式主要是通过设置 Transformer Pipeline 的 chunk_length_s=30 参数来实现的。启动了这个分块功能后，我们就可以利用批处理方式进行推断操作。

有趣的是，Whisper 模型似乎能够根据用户的语言习惯自动判断应该生成简体中文还是繁体中文。例如，在对 YouTube 上的台湾地区视频进行处理时，生成的是繁体中文；而对大陆视频的处理结果则是简体中文。如果模型在处理过程中出现识别错误，比如，在应该生成简体中文的地方误生成了繁体中文，我们也可以非常简单地进行修正。

有一个名为 zhconv 的工具，提供了基于 MediaWiki 词汇表的最大正向匹配简繁转换功能，适用于 Python 2 和 Python 3，一行代码就能够实现从繁体到简体的转换。

```
python
import librosa                                             # librosa 库用于音频处理
import torch as th
from zhconv import convert                                 # zhconv 库用于进行简繁转换
from transformers import pipeline
from transformers import WhisperTokenizer                  # 用于音频数据的分词
from transformers import WhisperFeatureExtractor           # 用于提取音频特征
from transformers import WhisperForConditionalGeneration   # Whisper 模型的生成器

# 从预训练模型加载 Whisper 模型、特征提取器和分词器
model = WhisperForConditionalGeneration.from_pretrained("openai/whisper-small")
feature_extractor = WhisperFeatureExtractor.from_pretrained("openai/whisper-
    small")
tokenizer = WhisperTokenizer.from_pretrained("openai/whisper-small",
    language="Chinese", task="transcribe")
device = "cuda:0" if th.cuda.is_available() else "cpu"     # 检查 CUDA 设备是否可用
pipe = pipeline(
    "automatic-speech-recognition",                        # 设置为自动语音识别任务
    model=model,
    feature_extractor=feature_extractor,
    tokenizer=tokenizer,
    chunk_length_s=30,                                     # 设置音频分块的长度为 30s
    device=device,                                         # 设置设备
)
# 加载音频文件，并将其输入到处理管道
speech, _ = librosa.load("asr_test_audio.mp3")            # 使用 librosa 加载音频文件
prediction = pipe(speech)["text"]     # 使用处理管道进行预测，并取出预测结果中的文本部分
print(convert(prediction, "zh-cn"))  # 使用 zhconv 进行简繁转换，并打印结果
```

4. 语音合成

在语音合成方面，我们采用的是 Sambert-Hifigan 模型。Sambert 是由阿里达摩院语音实验室设计、训练并开源的语音合成（TTS）模型，基于 Parallel 结构进行了改良，以预训

练 BERT 语言模型为编码器，解码器使用了 PNCA 自回归结构，降低了带宽的要求，支持
CPU 实时合成。

一个完整的语音合成系统通常可以被划分为两个主要组成部分，即前端（语言分析部
分）和后端（声学系统部分），如图 9-7 所示。这两部分的功能原理可以与人类的语音产生
过程相类比：大脑分析并决定如何发音，然后通过神经信号驱动肺部和声带产生声音。在
语音合成系统中，前端部分负责解析输入的文本信息，并生成相应的语言学特征；后端部
分则根据前端提供的语言学特征生成音频，以实现发音。

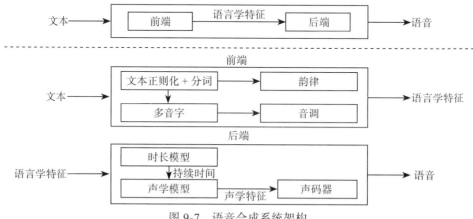

图 9-7　语音合成系统架构

在前端部分，系统首先对输入文本进行正则化处理和分词，然后预测多音字和音素，
最后预测韵律模式。这一过程会产生一系列的语言学特征，包括音素、音调、停顿和位置
等。后端部分的任务是将这些语言学特征转化为语音。这包括 3 个模块：时长模型、声学
模型和声码器。时长模型基于语言学特征预测每个音素的持续时间；声学模型根据语言学
特征和时长信息预测声学特征；声码器将声学特征转化为对应的语音波形。

在后端模块中，Sambert-Hifigan 采用了达摩院自研的 SAM-BERT 作为声学模型，联合
时长模型和声学模型进行建模。这个模型的主要特点包括：使用自注意力机制（SAM）作
为主干网络提升模型的建模能力；在编码器部分使用 BERT 进行初始化，以引入更多的文
本信息，从而提升合成韵律的自然度；在预测音素级别的韵律（基频、能量、时长）轮廓时，
先进行粗粒度的预测，然后通过解码器进行帧级别的细粒度建模。

在声码器部分，Sambert-Hifigan 使用了 HIFI-GAN。这是一个基于 GAN 的模型，通过
使用判别器来指导生成器的训练，实现更自然的训练方式，从而在生成效率和效果上都有
明显的优势。Sambert-Hifigan 在 HIFI-GAN 的开源工作的基础上，对 16k 和 48k 采样率下
的模型结构进行了优化设计，并提供了基于因果卷积的低时延流式生成和块流式生成机制，
以支持在 CPU、GPU 等硬件条件下的实时流式合成。

Sambert-Hifigan 是专用于中文语音合成的模型，具有广泛的应用范围。它的主要应用
场景包括配音、虚拟主播和数字人等语音合成任务。输入文本使用 UTF-8 编码，为了确保
最佳的合成效果，建议文本长度不超过 30 字。

使用 Sambert-Hifigan 模型进行语音合成的方法相当直接明了，用户只需将待合成的文本输入模型进行推理即可。不过需要注意的是，Sambert-Hifigan 依赖 kantts 和 ttsfrd 库，而 kantts 要求 Python 的版本不能高于 3.9，因此如果 Python 版本过高则需要降级或创建虚拟环境，ttsfrd 仅支持 Linux 操作系统 x86_64 架构上的 Python 3.6 ～ Python 3.10，对其他平台或 Python 版本暂不支持。

```python
from modelscope.outputs import OutputKeys
from modelscope.pipelines import pipeline
from modelscope.utils.constant import Tasks

text = "早上好，今天天气真不错！"
model_id = "damo/speech_sambert-hifigan_tts_zhitian_emo_zh-cn_16k"
sambert_hifigan_tts = pipeline(task=Tasks.text_to_speech, model=model_id)

output = sambert_hifigan_tts(input=text)
wav = output[OutputKeys.OUTPUT_WAV]
with open("test_sambert-hifigan_tts.wav", "wb") as f:
f.write(wav)
```

5. 信息安全

阿里云针对 AIGC 内容的安全问题提供了一系列审核解决方案。AIGC 内容的迅猛增长在带来大量有趣内容的同时，也带来了违规、虚假、伦理问题等挑战。为了应对这些挑战，阿里云推出了内容安全产品，旨在为客户提供高效、经济、全面的内容检测与管理方案。

这套解决方案遵循了国家互联网信息办公室发布的《生成式人工智能服务管理暂行办法》。在 AI 生成的内容应用中，安全措施被整合进了模型的整个生命周期中，对从模型训练到应用再到迭代的过程进行了全面考虑，如图 9-8 所示。在训练模型时，会过滤掉数据中的不当或敏感内容。在应用模型时，会对用户输入和输出内容进行检查，确保没有不当信息。此外，结合人工审核和用户反馈，可以不断优化模型，使其更加合规。

阿里云特别关注以下几种内容风险。

❑ 生成不适当的色情或暴力内容。

❑ 产生可能威胁社会或国家安全的信息。

❑ 侵犯个人隐私。

❑ 传播歧视或仇恨言论。

❑ 生成和传播有害或不良的信息。

该方案的主要特点包括：即刻可用、与最新法规相符、高度可扩展。相应的产品有三大类，分别为文本、图像和语音审核。文本审核可以识别聊天、昵称和 AIGC 命令中的敏感信息，支持中英文内容；图像审核可以区分不同类型的敏感图片和视频内容，并识别其中的文字；语音审核则可以识别音频文件和实时语音流中的敏感信息，并将其转化为文字以辅助审核。更多内容请关注阿里云 AIGC 内容审核解决方案官网：https://cn.aliyun.com/activity/security/aigc_moderation。

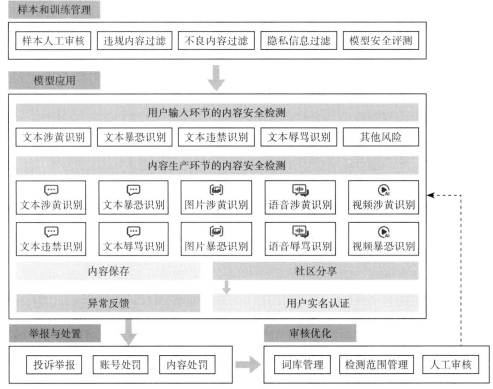

图 9-8 阿里云 AIGC 内容审核解决方案示意（来自阿里云官网）

9.2.2 后端技术栈

本小节将简单介绍后端开发过程中会用到的一些技术，由于这些内容并不是本书的重点，因此我们只关注其功能和特点，具体的使用还请读者到相应的官网自行学习。当然，如果你已经熟悉这些技术点，可以跳过本节。

1. Django

Django（https://www.djangoproject.com/）是一个开源的、用 Python 语言编写的高级 Web 框架，它鼓励快速开发和干净、务实的设计。Django 的主要目标是简化创建复杂的、数据库驱动的网站。它有一个可重用的组件库，可以极大地降低 Web 应用程序开发的复杂性和时间成本。

Django 遵循 MVC（模型 – 视图 – 控制器）设计模式，但在实际执行中，它的模式更接近 MTV（模型 – 模板 – 视图）。Django 的 MTV 模式如下。

- ❑ 模型（Model）：数据存取层，处理与数据相关的所有事务，包括如何存取、如何验证有效性和数据之间的关系等。Django 模型是 Python 类，用于对数据库的抽象化访问。
- ❑ 模板（Template）：视图表现层，处理与视图相关的内容，如如何在页面或其他类型文档中进行显示。模板是文本文件，定义了响应的结构或布局（HTML 代码）。
- □ 视图（View）：业务逻辑层，用于存取模型及调用恰当的模板，是模型与模板之间的桥梁。视图是 Python 函数，接收 Web 请求并返回 Web 响应。

除了以上三层之外，还需要一个 URL 控制器，将一个个 URL 的页面请求分发给不同的视图处理，然后视图调用相应的模型和模板。Django 具体的响应模式如图 9-9 所示。

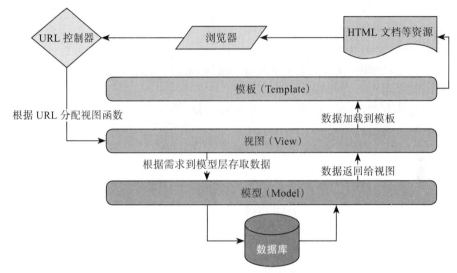

图 9-9 Django 的 MTV 模式架构

Django 的设计原则是"DRY"（Don't Repeat Yourself），意味着一切都应该只在一个地方进行定义。这种设计原则使得 Django 代码高效且易于维护。

Django 还有许多内置功能，如用户认证、URL 路由、模板引擎、对象关系映射（ORM）、数据库迁移和管理员界面等。这些功能使得开发者可以专注于应用程序的独特部分，而不是重复编写通用的基础代码。

Django 还有一个强大的插件系统，它允许开发者扩展框架的功能。Django 的社区非常活跃，并且已经为许多常见的需求开发了插件，如用户管理、社交登录、支付处理、搜索和地理位置服务等。

虽然 Django 的优点众多，但这并不意味着它适合所有的 Web 项目。对于小型的、不需要数据库和用户认证的静态网站，使用 Django 可能会过于复杂。而对于大型的复杂项目，Django 的灵活性和丰富的功能集则会显得非常有利。

总的来说，Django 是一个强大、灵活的 Web 开发框架，它可以帮助开发者快速、高效地开发复杂的 Web 应用。

2. Django REST Framework

Django REST Framework，也被称为 DRF（https://www.django-rest-framework.org/），是一个强大而灵活的工具，用于构建 Django Web API。DRF 是基于 Python 和 Django 的框架，提供了一套完整的工具和功能，以支持 API 的开发和维护。

Django REST 框架的主要优点如下。

- ❑ 易于使用：DRF保持了Django的"约定优于配置"的原则，有许多默认配置和功能，可以快速开发 API。
- ❑ 可浏览的 API：DRF 提供了一个可浏览的 API 界面，使 API 变得易于理解和使用。这无论对前端开发者还是后端开发者，都是非常有用的，因为可以直接在浏览器中测试 API。
- ❑ 序列化：DRF 提供了强大的序列化工具，可以将复杂的数据类型转换为 JSON 或 XML 等格式，以供前端使用。
- ❑ 身份验证和权限：DRF内置了多种身份验证和权限系统，包括基于token的身份验证、权限管理和会话管理等。
- ❑ 视图和视图集：DRF 提供了基于类的视图和视图集，这使得代码更加整洁，同时提供了基于函数的视图。
- ❑ 路由：DRF 提供了一种简洁的方式来定义 URL 路由。
- ❑ 文档：DRF 提供了自动生成 API 文档的工具，可以生成详细的 API 说明，减少了写文档的工作量。
- ❑ 版本控制：DRF 支持 API 版本控制，这对于维护大型 API 是非常重要的。
- ❑ 可定制性：DRF 提供了许多钩子和扩展点，可以很容易地扩展和定制框架的行为。

DRF 的设计原则是将 Web API 的设计和实现的复杂性降到最低，同时提供足够的灵活性和可扩展性，以满足复杂的业务需求。这使得开发者可以专注于业务逻辑，而不是 API 的底层实现。

就像 Django 一样，DRF 也有一个活跃的社区，提供了许多插件和扩展功能。这些插件可以进一步增强 DRF 的功能和易用性，例如，有些插件可以提供更先进的身份验证方法，或者提供更复杂的数据验证和序列化功能。

总的来说，DRF 是一个强大的工具，适合构建各种规模和复杂度的 Web API。无论你是构建一个小型的个人项目，还是一个大型的商业应用，DRF 都能提供强大的支持。

3. Dj-Rest-Auth

Dj-Rest-Auth（https://dj-rest-auth.readthedocs.io/en/latest/index.html）是一个强大的 Django 应用程序，专为 Django REST Framework 创建，用于处理用户认证和注册。它拥有许多内建的功能，可以帮助开发者快速、安全地实现 API 的用户认证。

以下是 Dj-Rest-Auth 提供的主要功能。

- ❑ 基于令牌的认证：Dj-Rest-Auth 提供了一种简单的基于 token 的认证方式，用户在登录时会收到一个唯一的 token，该 token 在后续的 API 请求中用于验证用户身份。
- ❑ 用户注册：Dj-Rest-Auth 提供了用户注册的功能，开发者只需要进行一些基本的设置，就可以启用用户注册。
- ❑ 密码重置：Dj-Rest-Auth 提供了密码重置的功能，包括发送密码重置邮件和处理密码重置请求。
- ❑ 社交账号登录：Dj-Rest-Auth 支持通过第三方社交账号进行登录，如谷歌、Meta 等，这样可以提供更好的用户体验。

❑ 用户详细信息管理：Dj-Rest-Auth 提供了对用户详细信息进行获取和更新的接口，开发者可以轻松地管理用户信息。

Dj-Rest-Auth 的设计原则是简单易用，它尽可能地降低了认证和注册过程中的复杂性，使得开发者可以专注于业务逻辑，而不是认证过程的底层实现。

4. Django-allauth

Django-allauth(https://django-allauth.readthedocs.io/en/latest/index.html) 是一款专为 Django 开发的全面的身份验证解决方案。它提供的功能不仅包括社交身份验证，还包括本地身份验证，使得开发者可以在一个应用中实现完整的认证流程。

许多 Django 应用在处理社交身份验证时，往往只关注社交身份验证本身，而忽视了本地身份验证。这导致在实现本地和社交身份验证时，开发者需要集成两个不同的应用，使开发过程变得复杂。而 Django-allauth 的诞生，正是为了解决这个问题。它将本地和社交身份验证完美地结合在一起，为开发者提供了一站式的身份验证解决方案。

Django-allauth 的主要功能如下。

❑ 全面的账户功能：Django-allauth 支持多种身份验证方式，如用户名登录、邮箱登录等。它还提供多种方式进行账户验证，从无须验证到必须进行邮箱验证等。

❑ 社交登录：Django-allauth 支持使用各种外部身份的提供商进行登录，包括所有支持 Open ID Connect 的提供商、许多支持 OAuth 1.0/2.0 的提供商，以及 Telegram 认证等自定义协议。

❑ 经过实战的测试：Django-allauth 自 2010 年以来一直用于许多商业公司的业务中，因此经受过各种渗透测试。

❑ 速率限制：Django-allauth 默认启用了速率限制，以防止被暴力破解。

❑ 隐私保护：Django-allauth 提供了防止账户枚举的功能，使得无法通过忘记密码或尝试注册的方式来检查某人是否有账户。

❑ 配置灵活：Django-allauth 允许使用普通的设置或者通过 Django admin 在数据库中配置与 Meta（Facebook）、X（Twitter）等交互所需的 consumer keys 和 secrets 参数。此外，Django-allauth 还支持 Django Sites Framework，这对于大型多域名项目非常有帮助。

5. Django Channels

Django Channels（https://channels.readthedocs.io/en/stable/index.html）是一个扩展 Django 能力的项目，使其不局限于处理 HTTP 传输，还可以处理 WebSocket、MQTT、聊天协议、物联网（IoT）协议等更多内容。这一切都建立在一个名为 ASGI 的 Python 规范之上。

在了解 Django Channels 之前，我们首先要明白什么是 ASGI。ASGI，全称为 Asynchronous Server Gateway Interface，是一个 Python 的 Web 服务器网关接口，专门用于处理异步请求，比如 WebSocket。该规范定义了 Web 服务器如何与 Web 应用程序进行交互，以便服务器在接收到请求后，能够将请求交给应用程序处理，并将处理结果返回给客户端。

Django Channels 就是在 Django 的原生 ASGI 支持的基础上构建的。尽管 Django 仍然处理传统的 HTTP，但 Django Channels 提供了更多选择，能以同步或异步的方式处理其他连接。Django Channels 包含多个软件包，包括 Django 集成层 Channels、HTTP 和 WebSocket 终端服务器 Daphne、基础 ASGI 库 asgiref，以及可选的 Redis 通道层后端 channels_redis。

另外，Django Channels 引入了通道层（Channel Layer），这是一个便于进程间通信的系统，可以轻松地把项目划分为不同的进程。

6. Django Simple UI

Django Simple UI（https://newpanjing.github.io/simpleui_docs/）是一款基于 Django 的现代化后台管理界面框架。它提供了一种简单、快速且美观的方式来建立 Django 网站的管理界面。

Django Simple UI 的主要特点如下。

- 现代化的界面设计：Django Simple UI 使用了现代化的界面设计，如响应式布局，无论用户使用的是桌面计算机还是移动设备，都将获得最佳的用户体验。
- 简单的集成：Django Simple UI 为开发者提供了一种简单的方式来集成一个强大的后台管理系统。只需要在 Django 项目中安装 Django Simple UI，然后在 settings.py 文件中进行配置，就可以使用 Django Simple UI。
- 强大的功能：Django Simple UI 提供了一系列功能来帮助开发者管理 Django 网站，包括用户管理、权限管理、数据管理等。开发者可以在 Django Simple UI 的后台管理界面中轻松地对其用户、权限、数据等进行管理。
- 易于定制：虽然 Django Simple UI 已经提供了一套美观的界面设计和强大的功能，但它也允许开发者进行定制。开发者可以根据自己的需求，对 Django Simple UI 的界面和功能进行定制，以满足其特殊需求。

7. Celery

Celery（https://docs.celeryq.dev/en/stable/index.html）是一个强大的分布式任务队列工具，能够处理大量的后台任务。它采用分布式消息传递，其任务既可以异步（后台）执行，也可以同步（前台）执行，且支持调度。Celery 目前主要用于 Python 编程，但其协议可以在任何语言中实现。

Celery 主要具有以下特性。

- 异步任务队列：借助 Celery，开发者可以将某些耗时的工作（如发送邮件、处理大量数据等）放到后台异步执行，从而显著提高了应用的响应速度。
- 定时任务调度：基于其内置的 beat 组件，Celery 还可以执行定时任务，类似于 Linux 系统的 Cron。
- 多种消息中间件支持：Celery 支持将多种消息队列服务（如 RabbitMQ、Redis 等）作为其消息中间件。
- 分布式任务执行：Celery 支持多个 worker 并发执行任务，且这些 worker 可以分布在不同的服务器上，以实现分布式的任务处理。

Celery 是 Django 的理想伙伴，可以帮助 Django 应用处理那些耗时的后台任务。以下是一些 Celery 集成到 Django 后实现的功能。

- 异步邮件发送：在 Django 中，发送邮件可能会占用一些时间，尤其是在高负载的系统中。将此任务交给 Celery，我们就可以在后台异步地发送邮件，从而改善用户体验。
- 定时任务：Celery 可以帮助 Django 执行定时任务，如每天清理数据库、每小时检查新邮件等。
- 大数据处理：对于需要处理大量数据的 Django 应用，Celery 可以将数据处理任务分发到多个 worker，以实现并行处理，从而大大提高了处理速度。
- 异步 API 请求：对于需要调用外部 API 的 Django 应用，使用 Celery 可以异步地进行 API 请求，从而不会阻塞用户的请求。

在 Django 中使用 Celery 时，需要了解如何定义任务、如何启动 worker 和 beat 进程等，这些都是 Celery 的基础知识。

总的来说，Celery 是一个强大的工具，可以极大地提高 Django 应用的性能和用户体验。通过异步处理耗时的后台任务，Celery 让 Django 可以更专注于处理用户的请求，从而提供更快的响应速度。同时，Celery 的定时任务功能也让 Django 能够轻松地实现各种定时任务。

9.2.3 小结

在本节中，我们首先对 Django 框架的核心架构——MTV 模式进行了详细的介绍。Django 通过模型（Model）、模板（Template）和视图（View）这三大组件来分别处理数据的存储与访问、前端页面的呈现以及后台的业务逻辑。开发者可以直接使用 Django 内置的众多功能模块，从而极大地简化了 Web 应用的开发过程。

接下来，我们着重探讨了 Django REST Framework，它被广大开发者视为构建 Web API 的利器。利用其提供的序列化工具、灵活的路由系统和自动化的文档生成功能，开发者能够更为高效地创建 API。在用户身份验证方面，Dj-rest-auth 模块不仅支持基于 token 的认证方式，还内置了用户注册、密码找回等实用功能。而 Django-allauth 则能够无缝地整合本地和各大社交平台的账号登录。

为了满足现代 Web 应用中对实时通信的需求，Django Channels 为 Django 引入了 WebSocket 等实时通信协议的支持。其中，通信层技术是它的核心，能够实现多个进程间的实时通信。

此外，Django Simple UI 为开发者提供了一个现代化、设计感十足的后台管理界面，使得后台管理更为简洁美观。而 Celery 则是 Django 的得力助手，帮助应用异步处理各种耗时的后台任务，从而显著提升系统的响应速度和整体性能。典型的应用场景包括但不限于邮件发送、数据库维护和大数据处理，以及我们后面即将用到的批量网络请求。

最后，由于整个应用系统过于庞大，还包括一些模型文件和配置文件等，在本书和 GitHub 中不能完全展示，因此只提供部分核心功能的代码，主要是提供对开发过程和逻辑的讲解。

9.3 相关模型部署

本节我们将对该应用开发需要使用的 3 个模型进行部署，依次是 Stable Diffusion、Whisper 和 Sambert-Hifigan。

9.3.1 Stable Diffusion WebUI 部署

Stable Diffusion WebUI 启动之后，其实还提供了相应的 API，只需要在浏览器中打开 http://127.0.0.1:7860/docs（其中端口 7860 是指定的 Stable Diffusion WebUI 启动的端口，而 /docs 是文档接口路径），就可以看到其中所使用的所有 API 了，可以从此文档中找到需要接入的接口以及详细的请求参数，并且能在线调试。

要启动 Stable Diffusion WebUI 的 API 模式，就需要在启动脚本上加上 --api 参数。在 stable-diffusion-webui 根目录下找到文件 webui-user.bat，编辑这个文件，然后在 COMMANDLINE_ ARGS 配置项后面添加 --api，再重新启动服务。

注意，不同版本的 Stable Diffusion WebUI 的接口可能会有很大的差异，因此需要详细查看自己部署版本的接口文档，本文以 1.6.0 版本为例，介绍几个在本项目中将会被使用的接口。

1. 文生图

文生图的接口路径是 /sdapi/v1/txt2img，请求方式是 POST 请求，通过 JSON 参数设置要生成的图片参数，而生成的图片则将以 Base64 编码的方式返回。

```python
# 定义一个字典类型的变量 payload，包含了所需的指令和参数
payload = {
    # prompt 是对模型生成图像的描述，一般来说，越详细越好
    "prompt":"(((best quality))),(((ultra detailed))),(((masterpiece))),illustration,
        best quality, 4k, 8k, closeup, a family portrait, momn, dad, kitchen in the
        background <lora:COOLKIDS_MERGE_V2.5:1>",
    # negative_prompt 用于指定你不想要出现在生成图像中的元素
    "negative_prompt": "nsfw,(low quality, normal quality, worst quality, jpeg
        artifacts), facelowres, bad anatomy, bad hands, text, error, missing
        fingers, extra digit, fewer digits, cropped, signature, watermark,
        username, blurry, bad feet, ugly, duplicate, trannsexual, hermaphrodite,
        out of frame, extra fingers, mutated hands, poorly drawn hands, poorly
        drawn face, mutation, deformed, blurry, bad anatomy, bad proportions,
        extra limbs, cloned face, disfigured, out of frame, ugly, extra limbs,
        bad anatomy, gross, proportions, malformed limbs, missing arms, missing
        legs, extra arms, extra legs, mutated hands, fused fingers, too many
        fingers, long neck",
    # batch_size 指定每一批生成图像的数量
    "batch_size": 1,
    # n_iter 指定迭代次数
    "n_iter": 1,
    # steps 指定每次迭代的步数
    "steps": 50,
```

```
    # cfg_scale 指定配置的缩放比例
    "cfg_scale": 7,
    # width 和 height 指定生成图像的尺寸
    "width": 768,
    "height": 512,
    # restore_faces 指定是否要恢复图像中的人脸
    "restore_faces": True
}

# 使用 requests 库的 post 方法，向指定的 URL 发送请求，payload 为请求的内容
response = requests.post(url=f"{sd_base_url}/sdapi/v1/txt2img", json=payload)

# 将返回的 JSON 数据解析为 Python 对象
r = response.json()

# 遍历返回的图像数据
for idx, img in enumerate(r["images"]):
    # 将图像数据从 base64 格式解码，然后打开
    image = Image.open(io.BytesIO(base64.b64decode(img.split(",", 1)[0])))
    # 将图像数据再次编码为 Base64 格式，然后将其包装在一个字典中
    png_payload = {"image": "data:image/png;base64," + img}
    # 使用 requests 库的 post 方法，向指定的 URL 发送请求，png_payload 为请求的内容
    response = requests.post(url=f"{sd_base_url}/sdapi/v1/png-info",json=png_
        payload)
    # 创建一个 PngInfo 对象
    PI = PngImagePlugin.PngInfo()
    # 向 PngInfo 对象添加文本信息
    PI.add_text("parameters", response.json().get("info"))
    # 保存图像，同时将 PngInfo 对象作为额外信息保存
    image.save(f"output_{idx}.png",pnginfo=PI)
```

最终执行结果如图 9-10 所示。

2. 生成进度

在 Stable Diffusion WebUI 中，我们可以观察到图像一步一步生成的过程，也就是可以提前预览。生成进度的接口路径是 /sdapi/v1/progress，以 GET 方式请求，会返回如下格式的结果。

```json
{
    "progress":0,
    "eta_relative":0,
    "state":{
        "skipped":false,
        "interrupted":false,
        "job":"",
        "job_count":0,
        "job_timestamp":"20230925162810",
        "job_no":1,
        "sampling_step":0,
        "sampling_steps":50
```

```
    },
    "current_image":null,
    "textinfo":null
}
```

```
response = requests.post(url=f"{sd_base_url}/sdapi/v1/txt2img", json=payload)
r = response.json()
for idx, img in enumerate(r["images"]):
    image = Image.open(io.BytesIO(base64.b64decode(img.split(",", 1)[0])))
    png_payload = {"image": "data:image/png;base64," + img}
    response = requests.post(url=f"{sd_base_url}/sdapi/v1/png-info", json=png_payload)
    PI = PngImagePlugin.PngInfo()
    PI.add_text("parameters", response.json().get("info"))
    image.save(f"output_{idx}.png", pnginfo=PI)
```

图 9-10　通过 API 接口做文生图的示例

这个 JSON 对象包含了一些信息，主要是关于任务或进程的状态。以下是对每个字段的解释。

① progress：表示当前任务的进度，通常表示为一个 0 ～ 1 的数值，0 表示任务刚开始，1 表示任务已完成。

② eta_relative：估计剩余时间，表示完成任务所需要的剩余时间，以秒为单位。

③ state：一个包含多个字段的对象，描述了任务的当前状态。

❑ skipped：一个布尔值，表示任务是否被跳过。

❑ interrupted：一个布尔值，表示任务是否中断。

❑ job：一个字符串，可能表示当前正在进行的任务的名称和类型。

❑ job_count：一个整数，表示正在进行的任务数量。

❑ job_timestamp：一个字符串，表示任务开始的时间戳。

❑ sampling_step：一个整数，表示当前采样步骤的编号或序号。

❑ sampling_steps：一个整数，表示整个任务中采样步骤的总数量。

❑ current_image：表示当前正在生成的图像的 Base64 编码。

9.3.2　语音识别模型：Whisper

在 9.2.1 节熟悉了 Whisper 模型的使用之后，我们需要将其部署成 Web 服务。在本项目中，我们使用了"夜雨飘零"在 GitHub 上开源的"微调 Whisper 语音识别模型和加速推理"（https://github.com/yeyupiaoling/Whisper-Finetune）项目，该项目不仅能够微调 Whisper 模型，还可以利用 CTranslate2 库来加速模型的推理。

1. CTranslate2 介绍

CTranslate2 是一个高效的 C++ 和 Python 库，专门用于 Transformer 模型的推理。它在 CPU 和 GPU 上都能快速高效地运行，支持多种 CPU 架构，包括 x86-64 和 AArch64/ARM64 处理器。它还整合了多个为这些平台优化的后端，如 Intel MKL、oneDNN、OpenBLAS、Ruy 和 Apple Accelerate。并且，一个二进制文件可以包含多个后端和指令集架构，会根据运行时的 CPU 信息自动选择。

CTranslate2 通过实施一系列的优化策略，如权重量化、层融合、批量重排序等，来加速 Transformer 模型的运行，并减少其在 CPU 和 GPU 上的内存使用。它支持对模型的序列化和参数量化，包括 16 位浮点数（FP16）和 8 位整数（INT8）等。这使得模型的体积甚至可以缩小至 1/4，几乎不会损失精度。

此外，CTranslate2 还支持并行和异步执行，可以使用多个 GPU 或 CPU 核心同时处理多个批量。内存使用量会根据请求大小动态变化，同时仍能满足性能要求，因为它在 CPU 和 GPU 上都使用了缓存分配器。

CTramslate2 目前支持的模型类型如下。

❑ "编码器 – 解码器"模型：Transformer base/big、M2M-100、NLLB、BART、mBART、Pegasus、T5、Whisper。

❑ 仅解码器模型：GPT-2、GPT-J、GPT-NeoX、OPT、BLOOM、MPT、Llama、CodeGen、GPTBigCode、Falcon。

❑ 仅编码器模型：BERT、DistilBERT、XLM-RoBERTa。

总的来说，CTranslate2 是一个轻量级、高效且易于集成的库，可以有效加速 Transformer 模型的推理，使其更加适合 Web 服务的部署。

2. 部署 Whisper

1）拉取 Whisper-Finetune 仓库的代码：

```bash
git clone https://github.com/yeyupiaoling/Whisper-Finetune.git
```

2）安装项目的依赖库：

```bash
pip install -r requirements.txt -i https://pypi.tuna.tsinghua.edu.cn/simple
```

Windows 需要单独安装 bitsandbytes：

```bash
pip install https://github.com/jllllll/bitsandbytes-windows-webui/releases/
    download/wheels/bitsandbytes-0.40.1.post1-py3-none-win_amd64.whl
```

3）将 Whisper 模型通过 CTranslate2 进行转换：

```bash
ct2-transformers-converter --model openai/whisper-medium --output_dir models/
    whisper-medium-ct2 --copy_files tokenizer.json --quantization float16
```

4）启动 Web 服务：

```bash
python infer_server.py --host=0.0.0.0 --port=5000 --model_path=models/whisper-
    medium-ct2 --num_workers=2
```

- ❑ --host 参数来设定服务的启动地址。在这里，我们将其设置为 0.0.0.0，这意味着我们的服务可以通过任何地址进行访问，从而增强了服务的可接入性。
- ❑ --port 参数则用于指定服务使用的端口号。
- ❑ --model_path 参数是用于指向我们转换后的 CTranslate2 模型的路径。
- ❑ --num_workers 参数是用于指定并发推理时使用的线程数量。

5）调用语音识别接口。服务启动后提供了两个接口：常规识别接口 /recognition 和流式返回结果接口 /recognition_stream。这两个接口的主要区别在于，虽然它们都需要用户上传完整的音频文件，但流式返回结果接口能够在识别过程中逐步返回结果，非常适合长语音的识别；而常规识别接口则是在音频文件全部处理后返回完整的识别结果。

这两个接口的参数设计完全一致，包括以下几个主要参数。

- ❑ audio：必要参数，用于上传需要识别的音频文件。
- ❑ to_simple：可选参数，默认值为 1，用于设置是否将识别结果中的繁体字符转为简体。
- ❑ remove_pun：可选参数，默认值为 0，用于设置是否移除识别结果中的标点符号。
- ❑ task：可选参数，默认值为 transcribe，用于设置识别任务类型，可选的类型有 transcribe（转录）和 translate（翻译）。
- ❑ language：可选参数，默认值为 zh，用于设置识别语言。如果不设置，则系统会自动检测语音的语言。

接口处理完请求后会返回一组包含以下字段的结果。

- ❑ results：识别结果，为一个列表，其中每个元素包含一个 result 字段（识别出的文本）、一个 start 字段（对应文本的开始时间，单位为秒）以及一个 end 字段（对应文本的结束时间，单位为秒）。
- ❑ code：错误码，0 表示成功识别。

例如，返回结果可能如下所示：

```json
{"results":[{"result":" 大模型实战 AIGC 技术原理及实际应用 ","start":0.24,"end":5.74}],
    "code":0}
```

这里提供了两个 Python 示例代码。第一个示例展示了如何调用 /recognition 接口，而第二个示例则展示了如何调用 /recognition_stream 接口并实时处理返回的流式结果。

第一个示例：

```python
import requests

response = requests.post(url="http://127.0.0.1:5000/recognition", files=
    [("audio",("test.wav", open("asr_test_audio.mp3", 'rb'), 'audio/mp3))], json=
    {"to_simple":1,"remove_pun":0,"language": "zh", "task":"transcribe"}, timeout=20)
print(response.text)
```

第二个示例：

```python
import json
import requests

response = requests.post(url="http://127.0.0.1:5000/recognition_stream", files=
    [("audio", ("test.wav",open("asr_test_audio.mp3", 'rb'), 'audio/mp3))],
    json={"to_simple": 1, "remove_pun":0,"language":"zh","task":"transcribe"},
    stream=True, timeout=20)
for chunk in response.iter_lines(decode_unicode=False, delimiter=b"\0"):
    if chunk:
        result = json.loads(chunk.decode())
        text = result["result"]
        start = result["start"]
        end = result["end"l
        print(f"[{start} - {end}]: {text}")
```

9.3.3 语音合成模型：Sambert-Hifigan

前面我们提到，Sambert-Hifigan 依赖的 kantts 和 ttsfrd 库对版本和环境有一些要求，ttsfrd 库仅支持 Linux 操作系统 x86_64 架构上的 Python 3.6 ～ Python 3.10，对其他平台或 Python 版本暂不支持。因此，我们需要将 Sambert-Hifigan 作为一个单独的服务部署到符合要求的平台上运行，并对外提供可调用的接口。由于这个单独的功能比较简单，因此如果再用 Django 作为 Web 框架则略显臃肿，在这里我们选择将 FastAPI 作为 Web 框架进行搭建。

1. FastAPI 介绍

FastAPI 是目前 Python 社区中备受瞩目的一款 Web 框架。它基于 Python 3.6+ 实现，充分利用了 Python 的类型提示特性。借助 Starlette 的强大异步能力以及 Pydantic 的数据验证特性，FastAPI 成为 Python 中最快的 Web 框架之一，其性能甚至可与 Node.js 和 Go 媲美。

FastAPI 的设计目标是简单、快速和高效，以提升开发者的开发效率，同时减少开发过程中的错误。以下是 FastAPI 的几个主要特性。

- ❑ 减少错误：FastAPI 的设计有助于减少开发过程中的错误。通过使用类型提示和数据验证，FastAPI 可以在代码运行之前就检测出许多常见的错误，从而减少约 40% 的人为错误。
- ❑ 简洁易学：FastAPI 的设计理念是让开发者可以更容易地理解和使用。FastAPI 的文档清晰易读，新手可以很快上手。
- ❑ 健壮性：FastAPI 可以生成生产级别的代码，并且自动生成交互式文档，方便开发者和用户了解 API 的功能。
- ❑ 标准化：FastAPI 基于并完全兼 OpenAPI（曾被称为 Swagger）和 JSON Schema 的相关开放标准。

FastAPI 得到了来自各方的高度评价。微软 Kabir Khan 表示他正在计划将 FastAPI 用于他所在的微软团队的所有机器学习服务。总的来说，FastAPI 是一款现代化、高性能的 Python Web 框架，它简单易用，能提高开发效率，降低错误率，且性能优越，已经在业界得到了广泛的认可和应用。

我们可以通过下面这段代码将 Sambert-Hifigan 封装成 FastAPI 接口，接收 GET 请求 query 中的 text 参数，然后通过模型推理得到并保存音频文件，最后将音频返回给前端。

```python
import os
from typing import Union
from fastapi import FastAPI
from fastapi.responses import FileResponse
from modelscope.outputs import OutputKeys
from modelscope.pipelines import pipeline
from modelscope.utils.constant import Tasks
from datetime import datetime

model_id = "damo/speech_sambert-hifigan_tts_zhitian_emo_zh-cn_16k"
sambert_hifigan_tts = pipeline(task=Tasks.text_to_speech, model=model_id)

app = FastAPI()

def generate_audio(text: str):
    output = sambert_hifigan_tts(input=text)
    wav = output[OutputKeys.OUTPUT_WAV]
    timestamp = datetime.now().strftime("%Y%m%d%H%M%S")  # Generate timestamp
    filename = f"media/audio/{timestamp}.wav" # Use timestamp as filename
    os.makedirs(os.path.dirname(filename), exist_ok=True)  # Create directories
        if they don't exist
    with open(filename, "wb") as f:
        f.write(wav)
    return filename

@app.get("/tts", responses={200: {"content": {"audio/wav": {}}}})
def get_tts(text: Union[str, None] = None):
    filename = generate_audio(text)
    return FileResponse(filename, filename=f"{os.path.basename(filename)}")
```

2. 部署 Sambert-Hifigan

前面我们提到过，Sambert-Hifigan 需要部署在指定的平台上才能够使用，专门再购买一台机器用于部署应用当然是可以的，但还有一种更方便的解决方案——Docker。

Docker 是一个开源的应用容器引擎，允许开发者打包他们的应用以及依赖包到一个可移植的容器中，然后发布到任何流行的系统（如 Linux 或 Windows）上，也可以实现虚拟化。容器完全使用沙箱机制，相互之间不会有任何接口。

Docker 的主要优势在于它能够打包应用程序及其依赖项到一个独立的单元中，这个单元可以在任何地方运行。这意味着环境、应用程序、库、系统工具和代码都可以被打包到一个易于分享和发布的镜像中。Docker 镜像可以运行在任何运行 Docker 的计算机上，无论这台计算机采用什么操作系统。

Docker 提供了一种高效、快速的方式来部署和扩展应用程序。在 Docker 容器中，应用程序可以通过网络和磁盘与其他容器共享服务。因此，可以轻松地模块化应用程序服务，使用 Docker 容器作为轻量级的、可互换的工作负载。

也就是说，即使我们只有一台 Windows 计算机，也能通过 Docker 创建一个符合 Sambert-Hifigan 部署条件的 Linux 容器，从而极大地节省成本。如果你对详细的 Docker 学习和使用感兴趣，请前往 Docker 官网（https://www.docker.com/）自行学习，这里不再详述。

以下是用于构建 Docker 镜像的 Dockerfile 文件：

```
Dockerfile
FROM python:3.8

RUN apt-get update -y
RUN apt-get install ffmpeg -y
RUN apt-get install vim -y
RUN apt-get update -y
RUN apt-get install fonts-noto-cjk fonts-noto-color-emoji
RUN pip install --upgrade pip
WORKDIR /app
ADD ./requirements.txt /app/requirements.txt
RUN pip install -r requirements.txt
ADD ./ /app/
RUN mkdir -p /usr/local/var/log
```

其中 requirements.txt 表示该应用依赖的第三方库：

```
txt
-f https://modelscope.oss-cn-beijing.aliyuncs.com/releases/repo.html
modelscope[audio]
fastapi
uvicorn[standard]
```

最后，我们可以通过 docker-compose 启动容器。Docker Compose 是 Docker 的一个工具，可以用来定义和运行多容器的 Docker 应用程序。Docker Compose 可以使用 YAML 文件来配置应用程序的服务。然后，使用一个命令就可以创建并启动所有的服务。

```yaml
yaml
version: "3"
services:
    tts_sambert_hifigan:
        build: .
        command: python -m uvicorn main:app --host 0.0.0.0 --port 8001 --reload
        restart: always
        volumes:
            - .:/app
            - /etc/localtime:/etc/localtime # 同步时间
        ports:
            - "8001:8001"
```

在这段代码中，定义和配置一个名为 tts_sambert_hifigan 的服务。这个文件的主要组成部分如下。

- "version: '3'"：定义了 Docker Compose 配置文件的版本，版本 3 是一个较新的版本，支持更多的特性。
- services：这个关键字定义了所有的服务（每个服务对应一个容器）。在这个例子中，只定义了一个服务，为 tts_sambert_hifigan。
- "build: ."：这个指令告诉 Docker Compose 在当前目录（即 "."）下查找 Dockerfile，然后使用它来构建一个 Docker 镜像。
- command：这个指令定义了启动容器时要运行的命令。在这个例子中，这个命令启动了一个 uvicorn 服务器，这是一个用于 ASGI 项目的轻量级高性能服务器。
- "restart: always"：这个指令告诉 Docker 在容器退出时总是重新启动它。
- volumes：这个关键字定义了映射到容器的卷，这些卷可以用来存储数据或者共享数据。在这个例子中，当前目录被映射到容器的 /app 目录，而主机的 /etc/localtime 文件被映射到容器的 /etc/localtime 文件，这使得容器能够与主机同步时间。
- ports：这个关键字定义了容器的网络端口映射。在这个例子中，容器的 8001 端口被映射到主机的 8001 端口。

总的来说，这个 Docker Compose 文件定义了一个服务，它使用当前目录下的 Dockerfile 来构建镜像，然后运行一个 uvicorn 服务器，它总是会在容器退出时重启，它将当前目录和 /etc/localtime 文件映射到容器中，并将容器的 8001 端口映射到主机的 8001 端口。

容器启动成功后，我们可以通过浏览器访问链接：http://127.0.0.1:8001/tts?text= 你好世界。这将会下载一个音频文件，其内容就是通过 Sambert-Hifigan 合成的 "你好世界" 的音频。需要注意的是，第一次访问时需要下载模型文件，因此等待时间较久，具体时长视网络情况而定，可以关注容器日志来了解下载进度。

9.4　后端应用搭建

在本节我们将简单介绍后端应用的搭建过程，主要是对整体流程的概述，实际开发过程当中可以根据自己想要实现的功能进行自定义开发。

9.4.1　创建项目

1. 安装 Django 及相关依赖

```bash
pip install Django
# 安装 DRF 及相关依赖
pip install djangorestframework markdown django-filter
# 用于解决跨域问题的依赖
pip install django-cors-headers
# 安装用户认证的相关依赖
pip install dj-rest-auth[with_social] django-allauth
pip install django-extensions
pip install channels[daphne]
pip install celery
```

上述代码只给出了一些主要功能所需要的依赖，实际开发过程中可能需要更多依赖，依次安装即可。

2. 创建 Django 项目

```bash
django-admin startproject CartoonistBackend
```

3. 创建应用（用户、绘本、模型）

```bash
python manage.py startapp StoryBook
python manage.py startapp Account
```

在 StoryBook 应用中我们将创建所有跟绘本有关的功能，而在 Account 应用中则创建跟用户认证相关的模块。

4. 添加依赖项

在 CartoonistBackend/settings.py 文件的 INSTALLED_APPS 列表中添加相关依赖的应用和创建的 2 个应用。

```python
INSTALLED_APPS = [
    ......
    "daphne",
    "django.contrib.staticfiles",
    "rest_framework",
    "rest_framework.authtoken",
    "dj_rest_auth.registration",
    "dj_rest_auth",
    "allauth",
    "allauth.account",
    "allauth.socialaccount",
    "allauth.socialaccount.providers.weixin",
    "channels",
    "corsheaders",
```

```
    "Account",
    "StoryBook"
]
```

5. 修改默认语言和时区

修改 settings.py 文件中的默认语言和时区。

```python
LANGUAGE_CODE = "zh-hans"
TIME_ZONE = "Asia/Shanghai"
```

9.4.2 配置应用

1. Django REST Framework

如果打算使用浏览器查看 API，可能还需要添加 Django REST Framework 的登录和退出视图，因此需要在根路由文件（CartoonistBackend/urls.py）中添加以下内容。

```python
urlpatterns = [
    ...
    path("api-auth/", include("rest_framework.urls"))
]
```

2. Dj-Rest-Auth

首先，如果我们只有一个站点，那么在添加 dj-rest-auth 时要在 settings.py 文件中设置 SITE_ID = 1。然后，在根路由文件添加 dj_rest_auth 中用户认证相关的 urls。

```python
urlpatterns = [
    ...,
    path("dj-rest-auth/", include("dj_rest_auth.urls")),
    path("dj-rest-auth/registration/", include("dj_rest_auth.registration.urls"))
]
```

3. Django-allauth

首先，在 settings.py 文件中指定上下文处理器。

```python
TEMPLATES = [
    {
        'BACKEND': 'django.template.backends.django.DjangoTemplates',
        'DIRS': [],
        'APP_DIRS': True,
        'OPTIONS': {
            'context_processors': [
                # Already defined Django-related contexts here
                # `allauth` needs this from django
                'django.template.context_processors.request',
            ],
        },
```

```
    },
]
```

其次，指定用户认证的后端，添加 Django-allauth 特定的认证方法，如通过邮箱登录。

```python
AUTHENTICATION_BACKENDS = [
    "django.contrib.auth.backends.ModelBackend",      # Django admin 中通过用户名登录
    "allauth.account.auth_backends.AuthenticationBackend", # allauth 特定的认证方法
]
```

4. Celery 异步任务配置

要在 Django 中集成 Celery 进行异步任务处理，我们需要先定义一个 Celery 库的实例，也被称为 app。首先，要创建一个 CartoonistBackend/celery.py 文件，在其中定义 Celery 的一些设置。

```python
# CartoonistBackend/celery.py
import os

from celery import Celery

# 配置 Celery 可以直接使用 Django 的设置
os.environ.setdefault("DJANGO_SETTINGS_MODULE", "CartoonistBackend.settings")
app = Celery("CartoonistBackend")
app.config_from_object("django.conf:settings", namespace="CELERY")
# 让 Celery 能够自动找到所有的任务。这样，Celery 会自动从所有已安装的 app 中寻找名为 tasks.py
    的文件，从而加载任务。
app.autodiscover_tasks()
```

在 Django 项目的配置文件中，Celery 的所有配置选项都应该以大写字母开头，并以 CELERY_ 作为前缀。例如，原始的 broker_url 设置应转换为 CELERY_BROKER_URL。在本项目中，我们定义了如下的 Celery 配置项。

```python
# CartoonistBackend/settings.py
# Celery 配置
CELERY_BROKER_URL = f"redis://{REDIS_HOST}:{REDIS_PORT}/0"
CELERY_RESULT_BACKEND = "django-db"
CELERY_CACHE_BACKEND = "django-cache"
CELERY_TIMEZONE = "Asia/Shanghai"
CELERY_TASK_TIME_LIMIT = 30 * 60
CELERY_WORKER_CONCURRENCY = 1
CELERY_DEFAULT_RETRY_DELAY = 10
CELERY_MAX_RETRIES = 3
CELERY_BROKER_CONNECTION_RETRY = True
CELERY_BROKER_CONNECTION_RETRY_ON_STARTUP = True
CELERY_ACCEPT_CONTENT = ["application/json", ]
CELERY_TASK_SERIALIZER = "json"
CELERY_RESULT_SERIALIZER = "json"
```

为了确保在 Django 启动时 Celery 也被正确加载，需要在 CartoonistBackend/__init__.py 文件中导入上面定义的 Celery 应用。

```python
# CartoonistBackend/__init__.py
from .celery import app as celery_app


__all__ = ("celery_app",)
```

最后，在 Windows 操作系统上，我们可以通过下面这条命令来启动 Celery 的 worker。

```bash
celery -A CartoonistBackend worker -E -l INFO  --pool=solo
```

9.4.3　基本功能开发

1. 数据库定义

（1）创建基础模型

当我们创建数据库表时，可能在每张表中都有一些固定字段，如"创建时间""更新时间"和"是否删除"等，如果要在每个模型中都定义一遍则太过冗余，因此我们可以创建一个基础模型，其他模型则从基础模型继承。

创建文件 CartoonistBackend/models.py，其中定义基础模型：

```python
from django.db import models


class BaseModel(models.Model):
    """ 基础模型 """
    created_at = models.DateTimeField(auto_now_add=True)
    updated_at = models.DateTimeField(auto_now=True)
    is_delete = models.BooleanField(default=False)

    class Meta:
        abstract = True
```

（2）创建用户模型

Django 作为一个集成度非常高的框架，内置了一个相对基础而又比较完善的用户模型类 AbstractUser。虽然对于大部分应用来说，直接使用这个类已经能够满足要求，但是如果我们有一些特殊的要求，如要绑定用户的微信 ID，则可以继承 AbstractUser 再添加新的字段。

```python
# Account/models.py
from django.contrib.auth.models import User, AbstractUser
from django.db import models

from CartoonistBackend.models import BaseModel
```

```python
class Account(BaseModel, AbstractUser):
    open_id = models.CharField(
        verbose_name=" 微信登录用户唯一标识 ",
        max_length=128,
        unique=True,
        null=True,
        blank=True,
        help_text=" 普通用户的标识，对当前开发者账号唯一 "
    )
    union_id = models.CharField(
        verbose_name=" 微信登录用户统一标识 ",
        max_length=128,
        unique=True,
        null=True,
        blank=True,
        help_text=" 针对一个微信开放平台账号下的应用，同一用户的 union-id 是唯一的。"
    )
```

（3）定义绘本相关的模型类

一个“故事”可以由多个“段落”组成，而每个段落可以有自己的内容、插画和音频，因此我们需要定义两个跟绘本相关的模型类。

```python
python
# StoryBook/models.py
from django.db import models

from CartoonistBackend.models import BaseModel
from CartoonistBackend.settings import AUTH_USER_MODEL


class Story(BaseModel):
    title = models.CharField(max_length=255, verbose_name=" 故事标题 ", null=True,
        blank=True)
    user_prompt = models.CharField(verbose_name=" 用户想听的故事 ", max_length=100)
    story_content = models.TextField(
        verbose_name=" 生成的故事内容 ",
        max_length=10000,
        null=True,
        blank=True
    )
    image = models.FileField(
        verbose_name=" 封面图片 ",
        null=True,
        blank=True,
        upload_to="image/%Y/%m/%d"
    )
    state = models.CharField(
        verbose_name=" 故事状态 ",
        max_length=10,
        choices=(
            ("draft", " 草稿 "),
```

```python
                ("published", "已发布")
            ),
            default="draft"
    )
    chat_history = models.JSONField(
        verbose_name="聊天记录",
        null=True,
        blank=True
    )

    account = models.ForeignKey(
        AUTH_USER_MODEL,
        verbose_name="用户",
        on_delete=models.CASCADE,
        null=True,
        blank=True
    )


class Paragraph(BaseModel):
    order = models.IntegerField(verbose_name="段落顺序")
    content = models.CharField(verbose_name="故事段落", max_length=255)
    prompt = models.CharField(verbose_name="插画提示词", max_length=255)
    image = models.FileField(verbose_name="生成的插画", upload_to="image/%Y/%m/%d")
    audio = models.FileField(verbose_name="合成的音频", upload_to="audio/%Y/%m/%d")

    story = models.ForeignKey(Story, on_delete=models.CASCADE, related_name=
        "paragraphs")
```

这两个模型通过 story 字段在 Paragraph 模型中与 Story 模型建立了一对多的关系，表示一个故事可以包含多个段落。在数据库中，这两个模型会被创建为两个表，其中 Paragraph 表中的 story_id 字段用于关联 Story 表中的 id 字段。

在这里，image 字段和 audio 字段都定义为文件类型。首先，在 Django 中需要单独指定一个媒体文件夹，将图像和音频等多媒体文件都上传到此文件夹中。

```python
# CartoonistBackend/settings.py
STATIC_URL = "static/"
MEDIA_URL = "media/"
MEDIA_ROOT = os.path.join(BASE_DIR, "media/")
```

然后，要在路由中配置静态文件的访问路径，用于前端下载音频或展示图片。

```python
# CartoonistBackend/urls.py
urlpatterns = [……]
urlpatterns += static(settings.MEDIA_URL, document_root=settings.MEDIA_ROOT)
```

2. ASR Whisper 语音识别

这个功能比较简单，只需要将我们将前面测试 Whisper 的代码逻辑集成到 Django 中即可。首先，在 CartoonistBackend/urls.py 文件中定义路由。

```python
# CartoonistBackend/urls.py
urlpatterns = [
    path("asr/whisper/", whisper_asr),
]
```

然后，在 StoryBook/views.py 文件中定义相应的处理函数。

```python
# StoryBook/views.py
@api_view(["POST"])
def whisper_asr(request):
    # 确定用户上传文件夹的路径
    user_upload_dir = os.path.join(MEDIA_ROOT, "user_upload/")

    # 如果目录不存在，则创建它
    if not os.path.exists(user_upload_dir):
        os.makedirs(user_upload_dir)

    # 检查是否有上传的文件，并将其保存到用户上传文件夹
    if 'audio' not in request.FILES:
        return Response({"code": 400, "data": {"message": "No audio file provided"}},
            status=HTTP_400_BAD_REQUEST)

    uploaded_file = request.FILES['audio']
    fs = FileSystemStorage(location=user_upload_dir)  # 指定保存的目录
    filename = fs.save(uploaded_file.name, uploaded_file)

    # 组织 files 列表
    file_path = os.path.join(user_upload_dir, filename)
    files = [("audio", (filename, open(file_path, 'rb'), "audio/mp3"))]

    # ASR 请求的 URL 和 JSON 数据
    url = "http://127.0.0.1:5000/recognition"
    json_data = {"to_simple": 1, "remove_pun": 0, "language": "zh", "task":
        "transcribe"}

    try:
        response = requests.post(url, files=files, json=json_data, timeout=20)
        return Response({"code": 200, "data": response.json()}, status=HTTP_200_
            OK)
    except requests.RequestException as e:
        return Response({"code": 400, "data": {"message": str(e)}}, status=HTTP_
            400_BAD_REQUEST)
    finally:
        # 确保关闭文件，并且可选是否删除，以避免占用空间
        files[0][1][1].close()
        os.remove(file_path)
```

通过使用 DRF 提供的 @api_view 装饰器，指定这个函数仅处理 POST 请求。函数内

部，首先，定义了一个指向本地服务器地址 http://127.0.0.1:5000/recognition 的 URL。然后，从请求中提取出音频文件，并与其他数据一起构造了一个用于 POST 请求的 files 和 json_data 数据。接着，尝试向上述 URL 发送一个 POST 请求，并带上构造的 files 和 json_data。如果请求成功，则返回服务器的响应；如果请求过程中出现任何错误，如超时或其他与请求相关的异常，则捕获这些异常并返回一个包含错误消息的 400 状态响应。

3. 创建绘本

在 settings.py 文件中配置由百度千帆大模型平台创建的应用的相关信息。

```python
# 百度千帆大模型 API Key
BAIDU_APP_ID = [你的 APP ID]
BAIDU_API_KEY = [你的 API Key]
BAIDU_SECRET_KEY = [你的 API Secret Key]
BAIDU_API_URL = "https://aip.baidubce.com/rpc/2.0/ai_custom/v1/wenxinworkshop/chat/
    eb-instant"
```

在 StoryBook 应用的文件夹中创建一个 utils.py 文件，编写一个请求百度千帆大模型平台的 access_token 和请求文心一言的函数。

```python
# StoryBook/utils.py
import json
import requests
from CartoonistBackend.settings import BAIDU_API_KEY, BAIDU_SECRET_KEY


def get_baidu_access_token():
    """
    使用 API Key、Secret Key 获取 access_token，替换下面示例中的应用 API Key、应用 Secret
        Key
    """
    params = {
        "grant_type": "client_credentials",
        "client_id": BAIDU_API_KEY,
        "client_secret": BAIDU_SECRET_KEY
    }
    url = "https://aip.baidubce.com/oauth/2.0/token"

    payload = json.dumps("")
    headers = {"Content-Type": "application/json", "Accept": "application/json"}
    response = requests.request("POST", url, params=params, headers=headers,
        data=payload)
    return response.json().get("access_token")

def get_baidu_ernie_bot_turbo(messages):
    payload = json.dumps({"messages": messages})
    params = {"access_token": get_baidu_access_token()}
    headers = {"Content-Type": "application/json"}
    response = requests.request("POST", BAIDU_API_URL, params=params, headers=headers,
```

```
            data=payload)
        return response.json().get("result")
```

utils.py 文件用于编写各种工具函数，根据 9.2.1 节中分析的插画生成功能实现方案，我们可以定义一个请求 Stable Diffusion 的函数。

```python
# StoryBook/utils.py
def get_stable_diffusion(content, weight=768, height=512):
    # 1. 通过 LLM 获取段落内容绘图的提示词
    template = """ 你是一位专业的儿童插画家和 Stable Diffusion 提示词专家，……"""
    template += f"\ninput: {content}\noutput:"
    messages = [{"role": "user", "content": template}]
    prompt = get_baidu_ernie_bot_turbo(messages)
    # 2. 让 Stable Diffusion 根据提示词生成图片
    sd_base_url = "http://127.0.0.1:7860"
    payload = {
        "prompt": f"(((best quality))),(((ultra detailed))),(((masterpiece))),il
            lustration,best quality,4k,8k,closeup,{prompt} <lora:COOLKIDS_MERGE_
            V2.5:1>",
        "negative_prompt": "nsfw, ……",
        "batch_size": 1,
        "n_iter": 1,
        "steps": 50,
        "cfg_scale": 7,
        "width": weight,
        "height": height,
        "restore_faces": True
    }
    response = requests.post(url=f"{sd_base_url}/sdapi/v1/txt2img", json=payload)
    response = response.json()
    image_base64 = response["images"][0]
    return prompt, image_base64
```

除此之外，还需要定义一个用于语音合成的函数。

```python
# StoryBook/utils.py
def get_sambert_hifigan(content):
    # 调用接口进行语音合成
    url = "http://127.0.0.1:8001/tts"
    response = requests.get(url, params={"text": content})

    # 确认 HTTP 请求成功，并且返回内容类型是音频
    if response.status_code == 200 and "audio/" in response.headers["content-
        type"]:
        audio_file = response.content
        return audio_file
    else:
        logging.error(f"Failed to get audio from TTS service for content: {content}.
            Status code: {response.status_code}")
        return None
```

准备工作完成之后，我们就可以正式开始绘本生成功能的逻辑开发了。

（1）定义序列化器

DRF 的序列化器可以将复杂的数据类型，如 Django 的 QuerySet 和模型实例，转换为 Python 数据类型，从而可以轻松地将其转化为 JSON 或其他内容类型。相反，它也可以将接收的 JSON 或其他格式的数据转换回复杂的数据类型，如 Django 模型实例。

```python
# StoryBook/serializers.py
class ParagraphSerializer(ModelSerializer):
    class Meta:
        model = Paragraph
        fields = ("order", "content", "image", "audio")


class StorySerializer(ModelSerializer):
    paragraphs = ParagraphSerializer(many=True, read_only=True)

    class Meta:
        model = Story
        fields = ("id", "title", "user_prompt", "story_content", "image",
            "state", "paragraphs", "chat_history", "account")
```

（2）定义故事的 ModelViewSet

DRF 中的 ModelViewSet 是一个特殊的视图集（viewset），它继承了多个混合（mixins）功能，提供了基于模型的常见的 CRUD（创建、读取、更新和删除）操作的实现。也就是说，使用 ModelViewSet 可以很方便地创建完整的 RESTful API，而无须为每个单独的操作编写冗长的代码。

```python
# StoryBook/serializers.py
class StoryViewSet(ModelViewSet):
    queryset = Story.objects.all()
    serializer_class = StorySerializer

    def create(self, request, *args, **kwargs):
        # 组织请求体信息
        request_data = {key: val for key, val in request.data.items() if val}
        if not request_data.get("user_prompt", None):
            return Response({"code": 400, "data": {"message": "user_prompt 参数不
                能为空"}}, status=HTTP_400_BAD_REQUEST)
        if request.user.is_authenticated:
            account = Account.objects.get(id=request.user.id)
            request_data["account"] = account.id
        logging.debug(f"request_data: {request_data}")
        # 序列化请求内容并存储
        serializer = self.get_serializer(data=request_data)
        serializer.is_valid(raise_exception=True)
        self.perform_create(serializer)
        # 创建处理故事生成的异步任务
```

```
create_story.delay(serializer.instance.id)
return Response({"code": 200, "data": serializer.data}, status=HTTP_201_
    CREATED)
```

StoryViewSet 用于处理与 Story 模型相关的 HTTP 请求，重写了 create 方法，自定义
了创建 Story 模型实例的逻辑。首先，从请求体中提取出有效的数据，并检查 user_prompt
字段是否存在，如果不存在，则返回一个包含错误码和错误信息的响应。如果用户已认证，
方法会查找与请求中的用户 ID 对应的账户，并将账户 ID 添加到请求数据中。然后，使用
定义在视图集中的序列化器类将请求数据序列化为 Python 字典，并检查序列化后的数据是
否有效，如果数据无效，则会抛出一个异常。之后，保存序列化后的数据到数据库，并通
过调用 Celery 的 create_story 函数创建一个异步任务，这个任务将在后台处理故事生成的逻
辑，即使这个过程需要较长的处理时间，也不会阻塞 HTTP 请求的响应。最后，返回一个
包含创建的 Story 模型实例数据的响应，状态码为 201，表示创建成功。

之后，在 CartoonistBackend/urls.py 文件中添加定向到 StoryViewSet 的路由。

```python
# CartoonistBackend/urls.py
router = DefaultRouter()
router.register(r"story", StoryViewSet, basename="story")

urlpatterns = [
    path('', include(router.urls)),
    ......
]
```

（3）定义 Celery 异步函数

异步函数是一种特殊的函数，通过该函数，则不会因等待某些长时间操作（如 I/O 操
作）完成而阻塞整个程序的执行。这种机制能有效地提高程序的并发性能，尤其是在涉及
大量 I/O 操作（如文件读写、网络请求等）的情况下。而我们要完成的创建绘本功能正是包
含了大量的网络请求和模型推理等耗时操作，Celery 则可以帮助我们在 Django 中创建异步
函数。

```python
# StoryBook/tasks.py
# @app.task 是 Celery 中的一个装饰器，用于将一个普通的 Python 函数转换为可以由 Celery 执行的异
    步任务
@app.task
def create_story(story_id):
    logging.info(f"Starting to create story {story_id}")
    story = Story.objects.get(id=story_id)
    generate_story_content(story)
    with concurrent.futures.ThreadPoolExecutor() as executor:
        # 故事内容分段生成插图
        generate_paragraph_image_audio_future = executor.submit(generate_paragraph_
            image_audio, story)
        # 生成故事标题
        generate_story_title_future = executor.submit(generate_story_title, story)
```

```
    # 生成故事封面
    generate_story_image_future = executor.submit(generate_story_image,
        story)
    generate_story_title_future.result()
    generate_story_image_future.result()
    generate_paragraph_image_audio_future.result()
story.state = "published"
story.save()
```

这段代码定义了一个名为 create_story 的异步任务, 用于创建故事。任务开始时, 首先通过故事的 ID 从数据库中获取 story 对象, 然后调用 generate_story_content 函数生成故事的内容。

接下来, 这个任务创建了一个线程池执行器 (ThreadPoolExecutor), 并在这个执行器中并行地启动了 3 个任务: generate_paragraph_image_audio、generate_story_title、generate_story_image。这 3 个任务分别用于为故事的每个段落生成插画和音频、生成故事的标题、生成故事的封面。这 3 个任务都是异步的, 所以它们会同时开始运行, 而不是按顺序一个接一个地运行。然后, 任务使用 result 方法等待这 3 个任务全部完成。result 方法会阻塞当前线程, 直到相应的任务完成。最后, 任务将 Story 对象的 state 字段设置为 "published", 表示这个故事已经生成完成, 并保存到数据库。

generate_story_content 函数是根据 9.2.1 节中分析的故事生成功能实现的, 将流程细化定义为函数。

```python
# StoryBook/tasks.py
def generate_story_content(story):
    # 1. 通过提供故事的背景信息, 引导模型生成故事的初稿
    template_1 = f"""你是一位优秀的儿童故事作家, ……"""
    messages = [{"role": "user", "content": template_1}]
    story_content_1 = get_baidu_ernie_bot_turbo(messages)
    # 2. 让模型基于初稿给出调整优化的修改建议
    template_2 = """你认为你所创作的这个故事, ……"""
    messages = [
        {"role": "user", "content": template_1},
        {"role": "assistant", "content": story_content_1},
        {"role": "user", "content": template_2},
    ]
    suggestion = get_baidu_ernie_bot_turbo(messages)
    # 3. 让模型基于反馈的建议进行迭代, 对初稿再进行修改
    template_3 = """请你按照上述修改建议, ……"""
    messages = [
        {"role": "user", "content": template_1},
        {"role": "assistant", "content": story_content_1},
        {"role": "user", "content": template_2},
        {"role": "assistant", "content": suggestion},
        {"role": "user", "content": template_3},
    ]
    story_content_2 = get_baidu_ernie_bot_turbo(messages)
```

```
story.story_content = story_content_2
story.save()
```

generate_paragraph_image_audio 为传入的故事生成与其段落相关的图像和音频。首先，使用 get_story_paragraphs 函数从故事中提取段落。这要对每个段落进行遍历，并对其内容进行检查。如果段落有内容，则使用线程池 concurrent.futures.ThreadPoolExecutor 并行处理两个操作：get_stable_diffusion 和 get_sambert_hifigan。其中 get_stable_diffusion 函数可能负责从段落内容中获取或生成插画，而 get_sambert_hifigan 函数可能负责音频的生成。这两个函数的执行结果被存储在两个 future 对象中。随后，从这两个 future 对象中获取结果，并根据这些结果创建一个新的 Paragraph 对象，这个对象将包含段落的内容、顺序、提示词和所属的故事。如果获取了图像的 Base64 编码数据，则会将其解码并保存为 PNG 格式的文件；同样，如果获取了音频文件，则会将其保存为 WAV 格式。最后，保存这个段落对象到数据库。

```python
# StoryBook/tasks.py
def get_story_paragraphs(story):
    paragraph_list = []
    for paragraph in story.story_content.split("\n"):
        if paragraph.strip() != "":
            paragraph_list.append(paragraph)
    return paragraph_list


def generate_paragraph_image_audio(story):
    paragraphs = get_story_paragraphs(story)
    for idx, content in enumerate(paragraphs):
        if content:
            with concurrent.futures.ThreadPoolExecutor() as executor:
                get_stable_diffusion_future = executor.submit(get_stable_diffusion,
                    content)
                get_sambert_hifigan_future = executor.submit(get_sambert_hifigan,
                    content)
                prompt, image_base64 = get_stable_diffusion_future.result()
                audio_file = get_sambert_hifigan_future.result()
                paragraph = Paragraph.objects.create(
                    content=content,
                    order=idx,
                    prompt=prompt,
                    story=story
                )
                if image_base64:
                    image_data = base64.b64decode(image_base64)
                    file_name = f"{story.id}_{idx}.png"
                    paragraph.image.save(file_name, ContentFile(image_data))
                if audio_file:
                    file_name = f"{story.id}_{idx}.wav"
                    paragraph.audio.save(file_name, ContentFile(audio_file))

                paragraph.save()
```

generate_story_title 和 generate_story_image 两个函数相对来说更加简单，调用的都是

已知的函数，只不过在有些地方需要修改提示词。

```python
# StoryBook/tasks.py
def generate_story_title(story):
    # 生成故事标题
    template_1 = f"{story.story_content}\n 请你给以上这个故事起一个标题，不要输出无关内
        容和提示信息，直接生成标题内容。"
    messages = [{"role": "user", "content": template_1}]
    story_title = get_baidu_ernie_bot_turbo(messages)
    story.title = story_title
    story.save()


def generate_story_image(story):
    # 一句话总结故事内容
    template_1 = f"{story.story_content}\n 请你通过一句话总结故事内容。"
    messages = [{"role": "user", "content": template_1}]
    story_main_content = get_baidu_ernie_bot_turbo(messages)
    # 生成故事封面
    _, image_base64 = get_stable_diffusion(story_main_content, weight=512, height=768)
    image_data = base64.b64decode(image_base64)
    file_name = f"{story.id}.png"
    story.image.save(file_name, ContentFile(image_data))
    story.save()
```

最后，我们可以通过两个接口来测试绘本生成功能是否正常。第一个是创建绘本接口 http://127.0.0.1:8000/story/，它只需要接收一个 user_prompt 参数即可，例如：可以传入 {"user_prompt": " 想听一个小红帽的故事 " } 参数，发送 POST 请求。由于绘本的创建过程是异步的，因此可以很快返回类似下面示例的结果。

```json
{
    "code": 200,
    "data": {
        "id": 71,
        "title": null,
        "user_prompt": " 想听一个小红帽的故事 ",
        "story_content": null,
        "image": null,
        "state": "draft",
        "paragraphs": [],
        "chat_history": null,
        "account": null
    }
}
```

第二个是查询绘本接口 http://127.0.0.1:8000/story/71/，其中的 "71" 是绘本的 ID，由第一个创建绘本的接口返回。发送 GET 请求，根据创建绘本的进度不同，可以得到类似下面示例的结果。

```json
{
    "id": 71,
    "title": " 小红帽的神秘森林之旅: 爱与友谊的力量 ",
    "user_prompt": " 想听一个小红帽的故事 ",
    "story_content": " 小红帽的神秘之旅…… ",
    "image": "http://127.0.0.1:8000/media/image/2023/10/03/71.png",
    "state": "draft",
    "paragraphs": [
        {
            "order": 0,
            "content": " 小红帽的神秘之旅 ",
            "image": "http://127.0.0.1:8000/media/image/2023/10/03/71_0.png",
            "audio": "http://127.0.0.1:8000/media/audio/2023/10/03/71_0.wav"
        }
    ],
    "chat_history": null,
    "account": null
}
```

4. WebSocket

下面我们将通过 Django Channels 实现 WebSocket 通信,它可以做到聊天机器人的流式输出功能。而 Django Channels 依赖于 Daphne ASGI 应用程序服务器,因此在安装的时候我们将其一并安装。

首先,我们需要在 CartoonistBackend/settings.py 文件中添加 ASGI 的应用路径。

```python
WSGI_APPLICATION = "CartoonistBackend.wsgi.application"
ASGI_APPLICATION = "CartoonistBackend.asgi.application"
```

其次,在 CartoonistBackend/asgi.py 文件中分别配置 HTTP 请求和 WebSocket 请求的转发路由。

```python
import os

from channels.auth import AuthMiddlewareStack
from channels.routing import ProtocolTypeRouter, URLRouter
from django.core.asgi import get_asgi_application

from StoryBook.routing import websocket_urlpatterns

os.environ.setdefault("DJANGO_SETTINGS_MODULE", "CartoonistBackend.settings")

application = ProtocolTypeRouter({
    "http": get_asgi_application(),
    "websocket": AuthMiddlewareStack(URLRouter(websocket_urlpatterns))
})
```

上述代码定义 WebSocket 连接都转发到 StoryBook/routing.py 文件中,因此需要创建该文件,并定义 websocket_urlpatterns。

```python
from django.urls import path

from StoryBook.consumer import ChatConsumer

websocket_urlpatterns = [
    path("ws/chat/", ChatConsumer.as_asgi()),
]
```

最后,我们将 WebSocket 的处理逻辑在 StoryBook/consumer.py 文件中进行定义,这个文件也需要手动创建。

```python
import asyncio
import json

import requests
from channels.generic.websocket import AsyncWebsocketConsumer

from CartoonistBackend.settings import BAIDU_API_URL
from StoryBook.utils import get_baidu_access_token


class ChatConsumer(AsyncWebsocketConsumer):
    async def connect(self):
        await self.accept()
        response_data = {"code": 200, "data": {"message": "服务已经开启"}}
        await self.send(json.dumps(response_data))

    async def receive(self, text_data):
        request_data_json = eval(text_data)
        print(f"request_data_json: {request_data_json}")
        params = {"access_token": get_baidu_access_token()}
        headers = {"Content-Type": "application/json"}
        payload = json.dumps(request_data_json)
        response = requests.post(BAIDU_API_URL, stream=True, params=params,
            headers=headers, data=payload)
        for line in response.iter_lines():
            if line:
                line_data = json.loads(line.decode("utf-8").replace("data:", ''))
                await asyncio.sleep(0.1)
                await self.send(json.dumps(line_data))
```

这段代码创建了一个名为 ChatConsumer 的异步 WebSocket 消费者类,其主要功能是接收来自客户端的消息,将消息转发给百度 API,并将 API 的响应发送回客户端。ChatConsumer 也定义了 WebSocket 的两个主要事件:connect 和 receive。

1)connect:当一个 WebSocket 连接成功建立时,connect 方法被调用。在这个方法中,我们首先调用 self.accept() 来接受 WebSocket 连接。然后,我们打包一个包含服务开启信息的字典,并将其转换成 JSON 格式,然后通过 self.send(json.dumps(response_data)) 方法发送给客户端。

2）receive：当从客户端接收到消息时，receive 方法被调用。在这个方法中，我们首先通过 eval 函数将接收的文本数据转换为 Python 字典，然后设置了向百度 API 发送 POST 请求的参数（包括百度 API 的访问令牌、内容类型及请求数据）。请求结果会作为一个流返回，可以通过 response.iter_lines() 方法来逐行读取。对于读取的每一行，首先删除行数据中的 "data:" 字符串，然后解析为 JSON 数据，并通过 self.send 方法发送给客户端。

重新启动 Django 后，我们可以通过 WebSocket King 网页工具来验证一下流式交互是否成功。请求的地址是 ws://localhost:8000/ws/chat/，点击 "Connet" 之后，如果收到我们定义好的 "服务已经开启" 的响应，则证明连接建立成功，接下来可以根据文心一言接收参数的格式发送请求体，如果能够流式接收响应，则该功能开发成功，如图 9-11 所示。

9.5　本章总结

本章展示了一个完整的项目 "漫画家" 从需求分析到开发完成的全过程。首先，在需求分析中，这个应用不仅要生成引人入胜的故事，还要生成与故事内容相符的插画，同时涉及语音交互和信息安全等功能的需求。考虑到其主要的用户群体为儿童，语音交互功能变得尤为关键。而在故事生成的部分，除了确保其内容趣味性，还要兼顾其寓教于乐的特点。在插画方面，则主要倾向于富有童趣的漫画风格。

随后，我们深入地探讨了整个应用的系统架构、主要功能时序图以及数据库设计。为了确保应用的核心功能能够完美实现，我们选择了如文心一言、Stable Diffusion 和 Whisper 这样的尖端 AI 模型。

在后续的内容中，我们详细地介绍了如何使用 Django 来构建后端服务。这包括了 ORM 模型的定义、RESTful API 的开发流程、用户认证的整合方法，以及如何利用 Celery 进行异步任务处理和通过 Django Channels 来实现 WebSocket 的支持。掌握这些技术和方法都是为了确保我们的后端服务能够健壮并且高效地运行。

对于每一项核心功能，我们都进行了深入的解析，并分享了实现这些功能的关键代码和开发思路。例如，我们通过封装 Whisper 来实现语音交互功能，包括语音识别和语音合成。而在绘本生成这一部分，我们定义了一系列子任务，如段落内容的生成、插画的绘制及语音的合成等，这些子任务通过协同工作来生成绘本。为了进一步提高系统的响应速度，我们还采用了线程池技术进行并发处理，并通过 WebSocket 实现了实时的交互输出。

此外，为了确保代码的高度可复用性，我们对所有功能进行了模块化的设计和封装。同时，通过使用 Docker 技术对第三方 AI 服务进行容器化部署，极大地简化了环境配置的复杂度。这一系列的设计和技术应用都确保了应用具备高效、稳定和易于使用的特点。

本章提供了开发一个 AIGC 应用的全面而详尽的指南，介绍了如何整合各种先进的 AI 技术，构建出一个功能丰富、操作简单的多模态应用。这不仅涵盖了从需求分析到架构设计的每一个步骤，还包括了功能实现和实际工程的每一个细节。对于希望深入开发 AIGC 应用的开发者来说，本章具有一定的参考价值和实践指导。

```
CONNECTIONS    #1    +                                    WebSocket King

#1   ws://localhost:8000/ws/chat/                          Disconnect    –   ×

UNTITLED 1                                                               +
{
      "messages": [
          {
              "role": "user",
              "content": "你是谁？"
          }
      ],
}
Send   Save As

OUTPUT                                                                  ↻

11:00 29.18 ↓ {
                  "id": "as-bktvviurwn",
                  "object": "chat.completion",
                  "created": 1696042828,
                  "sentence_id": 3,
                  "is_end": true,
                  "is_truncated": false,
                  "result": "",
                  "need_clear_history": false,
                  "usage": {
                      "prompt_tokens": 3,
                      "completion_tokens": 0,
                      "total_tokens": 70
                  }
              }
11:00 29.08 ↓ {
                  "id": "as-bktvviurwn",
                  "object": "chat.completion",
                  "created": 1696042828,
                  "sentence_id": 2,
                  "is_end": false,
                  "is_truncated": false,
                  "result": "我能够与人对话互动，回答问题，协助创作，高效便捷地帮助人们获取信息、知识和灵感。",
                  "need_clear_history": false,
                  "usage": {
                      "prompt_tokens": 3,
                      "completion_tokens": 35,
                      "total_tokens": 70
                  }
              }
11:00 28.97 ↓ {
                  "id": "as-bktvviurwn",
                  "object": "chat.completion",
                  "created": 1696042828,
                  "sentence_id": 1,
                  "is_end": false,
                  "is_truncated": false,
                  "result": "的知识增强大语言模型，中文名是文心一言，英文名是ERNIE Bot。",
                  "need_clear_history": false,
                  "usage": {
                      "prompt_tokens": 3,
                      "completion_tokens": 24,
                      "total_tokens": 35
                  }
              }
11:00 28.77 ↓ {
                  "id": "as-bktvviurwn",
                  "object": "chat.completion",
                  "created": 1696042828,
                  "sentence_id": 0,
                  "is_end": false,
                  "is_truncated": false,
                  "result": "您好，我是百度研发",
                  "need_clear_history": false,
                  "usage": {
                      "prompt_tokens": 3,
                      "completion_tokens": 8,
                      "total_tokens": 11
                  }
              }
11:00 27.43 ↑ {
                  "messages": [
                      {
                          "role": "user",
                          "content": "你是谁？"
                      }
                  ],
                  "stream": True
              }
10:58 56.77 ↓ {
                  "code": 200,
                  "data": {
                      "message": "服务已经开启"
                  }
              }
10:58 56.76 ⓘ  Connected to ws://localhost:8000/ws/chat/
```

图 9-11　WebSocket King 测试流式交互成功示意图